三峡库区农村面源污染解析

倪九派　邵景安　谢德体　著

科学出版社
北京

内 容 简 介

本书以三峡库区这一特殊的地理区域为研究区，从宏观格局、微观机理两个层面，利用多元数据集，沿着土地利用、水土流失、面源污染形成的"源-汇"格局识别、污染负荷模拟、驱动动因分析的轨迹，重点对三峡库区的农村面源污染状况进行了深入解析，实现了宏观格局分析与微观机理识别的有机结合，以及宏观数据与微观调查、访谈数据的互相验证。本书在三峡库区土地利用、水土流失、面源污染"源-汇"格局与负荷模拟及动力机制方面得出的科学认识，很大程度上丰富了人们对三峡库区农村面源污染格局与形成过程的理解和认识，为未来制定应对或减缓三峡库区农村面源污染的发生与发展对策提供了科学依据。

本书可作为大中专院校、科研院所与生态环境领域的研究人员、政府决策者的参考用书，同时可为正在进行或将要开展的三峡库区农村面源污染防治工作提供理论基础，有助于从源头上制定出农村面源污染消减对策。

图书在版编目(CIP)数据

三峡库区农村面源污染解析 / 倪九派, 邵景安，谢德体著. —北京：科学出版社，2017.9

ISBN 978-7-03-052623-6

Ⅰ. ①三…　Ⅱ. ①倪… ②邵…　Ⅲ. ①三峡水利工程-农业污染源-面源污染-研究　Ⅳ. ①X501

中国版本图书馆 CIP 数据核字（2017）第 086880 号

责任编辑：张　展　孟　锐 / 责任校对：王　翔
责任印制：罗　科 / 封面设计：墨创文化

科学出版社出版
北京东黄城根北街16号
邮政编码：100717
http://www.sciencep.com

成都锦瑞印刷有限责任公司印刷
科学出版社发行　各地新华书店经销
*
2017 年 9 月第　一　版　　开本：787×1092　1/16
2017 年 9 月第一次印刷　　印张：15
字数：350 千字

定价：96.00 元

（如有印装质量问题，我社负责调换）

序

面源污染问题日益突出，急需解决。一方面，随着点源污染逐步得到有效治理和控制，面源污染逐步上升为影响环境尤其是水环境的主要污染问题，成为土壤污染、农产品质量下降、水体水质污染等方面的主要影响因素；另一方面，随着工业化、城镇化和现代农业化进程的加快，社会经济的快速发展与资源环境之间的矛盾日益激化，所造成的面源污染对城镇和农村的环境压力持续加大，已成为影响和制约国家和地区全面发展的关键问题。日益突出的面源污染问题已引起政府和学者的诸多关注，国家出台了一系列的政策和治理方法，例如，2015年中央1号文件对“加强农业生态治理”做出专门部署，强调要加强农业面源污染治理；2015年的全国农业生态环境保护与治理工作会议决定，力争到2020年，中国农田灌溉水利用系数提高到0.55以上，农作物化肥及农药使用总量实现零增长，75%以上的规模畜禽养殖场（区）实现配套建设废弃物储存、处理、利用设施，秸秆综合利用率达85%以上，当季农膜回收率达到80%以上，在耕地重金属污染治理方面建立了长效机制。尽管如此，我国面源污染所引起的环境恶化趋势仍未得到根本性扭转，面源污染物的排放量仍占有很大比例，尤其是农业面源污染，急需得到有效解决。

三峡库区农业化肥的高施用量、严重的水土流失、大坝建设后的回水效应及库区的移民大开发建设等，使库区流域的水环境安全面临严峻形势。尽管国家及区域层面在水土保持和水质保护方面有大量投入，且已取得对水库安全运行、流域生态安全具有重要意义的成绩，但在库区地形起伏、化肥（农药）施用增加、大型工程扰动等的胁迫下，水土流失及其所携带的养分元素并未显著减少，部分支流仍有水华现象出现。依据《2015年长江三峡工程生态与环境监测公报》，采用农用地小区监测结果进行推算，2014年库区全年流失农药38.4t，比上年减少2.9t。其中，有机磷类农药23.8t，除草剂类农药5.7t，氨基甲酸酯类农药2.8t，菊酯类农药2.7t，其他类农药3.4t。2014年，库区共施用化肥（折纯量）1.3×10^5t，其中氮肥8.5×10^4t，磷肥3.6×10^4t，钾肥0.9×10^4t，单位面积用量为$0.32t/hm^2$。对38个主要支流77个水体富营养监测断面发现，水华敏感期（3～10月）水体处于富营养状态的断面比为7.8%～37.7%，中度富营养状态的断面比为58.4%～85.7%。

三峡库区生态环境特殊，移民压力大，尤其在传统耕作模式下，过度耕作、过载放牧、不合理投入农用化学品以及不合理排放种养殖有机污染废弃物，造成大量泥沙、化肥、农药及畜禽粪便进入三峡水库，导致三峡库区面源污染日趋严重，面源污染问题一直存在于三峡库区建设发展过程中，这已经成为水库安全运营和经济发展所必须面对的关键“瓶颈”问题。作为区域环境问题，面源污染研究已成为水环境问题研究中的热点与前沿。面源污染的研究之所以如此重要，一方面是基于面源污染所带来的环境问题需要多学科理论的支撑，另一方面是基于面源污染特点所引起的研究难点，尤其是基于大尺度空间范围的面源污染负荷估算模拟与影响评价，需要寻找更适合三峡库区这一大尺度区域的模型模拟和评价方法。

从大的方面看，面源污染的空间信息技术理论、影响面源污染的阻力与动力理论、“源-汇”景观理论是三峡库区面源污染解析所必须使用的重要理论依据和方法思路。其中，面源污染的空间信息技术主要体现在GIS与RS的应用中。一方面，多数的面源污染负荷模拟与影响评价模型所需数据涉及众多空间数据，包括数字高程模型数据(DEM)、多时相土地利用分类数据、反映植被覆盖的植被指数、土壤类型空间分布、气象站点数据等，这些数据的获取均需要GIS和RS的理论技术相辅助；另一方面，模型的自身构建需要GIS和RS软件的参与，进行模型集成，构建出适应大尺度空间的模型体系，如修正的通用土壤流失方程模型的构建、对输出系数模型的改进等。通过GIS和RS相关理论技术，能够使所模拟的面源污染负荷量更为显著地显示出时空上的异质性。

面源污染的发生、发展伴随着一系列的地表过程，主要包括土地利用、降雨侵蚀、土壤侵蚀及泥沙输移和污染物迁移转换（张永龙等，1998；Edwards et al.，2008），也就是溶解态和吸附态的面源污染物随着水、沙运动而迁移转换，这些过程包含物质与能量的分散与聚集，必定存在空间阻力与动力的作用，阻力与动力的相互转化改变着面源污染的空间路径，使面源污染物汇集于水体而形成污染。在进行面源污染负荷模拟和影响评价过程中，对于大尺度空间，必须要考虑影响面源污染过程的阻力作用和动力作用，以此对经典模型进行改进，对相关单一化系数进行空间异质化，从而提高模拟精度和评价准确度。

“源-汇”景观理论属于景观生态学中格局与过程的耦合关系问题。该理论认为，“源”景观对面源污染过程起到促进作用，“源”的作用强、污染风险大，而“汇”景观则起到阻碍作用，“汇”的作用强、污染风险小（陈利顶等，2003、2006）。例如，农田是营养物质迁出的“源”，其对农业地区水环境污染的最主要贡献来源于化肥、有机肥和农药等的使用，因此农田的“源”作用强，“汇”作用弱；而林、园或草地则是接纳营养物质的“汇”，对污染物存在吸附截留作用，因此“汇”作用强，“源”作用弱（Robert et al.，2005；Edwards et al.，2008）。因此，不同的“源”“汇”景观类型及其组合通过影响下垫面的自然水文过程来影响污染物迁移负荷，进而影响受纳水体的水质。面源污染最终是由养分在时空过程上的“盈-亏”非均衡所导致、由“源”和“汇”的增减平衡及其空间关系所控制。所以控制、管理流域水体污染的重要途径之一是需要结合具体的空间过程来识别评价农业面源污染形成的“源-汇”格局，做到减“源”增“汇”，优化“源-汇”空间组合，调控养分流动在进入受纳水体前的时空平衡过程。

为此，在对三峡库区面源污染进行解析的过程中，必须将土地利用、水土流失、“源-汇”格局、污染负荷、驱动因素等方面融为一体，从土地利用研究入手，分析水土流失的形成过程，再认识污染物形成的“源-汇”格局与污染负荷，最后查明污染物形成的主要动力因素。

目 录

第一章　国内外研究进展

随着现代经济的发展，农业面源污染日益严重，据统计，30%～60%的环境污染来自于农业面源污染(杨修等，2005)，其中土壤污染和水体污染形势严峻，已经成为制约我国农业可持续发展的重要因素(吴磊，2012；刘涓等，2014)，甚至威胁人类的生活。近年来，控制农业面源污染已成为国内外的研究热点，学者们围绕着农业面源污染展开了大量的研究，也提出了防治农业面源污染的措施，保护农业生产环境是农业可持续发展的必然趋势和选择。

第一节　面源污染的研究现状

一、面源污染的概念及现状

面源污染(non-point source pollution，NPSP)是一个区域环境问题，是相对于点源污染(point source pollution，PSP)的概念(杨林章等，2013a)。早在20世纪30年代，国际上就提出了"面源污染"的概念，直到60年代，学者们才开始对面源污染有全面认识并开始进行研究(Novotny et al.，1987)。美国清洁水法修正案(The Clean Water Act，简称CWA，1997)将面源污染定义为"污染物以广域的、分散的、微量的形式进入地表和地下水体"(魏欣，2014)。Novotny等(1994)认为"面源污染是指溶解的和固体的污染物从非特定的地点，在降水(或融雪)冲刷作用下，通过径流过程而汇入受纳水体(包括河流、湖泊、水库和海湾等)并引起水体的富营养化或其他形式的污染"。根据面源污染发生的区域和过程的特点，一般可以分为农业面源污染和城市面源污染两大类。

农业面源污染(agriculture non-point source pollution，ANPSP)是面源污染最主要的组成部分，具有来源多、随机性、分散性、防治难度大、广域性等特点(吴岩等，2011；廖川康等，2015)，不仅会造成水环境污染，而且还会破坏土壤结构，造成土壤板结、大气污染等(张淑荣等，2001；全为民等，2002；李秀芬等，2010；黄秋婵等，2011)。因此，农业面源污染有广义和狭义两种概念。狭义上的农业面源污染主要局限于对水环境的污染，是指在农业生产和生活过程中，农田中的颗粒，氮、磷等农药及其他有机或无机污染物质不及时或者不适当处理，在降水或灌溉过程中，通过农田地表径流、农田排水或地下淋溶，大量污染物质进入水体，造成地表水和地下水的污染(李金峰，2015)；广义上的农业面源污染不仅局限于水体污染，还指在农业生产和生活过程中产生的过量或者未经过有效处理的污染物(化学肥料、农药、重金属和畜禽粪便等)，从非特定的地点，以不同形式对土壤、水体、大气及农产品造成的污染(吴岩等，2011)。本书研究的主要是农业面源污染对水环境的影响，即狭义上的农业面源污染。

国内外的农业面源污染形势严峻，水环境与土壤深受农业面源污染的危害(李自林，2013)。20世纪中后期(50～80年代)，发达国家快速发展集约化农业，大量使用各种农用化学品，导致农业面源污染问题日益严重(张维理等，2004a)。早在20世纪末，Dennis等(1998)研究发现，全球范围内的地表水体有30%～50%受到面源污染的影响，全球约有$1.14\times10^8 hm^2$的耕地出现了不同程度退化，主要是由农业面源污染所导致的。据美国国家环境保护局2003年调查发现，约有40%的美国河流和湖泊水体受到了农业面源污染，同时也引发了地下水污染和湿地退化。Vighi等 (1987)和欧洲环境署(European Environment Agency)2003年调查表明，欧洲国家同样面临农业面源污染问题，由此引发的地下水硝酸盐污染和地表水磷富集的问题日趋升级，据统计，欧洲的地表水污染总负荷的24%～71%来自农业面源污染排放的磷。德国著名的赖谢瑙岛(Reichenau)，草药和蔬菜生产是当地的支柱产业，但是大量施用化肥和农药，导致该岛地下水体受到污染，最终影响了饮用水，严重影响了该岛的生活和生产(张维理等，2004a)。

我国农业面源污染的程度和广度已经超过了欧洲国家，并日益突出(宋涛等，2010；吴永红等，2011)。2000年，国家环境保护部调查发现，生活污水和农业面源污染对进入“三河三湖”流域的总氮、总磷的贡献率达到了84%～90%，而仅有小部分是通过工业废水进入的(国家环境保护部，2000)。张维理等(2004b)对中国2300多个县的农业生产活动与农业面源污染相关情况进行了调查，指出我国仍存在由农业面源污染引起的水体污染严重的流域和高污染的风险区。马国霞等(2012)对我国内地31个省、市、自治区的农业面源排放量进行了计算，认为如果不加大力度对面源污染进行治理，至2030年，农业面源污染中COD(化学需氧量)排放量可能会从2007年的$1.057\times10^7 t$上升到$1.4665\times10^7 t$。2008年，我国七大水系中超过20%断面的水质属水质标准劣Ⅴ类(饶静等，2011)，在全国重点监控的湖、库中，部分频繁发生水华现象，严重影响饮水安全(周生贤，2008)。2010年2月公布的《第一次全国污染源普查公报》显示，在5.996×10^6个普查对象中，农业源达到了2.899×10^6个，可见对水环境污染影响较大的污染物主要是来自农业，其中农业排放的总氮($2.7046\times10^6 t$)和总磷($2.847\times10^5 t$)均超过了排放总量的50%，分别达到了57.2%和67.4%，且COD的排放量($1.32409\times10^7 t$)约占总排放量的43.7%(饶静等，2011)。《2012年中国环境状况公报》显示农业COD排放量($1.1538\times10^7 t$)达到了全国废水排放总量的47.6%(金书秦等，2013)。面对日益突出的农业面源污染问题，对其加强研究迫在眉睫。早在20世纪60年代，美国、日本和英国等发达国家对农业面源污染就开始了系统的研究；70年代后，全球各地也逐渐开始重视农业面源污染；随着人们意识的加强，80年代农业面源污染研究蓬勃发展；90年代至今，新的农业面源污染物成为研究热点(樊娟等，2008)。

二、面源污染的类型

面源污染根据污染物的来源可以分为农业面源污染和城市面源污染，张维理等(2014b)按照面源污染来源划分了6种类型，包括：①农田径流、淋溶或者侧渗；②畜禽和放牧草场的径流；③农村小村落生活面源；④湖泊、河流上的家禽和水产养殖；⑤城乡结合部无污水管道和垃圾处理系统的城区和大乡镇场地径流；⑥矿区径流。

（一）农业面源污染

农业面源污染是最重要且分布最广泛的面源污染，其污染物的主要来源是农业生产活动过程中化肥、农药、农膜等农用化学物质过量使用以及畜禽粪便、农村生活污水和垃圾等不合理排放(张晖，2010)。

化肥污染：我国是世界化肥生产和消费的第一大国(占世界总产量的35%)，但是化肥的利用率较低(我国的氮肥、磷肥、钾肥利用率分别为30%～40%、10%～15%、40%～60%)，远低于发达国家(赵志坚等，2012；浦碧雯，2013；洪传春等，2015)。农业生产中大量施用化肥，容易引起土壤、大气和水体环境的污染。

农药污染：美国国家环境保护局把农业面源污染列为全美水体环境污染(河流和湖泊)的第一污染源。据统计，美国每年产生5×10^8 t农药，但是约30%未被利用，造成地下水和地表水水质污染(Griffin，1991)。根据2011年数据显示，我国农药原药的产量(2.6487×10^6 t)比2010年增长了21.53%，农药的不合理使用和残留，以及由此带来的现实和潜在危险影响着人体健康。

农膜污染：为满足人类的生存需求，设施农业迅速发展，大量的塑料地膜(不易降解或降解后产生有害物质)残留在土壤中，污染农田生态系统(白云龙等，2015)。据统计，我国农膜年残留量高达3.5×10^5 t，约有42%的农膜残留在土壤中，严重污染农田环境。

畜牧业污染：畜禽养殖过程中产生大量的畜禽粪便(含有有机污染物)，如果不经任何处理直接排放会引起氮、磷污染，矿物质元素污染，生物病源污染等(Ajzen，2002；栾江等，2013)，并导致水体和大气的污染。

农业废弃物污染：我国是农业大国，每年产生大量的农业废弃物，其中秸秆的能源相当于3.5×10^8 t的标煤；而大多数的农业废弃物并没有被合理利用，而是焚烧或者丢弃，严重污染了大气和水体，危害人体健康(刘金鹏等，2011)。

农村生活污染：我国农村人口多且居住分散，生活垃圾和污水等不好管控，由此引发的生态环境污染不容忽视(张中杰，2007；梁流涛等，2010)。

农业面源污染来源多，因此具有分散性、隐蔽性、随机性、不确定性、广泛性、难监测性和潜伏性等特点。

（二）城市面源污染

城市面源污染是指城市地面中的污染物在降水条件下，随水从非特定的地点汇入湖泊或者河流，引起地表水和地下水水体污染(赵剑强，2002)。美国国家环境保护局将城市面源污染列入河流湖泊的第三大污染源(杨荣泉等，2004)，美国因建筑工业的地表径流引起的地表水污染占据了5%(Line et al.，1994)。我国对城市面源污染的研究起步较晚，20世纪80年代初才开始对北京的城市径流污染进行研究，随后陆续在全国大中城市中开展(宫莹等，2003)。丁程程等(2011)研究发现，城市面源污染主要以SS(悬浮物)、COD、TN(总氮)、TP(总磷)污染物为主，具有一定的地域(交通区污染严重)和时间特征(降雨初期，径流污染物浓度高)，其影响因素包括降水强度、降水量、降水历时、大气污染情况和地表清扫状况等(Vaze et al.，2002；任玉芬等，2005；韩冰等，2005；边博等，2009)。国内外的学者通过对污染物的来源进行控制来防治城市面源污染。合流制管道溢流（combined sewer overflow，CSO)是城市面源污染的主要来源，李平等(2014)研究表明，应用生物滞留设施可以削减降雨条件下城市径流中的重金属、氮、磷、细菌和病毒等污染物。刘燕等(2008)将植草沟技术运用到城市面源污染防治中，发现其能够控制和削减受纳水体的径流污染负荷。龙剑波等(2013)从宏观角度提出防控城市面源污染宜与城市规划相结合，只有将两者有机结合起来，才能够更好地控制城市面源污染。

三、面源污染的形成机制

掌握面源污染的形成机制是开展面源污染模型化、防控化和管理研究的基础(李强坤等，2008、2009；洪华生等，2008)。面源污染的形成是一个连续变化的动态过程，根据Steve等(2005)构建的生态环境演变分析框架，可以从驱动力的角度来分析面源污染的形成机制，分为直接驱动力和间接驱动力。直接驱动力主要是指气候、土地覆盖变化等生物、化学等自然方面产生的影响；间接驱动力主要是指人为主导的驱动力，包括经济、人口、社会等状况(梁流涛等，2010)。魏欣(2014)同样提出了农业面源污染的形成既有社会经济因素，又有自然环境因素。吴罗发(2011)通过对江西省鄱阳湖区农业面源污染的形成机制研究发现，除了经济发展水平与农业面源污染呈正相关外，产业结构、经济规模和劳动力转移与其呈负相关关系。梁流涛等(2010)利用全国各省16年(1990～2006年)的数据，分析了我国农业面源污染的影响因素，指出经济发展对农业面源污染的形成机制存在显著影响，不断加大的农业生态系统生产的集约程度，会加快农业面源污染；粗放型、掠夺式的农业生产方式会促使农业面源污染的形成并且加快这个进程(冯孝杰，2005)。除了受到社会经济机制的间接驱动外，面源污染的形成同时也离不开直接驱动力的驱动，即径流、侵蚀、渗透等自然过程。在农业生产生活过程中，氮、磷、杀虫剂等化学品会积聚在土壤中，这些物质通过自然过程中的迁移、转化和扩散，引起农业面源污染，因此在面源污染物的直接驱动力中根据污染源进一步分为氮污染机制、磷污染机制、硝酸盐污染机制和杀虫剂污染机制。杨志敏等(2009)对重庆农业面源污染影响因子分析发现，重庆主要的污染物是氮和磷，主要的污染源是化肥施用和畜禽养殖。

此外，面源污染从形成过程的角度可以分为三个过程，即降雨径流、土壤侵蚀、污染物迁移转化。首先，面源污染物迁移转化的载体包括降雨形成的径流，污染物通过降雨形成的径流进入受纳水体，进而形成面源污染，一次降雨产生的径流量是开展面源污染负荷估算的前提条件，但是并不是每次的降雨都能产生地表径流，从而带来面源污染，因此学者们认为应该从水文学和水动力学角度，对降雨的产流条件的空间差异性进行研究(邹桂红，2007)。其次，面源污染发生的主要形式是土壤侵蚀，其携带的泥沙是面源污染的产物，且泥沙会吸附氮、磷，进入水体后形成非点源污染。据统计，我国每年流失的表土达到了5×10^9t，且数百万吨的污染物通过流失的表土进入地表水体，造成严重的水体污染(张中杰，2007)。早在20世纪60年代后期，就有学者开始从面源污染的角度研究土壤侵蚀，对最开始的通用土壤流失方程(universal soil loss equation，USLE)

(Wischmeier et al.，1978)不断修正和扩展，形成了一种基于物理过程的 WEPP（water erosion prediction project）模型(Foster，1995)。我国学者在结合实地监测数据的基础上，在 USLE 模型基础上提出了经验型区域性土壤侵蚀模型。最后，污染物迁移转化过程即面源污染物在降雨、灌溉等外营力作用下，从土壤圈向其他圈层扩散的过程(径流和渗透过程)，最终形成面源污染(李玉庆等，2012；赵强等，2015)。

第二节　面源污染中氮、磷污染研究

氮、磷已成为面源污染中重要的污染源，其贡献率分别达到了 57%和 67%，且水体中 83%的氮、磷来自农业面源污染。在我国，有 25 个湖泊水体中全氮均富营养化，氮、磷富营养化已经成为水污染的核心问题(余红兵，2012)。氮负荷和磷负荷不仅在我国成为水体污染的主要原因，一些发达国家也存在这种现象。Boers(1996)在 20 世纪 90 年代后期指出，荷兰水体污染中受农田氮、磷负荷影响分别达到 60%和 40%～50%；同时期，Kronvang 等(1996)研究也表明，丹麦有 270 条河流受到了面源污染，其中氮、磷负荷分别达到了 94%和 52%；Daniel(1998)同样认为水体污染物的主要来源之一是农业面源污染，且氮、磷负荷占水环境污染总量的 57%和 64%。因此，开展对面源污染中的氮、磷污染物的研究，对防治水体污染有重要的现实意义。

一、面源污染中氮素流失特征及防控

氮是动植物所必需的基本元素，同时也是农业生产中最重要的营养限制因子。氮素可以通过生物固氮、大气沉降、作物残渣还田、化肥施用、灌溉等途径进入农业生态系统，然后再通过反硝化、氨挥发回到大气，地表径流、淋溶回到水体中。农田生态系统中，大量的氮素进入水体，会引起水体氮富营养化和硝酸盐含量超标。黄东风等(2009)研究表明，在多年种植的蔬菜地土壤中，氮素主要以硝态氮的形式累积，由于硝态氮不容易被土壤胶体吸附，随水容易进入地下水(张国梁等，1998)，造成菜地附近地下水中的硝酸盐污染。据统计，我国每年施用的氮肥超过了 2×10^{8} t，但是损失的氮素就高达 9×10^{6} t，大部分进入水环境，影响水体水质(侯彦林等，2008)。朱波等(2006)对川中丘陵区农田生态系统氮的研究发现，小流域系统中每年农田氮素盈余达到 66.8 kg/hm^2，氮素急剧损失，并已导致小流域农业氮面源污染，施肥特别是氮肥对水体的负面影响日趋加大。

面源污染中的氮素流失途径主要包括地表径流损失、淋溶损失、氨挥发和土壤侵蚀损失(詹议，2012；蒋锐，2012)。首先是氮的径流损失。在降雨条件下产生径流，土壤中的氮素以溶解态和颗粒态形式随着地表径流流出农田生态系统，进入受纳水体中(梁新强等，2005；徐爱国等，2010；王小燕等，2011)。第二是淋溶损失。氮素在农田土壤中淋失的形态主要以硝态氮为主，而硝态氮的淋失又是造成水体硝酸盐污染的主要原因(蒋锐，2012)。施入土壤中的氮素在微生物的硝化作用下，形成土壤胶体不易吸附的硝态氮，随土壤溶液进入地下水，特别是当农田系统中的氮存在盈余的时候，最容易发生氮素淋溶现象。高懋芳(2011)通过对小清河流域农业面源氮素模拟研究表明，该流域农田种植和畜禽养殖会有大量的氮素盈余，农业氮素面源污染比较严重，农田淋溶损失氮素

达到 2.38×10^4t。第三是氨挥发损失。铵态氮水解产物氨极易进入土壤空气，约有 90%扩散到大气中，加剧大气污染程度；进入大气中的氨又会通过大气氮沉降重新回到地貌，造成土壤和水体生态问题(苏成国等，2003)。农田氨挥发主要是受到土壤、气候以及氮肥种类、施用方式等影响(杨杉等，2014)。第四是土壤侵蚀。土壤侵蚀是面源污染中氮素流失的重要途径，它在水或者风的作用下，使地表土壤发生迁移和运动，从而带走了氮素。据统计，农田土壤侵蚀占全球侵蚀土壤的 50%～75%，如果农田侵蚀的土壤按 3×10^8t 计算，土壤中平均含氮量按 0.15%估计，那么通过农田土壤侵蚀带走的氮素高达 4.5×10^5t。影响农田系统中氮素流失的因素主要包括降雨和灌溉、土壤特性、耕作方式、施肥等(陶春等，2010)。

对于面源污染中氮流失的防控，应该因地制宜地从减少污染源和控制污染物转移途径进行有效的控制。首先，从田间养分管理角度出发，全面推行平和施肥技术，即有机、无机肥配施和氮、磷、钾配施技术，因为氮肥配施磷肥可以有效降低 18%～72%的土壤硝态氮含量(樊军等，2000；袁新民，2000)；同时有机肥配施氮肥，特别是硝酸钾肥料，可以有效抑制硝态氮的淋失(郭胜利等，2000)，减少因氮流失造成的地下水污染。就施肥方式而言，穴施和深施可以有效降低径流中氮的流失量；同时在灌溉水量方面，宜适量，因为灌溉水量减少明显降低了菜地土壤中硝态氮的淋失(于红梅等，2005；梁新强等，2006)；进一步开发生物固氮技术，通过种植豆科植物固氮，减少氮素流失(盛下放等，2000)。可以适当施用聚丙烯酸钠(PAA)3,4-二甲基吡啶磷酸盐(DMPP)等化学添加剂来降低土壤中的氮素淋失量，同时缓解土壤中铵态氮向硝态氮转化，减轻水体的氮污染(杜建军等，2007；俞巧钢等，2014)。此外，在农田作物的间歇期，种植填闲作物可以有效吸收土壤中存留的氮素，减少硝态氮在土壤中累积和淋失(黄东风等，2009)。其次，从污染物流失的途径出发，通过拦截等技术手段减轻氮素的流失："汇-源"景观组合和生态草带拦截技术可以有效地吸收和拦截农田地表径流和地下径流中的氮养分，实现在途径中有效减少氮流失。张刚等(2007)利用稻季缓冲带拦截了田面水中 32%～51%的总氮量，许平开等(2012)利用植物篱对雷竹林氮的拦截率达到了 57.7%～61.0%，这不仅减少了面源污染中氮的流失，而且还节约了成本和时间。植被缓冲带是控制面源污染的新型生态工程技术，王华玲等(2010)在坡耕地处设置了四种植被缓冲带，通过拦截试验表明，缓冲带对铵态氮的拦截率为 48%～95%，其中平衡施肥结合紫穗槐的拦截效果最佳；同时，申小波等(2014)研究表明，茎秆密集的草本植被过滤带能有效地拦截总氮，对农田面源污染具有较好的防治效果；修建沼气池、人工湿地等低成本的治理技术也可以有效控制氮流失，其中通过人工湿地可以去除 60%的总氮(张中杰，2007)。

二、面源污染中磷素流失特征及防控

磷是植物生长的必需元素之一，但是过量的磷会导致水体富营养化，从而引发大规模的水化和赤潮，这已成为我国湖泊和沿海地区突出的环境问题(刘佳等，2008；钟诗群等，2014)。水体富营养化的主要限制因子包括磷素，而该现象的发生与土壤当季农田磷盐分的流失有密切关系(Daniel et al.，1998)。据统计，世界上 80%的湖泊是磷控制型，对于我国来说，也有 65%的湖泊属于磷控制型(Li，2008)。马骞等(2011)以鲁中区南山地丘陵区坡耕地为研究对象，研究表明在径流初期，地表径流中溶解态磷浓度与径流率及原表土速效养分含量具有较高的相关程度。土壤固磷能力强，但是菜地对磷素需求较少，盈余的磷会通过地表径流和淋溶的方式进入受纳水体，引发水体富营养化等面源污染(Ju et al.，2007)。在面源污染中，滇池周边的土壤含磷总量是我国农业土壤的高量值的7.5倍，成为滇池磷污染的重要来源之一(贝荣塔等，2010)。

农田系统中，磷素主要通过径流、渗漏等方式流失，其主要形态包括溶解态磷和颗粒结合态磷，其中颗粒态磷的流失占总磷的62%～83%(孙海栓等，2012)，且两种形态磷的比值决定了有效磷的数量和富营养化的潜能(黄红艳等，2010；张旭，2011)。面源污染中的磷主要通过径流和地下淋溶损失，其中地表径流是土壤中磷素流失的主要途径。已有研究表明，表层土壤中含磷量与地表径流中的磷浓度有正相关关系(Sharpley et al.，1994)。此外，气候因子(降水量、降水时间、降水强度)、土地利用方式、施肥状况等因素均会影响面源污染中磷流失的程度。杨丽霞等(2007，2010)通过研究不同施磷水平对太湖流域典型的蔬菜地磷素形态及流失量的影响，表明施肥对径流中的总磷、颗粒态磷及生物有效磷有显著的相关关系。高扬等(2006)研究发现，紫色土坡地中有两种径流模式(地表径流和壤中流)，持续性大雨会使土壤中的磷析出，导致水体富营养化，壤中流的径流动态过程受到降水强度和表面作物覆盖度的影响。土壤中，有机磷不易被土壤颗粒固定，易流失，施用有机肥会增加有机磷的迁移，从而增加地表径流中磷的含量(徐楠等，2012)。磷素的另一种流失方式是地下淋溶损失，在土壤中的磷达到吸附饱和的时候，才会发生强烈的淋溶损失(单艳红等，2004)，主要包括渗透流(通过土壤基质流的地下淋溶渗滤)和优势流(通过土壤优先即土壤中大孔隙到达地下水系统)两种途径，其影响因素主要有土壤结构、土壤水分含量和溶质的施加速率等(崔力拓等，2006)。当土壤中的Olsen-P浓度超过60 mg/kg的时候，土壤中的磷就会通过优势流等方式从亚表层径流损失(Sharply，2003)；土壤中的蚯蚓会增加土壤孔隙，加快磷从土壤中的大孔隙流到地下系统(McDowell et al.，2001)；土壤中优势流的影响深度可到达地面以下90cm(杨学云等，2004)。

杨林章等(2013)在吴永红等(2011)提出面源污染控制的3R理论(减源—拦截—修复)基础上提出了4R理论(减源—拦截—再利用—修复)，以此来指导面源污染防控，对于面源污染中磷流失的防控也可以基于以上提出的理论。首先是源头减量(reduce)，主要通过施肥管理、调整种植结构、控制养殖业及添加改良剂等方式防治，降低农田磷流失的关键在于减少田面水的排出，如采用浅水勤灌、干旱交替等田间管理。章明奎等(2007)研究表明，在粪肥中添加明矾，可以降低79%的可溶性磷浓度，从而降低农田径流磷的浓度。肥料穴施和深施可以明显降低径流中磷的流失量，且氮磷肥配施如普钙和尿素合理配施在提高蔬菜产量的同时，又可以减少磷流失量(黄东风等，2009)。第二是过程阻断(retain)，水土保持耕作法的措施可以有效防控面源污染磷的流失；常见的有修筑梯田、设置缓冲带和边缘带保护性耕作等措施(Maxted et al.，2009)。戎静等(2011)运用生态拦截草技术研究了太湖源地区雷竹林氮、磷径流拦截效果，表明拦截草能有效地控制磷的径流迁移效果。唐佐芯等(2012)的研究也表明，在坡面设置草带，可以控制径流泥沙氮、磷的迁移，宽窄草带对全磷迁移通量的控制率均超过了89%。第三是养分再利用(reuse)，利用面源污染中含有氮、磷等养分资源的污染物再次进入农业生产系统，作为植株生长发育所需的营养元素(胡雪琴等，2015)。农业废弃物——秸秆直接还田或者间接还田，不仅可以减少土壤侵蚀发生的程度，而且还能够使稻麦每年减少7%～8%的氮、磷流失量；此外，畜禽粪便可以用于生产有机肥，不仅可以提高作物的产量，而且还能够缓解氮、磷流失问题(常志州等，2013)。第四是生态修复(restore)，采用生态工程修复措施如水体修复和河岸带修复等，恢复江河湖泊的生态结构和功能，最终提高和强化水体自我修复和自我净化的能力(杨林章等，2013)。刘娅琴等(2011)的研究表明，生态浮床技术中水体植物覆盖率为39%时，可以有效控制水体中浮游植物的多样性，促进水体生态系统的良性发展。

三、面源污染中氮、磷污染负荷模拟

20世纪70年代以来，国内外学者围绕面源污染负荷模拟展开了大量的研究，经历了经验推理性模型、定量化机理性模型、数学模型、面源污染管理模型、面源污染与3S技术结合的模型等研究阶段。野外实测法、输出系数法、通用土壤流失方程法、污染指数法和面源污染物理模型法是目前用于农业面源污染负荷估算和关键区识别的研究方法(李文超，2014)。根据模型的复杂性和模拟技术可以将其分为简单性、功能性和机制性模拟负荷模型，代表的模型分别有FHWA和WMM、CREAMS和AGNPS、SWAT和HSPF等；由于不同的水体对面源污染的响应不同，湖泊河流主要采用WASP5、CE-QUAL-2E等模型模拟，而河口水质模拟模型主要有CE-QUAL-W2、CE-QUAL-ICM等(罗艺，2010)；在定量化模型中，按照不同形式的参数，又可以分为集总式和分布式两种面源污染负荷模型，HSPF、CREAMS、EPIC等属于集总式模型，GLEAMS、AGNPS、SWAT等均属于分布式模型(李爽，2012)。通过模型对面源污染进行模拟，是目前面源污染研究的重要手段之一，它可用来确定面源污染物的类型、浓度、流量负荷等(马广文等，2011)。张薇薇等(2013)利用输出系数模型(export coefficient model，ECM)模拟了怀柔库区上游的氮、磷污染负荷，指出了土地利用方式及产业结构等农业活动对怀柔流域氮、磷污染的影响；杨静淑等(2009)在传统的Johnes输出系数模型中添加了灌溉因子，研究了宁夏灌区氮、磷负荷情况，表明改进的模型比传统模型更接近宁夏灌区的实际污染情况。目前，GIS与非点源模型耦合集成的模型已经成为非点源模型的发展趋势，包括SWAT、ANNAGNPS、NPSM和LSPC模型，将其应用到面源污染中氮、磷负荷模拟可以有效了解污染物的空间分布规律，还可以指导最优的管理措施来控制氮、磷污染，但是不同区域要对模型中的参数进行调整，提高模型模拟的准确性。SWAT模型已经成为较为成熟的模拟流域面源污染的模型，特别是GIS和SWAT模型耦合集成的模型。李爽等(2013)运用SWAT模型模拟了南四湖湖东和湖西的典型小流域的氮、磷污染情况，发现该模型在地形起伏较大的地区能获得较高的模拟精度。胡文慧等(2013)基于SWAT分布式水文模型(Hu et al.，2011)，研究表明汾河灌区在7～9月汛期会产生至少50%的氮和70%的磷流失，严重污染灌区的生态环境。曾远等(2006)和洪华生等(2004)均采用AGNPS模型分别对太湖流域和福建九龙江流域的氮、磷流失负荷进行了定量计算。王慧亮等的(2011)研究指出，LSPC模型可以对透水和不透水地面、河流和完全混合型湖泊水库三种不同性质的地表水文水质过程进行模拟，模拟的变量包括径流、沉积物、重金属和常规污染物。

第三节 面源污染评价

农业面源污染评价的主要目的是确定农业面源污染的潜在能力与表观能力，确定主要的面源污染物、主要污染源、主要污染区域、主要影响因子等。其评价内容包括污染源负荷评价(如排放量、排放系数)、污染水质评价等(付伟章，2013)。

一、面源污染评价类型

农业面源污染涉及农业生产和人们生活的方方面面，所得到的调查数据涉及的变量也是林林总总，因而具有高维空间特征。对于面源污染数据的评价，目前用得较多的是综合指数法(李录娟等，2014)、层次分析法(董守义，2015)、模糊数学法(郑艺，2015)等。综合指数法是通过建立各评价要素的指数函数模型，然后加权集成，因而权重的精确与否直接影响评价结果。层次分析法则是将评价体系分成目标层、准则层和方案层，构造层次结构模型，然后通过建立两两判断矩阵，向上递推，得到评价结果。模糊数学法是基于评价的随机性和不确定性，建立模糊评价矩阵，采用不同的模糊算子进行推算。这 3 种方法各有优缺点。对于不确定性数据，集对分析是一种很好的评价方法。它从用、异、反等三个方面研究事物的确定性与不确定性，全面刻画两个不同事物之间的联系，其核心思想是将确定性和不确定性视为一个系统，在该系统中，确定性与不确定性相互联系、相互影响、相互制约，并在一定条件下相互转化，建立模型以统一描述模糊、随机、中介和信息不完全所导致的各种不确定性，从而把对不确定性的辨证认识转换成一个具体的数学工具。

二、面源污染评价指标体系

土壤长期淋失发生的条件是降水量(包括灌溉量)大于径流与蒸发总量之和，土壤渗透性好；土壤短期淋失发生的条件是一次降水或灌溉量过大(黄满湘等，2003)。总之，土壤湿度大于保水能力时，淋失才会发生(侯彦林等，2008)。

地貌可分为山地、丘陵和平地。山地和丘陵的土壤以水土流失的方式为主，而平地以土壤淋失流失为主(王晓燕等，2003)。按土壤水分条件，土壤可划分为水浇地(肥料淋失主要受灌溉量、灌溉次数及降水的影响)、旱地(肥料淋失受降水影响)和水田(主要受质地和肥料用量影响)。

地下水硝态氮含量的划分标准、是评价施氮影响地下水质的直接标准，也是多年施氮影响的累计结果。该指标可靠、具体，但难以反映氮素污染的发生过程，参照国内外现行标准，将肥料中氮引起的地下水硝态氮含量定义为大于 10 mg/L 为有污染，最大允许值为 50 mg/L。

土壤硝态淋失量的划分标准是评价施氮影响地下水质的间接标准，也可以认为是肥料中氮当季对地下水污染的直接威胁程度。该指标可具体反映氮污染发生的过程和数量，但还不能断定其对地下水污染的增量。理论依据：多数作物的根系难以伸展到 1 m 或 2m(不同作物根系可伸展深度不同)以下土层吸收硝态氮；根据硝态氮运动的“活塞原理”，1 m 或 2 m 土层以下的硝态氮大部分难以返回上层，即硝态氮总是以向下运动为主。在评价氮素通过土壤淋失到 1 m 或 2 m 土层之下时，经常用到两种表示方法，其一是硝态氮淋失量[kg/(hm^2 · season)]，其二是每升淋失液中硝态氮的含量，即浓度(mg/L)。然而，这两个指标并不能直接用来判断氮素是否可以污染地下水，因为它们到达地下水之后，将产生稀释作用，只有日积月累才能影响地下水中硝态氮的浓度，硝态氮淋失量是绝对数值，每升淋失液中硝态氮的含量必须和淋失水量相乘或经过积分才能求出绝对数值。

通过多元统计分析方法与污染风险分级的评定(付伟章，2013)，闭合小流域水质监测采用代表性暴雨径流采样监测方法，全年共 8 次采样，分别为丰水期 5 次、平水期 2 次和枯水期 1 次。由于研究区的泄洪过程一般在降雨后 2~3 天结束，为了使采集水样能够代表暴雨径流的面源污染特征，每次采样过程选择降雨后期或降雨之后 1~2 天完成。监测点每次排灌站排水期间每 10 分钟取样一次，混合后测定水质，并记录排水量。研究监测期间，在丰水期时间段内，排水站共排水 5 次，排水量及每次排水中氮、磷污染物浓度见国家环保部环境标准司发布的中国北方淡水湖泊富营养化评价标准，如表 1-1 所示(《环境影响评价技术导则　地面水环境》，HJ/T 2.3—93)。

表 1-1　湖泊营养化程度评价标准

项目	总磷/(mg/L)	总氮/(mg/L)	评价级别
评价标准	<0.005	<0.2	贫营养
	0.005~0.01	0.2~0.4	贫—中营养
	0.01~0.03	0.3~0.65	中营养
	0.03~0.10	0.5~1.5	中—富营养
	>0.10	>1.5	富营养

影响因子等级划分所有因子都以 5 级划分，如表 1-2 所示(刘宏斌等，2006)，不同的因子级别对农业面源污染风险程度的贡献不同，级别越高，贡献越大。表 1-2 中一些因子的分级阈值并不是一成不变的，可以随风险评估区的实际情况稍做修改。

表 1-2　农业面源污染风险影响因子分级

因素类型	因子类型	因子分级				
		一级	二级	三级	四级	五级
地形	坡度/(°)	<5	5~8	8~15	15~25	>25
	沟渠密度/(km/km^2)	<1	1~2	2~3	3~5	>5
土壤	土壤孔隙度/%	<40	40~45	45~50	50~55	>55
	污染物含量(TN+TP)/(g/kg)	<0.75	0.75~1	1~1.5	1.5~2	>2
土地利用	土地利用类型	林地	园地	农村居民点	旱地	水田+菜地
	禽畜密度/(头/hm^2)	<15	15~30	30~60	60~100	>100
	氮磷使用量/(kg/hm^2)	<50	50~100	100~200	200~500	>500

续表

因素类型	因子类型	因子分级				
		一级	二级	三级	四级	五级
气候	降雨量/mm	＜300	300～500	500～800	800～1200	＞1200
	6～9 月降雨量/mm	＜200	200～400	400～600	600～900	＞900
地下水	NO^{3-} 含量/(mg/L)	＜50	50～89	89～200	200～500	＞500

一级：农村居民点用地，由于居民生活排放大量的废弃物，污染程度最高。二级：耕地，由于施用大量的化学肥料，农田径流中氮、磷营养元素导致附近水域不同程度的富营养化。三级：抬田形成的林地，该类土地外加污染源较少，加之抬田沟渠内水生植物丰沛，形成自然的湿地生态系统，自净功能较好，周围水体质量好转。四级：自然湖泊水面，该研究地区没有工厂等点源污染源，水体环境容量较大，水体质量良好。

目前，对农业面源污染采取源头控制措施是切实可行的方法。在农业区如何有效地识别易于发生面源污染的危险地区，将有限的投入分配到关键源区或优先控制区，从而收到最大的控制效果是农业面源污染控制和管理的关键。因此选取影响农业面源氮、磷污染的因子，采用科学、定量化的综合评价方法，建立合理的评价指标体系，评价农业面源污染潜在危险时空分布，对研究农业面源污染控制和管理具有重要意义。

三、面源污染评价模型

随着面源污染现象的快速发展，国内外构建了众多的面源污染模型(张宏华等，2003；于维坤等，2008)，目前常用的面源污染模型有 HSPF、SWAT 和 AnnAGNPS 等。模型主要有三个过程，即地表径流过程，土壤侵蚀的过程和氮、磷污染物流失的过程。降水等气象因子是非点源污染形成的动力因素，在不同下垫面条件下，降雨会产生不同的径流过程，并对土壤形成侵蚀作用(孙本发等，2013)；在降雨一径流驱动下，大量吸附泥沙中的氮、磷污染物及可溶性污染物进入水体，进而产生面源污染(曹艳晓等，2012)。降雨径流过程模拟模块中，HSPF 模型使用的是机理性较强的模块，而 SWAT 和 AnnAGNPS 都可以采用修正的 SCS-CN2 法。修正的 SCS-CN2 法为经验公式，只需考虑总降水量，对数据需求量较小，不需要考虑降水强度和持续时间。土壤侵蚀过程的模拟模块中，HSPF 模型采用了机理性的侵蚀模型，将土壤侵蚀过程分为泥沙的吸附与分离过程、泥沙在地表的搬迁过程等两部分。AnnAGNPS 和 SWAT 模型则多采用修正的土壤流失方程 RUSLE 和 MUSLE 来计算，考虑了与侵蚀密切相关的径流因子，坡长与降水、坡度与降水等有关因子交互作用。其中，MUSLE 方程结合径流系数来代替原有的降水能量系数，不仅大大提高了产沙预报精度，而且更加适用于单次暴雨事件(李娟等，2007)，具有很好的扩展性。在流域污染物的迁移转化运移过程模拟中，HSPF 模型考虑了氮、磷营养盐、BOD、DO 以及农药等多种复杂的污染物平衡，分别用一阶消解速率法和潜在因素法实现污染物模拟；AnnAGNPS 模型则更多考虑了氮、磷的施用，降解，作物吸收和运移(王晓利等，2014)，主要采用了一级动力学方程和 CREAMS 模式的评价模型；SWAT 模型采用 EPIC 模型逐日定量描述土壤氮磷养分的循环转化过程，同时基于平流扩散物质迁移方程，采用 QUAL2K（维稳态水质）模型模拟河道水质（郭军庭等，2014）。此外，刘文英等（2010）基于 SD 模型，研究在 VENSIM 软件中评价模型与农村面源污染控制系统仿真模型的动态对接，从社会经济环境大系统的观点出发，提出了长效运行的系统评估体系。

第四节　三峡库区面源污染

随着三峡工程的竣工与运营，库区的水土流失、支流水华，特别是富营养化问题日益突出（王丽婧等，2009）。地形、资源、气候等自然因素以及不合理的人为活动使库区农业环境污染愈演愈烈。农药、地膜、化肥和畜禽粪便等被大量用于三峡库区（张智奎等，2012），由此带来的农业面源污染给库区农业发展和生态环境都造成极大的伤害。据统计，三峡库区来自面源要的 COD、N、P 各占该区污染总负荷的 70.8%、60.6%和 74.9%（陈康宁等，2010），而库区次级河流中约有 55%的总氮（TN）、总磷（TP）和有机物等污染物来源于农业面源污染（吴磊，2012）。2008 年，该区农业化肥用量为 1.407×10^5 t，其中 1.254×10^4 t 汇入地表径流造成面源污染。2009 年，三峡库区重庆段来源于农业面源的 COD 为 2.664×10^5 t，超过同年的工业及生活排放量 1.674×10^5 t（张智奎，2012）。

一、三峡库区面源污染的现状

三峡库区是指受长江三峡工程淹没的地区，包括有移民任务的 20 个县（市）。库区地处四川盆地与长江中下游平原的结合部，跨越鄂中山区峡谷及川东岭谷地带，北屏大巴山、南依川鄂高原。三峡水库总面积为 1084km²，淹没陆地面积为 632km²。

三峡库区是我国典型的生态脆弱区与环境敏感区，重庆市三峡库区水土资源污染情况较为严重。主要污染源为由水土流失、化肥和农药的大量施用及规模化畜禽养殖业畜禽粪便的不合理处理所带来的农业面源污染（杨彦兰等，2015）。其特殊的生态环境条件会促使面源污染的发生，调查发现，农田面源污染物在三峡库区水体污染源中占有很大的比例（傅杨武等，2009），这对库区水环境乃至整个生态系统的安全将是一个巨大威胁（左良栋等，2010）。2011 年，三峡库区长江 38 条主要支流水体富营养化程度较上年同期有所加重（温兆飞等，2014）。受淹没、移民两个驱动力的作用，流域系统水土流失加剧、生物多样性被破坏、土地退化严重等（黄闰泉等，2002）。通过对库区部分区域水体的连续监测，水体总磷、非离子氨 CODcr 等指标有恶化趋势，库区土壤重金属 Cd、As 等含量明显增加（刘光德等，2004）。

利用农业面源污染模型 AnnAGNPS，石兴旺（2007）以三峡地区典型小流域为研究对象，根据 GIS 技术和水土保持理论，建立小流域基础地理数据库，选择适用于研究区的土壤侵蚀模型，估算流域的产沙量，并对不同土地利用方式下的产沙量进行对比，分析流域的产沙规律。近年来，与库区农田面源污染相关的污染物模拟，产流、产沙量计算以及面源污染防治技术的研究不断取得进步，并取得了一些较好的成果（杨艳霞，2009）。

二、三峡库区面源污染负荷模型研究

(一)输出系数模型

污染物输出系数是单位时间内某种土地利用方式下输出的污染物总负荷的标准化估计，多采用单位时间单位面积的负荷量来表示($kg \cdot hm^{-2} \cdot a^{-1}$)。

输出系数法于 20 世纪 70 年代初在美国、加拿大首先提出，主要用于研究土地利用-营养负荷-湖泊富营养化之间的关系，这也是最早期的输出系数模型。输出系数法是指利用污染物输出系数来估算流域输出的面源污染负荷，其特点在于能够利用土地利用状况等资料，是一种集总式的简便面源污染负荷估算方法。输出系数模型则是输出系数法的一种具体体现，主要是利用相对容易得到的土地利用类型等数据，通过多元线性相关分析，直接建立流域土地利用类型与面源污染输出量之间的关系，然后通过对不同污染源类型的污染负荷求和，得到研究区域的污染总负荷。早期的输出系数模型存在许多不足，在研究时直接假设所有的土地利用类型的输出系数固定不变，然而这种假定和实际情况存在非常大的差异。为了弥补模型的缺陷，1996 年，Johnes 等建立了更为完备的输出系数模型，主要是在模型的实际应用中加入牲畜、人口等因素的影响。改进后的输出系数模型对不同种类的牲畜家禽根据其数量和分布采用不同的输出系数；对不同利用类型的土地采用了不同的输出系数；对人口的输出系数则主要根据当地农村人口对生活污水及废弃物的利用和处理水平来定。同时，由于总氮的输入比较复杂，改进后的输出系数模型还加入了植物的固氮、氮的大气沉降等因素，使输出系数模型的内容更加更富，提高了该模型对土地利用状况发生改变的灵敏性。Johnes 模型因为其结构简单，所需资料相对较少且容易获得而在面源污染负荷估算中应用较多。同时，由于该模型一般直接评估和预测总氮和总磷的负荷量，而较少涉及氮、磷元素的具体存在形式，因而减少了许多烦琐的过程，并使模型结果的可靠度人为提高。该模型利用半分布式途径来计算流域尺度上的年均污染(总氮、总磷)总负荷的数学加权公式，模型方程如下：

$$L_j = \sum_{i=1}^{m} E_{ij} A_i + P$$

式中，j 为污染物类型；i 为流域中土地利用类型的种类或者牲畜、人口类型，共有 m 种；L_j 为污染物 j 在该流域的总负荷量 $kg/(hm^2 \cdot a)$；E_{ij} 为污染物 j 在流域第 i 种土地利用类型中的输出系数 $kg/(hm^2 \cdot a)$；A_i 为 第 i 种土地利用类型的面积或第 i 种牲畜数量(头)、人口数量(人)；P 为由降雨输入的污染物总量 $kg/(hm^2 \cdot a)$(杨彦兰等，2015)。

(二)压力-状态-响应模型

压力－状态－响应模型(pressure-state-response，P-S-R)是由联合国经济合作和开发组织(Organization for Economic Co-operation and Development，DECD)和联合国环境规划署(United Nations Environment Programme，UNEP)共同提出的环境概念模型。在 P-S-R 框架内，某一类环境问题可以由三个不同但又相互联系的指标类型来表达。压力指标反映人类活动给环境造成的负荷；状态指标表征环境质量、自然资源与生态系统的状况；响应指标表征人类面临环境问题所采取的对策与措施。P-S-R 概念模型在农业面源污染研究的应用上尚未见报道。依据上述概念框架，不难给出农业面源污染系统的 P-S-R 模型，农业面源污染的排放量与排放系数可视为“压力”；由面源污染排放引起的水质变化可视为“状态”；由此反馈的人类活动可视为“响应”。P-S-R 概念模型从人类与环境系统的相互作用与影响出发，对环境指标进行组织分类，具有较强的系统性(杨志敏，2009)。

(三)AnnAGNPS 模型

AnnAGNPS(annualized agricultural non-point source pollutant loading model)模型源自 AGNPS，是由美国农业部的农业研究局(USDA-ARS)与自然资源保护协会(Natural Resources Defense Council，NRDS)于 1998 年共同研发的一个高级流域评价工具(席庆等，2014)，它是针对流域农业管理措施的响应而设计的基于连续事件的流域尺度的分布式农业面源污染模型。数据准备由几个部分组成：①AGNPS-ArcView 界面，允许用户从 DEM 提取水系坡度等数据，与土地利用数据库、土壤数据库、气象数据库相交提取类型信息，形成分室(cell)和沟道(reach)文件，生成 anncell. csv 和 annreach. csv 两个文件；②AnnAGNPS 输入编辑器(input editor)，目前使用最高版本为 5.0，允许用户直接导入通过 AGNPS-ArcView 界面建立的 anncell. csv 和 annreach. csv 文件数据，或手工从键盘输入数据，以及修改编辑已有的 AnnAGNPS 输入文件；③污染物负荷模型运行，输出结果，并进行空间显示；④输出文件处理器将模型输出结果进一步汇总，事件输出可以按日、月和年分别计算。

AnnAGNPS 5.0 是一个连续模拟地表径流、泥沙和污染物负荷的分布式流域评价模型。模型按流域水文特征，将流域划分成地形、土地利用、土地管理和土壤类型等因素相对一致但形状任意的分室单元(cell)，然后由河网把这些分室单元连接起来，以日为尺度连续模拟各分室单元的径流、泥沙、养分和农药负荷量，通过河道演算得到流域出口处各种成分的含量。通过模型不仅可以了解流域整体的侵蚀产沙和污染物负荷状况，而且可从分析流域内任一分室单元的径流、侵蚀产沙和污染物负荷分布，同时可以评价流域内各种农业管理措施(如作物耕作系统、施肥、农药和灌溉、点源污染负荷和养殖场管理等)对流域水文和水质的响应，从而有助于制定多个最佳管理措施(BMPs)，进而评估 BMPs 的风险及其花费或进行效益分析。

模型的运算主要可分为三个过程，即水文、侵蚀和泥沙输移、化学物质(养分和农药)迁移的运算，可以在分室单元和河道模拟这三个过程产生的量，并处理来自于养殖场、沟蚀、灌溉和点源的量(高银超，2012)。

三、三峡库区水体质量及其变化

长江三峡工程是举世瞩目的跨世纪特大型水利工程，在保障防洪安全和综合开发利用方面具有举足轻重的作用。其干支流水体中的氮、磷浓度多年来一直居高不下，干流河段断面平均 TP 浓度高达 0.15～0.25 mg/L，TN 浓度为 1.5～2.8 mg/L，但未发生过富营养化现象，这是因为其水流速度较大，营养盐停留时间短，而三峡水库建成后，库区和支流的水流条件发生了很大变化，流速迅速减缓，导致大量泥沙淤积，水体变清，光能损失少，有利于藻类的生长。三峡大坝蓄水以后，水质整体水平呈下降趋势，但短期内没有明显恶化。支流水体蓄水后，水体营养盐浓度受干流影响增加，在其他条件适合的情况下，加速水体的富营养化(刘婷婷，2009)。

三峡水库蓄水后，库区各支流受干流水位的顶托出现回水缓流区，这些区域可能出现生态环境的改变，这种改变对三峡库区、长江中下游及河口地区的生态环境乃至社会经济等方面都会产生不同程度的影响(黄真理等，2006)。一方面，受城镇生活污水、工业废水及面源污染的影响，水体的氮、磷等营养盐含量较高；另一方面，蓄水后滞缓水域增加、流速减缓，导致水体泥沙沉积、水质变清，更容易发生水体富营养化(王晓青等，2012)。尽管长江干流水质总体保持稳定，但在支流回水区因水体富营养化已经出现了较大规模的水华现象，且水华爆发呈现出时间提前、频次增多、范围扩大之势，严重影响了库区的水环境质量。其中，研究最多的是香溪河(罗专溪等，2007；易仲强等，2009；杨正健等，2010)，其次是大宁河(张晟等，2009)、乌江(张晟等，2003)、大溪河(周广杰等，2006)、瀼渡河(郑丙辉等，2006)、嘉陵江(白薇扬等，2008)和澎溪河(郎海鸥等，2010；王晓青，2012)等。研究结果表明：在筑坝蓄水后，三峡水库支流的回水段的总体营养盐浓度变化并不显著。但是由于水文条件的改变，特别是水滞留时间的延长，回水区域富营养化有加重趋势，藻类开始大量繁殖。可以说水动力条件改变是导致水体富营养化、加剧水华发生的最主要原因。Wagner 等(1994)的研究表明：水库的面积、容积、水深、岸线系数、入库径流补给系数、换水周期和水位变幅、出库径流、流速等与富营养化关系密切。因此，针对三峡水库及主要库湾在不同时段的水文、水生态特点，结合防洪、发电、航道管理、水环境保护，合理进行基于生态系统管理的水库生态调度，可能是控制或减缓三峡水库及其支流水体富营养化发展的一种有效手段。目前，三峡库区总体水质良好，水质保持在Ⅰ、Ⅱ类水平，满足库区水体功能要求。

第五节　未来展望

三峡库区农业化肥高施用量、严重的水土流失、大坝建设后的回水效应和库区的移民大开发建设等使库区流域的水环境安全面临严峻形势。尽管国家及区域层面在水土保持和水质保护方面有大量投入，且已取得对水库安全运行、流域生态安全具有重要意义的成绩，但在库区地形起伏、化肥(农药)施用增加、大型工程扰动等的胁迫下，水土流失及其所携带的养分元素并未获得显著减少，部分支流仍有水华现象出现，导致三峡库区面源污染日趋严重，面源污染问题一直存在于三峡库区建设发展过程中，这已经成为水库安全运营和经济发展所必须面对的关键“瓶颈”问题。因此，开展三峡库区氮、磷面源污染负荷模拟及其水质评价对三峡库区生态文明发展有重要现实意义。但是从目前来看，两大关键科学问题仍未得到很好的解决，在很大程度上限制了库区面源污染来源的估算与措施的制定：①面源污染发生与形成的过程(阻力与动力)，需要在区域空间大尺度上将其引入到面源污染物负荷模拟和评价中，否则模拟与评价就不可能实现全程动态性；②能否突破传统技术方法的约束与不足，针对不同污染物形态开展产污和截污系数的模拟，进而改进传统输出系数模型、构建融景观阻/动力系数的泥沙输移比模型等，最终实现基于子流域出水口、景观阻/动力评价因子和距离成本模型的“源-汇”景观格局的识别评价。最后，再利用灰色关联系数矩阵方法与TOPSIS模型进行耦合，进行水质评价，并利用R/S分析方法进行水质的未来变化趋势分析。这些都是在评价方法上要突破的关键问题。为此，在开展三峡库区面源污染解析过程中，需要沿着土地利用、水土流失、“源-汇”格局、污染负荷、驱动机制的轨迹开展，因为土地利用可能诱发一定程度的水土流失，而水土流失势必会携带一定的营养物质，且不同的土地利用类型对水土流失过程来说，有些是“源”，有些是“汇”，从而使得在不同的土地利用类别下，面源污染的“源-汇”格局发生较大程度的变化，进而影响面源污染负荷的强弱。但是，什么驱动土地利用呢？这个问题是必须解决的，而且外施影响物质也会在土地利用类型不变的情况下加剧面源污染的发生，这就需要从土地利用驱动力、农户的社会经济投入行为入手，查明面源污染发生的动力因素及其作用过程。

第二章　土 地 利 用

土地利用是三峡库区变化最剧烈的人为活动之一，它贯穿于三峡大坝建设的全过程，并在大坝建成后仍然发生着持续、频繁的变化。从总体上看，土地利用是三峡库区面源污染形成与产生的主要动力因素，不同的土地利用类型对面源污染的拦截、消纳与吸收的程度差异较大，有些类型是面源污染产生的“源”，如耕地(水田、旱地等)，有些又是面源污染产生的“汇”，如林草地等。但是，水库建设的不同阶段所涉及或开展的主体工程及强度不同，在它们的驱动下可能产生的人为扰动与胁迫也就会表现出较大的差异，体现在土地利用上会表现出不同的变化程度或强度。因此，土地利用是分析三峡库区面源污染所必须查明的首要问题，包括土地利用变化的特征，尤其是考虑水库不同建设阶段的变化特征，特别是要将三峡库区土地利用的变化与水库建设的主体工程联系起来，也就是将这一变化与驱动变化的潜在动力因素结合起来；其次是要识别土地利用变化的驱动因素及其作用强度，尤其是将水库建设不同阶段的主体工程细化为具体的动力因素，分析它们对土地利用变化驱动的程度与强弱；最后使用前面的研究结果，结合三峡库区目前土地利用变化的特点与未来可能趋势，设置不同的变化情景，模拟三峡库区未来土地利用变化趋势，为未来库区面源污染负荷模拟及以土地利用优化为手段进行调控提供决策依据，最终在库区构建人地关系协调的国土空间开发格局。

第一节　三峡库区土地利用变化特征分析

水利，尤其是特大型水库的建设，均是由淹没、安置、迁建、设施配套等主体性工程所组成，但工程性质的差异所诱导的土地利用变化特征会有很大不同。然而，现有文献大多强调主体性工程对库区范围土地利用的整体性影响(Jackson et al.，2000；Zhang et al.，2009；Zhang et al.，2011)，未能将不同建设阶段对主体性工程的影响辨识出来。毫无疑问，主体性工程出现的时序、强度及对土地利用的影响程度均有很大差别，如安置在水库建设的前期论证阶段仅属试点性质(邵怀勇等，2008)，且淹没在这一阶段根本就不会发生，更不用说对土地利用产生何种影响；再如，大江截流之前，安置和迁建仅仅涉及截流和一期淹没线以下所可能影响的范围，安置和迁建的强度较二期和三期蓄水所涉及的要小得多(曾凡海等，2011)，且对土地利用的影响也是无法比拟的。

因此，理解大型水利工程所造成的土地利用影响，必须考虑工程本身的阶段性，而且要分阶段揭示单项主体工程对土地利用的影响，只有这样，才能制定出既符合水利工程建设阶段，又有助于将工程对土地利用的影响降到最低的适应性对策。三峡工程作为世界上最大和最具影响力的水电工程之一，坐落于生物多样性最丰富、生态环境较为脆弱、人口压力巨大、经济发展相对缓慢的丘陵山区(刘彦随等，2001；毛汉英等，2002)。不同的是，因三峡工程而淹没的土地面积、移民数量等均创造了世界之最，且移民安置以就地后靠为主(Morgan et al.，2012)，使得工程对土地利用的高强度扰动不仅仅在淹没线以下的流域沿岸发生，伴随安置、迁建和设施配套将工程所诱发的扰动扩展到整个库区(邵景安等，2007；张仕超等，2011)，以至于三峡工程建设对土地利用覆被及生态环境的影响为世人所瞩目。更为重要的是，三峡工程以淹没土地之巨、移民规模之大等自身特点，导致不同建设阶段所驱动的土地利用更具有特殊性，认识主体性工程的差异所导致的土地利用轨迹的独特性，为未来适应主体性工程驱动下土地使用政策的适时调整提供了科学依据。而且，三峡工程不同建设阶段土地利用变化的影响研究对了解大型工程的生态环境效应具有重要意义。

为此，基于多时相序列遥感影像数据信息及野外调查，以国务院三峡工程建设委员会(以下简称“三建委”)对整个三峡工程建设的阶段划分为依据，考虑多云、多雾对数据质量及可得性的影响，将工程建设细分为 5 个时点(4 个阶段)，研究工程不同建设阶段库区土地变化及类型转换问题，旨在对比理解不同建设阶段土地利用变化的特征与轨迹，丰富人们对水利工程胁迫下土地利用的理解和解释，尤其是为理解大型工程胁迫下土地利用变化与生态响应间的互馈积累数据基础。

一、材料与方法

(一)数据来源

据“三建委”对三峡工程建设的阶段部署，考虑到建设节点驱动土地利用变化的滞后性，三峡工程可分为：1993 年前论证阶段(记 1990 时点)、1993 年至初期移民阶段(记 1995 时点)、1997 年大江截流至一期移民结束(记 2000 时点)、2003 年正式蓄水至二期移民结束(记 2005 时点)和工程全面建成(记 2010 时点)5 个时期，1990～1995 年记为工程论证和准备阶段，1995～2000 年记为大江截流和一期移民阶段，2000～2005 年记为正式蓄水和二期移民阶段，2005～2010 年记为工程全面建成阶段。每期覆盖三峡库区的遥感影像(TM/ETM)10 景(5 期共 45 景)，全部来源于国际科学数据服务平台(表 2-1)。而且，在缺少 1995 年影像的区域使用由市区(县)国土局提供的 1994～1996 年土地利用现状图。

表 2-1　三峡库区 5 期 TM/ETM 影像的具体信息

行	列	覆盖范围	1990 时点		1995 时点		2000 时点		2005 时点		2010 时点	
			时间	时相	时间	时相	时间	时相	时间	时相	时间	时相
127	39	万州、丰都、开县、忠县、长寿、武隆、涪陵、巴南	1988	6.4	1995	5.7	2000	7.31	2005	6.27	2009	8.22
128	40	江津、九龙坡、大渡口	1988	9.15	1995	9.19	2001	5.22	2004	9.11	2010	4.29

续表

行	列	覆盖范围	1990 时点		1995 时点		2000 时点		2005 时点		2010 时点	
			时间	时相	时间	时相	时间	时相	时间	时相	时间	时相
126	39	云阳、奉节、巫山、石柱	1989	7.18			2000	5.5	2005	5.27	2008	6.28
126	38	云阳、奉节、巫山、巫溪	1990	5.18	1994～1996 年土地利用现状图		1999	9.24	2005	5.12	2010	10.8
125	38	兴山、宜昌、巴东、秭归	1991	6.20			1999	9.1	2006	7.10	2008	6.5
128	38	北碚	1988	6.27	1995	9.19	2000	6.25	2005	9.20	2010	10.22
128	39	南岸、长寿、江北、渝北、沙坪坝	1988	9.15	1993	5.24	2001	5.22	2007	9.20	2010	9.20
127	40	南川、武隆、涪陵、巴南	1988	6.4	1995	5.7	2000	7.31	2005	6.27	2011	9.21
125	39	宜昌、巴东、秭归	1990	5.30	1994～1996 年土地利用现状图		1999	12.22	2006	9.12	2009	8.24
127	38	开县	1988	6.4			2000	5.12	2004	1.24	2008	6.3

数据基础(图 2-1)：重庆库区 2005 年分县土地利用数据和 1∶10 万地形图来源于重庆市国土资源和房屋管理局；重庆库区部分区(县)2010 年国土资源二调数据(1∶1 万)和底图 SPOT-5 影像(2.5m 分辨率)来源于区(县)国土局；重庆库区部分区(县)2012 年林业资源二调数据(1∶1 万)和底图 SPOT-5(1m 分辨率)来源于区(县)林业局；90m 分辨率 DEM 来源于西部数据中心；道路、水系和 1∶100 万植被图来源于中国科学院地理科学与资源研究所资源数据中心。库区矢量边界依据“三建委”对所囊括重庆和湖北市区(县)的行政边界自行制作。为便于解译标志库的建立，曾连续 8 次累计 55 天对库区展开野外踏勘，尤其是 2010 年 7 月 24 日～8 月 16 日对重庆库区段和 2010 年 12 月 5 日～6 日分两组对湖北库区段沿预先设计好的典型线路予以集中踏勘，共记录 390 个 GPS 点，拍摄 1950 张景观照片，获得了很好的感性认识。

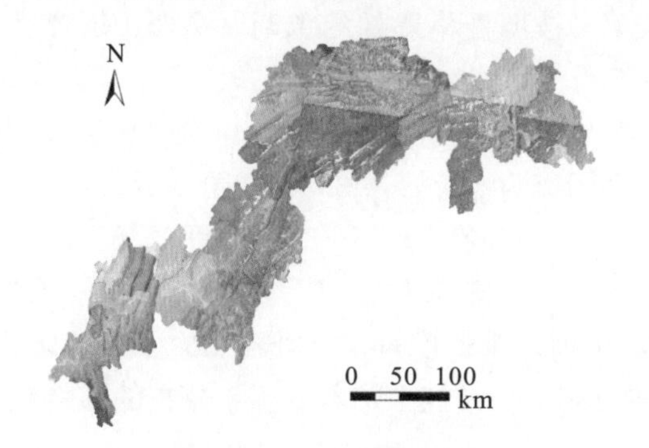

三峡库区 TM/ETM 影像(2005)

武隆县第二次土地调查 SPOT-5 影像(2007)

石柱县林业二类清查 SPOT-5 影像(2010)

巫山县第二次土地调查 SPOT-5 影像(2007)

图 2-1　TM/ETM 和 SPOT-5 影像数据

(二)数据处理

以 1∶10 万地形图为参照，对 5 期全波段 TM/ETM 影像进行校准预处理，基于所要提取的不同地物和 TM/ETM 影像各波段对地物识别的特征指示，选择波段组合和多波段加减复合。以中国资源环境数据库中的土地利用分类方法为参考，考虑到库区特殊地形和水汽环境使得部分土地利用方式难以从 TM/ETM 上识别，书中对其做部分调整，将土地利用细分为：耕地、林地、草地、水域和建设用地 5 类。依据所要提取的典型地物，将野外踏勘的 GPS 坐标连同景观照片导入 ArcGIS，参考照片所展示的地物与不同波段合成的色调，建立针对特定地物特征的解译标志库，将已收集到的矢量化土地利用、交通、水系、植被、国土、林业二调及 DEM 数据等校正到已预处理好的影像图上。

因已有 2005 年各市区(县)矢量化土地利用图，解译以此为突破口，参考国土和林业二调成果，用非监督分类和目视判别将 2005 年土地利用图解译出来，再将相邻时段影像与 2005 年影像进行对比，找出动态图斑，即得到 5 期土地利用数据和 4 期动态图斑。思路是：在 Erdas9.2 环境下对已处理好的 TM/ETM 影像施行非监督分类，依据影像分辨率对已划分的图斑进行统计，对较小的做融合处理。再将栅格数据转成矢量后，在 ArcView3.2 中使用非编辑状态下的 EDIT 菜单，按照栅格影像的色调、文理、位置等，结合辅助解译数据进行人机交互判别解译。

解译结果的实地验证，共随意抽取图斑 143 个，其中：正确图斑为 116 个，占 81.12%；错误图斑为 22 个，占 15.38%；混合图斑为 5 个，占 3.50%(图 2-2)。从抽中的图斑类型看，耕地有 72 个，正确率为 84.72%，林地有 47 个，正确率为 80.85%，草地有 13 个，正确率为 69.23%，建设用地有 11 个，正确率为 72.73%。分析发现，错误或混合可能性较大的图斑主要涉及草地和建设用地，草地的难辨之处在于它常和边际化的耕地和逐渐恢复为林地的灌丛相混淆，而建设用地的模糊则基本上源于分布的独特性，常常与裸岩或裸土相融合。但是，就图斑面积看，错误的斑块较小，相对较大的草地和建设用地均未发生错误。因此，解译结果能够达到精度要求，可作为土地利用变化特征分析的基础数据源。

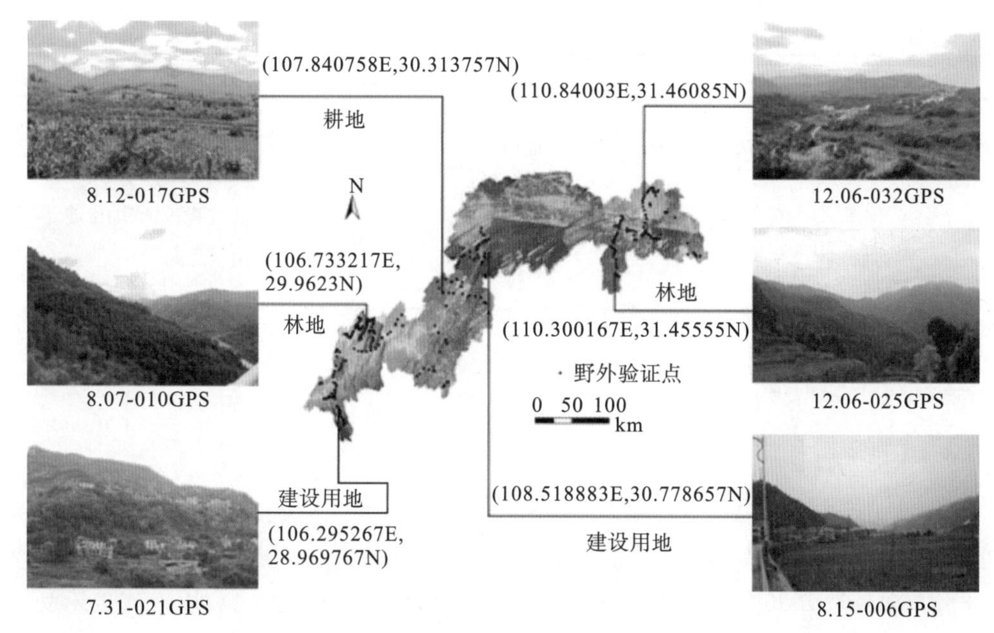

图 2-2 解译结果验证 GPS 点分布和景观照片

（三）数据分析

由表 2-2 可知，对不同建设阶段解译结果的分析，使用土地利用的面积变化，如式(2-1)，分析利用的总量变化和年均变率；借助王秀兰等(1998)提出的利用动态度模型，如式(2-2)，分析土地利用在两时点上的变化幅度和速度；使用庄大方等(1997)和刘纪远等(2002)提出的利用程度综合指数，分析土地利用的综合变化程度，如式(2-3)和式(2-4)；对相邻两时点土地利用给予空间叠加，得出利用变化转移矩阵，具体分析土地利用的变化在空间上到底发生在哪些区域或哪几种主要的土地利用类型之间。

表 2-2 土地利用转换的数据分析方法

公式	变量	备注
$S_1 = U_{ib} - U_{ia}$	S_1为两时点土地利用的面积变化量；U_{ia}、U_{ib}分别为前后两时点第 i 类土地利用类型的面积($i=1,2,3,4,5,6$)	(2-1)
$S_2 = S_1/T$	S_2为两时点土地利用的年均变率；T 为两时点间隔长度，单位为年	
$k = \frac{U_{ib} - U_{ia}}{U_{ia}} \times \frac{1}{T} \times 100\%$	k 为两时点土地利用的单一利用动态度，其他变量含义与式(2-1)相同	(2-2)
$L_t = 100 \times \sum_{i=1}^{n} A_i \times C_i$	L_t为土地利用程度综合指数，$L_t \in [100, 400]$；A_i为第 i 级程度分级指数；C_i为第 i 级利用程度面积百分比($i=1,2,3,4$)；n 为利用分级数	(2-3)

续表

公式	变量	备注
$\Delta L_{b-a}=L_b-L_a=100\times\left(\sum_{i=1}^{n}A_i\times C_{ib}-\sum_{i=1}^{n}A_i\times C_{ia}\right)$ $R=\frac{\sum_{i=1}^{n}A_i\times C_{ib}-\sum_{i=1}^{n}A_i\times C_{ia}}{\sum_{i=1}^{n}A_i\times C_{ia}}$	ΔL_{b-a}为程度变化量；R 为程度变化率；L_a、L_b为 a 和 b 时点利用综合指数；C_{ia}、C_{ib}为 a 和 b 时点第 i 级利用程度面积比（$i=1,2,3,4$）	(2-4)

二、结果与分析

（一）主要类型与空间分布

三峡工程在整个建设的20年间，库区土地利用方式均以林地、耕地和草地为主。从表2-3可看出，工程建设的20年间，林地、耕地和草地之和占库区总面积的96.85%～98.03%，尤其是1993年前的论证阶段，工程扰动尚未开始，土地利用方式也未受工程的胁迫而发生转换，三者总占比更是高达98.03%。到2010年工程全面建成和水库安全运营时，因淹没、安置、迁建、设施配套等主体性工程的胁迫，大量耕地和林草地转换为水域或建设用地，三者占比略有下降，为96.85%。而在工程建设的中间时点，尽管主体性工程出现的时序、胁迫的程度会有较大差异，作用到利用方式的变化上会有所不同，但体现在三者总占比上的差异却并不显著。也就是说，即便是特大型水库工程，也仅在局地对土地利用的方式产生破坏、改造和重塑，而不可能从根本上改变土地覆被的本底格局。

表2-3　三峡库区1990～2010年的主要土地利用分类

年份	耕地		林地		草地		水域		建设用地	
	面积/hm^2	比率/%	面积/hm^2	比率/%	面积/hm^2	比率/%	面积/hm^2	比率/%	面积/hm^2	比率/%
1990	2215231.00	38.09	2738057.00	47.08	748048.00	12.86	7934.00	1.36	34444.00	0.59
1995	2171064.00	37.33	2762383.00	47.50	76295.00	13.12	79279.00	1.36	39453.00	0.68
2000	2215807.00	38.10	2728403.00	46.91	739107.00	12.71	97284.00	1.67	52131.00	0.90
2005	2185700.00	37.58	2752706.00	47.33	726955.00	12.50	88400.00	1.52	61674.00	1.06
2010	2147128.38	36.92	2762098.58	47.49	723787.17	12.44	100047.45	1.72	82389.05	1.42

不同工程建设阶段，土地利用方式在空间上的分布具有很大的趋同性。从图2-3可看出，林地主要分布在万州以下至湖北段和万州以上至库尾涪陵、武隆的喀斯特山地及江津南部区，但湖北段秦巴山地（巴东、兴山、秭归和宜昌）的林地在空间上的展布连续性大，而重庆段大巴山区（巫山、巫溪和奉节）、武隆和涪陵的喀斯特山地、江津南部的林地常因耕地的镶嵌被切断；耕地集中分布于万州以上至库尾平行岭谷区，且坡度多在15°以下，尤以重庆“一小时经济圈”的巴南、江北、长寿、江津等地最为典型。坡度为15°～25°的区域主要分布在以低山丘陵为主的库中（万州、忠县和丰都），坡度在25°以上的区域以开县和巫山较多；草地大多位于重庆段的涪陵、武隆、石柱、万州、云阳、奉

节等地；水域集中于长江主河道和主要支流流域；建设用地(尤其城镇)因受地形影响，重点分布在库尾重庆“一小时经济圈”、库首宜昌和库中万州及呈串珠状展布于沿江的区(县)级以上城镇。

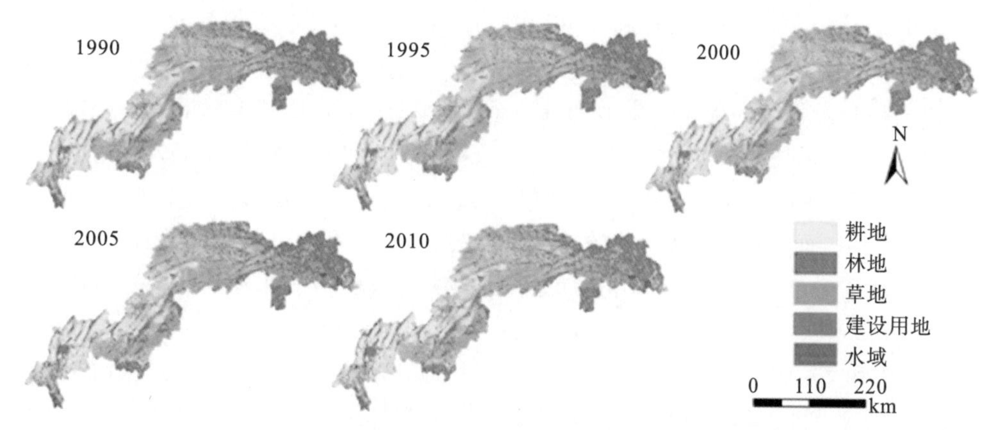

图 2-3　三峡库区 1990～2010 年主要土地利用类型的空间分布

(二)总体变化与趋势特征

整个工程建设的 20 年间，三峡库区的耕地、草地大幅减少，而水域、林地和建设用地增加势头强劲。从表 2-4 可看出，1990～2010 年，变化最为显著的是水域，增加为 1990 年的 11.61 倍，其次是建设用地，增加 47945.05hm^2，是 1990 年的 1.39 倍。然而，因耕地和林草地本身基数较大，且三者间又具有很强的互补性，致使三者的增减量占 1990 年的比例均在 3.50%以下，特别是林地的增幅仅为 0.88%。但是，不同阶段的累积变化呈单一增加或减少对应多重增加或减少的格局，即利用方式的转换具有累积效应的总体格局：耕地、草地“一增加，三减少”，林地、水域“一减少，三增加”，建设用地“三增加”。具体地，耕地的增加出现在 1995～2000 年，草地的增加出现在 1990～1995 年，水域的减少出现在 2000～2005 年，上述利用方式在剩余三阶段与该阶段均呈现相反变化趋势。建设用地在整个工程建设的 20 年间均是增加的，林地的变化与耕地正好相反。

表 2-4　三峡库区 1990～2010 年主要土地利用类型的变化量

主要地类	1990～1995 年		1995～2000 年		2000～2005 年		2005～2010 年	
	总变量/hm^2	年变量/(hm^2/a)	总变量/hm^2	年变量/(hm^2/a)	总变量/hm^2	年变量/(hm^2/a)	总变量/hm^2	年变量/(hm^2/a)
耕地	−44167.00	−8833.40	44743.00	8948.60	−30107.00	−6021.40	−38572.00	−7714.40
林地	24326.00	4865.20	−33980.00	−6796.00	24303.00	4860.60	9393.00	1878.60
草地	14902.00	2980.40	−23843.00	−4768.60	−12152.00	−2430.40	−3168.00	−633.60
水域	5009.00	1001.80	18005.00	3601.00	−8884.00	−1776.80	11647.00	2329.40
建设用地	5009.00	1001.80	12678.00	2535.60	9543.00	1908.60	20715.00	4143.00

不同建设阶段，因驱动者出现的时序不同和作用程度的差异，土地利用展现出较大的阶段性特征。从表 2-4 可看出，1990～1995 年除耕地(减少 8833.40hm^2/a)以外的主要

利用方式均呈增加趋势，1995～2000 年耕地、水域和建设用地大幅增加(尤以耕地达 8948.60hm^2/a)，林草地快速减少，分别为 6796.00hm^2/a 和 4768.60hm^2/a。2000～2005 年耕地、草地和水域不同程度地降低(特别是耕地达 6021.40hm^2/a)，林地和建设用地增加显著，依次为 4860.60hm^2/a 和 1908.60hm^2/a。2005～2010 年耕地继续大幅减少(7714.32hm^2/a)，建设用地增加量为 4143.01hm^2，远高出前三期对应数值。

伴随工程建设阶段的深入，耕地和林草地减少与增加涉及斑块都呈减少趋势，水域和建设用地的增加则相反。从图 2-4(a)可看出，1990～2010 年的 20 年间，耕地的减少和增加分别由 6076 块和 4304 块降到 1609 块和 20 块，林地分别由 3472 块和 5231 块减少到 419 块和 379 块，而建设用地和水域的增加分别由 649 块和 212 块增加到 1009 块和 526 块。但是，从图 2-4(b)发现，耕地和建设用地的块均减少和增加规模均呈上升趋势，分别由 1.34hm^2/块、2.31hm^2/块和 5.83hm^2/块、9.47hm^2/块增加到 24.29hm^2/块、17.48hm^2/块和 25.18hm^2/块、21.24hm^2/块，林地和水域的块均减少规模相对平稳而增加则呈上升趋势，即工程扰动的强度和广度随建设演进逐渐剧烈，且大多以以往的转换为中心向外延伸或因干扰强度的增大波及面更广。

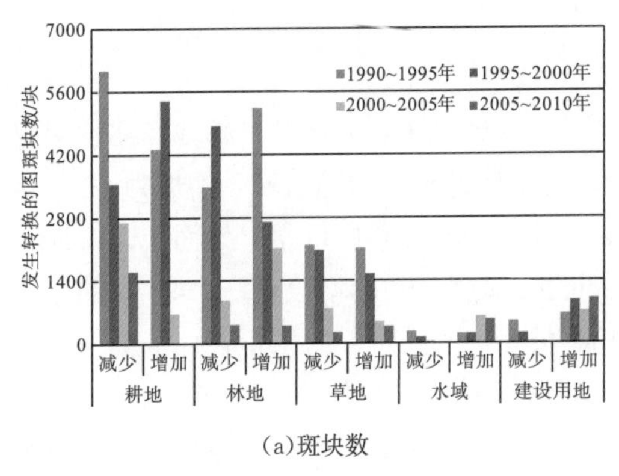

(a)斑块数

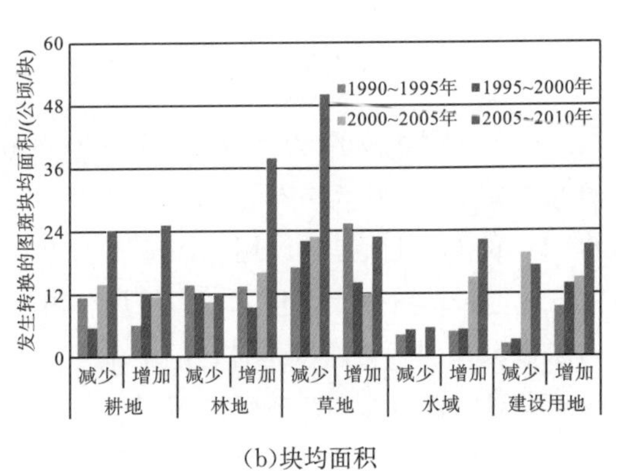

(b)块均面积

图 2-4　三峡库区 1990～2010 年主要土地利用方式发生转换的斑块数和块均面积

(三)变化速度与程度变化

三峡库区不同建设阶段土地利用动态度表现出与土地利用变化量和年变化量相同的趋势。从表 2-5 可看出，在呈增加趋势的三大类中：建设用地增速最大，达 9.28%；其次是水域，增速为 1.74%；而林地增速最小，仅为 0.06%。在减少的两大地类中，耕地和草地的减速基本相当。在绝对值上，建设用地最大，林地最小，而耕地和草地则处于中间位置，说明整个工程建设的 20 年里，建设用地的变速最快，变幅最强，林地变速最小，基本处于稳定状态，但仍扮演景观基底的控制地位。

不同建设阶段建设用地增幅均是最大的，尤其是 2005～2010 年(6.72%)与 1995～2000 年(6.43%)两阶段。其次是水域，增速在 1.20%以上，特别是 1995～2000 年达 4.54%。林地增速相对较小且平缓，说明林地的基底作用很难因一定程度的增减从相对变化上显现出来。耕地减速呈正“U”型格局，最低发生于 2000～2005 年，为 0.27%；最高处于 1990～1995 年，为 0.40%。草地减速呈降低趋势，最高是在 1995～2000 年，为0.63%。工程建设胁迫下的人为干扰对库区土地利用的影响逐渐显现，成为改造土地利用格局的主要动力。

表2-5　三峡库区1990～2010年主要土地利用变化动态度　(单位:%)

主要地类	1990～1995年	1995～2000年	2000～2005年	2005～2010年	1990～2010年
耕地	−0.40	0.41	−0.27	−0.35	−0.20
林地	0.11	−0.25	0.18	0.07	0.06
草地	0.40	−0.63	−0.33	−0.09	−0.22
水域	1.26	4.54	−1.83	2.64	1.74
建设用地	2.91	6.43	3.66	6.72	9.28

三峡库区整个工程建设的20年间，土地利用程度综合指数相对平稳，处于中等以上利用水平，而利用程度的变化总体呈降低趋势，带有正"W"型的动态格局。从表2-6可看出，不同阶段土地利用程度综合指数均在240以上，处于中等(上限400)，并略高于全国平均水平(231.92)(于兴修等，2003)。但相对平稳的波动又表明利用的集聚程度较高，主要方式的优势度明显，即在强大工程的扰动下，代表基质性利用方式的林地、耕地等仅在局地发生利用斑块的破碎或转换。整个工程建设的20年间，土地利用程度的变化为−0.0789，表明在工程作用下的库区人为活动对土地利用的影响正在发生频繁的调整。

表2-6　三峡库区1990～2010年土地利用综合指数与程度变化

年份阶段	1990年	1990～1995年	1995年	1995～2000年	2000年	2000～2005年	2005年	2005～2010年	2010年	1990～2010年
L_t	241.01		240.41		242.22		240.91		240.93	
ΔL_{b-a}		−0.604		1.8071		−1.3052		0.0232		−0.0789
R		−0.0025		0.0075		−0.0054		0.0001		−0.0003

1990～1995年，农业结构调整促使耕地转为经济林，导致分级指数为3的耕地大大降低，指数为2的林草地和水域不同程度地增加，而尽管指数为4的建设用地也呈增加趋势，但增幅要小于耕地的减少和林草地与水域的增加，从而导致利用程度的变化为负(−0.604)。1995～2000年，耕地大增，水域和建设用地均增加1倍，但林草地减少量远低于耕地、水域和建设用地增加和，利用程度的变化最大，为1.8071，变率也最大(0.0075)。2000～2005年，耕地大幅降低，草地进一步减少，水域因影响被替代减少明显，尽管林地迅速恢复、建设用地小幅增加，但仍未平衡耕地和草地的减少势头，利用程度的变化急剧降低，为−1.3052，变化率为−0.0054。2005～2010年，尽管水域大幅增加、建设用地进一步扩展，利用程度的变化也转变为增加趋势，但基本接近于0。

(四)增加来源与减少去向

耕地与林草地间的转换、耕地和林地的建设占用、林草地间的互换和耕地、林地与草地的水体淹没是整个工程建设的20年间库区土地利用转换的主要方式。从表2-7可看出，1990～2010年，转换集中于耕地、林地、草地、建设用地和水域5大类，且累积发生规模在30000hm^{2}以上的有耕地退为林地、草地开发为林地、林地转换为耕地、林地转换为草地、耕地被建设占用、草地开垦为耕地和耕地退为草地7种方式。林地增加最大，达142983.20hm^2，主要来源于生态退耕（76404.11hm^2）和草地被开发为林地（66579.10hm^2）；其次是耕地，增加96235.30hm^2，分别为林草地开垦和耕地所分解（54324.99hm^{2}和40168.30hm^2）；再次是草地，增加89437.66hm^2，主要体现为林地转换为草地和耕地退为草地；第四是建设用地，增加50395.18hm^2，耕地的建设占用占总增加的81.04%。

表2-7　三峡库区1990～2010年主要土地利用转换方式(面积>400hm^2)　(单位：hm^2)

转换方式	1990～1995年	1995～2000年	2000～2005年	2005～2010年	转换方式	1990～1995年	1995～2000年	2000～2005年	2005～2010年
耕地→林地	43774.75	3899.67	22012.83	6716.86	草地→耕地	11375.76	23753.74	5038.80	
耕地→草地	21923.83	4158.55	4227.54	8430.96	草地→林地	25699.20	21027.86	12158.98	7693.06
耕地→水域	406.69	588.29	2593.99	5406.45	草地→水域			452.21	2804.82
耕地→建设用地	2772.77	10754.86	8791.39	18520.38	草地→建设用地	508.07	443.85		1162.97
林地→耕地	12323.08	39642.35	2359.56		水域→耕地	486.09	413.12		
林地→草地	31813.50	17379.22	1504.06		水域→建设用地	416.15			
林地→水域	553.73		4847.55	2809.00	建设用地→耕地	842.8			
林地→建设用地	2450.04	2015.02	1245.23	1730.60	建设用地→水域			730.69	669.38

伴随建设阶段的深入，主要转换方式缺失呈增加趋势，说明转换方式逐渐集中于少数几种类型之中。从表2-7可看出，1990～1995年，主要方式涉及14种(覆盖155346.46hm^2)，到1995～2000年降为11种(覆盖124076.53hm^2)，再降到2005～2010年的10种(覆盖55944.48hm^2)。而且，相同阶段不同转换方式和不同阶段同类转换方式，在规模上均呈较大差异性，且累积发生转换的面积逐渐降低。1990～1995年主要以耕地、林地和草地间的转换为主，尤以耕地转换为林地(43774.75hm^2)和林地转换为草地(31813.50hm^2)最为显著；1995～2000年，耕地、林草地和建设用地间的转换最为明显，特别是林草地被开发为耕地，分别达39642.35hm^{2}和23753.74hm^2，而且，比较1990～1995年，耕地被建设用地占用达10754.86hm^2，较前一阶段增加7982.09hm^2。

2000～2005年，耕地转为林地、草地用作林地、耕地被建设占用是主要的转换方式，但耕地向林地的转换较第一阶段少21761.92hm^2，较第二阶段多18113.16hm^2，耕地被建设占用较第二阶段少1963.47hm^2，较第一阶段多6018.62hm^2，草地被开垦为耕地和林地均较前两阶段少。相比前两阶段，水域获得大幅增加，主要由林地(4847.55hm^2)和耕地(2593.99hm^2)的工程淹没所分解；2005～2010年，以耕地的建设占用、耕地退为林草地和草地被用作林地为主，其中耕地转换为建设用地是四阶段中最多的，达18520.38hm^2，耕地退为林地(6716.86hm^2)和草地用作为林地(7693.06hm^2)是四阶段中最多的，耕地退为草地较第二、三阶段多，较第一阶段少。另外，因水库建成或高水位运行，使得耕地转换为水域是四阶段中最为突出的，达5406.45hm^2。

(五)转换空间特征与表现

整个工程建设的20年间，主要转换方式在空间上的分布广度和集聚度具有较大差异。从图2-5可看出，耕地在20年间的增加，主要分布在库首秦巴山地的兴山中南部、秭归北部、宜昌东西边缘和巴东中北部，库中大巴山褶皱区的云阳中西部与万州东北部交界处，库尾平行岭谷的丰都中北部、忠县南部和涪陵西部。林地的增加以库尾平行岭谷、武陵山地和喀斯特山地较为集中，库中万州至库首宜昌段分布次之，但库中和库首的分布较均匀。草地的增加在库尾的平行岭谷、武陵山地和喀斯特山地与库中的万州—巫山段，在分布广度和集中程度上与林地的增加分布具有很好一致性。建设用地占用耕地，主要集中于重庆主城区，在万州和宜昌形成次中心，沿长江水道向下游延伸。水域的扩张基本浓缩于库首坝址的秭归至库尾重庆主城区的长江主干及支流沿岸。

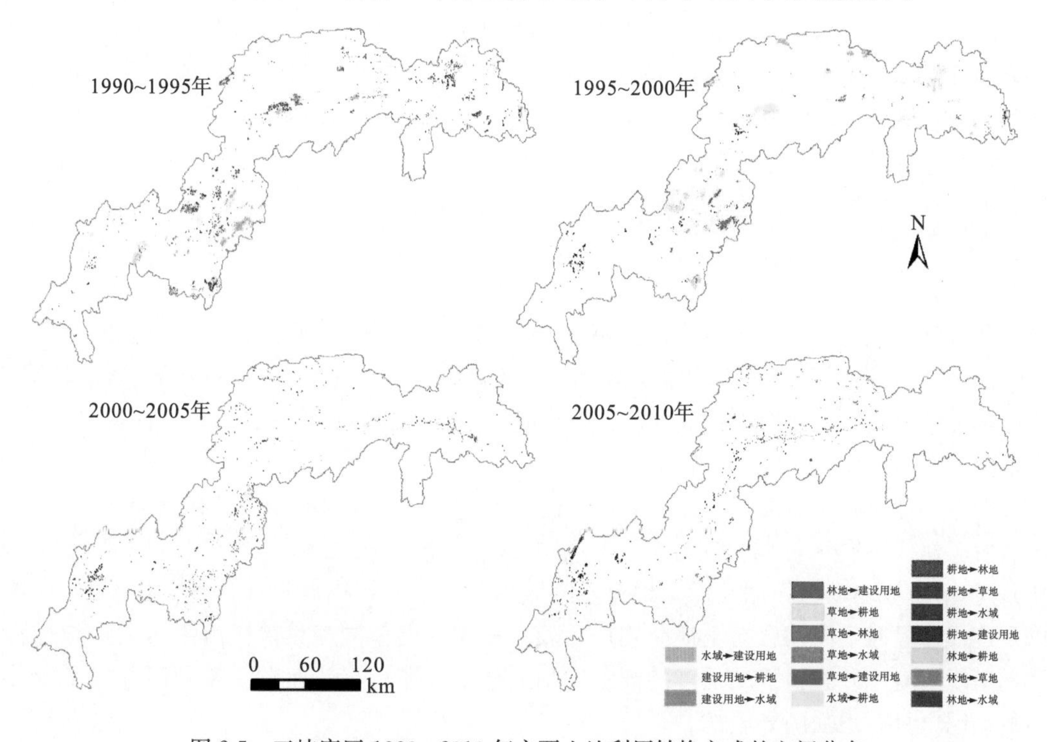

图2-5　三峡库区1990～2010年主要土地利用转换方式的空间分布

1990～1995年，耕地转换为林地主要发生于库首秦巴山地的兴山和巴东南部，库尾平行岭谷的丰都北部和喀斯特山地的武隆南部。林地转换为草地以库尾武陵山地的石柱中南部和丰都东南部为主，库中云阳中部沿江段也较为集中。草地用作林地以库中秦巴山地的巫山中西部、巫溪西北部和奉节东部与大巴山褶皱区的云阳中部和开县中西部，库尾喀斯特山地的丰都东南部和武隆南部。耕地转换为草地集中分布于库尾平行岭谷的丰都北部和忠县东南—石柱东北接合部，库中大巴山褶皱区的云阳中部沿江段。林地用为耕地主要出现在库尾平行岭谷的北碚和渝北。

1995～2000年，林地开垦为耕地以库首秦巴山地的兴山中南部、秭归和巴东北部、宜昌西部为主。草地开发为耕地大多发生在库中大巴山褶皱区的云阳中西部沿江段，库尾平行岭谷的忠县南部沿江段和丰都中西部。草地转换为林地以库尾喀斯特山地的石柱中南部最为集中。耕地的建设占用呈以重庆主城和万州为中心和重庆主城—万州江段的沿江城镇为主轴的格局。

2000～2005年，耕地退为林地主要分布在武陵山地的石柱境内和喀斯特山地的武隆南部与丰都东南部。草地开发为林地大多出现在武陵山地的石柱中北部、喀斯特山地的武隆中北部和涪陵南部。耕地被建设占用集中发生在重庆主城区范围。草地被开垦为耕地以库中大巴山褶皱区的巫山中北部、巫溪东南部和奉节中北部为主，云阳北部和开县中北部仅有零星出现。耕地的水体淹没基本上集中于坝址所在地的秭归境内且沿长江主干和主要支流沿岸向外延伸。

2005～2010年，耕地的建设占用形成“一极核，三中心，多节点”的总体格局，库尾的重庆主城属被城镇扩张占用的重心，受主城辐射的长寿、库中的万州—云阳和库尾的宜昌是三大被占用的中心，沿江县城和场镇则属串珠状城镇占用的节点。耕地退为草地大部分出现在库中大巴山褶皱区的云阳、巫山、巫溪和开县境内。耕地退为林草地有类似的分布格局，不同的是，耕地退为林地在库尾的重庆主城也有部分发生。耕地和林地的水体淹没仍发生于长江主干及支流沿岸，但前者较前一阶段朝上游沿江移动到忠县—巫山段，后者则沿江朝上游移动到万州—巫山段。

(六)主要动因与驱动轨迹

结合整个工程建设20年间土地利用的变化情况，本书认为诱发库区主要利用方式发生转换的动因有(图2-6)：水库建设本身不可或缺的主体性工程，如淹没、安置、迁建、设施配套等；确保主体性工程顺利进行或建成后安全营运的外施人为活动，如退耕还林、土地整治、城镇化、农业结构转型等。

安置、迁建和设施配套贯穿于工程建设的20年，而淹没对土地利用的影响仅在大江截留后至建成不同水位调蓄时才开始作用；退耕还林仅在政策时效范围内(2002～2006年)才扮演重要驱动者作用，而土地整治、城镇化、农业结构调整等在整个建设的20年以及建成一段时间内均会对土地利用产生较大影响。但不同建设阶段因主体工程和配套活动出现的时序差异、扰动强度的演进、响应结果的滞后等，驱动主要利用方式发生转换的动因也具有很强的异质性。

1990～1995年，耕地减少主要是城镇化的快速跃进，使大量透水的绿色耕地转换为不透水的灰色城镇用地；其次，以提高农民收入为主旨的农业结构调整，将部分耕地用于经济林果、牧草或水产养殖用途，移民、迁建、设施配套等对耕地减少的驱动力度相对较小。

1995～2000年，耕地面积剧增源自于国家严格保护耕地政策的实施，如1997年冻结建设占用耕地一年、1998年实施用途管制、1999年提出“总量动态平衡”等都促使大量林草地中的灌丛和荒草地被开垦为耕地。水域增加主要源于大江截流和试验性蓄水导致的耕地、林草地和城镇村被淹没，而建设用地增加归功于安置、迁建和设施配套用地增加使得耕地、林草地等被占用。

2000～2005年，耕地减少离不开淹没、安置、迁建和设施配套对耕地的占用和生态

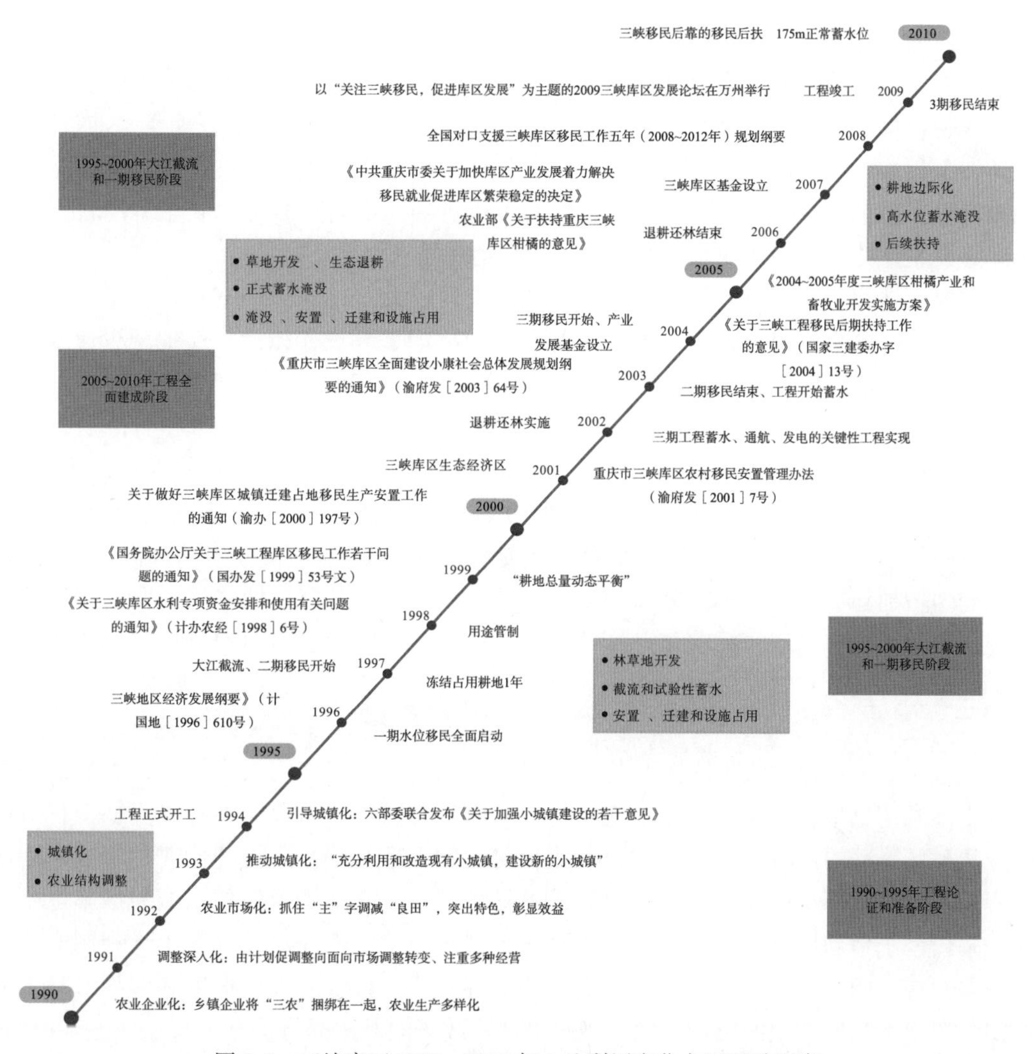

图 2-6 三峡库区 1990～2010 年土地利用变化主要驱动因素

退耕，但因后备资源的匮乏，使得土地整治带来的耕地增加不足以弥补占用和退耕导致的耕地减少，草地减少主要受为弥补耕地减少开展的土地开发所驱动。林地增加基本来源于陡坡耕地的退耕，建设用地增加更多地归功于城镇化和经济转型胁迫下的安置、迁建、设施配套等的扩张。

2005～2010 年，耕地减少除与 2000～2005 年一样外，还因大量农业人口从农业"析出"，耕地尤其是机械难于替代的陡坡耕地大量被边际化，在影像上表征为林草地的色调和纹理。草地略微减少主要是在前一阶段能开发补充耕地的均已被开发，剩余的大多存在不同程度的限制因素。林地增加在 2006 年前退耕还林的贡献较大，而之后则重点由森林工程、农业结构调整所驱动，水域增加更是由建成后水库的高水位蓄水所造成，建设用地扩张的原因与前一阶段一致。

比较发现，初期移民阶段，因要为开工后的移民、迁建、设施配套等提供经验和样板，安置和迁建试点促使大量耕地和林草地转换为建设用地，当然，这一时点为弥补耕地减少，部分林草地又被开垦为耕地。而在 1997 年大江成功截流至 2000 年二期移民中期，除淹没以外的主体性工程开展得如火如荼，安置、迁建、设施配套等主体性工程占用耕地和林草地较初期移民阶段更高。二期移民结束的实验性蓄水至三期蓄水准备阶段，主体性工程均已涉及且扰动的力度均较之前任何阶段都大，当然，不仅部分耕地和林草地被淹没，且也会被安置、迁建、实施配套等所占用。不同阶段土地利用驱动轨迹符合水库建设主体性工程出现的次序及对土地的扰动和需求规律。

主要土地利用方式在不同阶段的转换动因差异较大。1990～2000 年，城镇化迅猛推进驱使耕地减少甚至较安置和迁建试点占用的还多，而 2000 年以后，耕地减少速度放缓归功于土地整治一定程度上消减了耕地减少的势头。但 2000～2005 年耕地减少的势头弱于 2005～2010 年，主要源于 2005～2010 年耕地淹没较 2000～2005 年大，且因后备资源匮乏，土地整治补充的耕地逐年降低。1990～1995 年为转变增长方式的农业结构调整，促使相当于 2000～2010 年退耕还林减去林地被淹所增加数量的耕地用作经济林果，且伴随退耕政策的终止，2005～2010 年，林地增加仅相当于 2000～2005 年的 38.65%。建设用地的强增加趋势，可由从安置和迁建试点经一期、二期乃至三期移民，安置和迁建占用规模不断提升与设施的配套和完善对土地的需求更是随工程的建设日趋攀升来解释。

三、小结

大型水利工程建设的阶段性及其主体工程出现的先后和作用强度，使得影响或辐射区的土地利用也呈现出较强的时序变化特征，而且不同建设阶段为弥补或降低工程对影响或辐射区扰动的人为活动又将对影响或辐射区的土地利用产生更为深刻的影响，因此工程胁迫不仅是影响或辐射区土地利用的诱导性力量，此基础上的外施调控措施也是影响或辐射区土地利用变化的潜在动力。对比大型水利工程不同建设阶段土地利用变化的特征与轨迹，阐明驱动主要土地利用变化的关键动因，可帮助人们理解和解释水利工程胁迫下土地利用所产生的影响，为区域土地利用政策的调整提供依据。

通过对三峡工程建设 20 年的研究发现：①耕地减少主要出现在由退耕驱动的 2000～2005 年与由安置、迁建、设施配套等主体性工程逐渐增强的 1995～2010 年，林地增加源于 1990～1995 年的农业结构调整与 2000～2005 年的退耕还林，草地减少离不开从 1990～2000 年为增加安置容量和补充因退耕和占用减少的开发，水域增加以 1995～2010 年沿主干和主要支流流域的耕地、建设用地等的淹没所致；②主体性工程对主要土地利用转换方式的影响呈现强异质性。淹没在除 1990～1995 年外的其他阶段均对长江沿岸及主要支流流域的土地利用产生影响，且随阶段的深入，淹没程度和范围大大提升。安置和迁建随工程建设的推进呈先增强后减弱趋势，在土地利用方式转换上体现为耕地与建设用地的消长和耕地面积的增加。设施配套则自 1995 年至工程全面建成后的相当长的时期内，均会诱发建设用地的增加和农用地面积的减少，尤其是地势低缓区的耕地。

本书研究的最大不足就是未能得出主要驱动因素的具体贡献程度，而仅仅给出不同建设阶段主体工程及为降低工程扰动的人为适应性调控措施对土地利用的驱动过程，即研究未实现由遥感影像获得的空间格局、过程数据与由统计、调查得到动因信息的有效结合。当然，因本书研究旨在分析不同建设阶段三峡库区土地利用变化的主要格局与过程，而关于这些变化所可能导致的后效应则涉及较少。而且，三峡库区多云、多雾的自然条件导致遥感影像的时相跨度大，即同一时间阶段的影像基本遍布整个年度，这对解译结果的准确性可能会有一定程度的影响。为此，未来作者将进一步增加三峡库区主要地段的踏勘密度，增强土地利用的遥感解译精度，更为重要的是，补充收集不同阶段主要驱动因素的统计数据、参与式农户访谈信息等，查明它们对土地利用变化的贡献程度。

第二节　三峡库区土地利用驱动力评价及格局分析

土地利用驱动力指引起土地利用方式和目的发生改变的因素，具有整体性特征，各要素形成合力驱动土地利用方式和目的发生改变(杨梅等，2011)。伴随着对人类活动、土地利用与全球变化间关系认识的不断深入，土地利用/覆盖变化(land-use and land-cover change，LUCC)研究已成为全球范围内的热点课题之一(李秀彬，1996、1999)。然而，作为土地利用/覆盖变化研究的核心内容之一(李月臣，2008；Liu et al.，2010)，土地利用驱动力评价与分析可在一定程度上查明与识别人－地关系的相互作用强度与方向，进而用于调控土地利用变化的强度、速度与方向，优化国土空间开发与战略布局。三峡库区作为中西部过渡地带，是长江上游流域的重要组成部分，无论是在地区发展中，还是在国家层面的发展格局中都具有十分重要的地位和意义(江晓波等，2004；曹银贵等，2007a)。然而，伴随三峡工程建设的完成并进入后三峡时期，库区土地利用驱动力在人为活动转变、区域发展转型、产业结构调整等的共同作用下，必将在时空格局上发生较大变化与调整，进而对后三峡时期土地资源的可持续利用与优化带来诸多挑战与影响。但如何识别库区土地利用驱动力，并对其展开清晰的评价与时空格局演变分析则是极其重要的，将成为未来众多学者关注的热点领域之一。因为库区发挥着水库安全营运、长江上游生态屏障、长江上游经济中心、长江黄金水道等重要作用，而与之相对应的库区必将受到经济发展、生态保护、农业发展等各种矛盾冲突的作用和胁迫，且这些冲突因地因时而异，最终形成驱动土地利用变化的动力在作用强度、速度与方向上的差异。要优化库区的国土空间开发，服务于长江经济带的绿色发展，服务于国土空间开发与保护，就必须查明库区土地利用驱动力的作用强度、速度与方向。

国内外学者现已对土地利用驱动力开展了大量研究，取得的科学认识主要集中于尺度升降(龙花楼等，2002；王晓峰等，2003；郭程轩等，2009；杨武年等，2010；孙雁等，2011)、热点地区(张予书等，2003；王天巍等，2008)、因子量化(党安荣等，2003)等方面。但是，虽然目前探讨土地利用驱动机制的数学方法较多，但是这些研究仍然不能很好地解答复杂系统下土地驱动因子贡献程度问题；土地利用驱动力作为一个系统研究，综合探讨区域土地利用驱动要素合力，探讨其空间关系的文献相对较少。因此，为力求全方位、多角度且更加深入地研究近 25 年来三峡库区土地利用驱动力的时空格局状况，将库区各个区(县)作为研究单元，使用 1990 年、2000 年、2010 年和 2015 年共 4 期相关数据，结合投影寻踪模型对近 25 年土地利用驱动力进行综合评价和内部机制分析，借助探索性空间分析方法探寻其时空演化规律，揭示库区土地利用驱动力的格局特征与演化趋势，力图为库区国土空间开发优化和土地资源的可持续利用方略的制定提供科学依据，服务于转型期长江上游流域生态−经济耦合效应的提升。

一、材料与方法

(一)数据来源与处理流程

在中国科学院地理空间数据云(http：//www. gscloud. cn/)下载得到(90m×90m 分辨率 DEM)，并利用 ArcGIS 区域统计模块得到各区县内高程最低值和最高值；通过中国气象数据网(http：//data. cma. cn/)获取各区(县)年平均气温与年降水量数据；通过1991 年、2001 年、2011 年和 2016 年的《中国县市经济统计年鉴》《中国区域经济统计年鉴》《重庆市统计年鉴》《湖北省统计年鉴》，《宜昌市统计年鉴》(2001 年、2011 年、2016 年)、《恩施州统计年鉴》(2001 年、2011 年、2016 年)、《四川省统计年鉴》(1991年)，1990 年、2000 年、2010 年和 2015 年共 4 期库区 1∶10000 土壤侵蚀度矢量数据，以及重庆市、宜昌市和恩施州各区(县)相应年份国民经济与社会发展公报获取库区区(县) 1990 年、2000 年、2010 年和 2015 年经济、生活、交通、人口、政策、技术和生态方面的数据；借助课题组 2009～2016 年针对上述区(县)进行的有关农户生计、农村面源污染、高标准基本农田建设以及农业经营主体等课题调查数据，筛选出 2010 年和 2015 年农业机械总动力、化肥折纯施用量、农村用电量数据，同时将上述数据与由相关部门获得的统计数据求取平均值，以此作为上述 3 个指标的原始值。针对部分指标数据缺失现象，为了尽可能使数据真实，依据沃尔多·托布勒提出的地理学第一定律(Tobler，1970；摆万奇等，2001)，用相邻区(县)平均值替代缺失数据。

(二)研究方法

1. 构建指标体系

参照相关学者的研究结果(Tobler，2004；邵景安等，2007)，并结合三峡库区的具体情况，拟从自然、经济、人口、政策、生态、生活、技术和交通 8 个方面构建土地利用驱动力评价指标体系。在初步体系的基础上剔除并消除相关性显著的指标，最终确定为 8 个子系统，共计 30 个评价指标(表 2-8)。

表 2-8　土地利用驱动力综合评价体系

子系统	指标层
自然	X1：相对高差(m，−)；X2：年均温(℃，+)；X3：年降水量(mm，+)
经济	X4：人均 GDP(元，+)；X5：第一产业产值(万元，+)；X6：第二产业产值(万元，+)；X7：第三产业产值(万元，+)
生活	X8：城镇居民人均可支配收入(元/人，+)；X9：农村居民人均纯收入(元/人，)；X10：城乡居民储蓄存款余额(万元，+)；X11：人均粮食占有量(吨/万人，+)；X12：社会消费品零售总额(万元，+)
交通	X13：公路客运量(万人，+)；X14：公路货运量(×10^4t，+)；X15：水运客运量(万人，+)；X16：水运货运量(×10^4t，+)

续表

子系统	指标层
人口	X17：年末常住人口(万人，+)；X18：城镇化率(%，+)；X19：人口净迁移率(‰，−)；X20：人口密度(人/平方千米，+)；X21：人口自然增长率(‰，+)；X22：文盲率(%，+)
政策	X23：社会固定资产投资(万元，+)；X24：基本建设开发投资(万元，+)
技术	X25：农业机械总动力($\times10^4$W，+)；X26：化肥折纯施用量($\times10^4$t，+)；X27：农村用电量(kW·h，+)
生态	X28：城市绿化率(%，+)；X29：生活垃圾无害化处理率(%，+)；X30：中度以上水土流失面积比(%，−)

注：表中“+”和“−”分别代表正向性指标和负向性指标，正向性指标表示指标越大，土地利用驱动力越强，反之亦然。

(1)自然因素决定区域土地资源的宏观格局，尤其是地形起伏决定土地利用的难易程度，而年均温、降水量则影响土地利用的水热组合的适宜性。

(2)经济因素通过供需影响土地利用的空间分布格局，人均 GDP 反映区域经济发展的总体水平，第一、第二和第三产业总值是度量三大产业总体发展状况的重要指标。

(3)生活水平因素是反映土地资源所具有的最基本功能的重要因素之一，如农村居民人均收入、城镇居民人均收入、城乡居民邮政储蓄余额，可在很大程度上反映居民人均收入对土地资源的需求状况，而人均粮食占有量既能测度居民基本生活水平，也能反映人口对耕地的依赖程度，社会消费品零售总额能够说明居民对包括土地附属产品在内的消费物资的需求强度。

(4)交通因素是目前驱动土地利用转换的重要因素之一，公路里程、公路客运与货运、水路客运和水路货运，反映区域通达性、便捷性等的改善对交通用地的需求大小。

(5)人口因素是驱动土地利用的主要作用体，很大程度上决定着区域土地利用的时空演化格局。没有人的作用，土地利用活动很难展开。年末常住人口很大程度上决定了人口对土地资源及其产品的需求，而城镇人口、农村人口则分别反映对城乡土地需求的大小，城镇化率是推动城乡土地利用类型转型的重要因素，人口净迁移率能够反映人口机械变动对土地的需求变化，人口密度反映单位土地面积人口作用强度，文盲率是测度人口文化程度对土地需求大小的重要因子。

(6)政策要素中，固定资产投资总额、基本建设投资和更新改造建设投资在一定程度上可反映政策对土地利用的影响，特别是建设用地的增加，其他土地利用类型的减少。

(7)技术水平因素能够映射人类对土地利用的驱动能力，其中耕地的驱动水平较易测度，农业机械总动力、化肥折纯施用量、农村用电量等在很大程度上影响耕地面积的增减。

(8)生态因素伴随人地关系认识的加深而逐渐得到重视，它是决定区域土地利用的重要因素，如城市绿化率、生活垃圾无害化处理率、中度以上水土流失面积比和森林覆盖率等。

2. 投影寻踪模型

目前，关于土地利用驱动力的相关研究，大多从自然和人为两个方面来对土地利用驱动力进行定性或定量的描述与测度(何英彬等，2013)，也有学者从环境方面来研究土地利用变化(Antrop，1993；Badia et al.，2002；Bielsa et al.，2005)。归纳发现，定性分析主要集中于早期土地利用驱动力研究中(王宗明等，2004)，定量分析目前主要使用主成分分析(高啸峰等，2009；李月臣等，2009a)、多元逐步回归(朱家彪等，2008)等方法，但这些方法仅限于探索土地利用驱动力之间的线性关系。土地利用驱动力作用的复杂性、非线性特点决定不能单纯地使用线性方法来对其进行研究，投影寻踪模型作为一种综合性评价方法，在处理高维度、非线性、非正态问题方面具有独到之处(陈广洲等，2009)，而且能够很好地分析各驱动力因子在土地利用驱动力中的贡献程度，可以较好地阐述区域土地利用机制。目前，投影寻踪模型在水质、环境评价等领域都得到成功的应用(李彦苍和周书敬，2009；马峰等，2012；侯秀玲等，2012)，特别是近年来在土地集中度应用方面取得了较好效果(邓楚雄等，2013)。而土地利用驱动力包含高维度系统，且要素之间关系复杂，故投影寻踪模型适宜于解决土地利用驱动力问题，步骤如表 2-9 所示。

表 2-9　投影寻踪步骤

步骤	处理过程
第一步：归一化处理	设各指标值的样本集为 $\{x^*(i,j) \mid i=1\sim27,\ j=1\sim30\}$，其中 $x^*(i,j)$为第 i 个样本的第 j 个指标，i、j 分别为样本数和指标数。归一化处理过程为 $$x(i,j)=\frac{x^*(i,j)-x_{\min}(j)}{x_{\max}(j)-x_{\min}(j)} 或 x(i,j)=\frac{x_{\max}(j)-x^*(i,j)}{x_{\max}(j)-x_{\min}(j)} \quad (2\text{-}5)$$ 式中，$x(i,j)$代表第 i 个样本第 j 个指标标准化值，$x^*(i,j)$代表第 i 个样本第 j 个指标原始值，$x_{\max}(i,j)$代表指标 j 的最大值，$x_{\min}(i,j)$代表指标 j 的最小值
第二步：构建投影指标函数	将 p 维数据综合成 $a=\{a(1),a(2),a(3),\cdots,a(p)\}$ 为一维方向的投影值 $z(i)$，计算公式为：$$z(i)=\sum_{j=1}^{p}a(j)x(i,j) \quad (2\text{-}6)$$ 式中，α 为单位长度向量
第三步：优化投影指标函数	基于第二步建立的指标函数，进行目标函数优化。目标函数计算公式为 $Q(a)=S_zD_z$，式(2-7) 中，S_z 为投影值 $Z(i)$的标准差，D_z 为 $Z(i)$的局部密度 其约束条件为 $$\sum_{j=1}^{m}a^2(j)=1 \quad (2\text{-}8)$$ 式中，$\alpha(j)$代表指标 j 投影向量
第四步：优劣排序	将第三步计算的最佳投影方向代入式(2-6)，可求得投影值，即评价值，评价值越大，代表土地利用驱动力越大

3. 探索性空间分析

探索性空间分析(ESDA)，是通过确定各区(县)间的空间权重，以此进行空间自相关分析(分全局和局部空间分析)(徐建华，2006)，其在区域经济研究领域应用较多(靳诚等，2009；杜挺等，2014)，且比较成功。本节利用该模型旨在探索土地利用驱动力的空间格局关系。本节采用全局莫兰指数(Global Moran's I)进行全局空间分析，采用局部莫兰指数(Local Moran's I)进行空间集聚分析，力图探索三峡库区土地利用驱动力格局的演化情况。

(1)全局空间自相关：能够反映土地利用驱动力的整体空间关联程度，计算公式为

$$I = n\sum_{i=1}^{n}\sum_{j=1}^{n} w_{ij}(x_i - \bar{x})(x_j - \bar{x}) / s^2 \sum_{i=1}^{n}\sum_{j=1}^{n} w_{ij} \tag{2-9}$$

式中，n 为区(县)数，x_i 和 x_j 分别为土地利用驱动力的综合评价值，w_{ij} 为 Queen 邻接的空间权重矩阵，$\bar{x}$为平均值，s^2 为方差。Moran's I 指数介于[−1,1]，当指数为正时，土地利用驱动力分布呈正相关；当指数为 0 时，土地利用驱动力不具有关联性；当指数为负时，土地利用驱动力呈负相关。指数越接近 1，正相关越高；越接近−1，负相关越高。

(2)局部空间自相关：为避免掩盖驱动力的局部关联程度，本节使用局部空间自相关指数(Local Indicators of Spatial Association，LISA)进行分析，具体公式为

$$l_i = Z'_i \sum_{j} w_{ij} Z'_j \tag{2-10}$$

式中，Z'_i 和 Z'_j 是 x_i 和 x_j 经标准化的数据，w_{ij} 表示各区(县)土地利用驱动力的空间权重。

二、结果与分析

(一)土地利用变化驱动力综合评价

土地利用驱动力很大程度上反映了区域人地相互作用强度。借助 DPS 软件投影寻踪模型进行土地利用驱动力评价，得到 1990 年、2000 年、2010 年和 2015 年三峡库区土地利用驱动力的综合评价投影值(表 2-10)，并进行可视化显示(图 2-7)。近 25 年来，库区各区(县)土地利用驱动力表现为不同程度的增加趋势，且城市密集地区较农村地区高。

表 2-10　三峡库区 1990～2015 年土地利用变化驱动力综合评价值

区(县)	评价值				区(县)	评价值			
	1990 年	2000 年	2010 年	2015 年		1990 年	2000 年	2010 年	2015 年
重庆主城	5.214	6.334	7.142	8.935	奉节	0.061	1.071	1.584	1.615
江津	0.825	2.915	3.057	3.173	巫山	0.631	0.951	1.299	1.314
万州	0.439	2.931	3.321	3.214	巫溪	0.117	0.783	0.972	1.206
涪陵	0.762	2.827	3.372	3.159	石柱	0.631	0.923	1.314	1.522
长寿	1.124	2.142	2.824	3.074	宜昌	2.165	3.105	3.152	3.161
丰都	0.635	1.442	1.761	2.249	夷陵	1.121	1.991	2.324	2.558
武隆	0.616	1.051	1.274	1.576	兴山	0.772	1.078	0.857	1.268
忠县	0.782	1.439	1.851	1.121	秭归	0.521	1.112	0.865	1.074
开县	0.046	0.972	1.263	1.023	巴东	0.743	1.109	1.271	1.519
云阳	0.042	1.556	1.732	1.733					

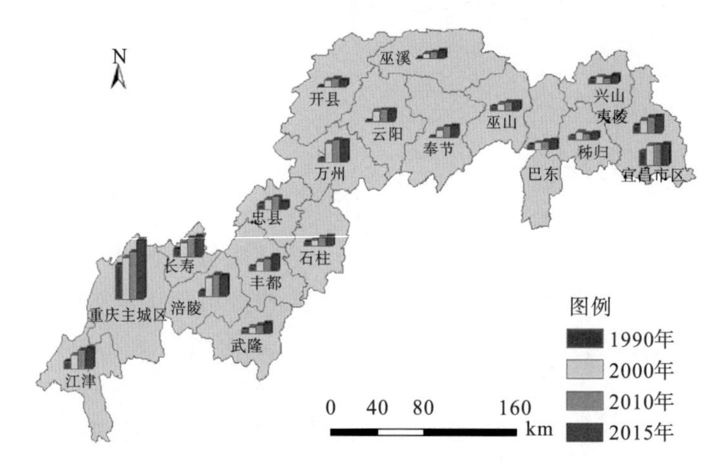

图 2-7　三峡库区 1990～2015 年土地利用变化驱动力综合评价值的空间分异

(1)1990 年排在前三位的是重庆主城区、宜昌市区、长寿，排在后三位的是奉节、云阳和开县，主要因为重庆主城区、宜昌市区和长寿位于地势平缓的低山丘陵区，为开发和建设提供了很好的基底条件，而且伴随城镇化的快速推进，大量农村人口涌入城镇，从而加速了这一区域的土地利用变化过程与程度。然而，位于地形起伏较大的秦巴山区的奉节、云阳和开县，则受高山地形限制，加之大部分人口进城务工或居住(被城镇化)，土地利用驱动力不强。

(2)2000 年排在前三位是重庆主城区、宜昌市区、万州，排在后三位的是巫溪、开县和石柱。同样地，地形起伏仍是引起库区土地利用驱动力产生空间异质性的主要原因。更为重要的是，在这一时期，伴随三峡工程建设的大力推进，受大江截流、水库淹没、移民安置、城镇迁建及配套设施建设等主体工程的胁迫，库区土地利用驱动力的空间分异显著加剧。

(3)2010 年排在前三位的是重庆主城区、涪陵和万州，排在后三位的是兴山、秭归和巫溪。2009 年三峡工程全面建成，并成功蓄水 175m，而之后则进入了后移民时期。当然，在这一时期，库区地形条件的限制仍是分析土地利用驱动力所不能回避的关键因素，而与前两个时期有很大不同的是：一方面，这一时期库区进入后移民时期，三峡工程的大部分主体性工程建设均已结束，后期配套设施建设也主要集中于自然条件相对优越区；另一方面，2002～2006 年，库区范围大规模实施退耕还林政策，以及务农机会成本攀高，部分耕地用于农业生产的比较收益极为低下，使部分不能机械替代人力的陡坡耕地被边际化为林草地，这在很大程度上促使地形起伏较大区的土地利用由耕地转为林地或草地，从而导致土地利用驱动力总体衰减。

(4)2015 年排在前三位的是重庆主城区、江津和万州，排在后 3 位的是开县、秭归和忠县。进入后三峡时期，新型城镇化仍然是促进这一时期城镇建设用地不断增大的原因。在广大农村地区，伴随着 18 亿亩耕地“红线”划定，以及永久性基本农田建设、精准扶贫政策的推行与落实，一定程度上促进了耕地数量增加，同时也缓解了耕地撂荒现象。加之前一时期退耕还林政策落实，以及三峡水库主体工程完成，林地、草地、水域数量也相对稳定。而开县、秭归和忠县主要是由于生态退耕政策已经实施完毕，加之库区移民安置工作基本上完毕，土地利用变化呈衰减趋势。

（二）土地利用驱动机制分析

为进一步分析各指标对土地利用驱动力的贡献程度，采用投影寻踪模型的最佳向量投影做进一步解释。最佳向量投影方向和大小反映各指标在土地利用驱动力中的贡献程度，绝对值越大，贡献度越大。为详尽分析库区土地利用变化驱动因素的主次及其时间序列变化，对 1990 年、2000 年、2010 年和 2015 年的最佳投影方向进行统计（表 2-11）。1990 年排在前五位的驱动因子分别是：X15、X13、X10、X6、X11。分析发现，这一时期国家大力支持发展公路交通，库区各区（县）公路线路建设长度及相应基础设施面积都有所增加。而且，由于此时国家户籍制度放松加快，城镇化的快速提升使得城乡之间、地区之间的差异逐渐明显，加之重庆主城区及沿江区（县）的工业实力都较为雄厚，第二产业在这一时期的发展势头也较为强劲，有助于城镇用地的扩张和蔓延。再者，因为这一时期部分地形起伏较大的山区农村依然比较贫困，生计来源仍主要依靠农业土地，促使一些地区耕地面积扩张的发生。

表 2-11　三峡库区 1990～2015 年土地利用驱动力指标最佳投影方向

变量	1990 年	2000 年	2010 年	2015 年	变量	1990 年	2000 年	2010 年	2015 年	变量	1990 年	2000 年	2010 年	2015 年
X1	0.051	0.163	0.118	0.072	X11	0.231	0.145	0.103	0.121	X21	0.053	0.095	0.076	0.052
X2	0.113	0.046	0.073	0.049	X12	0.218	0.38	0.206	0.263	X22	0.041	0.061	0.089	0.036
X3	0.069	0.037	0.112	0.176	X13	0.289	0.231	0.248	0.273	X23	0.089	0.103	0.292	0.303
X4	0.169	0.086	0.071	0.082	X14	0.016	0.296	0.192	0.213	X24	0.058	0.021	0.276	0.296
X5	0.198	0.126	0.123	0.148	X15	0.344	0.168	0.216	0.251	X25	0.084	0.102	0.204	0.251
X6	0.232	0.188	0.223	0.263	X16	0.088	0.158	0.313	0.365	X26	0.089	0.087	0.281	0.302
X7	0.145	0.261	0.329	0.419	X17	0.046	0.178	0.187	0.201	X27	0.068	0.148	0.231	0.254
X8	0.156	0.169	0.218	0.254	X18	0.134	0.153	0.232	0.271	X28	0.047	0.134	0.175	0.221
X9	0.127	0.206	0.214	0.263	X19	0.208	0.088	0.272	0.256	X29	0.154	0.115	0.158	0.189
X10	0.253	0.262	0.301	0.272	X20	0.161	0.086	0.083	0.113	X30	0.112	0.144	0.181	0.223

2000 年排在前五位的驱动因子分别是：X12、X14、X10、X7、X9。与 1990 年相比，这一时期伴随着市场经济的进一步发展和产业结构的转型升级，库区居民对农副产品的需求增加迅速，第三产业开始在库区各区（县）国民经济中崭露头角；当然，在这一过程中，当地居民也从经济发展和产业转型中享用了大量的福祉和成果，人民生活水平较 1990 年有较大程度的提高。但是，由于城乡二元结构的逐渐加深，加之城镇化步伐的加快，耕地边际化现象开始出现并有所发展。同时，伴随着库区截流开始，重庆—宜昌段下游水运条件有所改善，有助于沿岸深水港口的建设。

2010 年排在前五位的驱动因子分别是：X7、X16、X10、X23、X26。同 2000 年相比，这一时期，库区第三产业发展更快，相应对土地的需求量更大。与此同时，在国家统筹城乡、战略决策助推下，库区城镇化发展的势头更为迅速；当然，在这一过程中，城镇扩张对建设用地的需求量也必然随之增加。2009 年水库蓄水水位达到 175m，这在很大程度上促进了重庆—湖北长江段水运的发展，其黄金水道优势逐渐显现，而与之相配套的港口等基础设施建设数量和规模亦有所增加。这一时期，政策对土地利用的驱动作用明显，伴随新农村建设带来的一批大型项目的开展，促使部分耕地和林草地转化为居住用地。与2000年相比，这一时期土地边际化的现象更加显著；同时，2004～2015年的中央1号文件及库区地方政府加快农村土地流转的政策，在促使原来已边际化或粗放经营的土地转化为适度规模经营的土地获得了显著成效，从侧面反映了这种变化。

2015年排在前五位的驱动因子是X7、X16、X23、X26和X1，伴随着后三峡时期到来，前期产业结构更新升级，第三产业继续兴起，势头强劲，促使其他土地利用类型转化为建设用地。同时，三峡水库“长江黄金航道”功能开始发挥，促进了航运业的兴起。而与之配套的基础设施建设用地规模亦有所扩大。新一轮退耕还林、精准扶贫、土地整治政策的落实，以及土地资源市场化加速，一定程度上促进了其他用地转化为耕地。

为宏观把握土地利用驱动力要素贡献程度，将8个子系统内各指标投影方向进行求和，即得出各子系统最佳投影方向(图2-8)。除生活水平因素驱动作用下降外，其他7个要素的驱动作用都有不同程度的增加。其中，1990年和2000年生活水平、交通、人口成为主要驱动要素，其他要素作用稍弱。2010年和2015年交通、人口、经济、技术要素的作用日益增强，而生活水平的驱动作用降低，总体表现为八大要素协同驱动。从动态度来看，经济、技术、交通和生态因素的驱动作用日益明显。

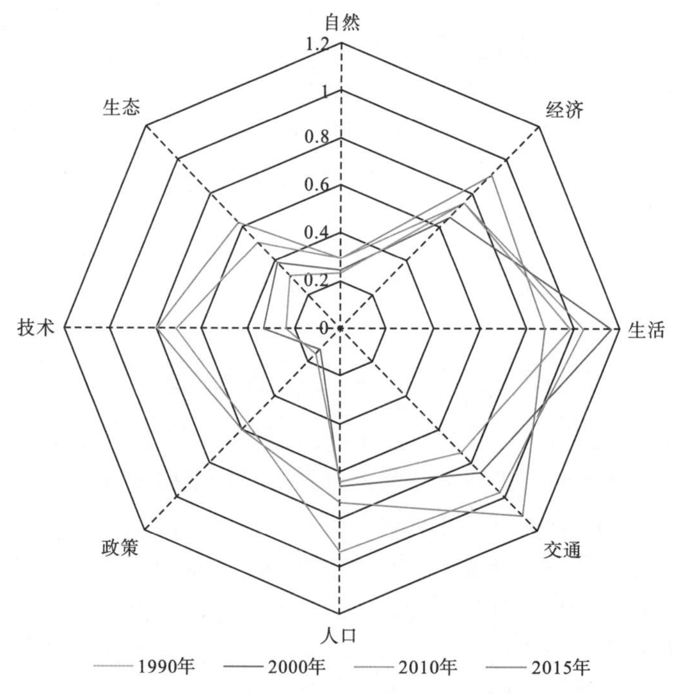

图2-8　三峡库区1990～2015年各子系统对土地利用变化驱动贡献度

（三）土地利用变化驱动力格局分析

为从整体上反映库区县域土地利用驱动力的空间关联度，借助OpenGeoDa进行全局关联度分析(表2-11)，得到1990年、2000年、2010年和2015年全局莫兰指数，结合随机模拟方法检验莫兰指数的显著性，P 为 0.001(2010 年为 0.005)，说明在 99.9%置信度(2010 年为 99.5%)水平下，空间自相关是显著的。分析发现，1990 年、2000 年、2010 年和 2015 年 Moran's I 分别为 0.487、0.530、0.345、0.373，且 $Z(i)>1.96$，说明库区土地利用驱动力的空间关联度较大，且呈正相关，同时空间关联度也有降低趋势，说明库区土地利用驱动力空间分异程度变大。

为从局部分析库区各区(县)土地利用驱动力的集聚情况，同样利用 OpenGeoDa 软件得到显著性为 0.05 水平下 1990 年、2000 年、2010 年和 2015 年的 LISA 集聚图(图 2-9)。

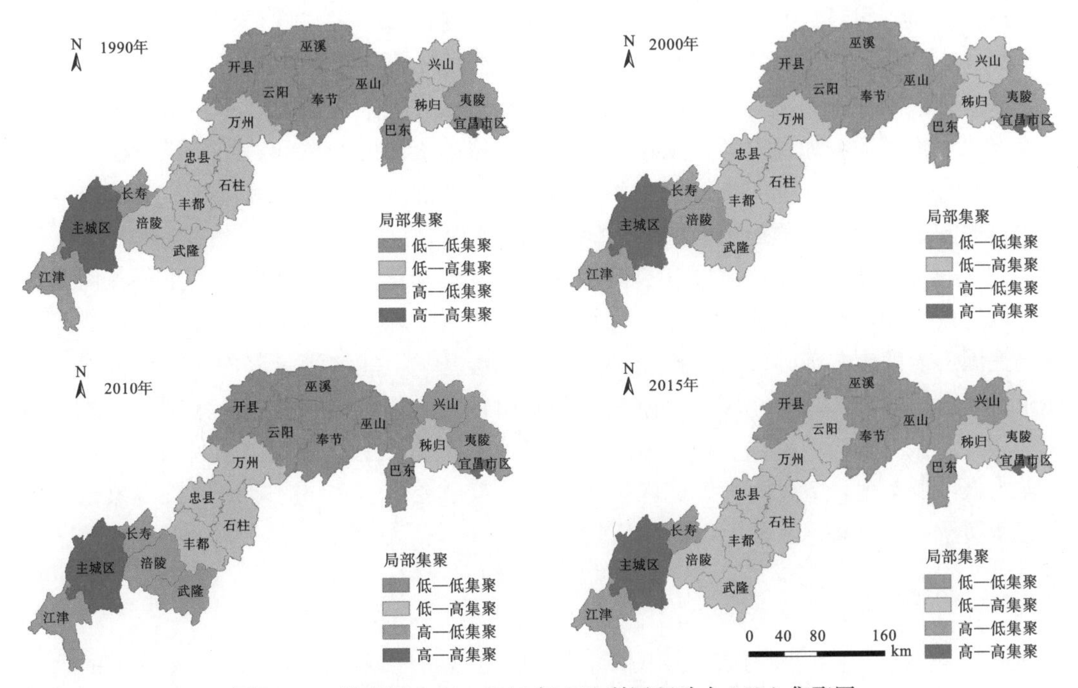

图 2-9 三峡库区 1990～2015 年土地利用驱动力 LISA 集聚图

(1)库区各区(县)土地利用驱动力具有明显的地域空间分异规律，但总体表现为地域上集聚的稳定性。主要表现在，库首宜昌市区、夷陵区和库尾重庆主城区、长寿、江津、涪陵为高值集聚区。如前所述，原因在于这些区(县)自然与社会经济条件均较为优越，是库区人口的集聚区，经济发展和人口集聚最终均需要大量的建设用地为依托，促使城镇建设用地大幅增加；然而，位于武陵山区的武隆、石柱、丰都 3 县和靠近秦巴山地的忠县、万州、云阳、奉节、巫山、巫溪、秭归、巴东和兴山 9 县，相比前者，社会经济条件均相对落后，土地利用驱动力稍弱。

(2)库区土地利用驱动力空间集聚呈现一定的时序演化特征。其中，涪陵在 1990～2000 年由低—高集聚转变为高—低集聚，这主要因为受重庆主城区的辐射效应带动，涪陵的社会经济发展在外部环境上有很大程度的改善。万州在 1990～2000 年由低—低集聚转化为低—高集聚，主要是因为万州作为库中地区社会经济较为发达区，致使土地利用驱动因素较为明显。当然，涪陵、万州的演化过程也与这一时期重庆对两大城市的发展定位有很大关系，因为在 1990～2000 年，涪陵、万州是除重庆主城区外的两大重要城市节点，是重庆主城区之外的两大核心。这样，在区域政策的导向下，整合本身的资源与经济优势，也使其土地利用受建设用地增加和耕地减少的驱动较强。但是，与涪陵相比，万州因受“俱乐部趋同效应”的影响，仍未从周围(区)县中显著凸现，一定程度上“淹没”了万州土地利用驱动力向高值集聚的态势。

2000～2010年，兴山和武隆由低—高集聚转变为高—低集聚。兴山主要因为库区移民的就近后靠安置，导致兴山部分地势相对平缓区的土地(尤其是耕地)被转换为建设用地，用于移民安置、城镇迁建、配套设施建设等。而且，这一时期受国家退耕还林政策的驱动，也促使一部分耕地转化为林草地。武隆主要是因为其境内拥有丰富的旅游资源(立体气候、喀斯特地貌等)，且这一时期的开发已初具规模，并形成了特色开发思路、独具竞争力的景区(点)和特色旅游产品与品牌，这都在很大程度上促进了城镇规模的扩张、旅游地产的发育、配套设施的建设及相关产业的发展，进而也就不可避免地诱发大量建设用地需求的增加，以及大量耕地被占用。旅游资源的开发和特色旅游景区(点)的打造离不开良好生态环境的维持与整治，生态完整性的提高是确保武隆旅游资源持续开发的本底基础，促使林草地用地增加，陡坡耕地减少。

2010～2015年，涪陵、武隆和夷陵由高—低集聚转化为低—高集聚，主要是因为进入三峡库区后期，移民安置工作基本完结，直接导致新增耕地数量有所减少，而武隆则主要是因为前期旅游基础设施建设用地扩张，已经基本上能够满足其旅游资源开发，致使旅游建设用地增长趋势减缓。云阳和奉节则由低—低集聚转为低—高集聚，主要因为伴随移民后靠安置与城镇化步伐，沿江低海拔地带建设用地增加较快。兴山由低—高集聚转为低—低集聚，主要因为该地区生态退耕政策已经落实，同时耕地撂荒现象也基本上有所缓解，土地利用驱动力由高向低转变。

三、小结

近25年来，三峡库区土地利用驱动力呈现出空间地域的稳定性和时间序列的动态性，驱动机制由生活、人口和交通主导驱动，逐渐转变为多要素协同驱动。库尾重庆主城区附近、库首宜昌市区附近土地利用驱动力较强，表现为城镇用地驱动型；而渝东北和湖北巴东、秭归、兴山诸县土地利用驱动力较弱，主要是林草地和水体驱动型。其他地区相对复杂，表现为多种类型土地利用驱动并存格局。库区土地利用驱动力的全局空间关联度较强，但有逐步降低趋势，这说明驱动力的地域分异日益明显，而且局部关联度和冷热点分布同样具有地域稳定性和时间动态变化性。

库区土地利用驱动力呈现出的地域空间稳定性和时间序列的变动，对如何因地制宜地进行土地资源重构，优化国土空间开发，具有一定的指示性意义。首先，应在了解区域土地利用驱动机制的基础上，进行土地资源的优化利用与再配置。对于库首和库尾的经济发达地区，在城乡统筹、新型城镇化背景下，考虑土地资源的高效利用，做好节约集约，切实发挥市场在土地资源配置中的基础作用，尽量减少土地资源的闲置与浪费；其次，对于广大库中地区，特别是秦巴山区的南麓诸县，应在生态优先、绿色发展的前提下，合理优化山、水、林、田、湖生命共同体的时空布局。

第三节　三峡库区土地利用未来情景多因素耦合模拟

作为人为对特定区域所施加的强烈扰动之一，水利工程尤其是特大型水库工程的建设必然会对库周及其水库建设所波及区的地表过程产生利用、改造和重塑，进而深刻影响这一区域土地利用的格局与过程(Long et al.，2008；Zhang et al.，2009；Zhang et al.，2011)。水利工程建设本身是影响区域土地利用变化的剧烈人类活动，且伴随而来的移民安置、城镇迁建、设施配套等主体性工程及成库后社会经济发展与后期扶持，常常会多重叠加作用于库区土地上，进一步使原有地类间的空间竞争更加激烈，土地利用的多样化空间格局越发显著抑或减弱(Jabbar et al.，2006；曾凡海等，2011；Ni et al.，2013)。为此，本节借助对大型水库工程建设区及其周围驱动土地利用变化及管理方式变更的“自然-经济-社会”因子的识别，构建合适的区域性土地利用变化经验诊断模型，模拟并预测不同情境设置下水库工程建设区及其周围未来土地利用的演变格局，为水利工程建设所诱发的土地利用变化研究提供典型的区域性案例，提高对这一区域土地利用变化过程的理解。

作为世界性大型水利工程之一，三峡工程的建设与开发形成了三峡库区这一特殊地理区域(Wu et al.，2003；Morgan et al.，2012)。然而，该区因所处地理位置和自身地理环境的独特而造就了三峡库区的土地利用变化成为区域性研究的热点区(Zhang et al.，2009；刘彦随等，2001；邵怀勇等，2008；邵景安等，2013)。刘启承等(2005)用Markov过程模型对库区腹地万州土地利用结构进行了预测；曹银贵等(2007b)使用CA与AO模型模拟了库区2005年和2010年的土地利用变化格局；董立新等(2009)使用本地化SLEUTH模型模拟了重庆主城区未来城市扩张及土地利用/覆盖变化过程等。但是，这些研究主要集中于对库区过去土地利用变化过程的模拟与分析，对未来不同情景下库区土地利用变化的模拟、预测相对较少，不能很好地体现多重要素综合作用下库区土地利用间的竞争关系，及各方利益驱动所引起的土地利用变化是朝着好的方向演化还是相反。而且，目前关于以库区这一大尺度区域为整个研究区，进行土地利用变化模拟、预测仍显得较为薄弱(李阳兵等，2010；王日明等，2014)。CLUE-S模型是在明确土地利用与驱动因子间定量关系的基础上，对区内各土地利用类型间的竞争关系进行系统动力学仿真，能同时预测、模拟土地利用在数量和空间位置上的变化。为此，本节应用CLUE-S模型对库区土地利用变化开展多情景模拟，以揭示库区不同土地利用间的竞争关系。

基于此，本节考虑三峡工程和移民开发建设对库区土地利用的影响，以2000年土地利用格局为基础数据，利用基于邻域丰度的Auto-Logistic回归模型评估库区不同地类间的转换概率，利用CLUE-S模型模拟并验证2010年库区土地利用的空间格局，建立合适的土地利用变化经验诊断模型。在此基础上，设置不同情景下土地利用需求方案，利用CLUE-S模型模拟未来20年(2010～2030年)土地利用演化轨迹，以加深人们对库区土地利用变化过程的理解与认识。

一、材料与方法

(一)数据来源

主要数据来源：①土地利用数据来源于课题组基于中国科学院资源环境科学数据中心提供的1∶10万土地利用/土地覆盖解译数据，经实地踏勘后的修正与解译，共两期(2000年和2010年)，解译结果经实地验证达到精度要求，因CLUE-S模型的应用对土地利用类型在总面积中的占比有一定要求，即各类型面积占比须大于1%(Luo et al.，2010)，而库区未利用土地占比远小于1%，因此本节模拟所用到的土地利用类型主要有五类(水田、旱地、林地、草地、水域和建设用地)，单位为公顷；②DEM数据来源于中国西部数据中心，数据下载后经去除背景值和空间裁剪，得到库区范围的DEM(单位为m)，并利用ArcGIS的空间表面分析功能提取坡度和坡向；③行政边界、道路、河流、居民点等数据来源于国家基础地理信息中心；④内部及周边降水、气温数据来源于国家气象局气象信息中心和渝鄂气象局，共25个国家站点和42个地方站点，利用站点数据提取年降水量和年均气温，并结合站点海拔进行空间插值，插值方法为协同克里金插值；⑤统计数据涉及人口数量(总人口、城镇和乡镇人口)、行政区面积、GDP、粮食生产量和化肥使用量等来源于渝鄂统计年鉴、渝鄂农村统计年鉴、中国市(县)社会经济统计年鉴等，时间尺度为2000～2015年。

(二)研究方法

1.基于邻域丰度的Logistic回归分析

传统二元Logistic回归常被应用于诊断某一栅格可能出现某种土地利用类型的概率，但因忽略土地利用的空间依赖关系，而使其被拒用作未来情景模拟和推断的基础(吴桂平等，2008；Wu et al.，2010)。引入空间自相关因子，耦合土地利用转移概率与相邻栅格间土地利用类型发生的空间自相关关系，构建Auto-Logistic模型，即可弥补空间统计分析中固有空间自相关效应的影响(He et al.，2003)，表达式为

$$P_i=\frac{\exp(\beta_0+\beta_1 X_{1i}+\cdots+\beta_n Autocov_i)}{1+\exp(\beta_0+\beta_1 X_{1i}+\cdots+\beta_n Autocov_i)} \tag{2-11}$$

式中，P_i为某一栅格土地利用类型i的发生概率；$X_{1i},X_{2i},\cdots$为土地利用类型i的各驱动因子；β_0为常数项，$\beta_1,\beta_2,\cdots,\beta_n$为解释变量$X$对应的回归系数；$Autocov_i$为空间自相关因子。

采用邻域分析中的邻域丰度(neighborhood enrichment)作为空间自相关因子$Autocov_i$，反映土地利用类型转化的邻域关系(Verburg et al.，2004)，将邻域影响纳入地类变化的驱动因子中，进行二元Logistic回归分析，这样，邻域丰度的引入就弥补了单纯Logistic回归分析的不足。表达式为

$$F_{i,k,d}=\frac{n_{k,d,i}/n_{d,i}}{N_k/N} \tag{2-12}$$

式中，$F_{i,k,d}$为邻域丰度因子，其中i代表栅格位置，k为土地利用类型，d为邻域半径；

$n_{k,d,i}$为i栅格d半径范围内k土地利用类型的栅格个数；$n_{d,i}$为i栅格d半径内栅格总数量；N_k为整个库区内k土地利用类型的栅格总个数；N为整个库区内的总栅格数。本节在 ArcGIS 9.3 的 Neighborhood Statistics 工具中设置邻域统计大小为 10m×10m，即邻域距离为 10m。

对回归结果的评价采用 ROC 曲线（relative operating characteristic curve）方法进行检验，ROC 曲线又称为感受性曲线，是反映敏感性和特异性连续变量的综合指标，用构图法揭示敏感性和特异性的相互关系，它通过将连续变量设定多个不同的临界值，从而计算出一系列敏感性和特异性，再以敏感性为纵坐标、（1－特异性）为横坐标绘制成曲线，曲线下面积越大，诊断准确性越高（Pontius et al.，2001；Chen et al.，2015）。通常 ROC 大于 0.7 时，可认为所选取驱动因子具有较好的解释能力。

2. CLUE-S 模型模拟

CLUE-S 模型由非空间土地需求和空间分配两模块组成（Verburg et al.，2008、2010），其中，非空间土地需求主要依靠对人口、社会经济、有关政策法规等驱动因子的分析，计算区域内每年对各土地利用的需求量；空间分配主要借助经验分析、空间变异分析等方法生成土地利用空间概率分布图，再将非空间土地需求计算出的结果分配到特定空间位置上，多次迭代实现土地利用的时空动态模拟（Verburg et al.，2009；Zheng et al.，2015）。具体参数设置如下所述。

（1）驱动力选取与获取：一方面，土地利用格局和过程与区域立地条件之间存在着较为复杂的关系；另一方面，人类所有需求的满足都系于土地，但都发生在自然生物、经济、制度及技术系统框架内。依据地域分异规律和综合自然地理学思想，自然地理要素（地形、水文、气候、土壤等）对土地覆被类型有着显著的控制作用，且受土地利用变化的基本条件所制约，影响人为土地利用活动的开展，从而对土地利用方式的转换有一定影响，决定土地利用变化发生的概率和可能。依据新古典经济学中的基本竞争模型，遵循最佳效用和最优利用规则，追求最大的社会经济与生态效应是人为利用土地所追求的最佳目标，而社会经济发展（人口、交通、经济等）及为其提供便利或发展导向的政策法规（政府工程计划等），则是土地利用的主要驱动因素。更为重要地，考虑到 CLUE-S 模型所要求的驱动因素要么在研究期内保持相对稳定性，要么呈跳跃式而非渐进式变化，考虑数据的可得性、一致性、可量化性、相关性等原则（Verburg，2009），本节选取的驱动因素主要有：地形因子（高程、坡度和坡向）、气象因子（年降雨量和年均气温）、距离因子（到城镇、农村居民点、水域和主要道路的最近距离），其中主要道路为铁路、高速公路、国道和县道，各距离因子具体由 ArcGIS 中欧几里德距离工具获取。社会经济因子（人口密度、人均 GDP、城镇化率、单位面积粮食总产量和化肥使用量），以区（县）行政区划为单位，统计后再空间栅格化。

（2）土地需求计算：土地需求计算是 CLUE-S 模型中相对独立的模块，具体以 2000 年和 2010 年土地利用现状数据为基期数据源（模拟需求数据），期内各年份土地利用数据依靠二次多项式内插得到，校验后形成内插经验公式，土地需求数量模拟在时间序列上以年为步长。

(3)限制区域划定：约束区域为整个库区，且 2010 年以后，水库正常蓄水位为 175m，此水位以下受反季节蓄清排浑作用而常处于季节性淹没状态，即设定 175m 水位以下地带为不变化区域的水域地类。这样，约束区域就修正为整个库区除去 175m 以下的范围。

(4)转换弹性系数和转换矩阵确定：土地利用转换弹性系数是某类土地利用转换为其他类型的难易程度，可用模型参数 ELAS 来定义(取值为 0～1)，值越大，表示土地利用类型的稳定性越高，对应土地利用类型发生转变的概率就越小。而且，因 CLUE-S 模型对转换弹性系数的变化较为敏感，本节在对库区土地利用变化的深刻理解和经验总结的基础上，依据 2000～2010 年土地利用类型转移概率矩阵，通过对模型检验的不断调试，设定土地利用转换弹性系数(表 2-12)。土地利用转移矩阵表示不同土地利用类型间的转换规则，0 表示不能转换，1 表示可以转换。

表 2-12　土地利用转换的稳定性系数(ELAS)设置

情景类型	水田	旱地	林地	草地	建设用地	水域
2010 年模拟	0.6	0.45	0.77	0.35	0.83	0.58
自然增长	同 2010 年模拟					
粮食安全	0.78	0.8	0.65	0.43	0.7	0.6
移民建设	0.54	0.63	0.75	0.5	0.88	0.58
生态保护	0.56	0.66	0.8	0.75	0.73	0.5

注：情景类型如表 2-13 所示。

库区土地利用转换规则主要为(图 2-10)：①在人多地少的状况下，除将来对建设用地需求减少，一般情况下在预测期内不考虑建设用地的转出变化；②旱地转为水田(“旱改水”)在库区不易实现，主要因旱地立地条件很难达到水田种植要求，且水田种植所产生的成本远大于旱地，在非农务工工资提高的影响下大量农村劳动力从农业“析出”，这样，部分水田因劳动力被配置到非农产业而选择更为省工的利用方式，目前主要是改为旱作，即“水改旱”；③与“水改旱”的原因基本一致，部分陡坡旱地因不能实施机械替代且耕种这部分旱地的收益相对微薄，导致耕地撂荒(转换为林草地)在库区已成普遍现

自然增长情景

	0	1	2	3	4	5
0	1	1	1	1	1	1
1	0	1	1	1	1	1
2	1	1	1	1	1	1
3	1	1	1	1	1	1
4	0	0	0	0	1	0
5	1	1	1	1	1	1

粮食安全情景

	0	1	2	3	4	5
0	1	1	0	0	0	0
1	0	1	0	0	0	0
2	0	0	1	1	0	1
3	1	1	1	1	0	1
4	0	0	0	0	1	0
5	1	1	1	1	1	1

移民建设情景

	0	1	2	3	4	5
0	1	1	1	1	1	1
1	0	1	1	1	1	1
2	0	0	1	1	1	1
3	1	1	1	1	1	1
4	0	0	0	0	1	0
5	1	1	1	1	1	1

生态优化情景

	0	1	2	3	4	5
0	1	1	1	1	1	1
1	0	1	1	1	1	1
2	0	0	1	1	0	0
3	0	0	1	1	0	0
4	0	0	0	0	1	0
5	1	1	1	1	1	1

直线框外：0表示水田，1表示旱地，2表示林地，3表示草地，4表示建设用地，5表示水域。
矩阵内：0表示不可行，1表示可行。矩阵内行表示转出，列表示转入。

图 2-10　4 种情景目标下的土地利用转换规则矩阵

象，且伴随农村劳动力的非农化和留守劳动力的老龄化，耕地撂荒在库区仍会进一步加剧；④水域转换存在明显阶段性，2010 年前伴随三峡工程阶段性蓄水而导致长江主干道及其主要支流沿岸土地利用被淹没，水域以转入为主。2010 年以后工程竣工，最高运行水位为 175m，而高低运行水位间的涨落带(消落区)因存在土地利用转换的反复性，很难对此开展土地利用的模拟与预测，即将 175 m 以下区域的土地利用仍以水域为主，为不变区。

3. 模拟结果检验

利用 Kappa 系数进行土地利用变化模拟结果的检验。Kappa 系数主要是用来评价分类图像的精度问题，如果两个图像之间差别很大，则 Kappa 系数相对较小(刘淼等，2009)。表达式为

$$K=(P_0-P_c)/(1-P_c) \tag{2-13}$$

$$P_0=s/n \tag{2-14}$$

$$P_c=(a_1 \cdot b_1+a_0 \cdot b_0)/n^2 \tag{2-15}$$

式中，K 为 Kappa 系数；P_0为现状图与模拟间的观测一致率；P_c为期望一致率；n 为栅格像元总数；a_1、a_0分别为现状栅格为 1、0 的像元数；b_1、b_0分别为模拟结果中栅格为 1、0 的像元数；s 为两个栅格对应像元值相等的像元数。Kappa 系数区间为[0,1]，一致性级别划分为：0.0～0.20 表示一致性极低、0.20～0.40 表示一致性一般、0.40～0.60 表示一致性中等、0.60～0.80 表示一致性较高和 0.81～1 表示接近完全一致(彭丽，2013)。

4. 土地利用情景设置

情景设置的目的在于分析库区土地利用变化在不同路径下的格局与过程。库区“大城市、大农村、大山区和大库区”的基本特性，使得从大江截流、大坝蓄水直至后移民时期的演变过程中，土地利用在复杂多变因素的驱动下经历着快速而又深刻的变动，且每一阶段都与现实及未来国家乃至区域利益诉求息息相关，尤其既要保证粮食安全，又要确保在不牺牲生态环境前提下提高移民区居民“福祉”；而库区经济发展与生态脆弱同时并存，再加上后移民时期的开发与建设，必然会多重叠加影响未来库区土地利用格局与过程。针对库区未来土地利用需求状况，综合考虑土地利用现状及未来经济社会发展战略，设置出自然增长、粮食安全、移民建设和生态保护 4 种土地利用情景。在情景时段设置上，主要基于库区在 2010 年编制实施的《三峡后续工作规划》，以 10 年为模拟时间节点，进行 2020 年和 2030 年的土地利用未来情景模拟。情景描述如表 2-13 所示。

表 2-13　三峡库区不同情景下土地利用需求

情景类型	情景描述
自然增长	以 2000～2010 年土地利用变化率为未来土地利用变化速率，未来进行土地利用情景模拟

续表

情景类型	情景描述
粮食安全	在“保供增收”的目标下，既要坚守耕地红线政策，避免因过度开发而占用耕地，又要满足粮食需求的增长。因此，设置粮食安全情景的主要目的在于遵循现实条件下控制库区耕地转出的数量和方向，优先保护原有优质连片耕地。在库区粮食自给前提下，受现实利益驱动，水田会不断地转为旱地；随着陡坡耕地撂荒的进一步加剧和新一轮退耕还林政策的实施，靠近山区的水田和旱地部分逐渐转变为林草地。这样，未来库区水田和旱地的面积定会出现某种程度的减少。同时，为提高灌溉保证率，水域面积可能增加。另外，根据渝鄂主体功能区划分结果，库区林地仍将得到有效保护，且大部分林区属限制开发区，为此库区林地基本不变。2010 年以后，库区步入后移民时期，建设用地增速趋缓，但仍然会保持一定速度的增长
移民建设	库区进入移民后时代以后，经济社会发展战略重点在于重新调整库区社会经济发展战略，建设国家级生态经济特区，重建完整的库区产业结构等。因此，移民情景的设置在于满足后移民时期经济、社会发展对建设用地的基本需求。在此情景下，地势相对平缓区的耕地面积定会明显减少，林地因远离城镇、退耕政策实施以及耕地撂荒而有所增加，草地则因被开发为耕地而小幅减少。另外，在库区水产养殖快速发展的促进下，水域面积增加较快
生态保护	在生态建设的发展战略上，国家已将三峡水库定位为淡水资源战略储备库，将库区定位为国家环境保护区和重点生态功能保护区。因此，设置生态情景的主要目的在于严格保护林草地、水域等生态用地。耕地尤其是旱地因退耕还林、森林工程等生态保护措施的实施而发生明显减少，林草地显著增加；因农田水利设施建设、水产养殖发展，水域面积会相对增加，但幅度不大；禁止大规模开发建设政策的强力推进，建设用地的扩张速度小于移民建设情景

5. 土地利用情景转变格局提取

利用栅格数据地图代数算术运算，将 2010 年土地利用图、2020 年和 2030 年不同情景下土地利用模拟结果进行空间叠加，提取 3 期土地利用变化动态图斑，运算公式为

$$code=(code_{2010}+1)\times 100+(code_{2020}+1)\times 10+code_{2030}+1 \tag{2-16}$$

式中，$code$ 为 3 期土地利用变化类型代码，$code_{2010}$、$code_{2020}$ 和 $code_{2030}$ 分别为 2010 年、2020 年和 2030 年 6 种土地利用类型原代码(0～5)。因此，在地图代数运算后的 3 期土地利用变化代码中，百位数为 2010 年土地利用类型、十位数为 2020 年土地利用类型、个位数为 2030 年土地利用类型，且水田、旱地、林地、草地、建设用地和水域的代码由原代码的 0～5 转变成相对应的 1～6，由此变化代码表示的土地利用变化类型是由 2010 年转变到 2020 年再转变到 2030 年(如 112 表示由 2010 年的水田转变成 2020 年的水田再转变为 2030 年的旱地，其他代码以此类推)。

考虑到 3 期土地利用时空演变模式的多样化，将土地利用变化类型依据时间的阶段性分为 3 类：前期变化、后期变化和持续变化。其中，前期变化的图斑表示只在 2010～2020 年发生变化，如 122 类型等；后期变化表示只在 2020～2030 年发生变化，如 112 类型等；持续变化表示 3 期土地利用类型发生反复变化，如 121、123 类型等。由此，对不同土地利用变化类型进行面积统计，单位为 km^2，以此分析库区不同情景下土地利用时空演变的未来趋势。

二、结果与分析

(一)土地利用驱动变量诊断

ROC 检验结果显示，各种土地利用类型的拟合优度均大于 0.8(表 2-14)，说明所选

驱动因子对三峡库区土地利用的解释能力较强，可用于模拟与预测未来库区土地利用的概率分布。

表 2-14　2010 年各土地利用类型的 Auto-Logistic 回归结果

编码	水田		旱地		林地		草地		建设用地		水域	
	Bata 系数	Exp (B)	Bata 系数	Exp (B)	Bata 系数	Exp (B)	Bata 系数	Exp (B)	Bata 系数	Exp (B)	Bata 系数	Exp (B)
sclgr0	−0.0008	0.9992	−0.0005	0.9995	0.0003	1.0003	0.0003	1.0003	−0.0038	0.9962	−0.003	0.997
sclgr1	−0.0452	0.9558	—	—	0.0217	1.0219	—	—	—	—	—	—
sclgr2	0.001	1.001	—	—	−0.0007	0.999	—	—	—	—	—	—
sclgr3	−0.001	0.999	—	—	—	—	—	—	—	—	—	—
sclgr4	—	—	—	—	0.1485	1.1601	—	—	—	—	—	—
sclgr5	—	—	—	—	—	—	—	—	—	—	—	—
sclgr6	—	—	0.00001	1	−0.00001	0.99999	—	—	−0.0005	0.9995	—	—
sclgr7	—	—	0.00001	1	—	—	—	—	—	—	−0.008	0.992
sclgr8	—	—	−0.00001	1	—	—	—	—	—	—	—	—
sclgr9	−7.95	0.0004	—	—	2.4797	11.9375	−29.5009	0	—	—	—	—
sclgr10	0.0085	1.0086	—	—	—	—	0.0131	1.0132	−0.0094	0.9906	—	—
sclgr11	—	—	—	—	—	—	−0.0001	0.9999	—	—	—	—
sclgr12	—	—	—	—	0.0005	1.0005	—	—	—	—	—	—
sclgr13	—	—	—	—	—	—	0.2594	1.2961	—	—	—	—
Lyfd0	0.738	2.0918	—	—	—	—	—	—	—	—	—	—
Lyfd1	—	—	1.4647	4.3261	—	—	0.2414	1.273	—	—	—	—
Lyfd2	−0.2814	0.7547	—	—	3.1686	23.7745	—	—	—	—	—	—
Lyfd3	—	—	0.0616	1.0636	—	—	1.0544	2.8702	—	—	—	—
Lyfd4	—	—	—	—	—	—	—	—	0.0952	1.0999	—	—
Lyfd5	−0.028	0.9723	—	—	—	—	—	—	—	—	0.114	1.121
常量	−1.258	0.2841	−2.8154	0.0599	−6.429	0.0016	−3.838	0.022	−2.269	0.103	0.851	2.342
ROC	0.91		0.842		0.885		0.903		0.989		0.997	

注：sclgr0 代表海拔(m)、sclgr1 代表坡度(°)、sclgr2 代表坡向、sclgr3 代表年降水量(mm)、sclgr4 代表年均气温(℃)、sclgr5 代表到城镇最近距离(m)、sclgr6 代表到农村居民点最近距离(m)、sclgr7 代表到水域最近距离(m)、sclgr8 代表到主要道路最近距离(m)、sclgr9 代表人口密度($\times10^4$ 人/平方千米)、sclgr10 代表城镇化率(%)、sclgr11 代表人均 GDP(元/人)、sclgr12 代表单位面积粮食生产量(t/km^2)、sclgr13 代表化肥施用量(折纯计算)($\times10^4$t)。Lyfd0~Lyfd5 分别为水田、旱地、林地、草地、建设用地和水域的邻域丰度。Bata 系数为 Logistic 回归方程诊断出的关系系数；Exp(B)是 Bata 系数以 e 为底的自然幂指数，其值等于事件的发生比率，即胜率；*ROC* 为拟合优度。

水田的分布概率主要与地形、气象和社会经济因子有关。地形中海拔、坡度均与水田分布呈负相关关系，且坡度对水田的影响大于海拔，坡度每增加 1°，水田分布概率降低 4.42%。坡度对水田的影响发挥决定性作用，坡度越大水田越少；年降水量的分布概率接近于 1，对水田分布贡献不明显；社会经济中人口密度与水田分布呈显著的负相关关系，回归系数达－7.95，人口密度每平方公里增加1万人，水田分布概率减少99.96％，人口因素对水田的影响较大。人口分布密集区常是水田主要分布区，但在非农务工工资不断攀升情况下，大量农村劳动力进城务工，使得农村留守劳动力因劳均耕地过多和劳均年龄过大而选择耗费劳动力相对较少的利用方式，水田用作旱地是最常见的转换方式之一，导致人口增加，水田面积减少。然而，与旱地分布相关的驱动因子仅为海拔和空间距离，且相关性不大。海拔的分布概率为0.9995，海拔每增加1m，旱地分布概率仅降低0.05％。空间距离中有影响的为到农村居民点、水域和主要道路的最近距离，因分布概率都为1，对水田分布的贡献不明显。在与其他地类的邻域关系上，旱地分布与草地存在一定的正相关关系。

影响林地分布的因子主要有海拔、坡度、坡向、年均气温、到农村居民点最近距离、人口密度和单位面积粮食量。其中，影响最为明显的是人口分布，人口密度的分布概率高达11.9375；其次是年均气温，每上升1℃，林地分布概率增加16.01％；坡度每增加1°，林地分布概率增加2.19％。海拔、坡向、到农村居民点最近距离和单位面积粮食量的分布概率都接近于1，表面这4个因子对林地分布的贡献不明显。对草地分布适宜性有解释性作用且显著的驱动因子主要有社会经济因子(如人口密度、城镇化率和化肥施用量)，而海拔和人均GDP的贡献不大。人口密度对草地分布的影响相反于林地，分布概率接近于0，表明越接近人口密度大的地方，草地分布概率越低。城镇化率对草地分布的影响与对水田的作用较为接近，分布概率为1.0132。化肥施用量的分布概率大于城镇化率，表明每增加1×10^4t化肥施用量，草地分布概率增加27.3％。

相对其他地类，对建设用地和水域分布存在解释作用的驱动因子较少，且显著性较低。因两者的地形分布较为一致，海拔对两者分布概率的影响较接近。此外，到农村居民点最近距离和城镇化率对建设用地分布存在作用，而到水域最近距离对水域分布存在影响，距离越远分布概率越低。

(二)土地利用模拟检验与变化特征

1.变化特征

表2-15显示，2000～2010年的10年间，三峡库区土地利用发生变化的总面积为1202.33km^2，占库区总面积的2.06％，这说明库区土地利用变化仅发生在局部区域，这与邵景安等(2013)的研究是一致的。在耕地的转出与转入中，水田与旱地的转出面积明显大于转入，10年间库区耕地大量丧失，且以旱地转出为主(577.9km^2)，为其他地类转入的主要贡献地类。林地的转入面积(472.62km^2)显著多于转出(144.47km^2)，10年间林地表现为大幅扩张态势，而且林地的转入来源主要是耕地，尤其是旱地(242.78km^2)。相对于林地，草地的转出面积大于转入，且转出主要流向林地(195.89km^2)，转入主要来源是旱地的撂荒(121.26km^2)。水域的转入面积(200.26km^2)显著大于转出(1.91km^2)，三峡工程建设导致长江沿岸大量土地被淹没，致使其他地类都有一定的量转入水域。建设用地转入面积(314.03km^2)显著大于转出(14.15km^2)，且建设用地的扩张主要占用的是耕地。耕地面积的减少主要由国家层面的退耕还林政策、移民开发建设及后期配套设施建设占用所致，

且退耕还林主要发生于陡坡旱地上，而建设占用则大多以地势较为平缓的旱地和水田为主；林地的增加除主要来源于陡坡旱地退耕外，荒山造林也使大量草地转换为林地；水域面积增加主要由水库建设时期的淹没所导致。水田、旱地和草地易被转出而在库区地类的竞争中处于弱势地位，林地因政策性保护而仍保存其空间优势；水域和建设用地尽管不是优势地类，但因得益于人为开发建设的作用，是其他地类流向的主要地类，在近10年的地类竞争中处于优势地位。

表 2-15　三峡库区 2000～2010 年土地利用转移矩阵　（单位：km^2）

2000年	2010年						
	林地	草地	水域	建设用地	水田	旱地	转出总计
林地	—	15.94	76.88	28.8	0.97	21.88	144.47
草地	195.89	—	32.02	14.66	0.45	51.57	294.60
水域	0.02	0.12	—	0.81	0.04	0.94	1.91
建设用地	0.84	0.35	12.97	—	0	0	14.15
水田	33.09	1.21	26.98	107.35	—	0.66	169.30
旱地	242.78	121.26	51.41	162.42	0.02	—	577.90
转入总计	472.62	138.87	200.26	314.03	1.49	75.06	1202.33

2. 模拟检验

空间分布上，对比图 2-11 中的 2010 年土地利用现状图与模拟结果发现，各土地利用类型的整体分布一致，没有发生较大空间位置的偏差，现状与模拟间的差异主要出现于局地区域。

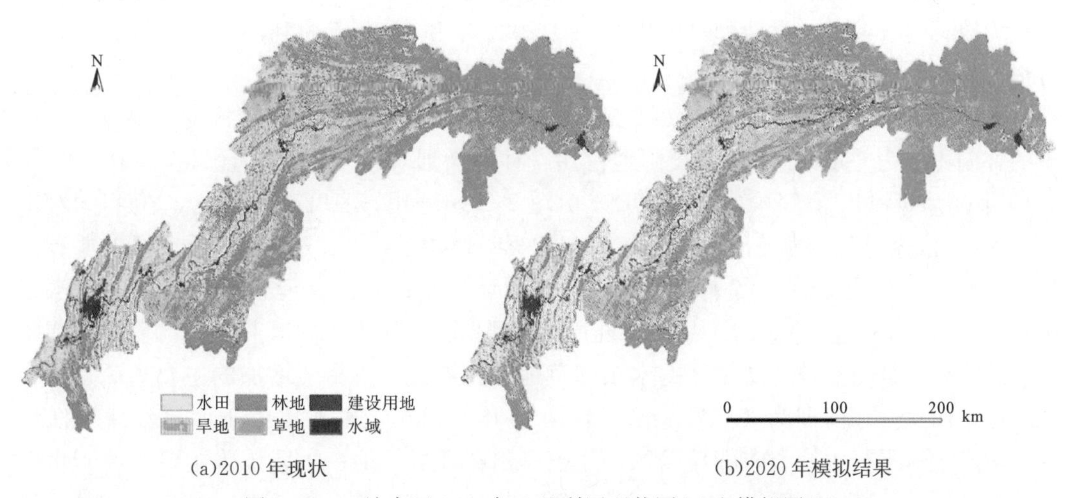

(a)2010 年现状　(b)2020 年模拟结果

图 2-11　三峡库区 2010 年土地利用现状图(a)和模拟图(b)

由表 2-16 可看出，在地类面积上，现状面积与模拟结果差异最大的是水田和旱地，差异最小的是草地和水域，林地和建设用地的差异处于中间位置。水田的模拟结果比现状减少 681.7km^2，旱地则增加 683.75km^2，两者间的差异近乎抵消耕地内的增减变化。相比之下，其他地类面积的这一偏差远小于水田减少或旱地增加量。其中，林地的模拟结果较现状增加 11km²，草地增加 1km²，建设用地和水域分别减少 9.5km² 和 3km²。这一结果说明在三峡库区以山地为主的地形格局中，耕地利用受到机械替代人力的限制(推力)和务农机会成本提高的影响(拉力)，水田转换为旱地或再恢复为水田的利用方式会频繁发生，从而给模拟带来很大的难度。

表 2-16　三峡库区 2010 年土地利用模拟结果检验

检验指标	水田	旱地	林地	草地	建设用地	水域
现状面积/km^2	6238.25	13643.25	29083	7538.5	693	992.5
模拟面积/km^2	5556.5	14327	29094	7539.5	683.5	989.5
重叠面积/km^2	5382	13180.5	28682	6469.25	598.5	767
重叠率/%	96.86	92	98.58	85.80	87.56	77.51
Kappa 系数	0.90	0.92	0.97	0.84	0.85	0.77

图斑栅格重叠率主要表现为林地>水田>旱地>草地>建设用地>水域，即林地的模拟效果最好，水域最差。经 Kappa 系数检验发现，林地、旱地、水田、草地和建设用地的 Kappa 系数存在一致性，均大于 0.81，表现为在库区大尺度上模拟与现状近乎完全一致的格局，而水域 Kappa 系数为 0.6～0.80，主要因水域范围在 2000～2010 年的三峡工程蓄水而变动较大。

(三)土地利用未来情景模拟

1. 自然增长情景

由图 2-12(a)和图 2-12(b)可看出，自然增长情景下，2010～2030 年，库区土地利用方式均以林地、草地、旱地和水田为主，且 2020 年和 2030 年的利用方式在分布空间上有很大趋同性。

水田与草地的大量转出是自然增长情景下 20 年间库区土地利用转换的主要方式，转出的方向主要为“水改旱”、建设用地占用、林地增加和水域扩张，且只发生在 2010～2020 年(前期)和 2020～2030 年(后期)。由图 2-12(c)和图 2-12(d)可看出，20 年间水田转旱地(“水改旱”)最为突出，前期与后期的累计转出达 1411.25km²，重庆段的所有区(县)均有这一转变方式，多集中在低山丘陵缓坡地带；其次是建设用地占用，以水田(443.75km²)和草地(55km²)为主，伴随库区建设阶段的深入，尤其是城镇的蔓延式或跳跃式扩张使得分布在坡度低缓区的水田和草地最先被侵占；林地增加的主要来源是旱地退耕或水田荒弃，前期为 208.25km²，后期为 185.5km²，主要集中于库尾江津沿江地带、重庆主城平行山岭和南部丘陵区、库腹万州和开县等地；水域扩张主要来源于水田和草地的转出，其中水田为 379.75km²，草地为 139km²，剩余的来源，即旱地和林地的转出空间较小，在库区呈零星分布。

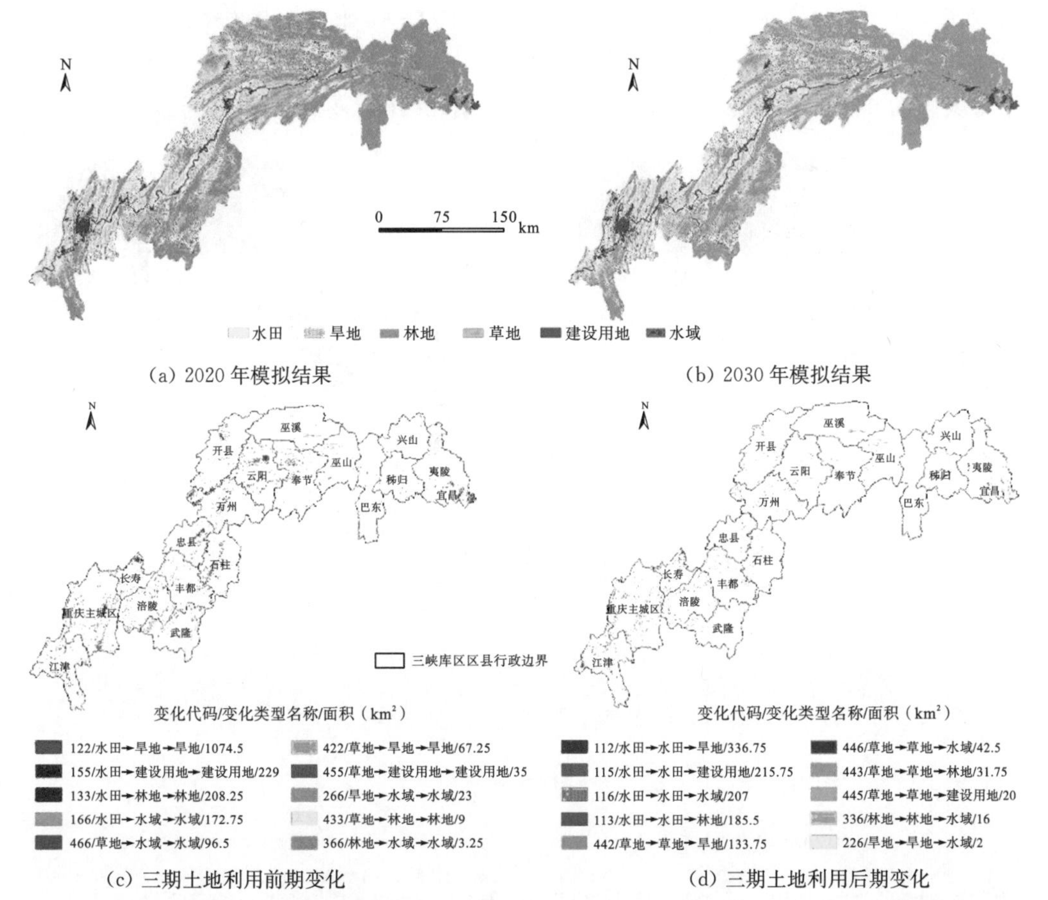

(c) 三期土地利用前期变化　　(d) 三期土地利用后期变化

图 2-12　2020～2030 年自然增长情景的土地利用模拟结果(a、b)及其与 2010 年的三期变化图斑(c、d)

2. 粮食安全情景

粮食安全情景下，土地利用模拟重点关注水田与旱地的转入与转出，在库区目前粮食生产能够自给的前提下提高未来的粮食安全下线，确保集中连片的优质耕地不被转换为其他用途而危及粮食安全。由图 2-13(a)和图 2-13(b)可看出，尽管水田与旱地发生局部的空间扩张与收缩，但不足以影响库区耕地的总体格局，主要优质耕地集中连片区的分布格局与 2010 年的利用现状和自然增长情景下是一致的，林地、草地、建设用地和水域的空间分布格局也同样保持基本的态势不变。

水田与旱地的转出与转入是粮食安全情景下 2010～2030 年库区土地利用转换的主要方式，主要表现在“水改旱”、建设用地扩张、耕地撂荒和水域增加，时间演变上发生在 2010～2020 年(前期)和 2020～2030 年(后期)。由图 2-13(c)和图 2-13(d)可看出，“水改旱”只发生在前期变化中，转出面积为 666km²，不足自然增长情景的一半，因此没有自然增长情景下明显的普遍分布趋势；相对于自然增长情景，粮食安全情景下建设用地扩张并不显著，扩张的主要来源于前期和后期变化中的水田和旱地，两者转入到建设用地的面积为 462.75km²。之所以粮食安全情景下“水改旱”和建设用地扩张没有自然增长情景显著，原因在于部分水田和旱地转出到草地；这也是与自然增长情景下草地大量减少所存在的最大差异，也就是说粮食安全情景下存在一定耕地撂荒现象，包括前期变化中耕地转入到草地的 163km^2 和后期变化中的 173.5km^2，但空间分布较为分散，主要集中于重庆段的开县、万州、石柱和江津南部以及湖北段的巴东、夷陵等偏远山区。

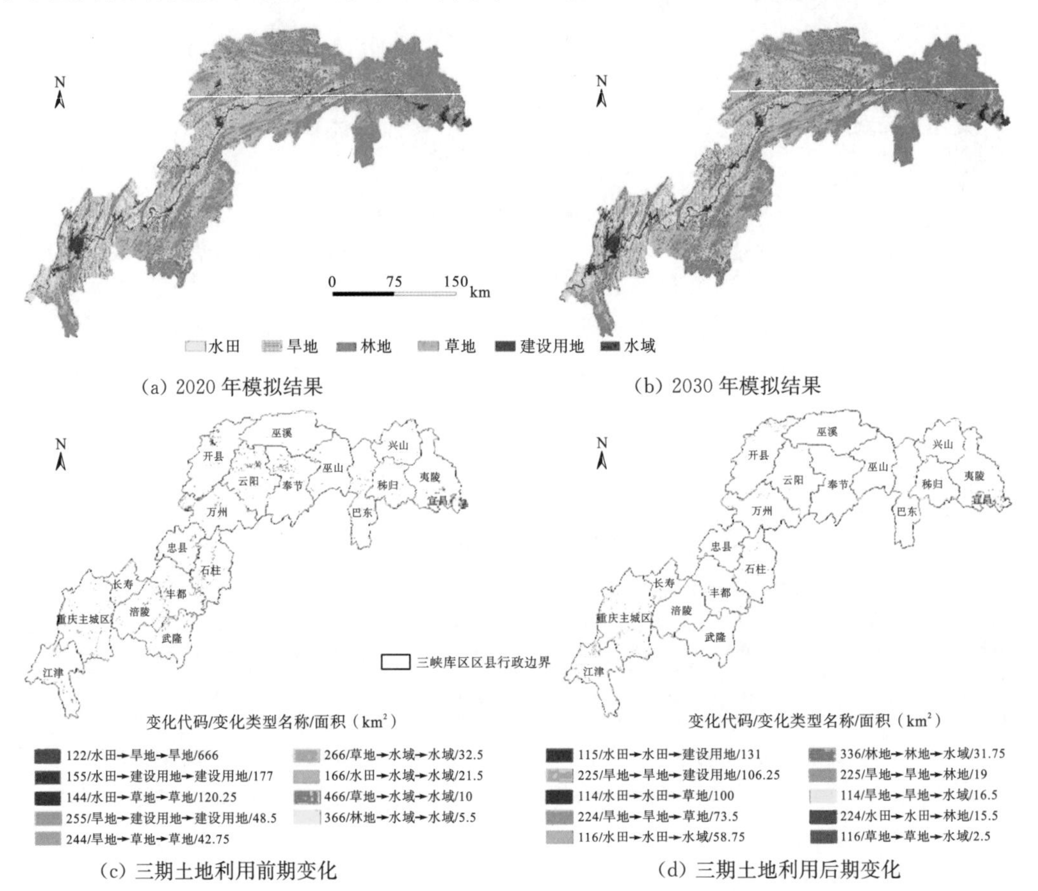

(a) 2020 年模拟结果　　(b) 2030 年模拟结果

(c) 三期土地利用前期变化　　(d) 三期土地利用后期变化

图 2-13　2020～2030 年粮食安全情景的土地利用模拟结果(a、b)及其与 2010 年的三期变化图斑(c、d)

3. 移民建设情景

移民建设情景下最显著的地类变化为建设用地的不断扩张及其伴随的水田、旱地和草地的明显空间收缩趋势。由图 2-14(a)和图 2-14(b)可看出，建设用地的扩张主要表现在库区城镇建设用地的扩张，而又以重庆段的沿江县城和场镇扩张最为显著，如受重庆主城辐射的长寿和涪陵、库中和腹地的沿江县城及其周边乡(镇)。这些城镇的快速扩张主要得益于国家新型城镇化的稳步推进，城镇的扩张必然占用一定量的耕地和草地，致使城镇周边的这些地类在空间竞争上处于弱势地位；林地因远离城镇且受政策保护，其变化的空间格局保持相对稳定状态。

建设用地扩张、“水改旱”、林地和水域增加是移民建设情景下 2010～2030 年库区土地利用转换的主要形式。由图 2-14(c)和图 2-14 (d)可看出，移民建设情景下建设用地扩张显著强于自然增长和粮食安全情景，其来源地类主要有水田、草地和旱地，共扩张面积为 2146.25km^2，因此这三类土地利用类型在空间分布上呈收缩趋势，且呈现出以重庆主城和万州为中心、重庆主城至万州江段的沿江城镇为主轴和长江一、二级支流沿河城镇为支点的分布格局；“水改旱”形式同粮食安全情景基本类似，仅发生在2010～2020年，面积为633.25km²，且在重庆段的每个区(县)均有分布。同时，林地增加也占据一定的空间位置，20年间均有水田、旱地和草地转入林地，转入面积为1166.75km²。

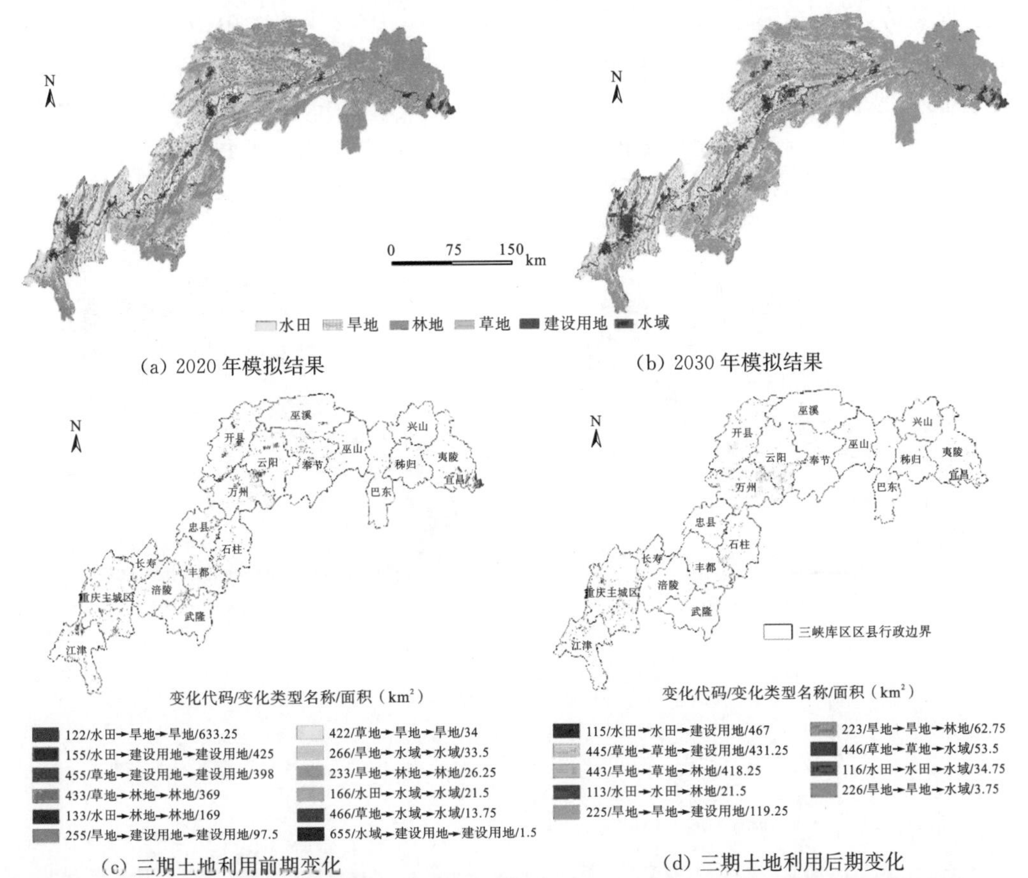

(a) 2020年模拟结果　　(b) 2030年模拟结果

(c) 三期土地利用前期变化　　(d) 三期土地利用后期变化

图2-14　2020～2030年移民建设情景的土地利用模拟结果(a、b)及其与2010年的三期变化图斑(c、d)

4. 生态保护情景

生态保护情景下，重点在于保护生态价值较高的生态保护用地(如林地、草地和水域)，其空间上必然获得一定程度的扩张。由图2-15(a)和图2-15(b)可看出，林地、草地和水域在2010年的现状基础上不断地向周边的水田和旱地延伸，因为在库区除了这三类土地利用类型外，水田和旱地也是分布较为广泛的地类，因此生态保护情景下土地利用空间竞争关系主要表现在生态用地前进与粮食用地后退的格局。对比自然增长、粮食安全和移民建设情景，退耕还林、耕地撂荒、“水改旱”、建设用地扩张和水域增加这5类土地利用转换形式，也同样发生在生态保护情景中，其最大的差异在于土地利用变化的时间阶段不同，生态保护情景下多出现持续变化的土地利用演变方式。

由图2-15(c)和图2-15(d)可看出，在库区范围内近20年均发生这5类土地利用转换形式，且2010～2020年的变化较2020～2030年更为显著，均是以水田和旱地的大量转出为主，如退耕还林、陡坡或破碎耕地撂荒等。其中2010～2020年的变化中退耕还林高达2251km²，主要集中分布于江津东部重庆主城区南部、万州区和开县全境的山地区域；

2020～2030 年的变化则以水田转换为林地为主，面积为 87.25km²。耕地撂荒表现为水田和旱地转变为草地，两个阶段的转出面积较为接近，分别为 261km² 和 262km²。“水改旱”的面积是所有情景中最小的(395.25km²)，且分布较为集中。建设占用耕地的程度仍呈扩张趋势，但没有移民情景下那么显著，面积为 702.25km²。由图 2-15(e)可看出，3 期土地利用的持续变化主要表现在 2010 年的耕地转入到 2020 年的林地，再转入到 2030 年的其他地类，相对于 2010～2020 年和 2020～2030 年的变化，库区土地利用持续变化的空间范围较小，格局上以零散分布为主，面积超过 100km² 的包括“旱地→林地→水域”和“旱地→林地→旱地”。在此情景下，生态保护用地与粮食安全用地间的空间竞争关系相对于其他情景更为强烈。

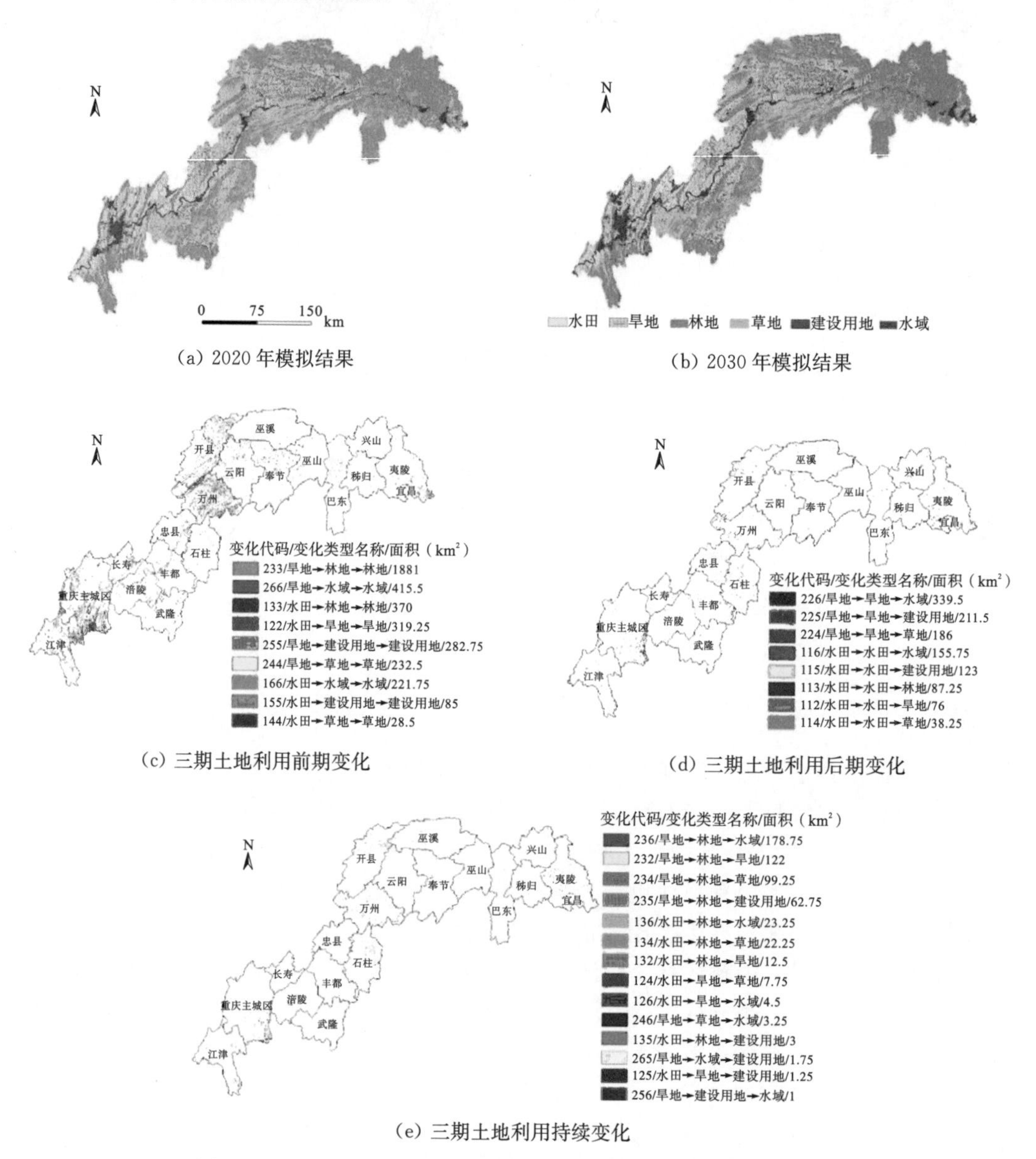

图 2-15　2020～2030 年生态保护情景的土地利用模拟结果(a、b)及其与 2010 年的三期变化图斑(c、d、e)

5. 情景对比分析

对比图 2-12～图 2-15 可发现，在四种情景下，库区水田转旱地（“水改旱”）、建设用地扩张、退耕还林、水域扩张和耕地撂荒这五种土地利用转变方式最为显著。为了对比四种情景模拟结果，利用图 2-12～图 2-15 对 2010～2030 年库区这五种主要土地利用转变面积进行统计，如图 2-16 所示。水田转旱地在自然增长情景中最为显著，面积为 1411.25km²，其他情景均没有超过 1000km²；建设用地扩张在移民建设情景中面积最大，达 1939.5km²，移民建设的开发需求促使建设用地不断扩张；退耕还林在生态保护情景中得到很好体现，由耕地转为林地的面积达 2338.25km²，为所有转换类型中的面积之最，在生态保护情景中对耕地向林地的转换没有设置更多限制，如林地的转换弹性系数设置较高，为 0.8。水域扩张和耕地撂荒在生态保护情景中也得到较好体现，这主要归功于水域和草地的限制开发。

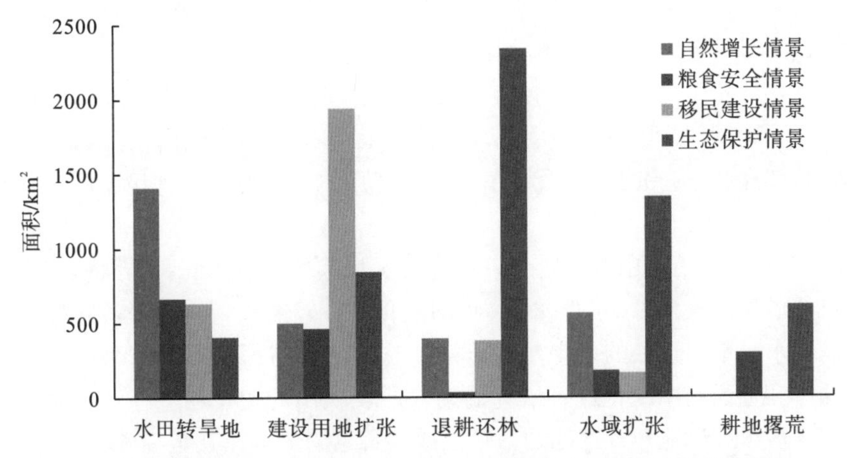

图 2-16　三峡库区 2010～2030 年主要土地利用转变类型面积的情景对比

（四）模拟结果不确定性分析

1. 土地利用的驱动因子影响

在土地利用驱动因素的分析中，已有诸多文献对此开展了深入的研究和探讨。然而，在众多模型方法中，CLUE-S 模型能在多时空尺度上考虑自然（海拔、坡度、降水和气温等）和人文（人口、收入、城镇化、粮食等）因素的综合影响，揭示土地利用空间分布与其备选驱动因素间的关系，以衡量不同土地利用类型在每一空间单元分布的适宜度。本节研究发现，自然因素中的高程、坡度和降水对库区水田、旱地的分布存在不同程度的负相关性，这与彭丽（2013）关于库区土地利用格局与影响因素间定量关系的分析结果相似；库区林地分布在地形因素中主要受控于坡度的影响，这与 Zhang 等（2011）、李建国等（2012）的研究发现“地势低、坡度低缓的区域植被密度活动弱”是一致的。相对其他地类，建设用地和水域所占比例较小，在大尺度空间上影响其变化的驱动因子相对较少，因此本节对影响它们驱动因子的选择仅考虑了海拔及到城镇、农村居民点和水域的最近距离因子，但建设用地和水域极易受人为活动的干扰和影响，相关研究认为库区的形成引发了一系列的移民开发建设潮，包括工程自身建设在内，都对库区建设用地和水域的扩张产生极大的促进作用(Shen et al.，2004；Wang et al.，2013)。

本节在驱动力分析上的不足之处在于：因 CLUE-S 模型所需的驱动因子主要为稳定性因子，对短时间内动态变化大的因子敏感性较弱，因此对区域间及年际间政策、工程等突变因子无法充分考虑，如 CLUE-S 模型对城镇开发区、工业区等跳跃性的土地利用变化难以模拟，库尾重庆主城的建设用地由 2000 年模拟到 2010 年，就存在着无法确定城镇扩张的实际方向；动态性影响因子的空间化难度较大，如三峡水库的蓄水位到达最高蓄水位 175m 之前，其变化的时间尺度较短而无法直接空间化，因此不能直观地反映政策与工程性因素对各土地利用类型的影响，这需要在今后的研究中尽量选择更长时间跨度、更丰富的驱动因子，以便获得更精确的模拟效果。

2. CLUE-S 模型模拟结果解释

CLUE-S 模型对土地利用变化模拟的最大优势在于其把非空间土地需求分配到特定的空间位置上，并对不同土地利用转换的难易程度进行控制。本节设置的四种土地利用情景既考虑土地利用转换的一般规律，也兼顾库区土地利用变化的典型特点，如“水改旱”、耕地撂荒等的普遍趋势，以及林草地等生态用地的严格保护、建设用地和水域扩张的明显趋势。

“水改旱”在四种情景中都有发生，差异在于自然增长情景下变化面积远大于其他情景，因为自然增长情景是以 2000～2010 年的变化率计算需求量，水田转入林草地的面积均较少，而“水改旱”现象的发生较为普遍，这一结果与邵景安等(2013)基于水利工程建设阶段的库区土地利用变化遥感研究的结果所反映出的变化趋势一致。而且，现有文献认为，库区水田和旱地转入草地的撂荒已成为普遍趋势，尤其是 2010 年以后随着城镇化、工业化进程的快速推进，以及农业比较效益偏低的情况下，农户弃耕撂荒现象呈扩大趋势(Xiu et al.，2013；Shao et al.，2015)，因此本节在情景设计中考虑了耕地撂荒。

对林草地等生态用地的严格保护是 2000 年之后库区流域生态建设的重要措施之一，如退耕还林、森林工程等(重庆市人民政府，2007)；更为重要的是党的十八大后生态文明的提出，乃至 2016 年伊始习近平总书记提出保护好库区生态环境的战略决策，更为生态用地的保持或扩展提供了政策支持。但是，林草地等生态用地的扩张势必带来库区耕地面积的减少，尤其是陡坡耕地。而且，目前受非农务工工资提升的影响，大量农村青壮年劳动力外出务工，部分机械不能替代人力的陡坡耕地被撂荒，逐渐转换为林草地等生态保护用地。因此，在生态保护情境下，林草地扩张占用了大量耕地。

建设用地扩张在移民建设情境下最为显著，尤其是要解决移民就地后靠的安置问题以及城镇迁建和配套设施建设，特别是城镇化、工业化进程的推进以及新型城镇化、新农村建设、高山移民政策的实施，都驱使库区大量农村人口进城或跳蛙式由地势起伏较大的山区向地势相对平缓、交通较为便捷的区域迁移，从而导致建设用地的增加和扩张。当然，建设用地的扩张，因其用地特点的限制需要占用大量优质耕地或低丘缓坡地，从而驱使库区耕地减少。但是，受中央对库区关于“建设长江上游重要生态屏障”的相关定位和政策指引，未来库区建设用地的扩张规模不会太大。

就模型处理而言，本节使用的CLUE-S模型存在的不足主要表现在两个方面。

(1)CLUE-S模型的运行需将栅格数据转换为ASCII格式，这使得模型运算精度必然受到栅格大小的影响及格式转换过程中信息完整性程度的限制。本节主要通过各驱动因子与起始土地利用栅格数据在Binary logistic回归模型中，以ROC曲线检验不同大小栅格的回归效果，确定500m×500m作为本节的空间尺度。然而，本节未分析栅格大小及转换精度对不同情境下库区土地利用模拟结果的影响，这需要在以后的研究中探讨CLUE-S模型的多尺度效应。

(2)CLUE-S模型中土地需求计算独立于模型输入，这需要采用外挂模型方法获得。在土地需求计算上，本节采用大多研究常用的插值方法进行计算，未考虑土地利用与经济发展的关系对土地需求的影响，主要原因在于大尺度区域的库区土地利用需求的变化受控于多方面因素，而变动性较大的社会经济因子难以精细到每一空间栅格单元，这样本节仅能以区(县)级行政区划为统计单元，行政区划内的空间单元属性是均质的，从而避免了相应的误差，适应了大尺度区域的土地利用模拟。将土地需求量的模型与CLUE-S模型相结合是本节未来研究的重点之一，两模型结合的优点在于将空间格局模拟与土地需求预测模型相结合，以提高土地利用模拟精度。

3.驱动力分析的尺度选择

驱动力分析是土地利用变化研究的重要内容之一，也是制定合适的土地利用调控政策所必需查明关键一环。土地利用的驱动力分析拥有很强的尺度依靠特征，且尺度的选择与研究的区域有显著的关联性，通常研究区域为国家或区域尺度，驱动力分析也应选择在对应尺度上(董立新等，2009；李阳兵等，2010)，研究区域为景观或社区水平，驱动力分析也对应于这一水平，且不同的研究尺度所需数据基础及对驱动机制刻画的深刻程度也存在较大程度的不同，国家或区域尺度的分析相对较为宏观，而景观或社区水平的则相对微观(邵怀勇等，2008；邵景安等，2015)。本书研究从整个库区流域分析三峡库区土地利用的未来情景，研究尺度可谓在区域或大流域尺度上开展，这样，对影响土地利用的驱动力分析以及对未来土地利用情景模拟的参数选取也必然依托于区域或大流域尺度，加之，为便于多时点长时间序列数据的收集与准备，研究选取以区(县)为空间单元进行社会经济因子空间化影响对土地利用的驱动因素识别。

土地利用变化常常发生于局地，驱动土地利用发生变化的驱动因素也必然与局地及周边的基本环境有很大关系，如特殊的立地、社会经济背景等。当然，区域经济发展环境与政策也对局地土地利用变化产生一定的驱动作用，但最根本的驱动力仍是土地利用发生变化区的周围环境，因此，本书研究选取区(县)域尺度为单元分析三峡库区土地利用变化的驱动机制，并在此基础上对未来土地利用的情景展开模拟与预测，分析精度显得较粗，不能对驱动因素展开较为细致的刻画，从而影响土地利用变化驱动因素的驱动过程与轨迹分析，进而对未来情景预测产生一定影响。

在驱动力分析的尺度选择上，本书研究的不足在于：将区(县)尺度的社会经济数据依据区(县)名称空间化赋值后，再转换为相同栅格大小的单元格，从而出现不同的土地利用转换方式在一个区(县)内所对应的社会经济驱动因素的数值是一样的，进而影响土地利用变化驱动因素分析的精度，传递到对未来土地利用的情景模拟过程中，影响未来土地利用的模拟精度。

三、小结

(1)基于邻域丰度的 Auto-logistic 回归模型对库区土地利用驱动力的解释能力较强，可用来估算库区土地利用的概率分布。库区水田的发生率主要与地形因子、气象因子和社会经济因子有关，而影响旱地分布的驱动因子的作用不明显。库区林地的分布在地形因素中主要受控于坡度的影响，对草地分布适宜性有解释性作用，且显著的驱动因子主要有人口密度、城镇化率和化肥施用量。对建设用地和水域分布存在解释作用的驱动因子相对较少，且显著性较低。

(2)2010 年库区土地利用的 CLUE-S 模拟结果与现状相比，在图斑栅格重叠率上，林地的模拟效果最好，水域最次，且 Kappa 检验表明总体上模拟结果能满足未来模拟与预测的需求。

(3)以 2000～2010 年变化率为在变化速率的自然增长情景下，水田逐渐减少而旱地大幅增加，林地增幅缓慢，草地不断萎缩，建设用地加速扩张，威胁粮食安全。

(4)在保护优质、连片耕地不减少的粮食安全情景下耕地总体缩小，但因主要的连片、优质耕地得以有效保存而对粮食安全影响较小，草地增加明显主要源自耕地撂荒。

(5)移民建设情景下建设用地快速扩张，尤其是移民安置、城镇迁建、配套设施建设等，且建设过程中以牺牲大量优质耕地为代价，从而对库区粮食安全产生一定威胁。

(6)生态保护情景下重点对具有显著生态效益的林草地进行保护与恢复，如退耕还林、森林工程等，生态保护地的扩张同样占用大量的耕地，特别是陡坡劣质耕地。

综合上述各情景模式，未来对库区土地利用结构的优化应综合考虑自然增长、粮食安全、移民建设和生态保护的需要，优势互补，协调各情景之间的矛盾，以达到利用结构的最优。

第三章　水土流失

尽管水土流失是一种自然现象，但坡面不合理的人为土地利用活动可加速这一现象的发生。三峡水库是河道型、峡谷型水库，长江主河道两岸都是高山陡坡，水库建设过程中的移民不仅数量大(约为 120 万)，而且安置方式又以就地后靠为主(约为 110 万)，这就使移民区与安置区高度重叠，被安置的移民也就在后靠的山坡(相对较陡)上重新开始新的生产活动。由于原有地形较为平缓且肥沃的耕地被淹没，新开垦出用于移民安置的地区多数坡度较陡。在这种情况下，开展同样的农业生产活动势必会产生较大的水土流失(即便部分区域的水土保持措施能跟上)。而且，在移民安置后，为确保正常的通行与耕作，相应的配套基础设施必将修建，如道路(对外通达性、对内便捷性)、农田水利设施等，这些工程的修建也必定会诱发一定程度的水土流失。就地后靠区，部分地形起伏较大，林草地分布较多，道路及水利设施建设不可避免地要对原有地形、地貌进行改造或破坏，从而导致相应的水土流失的发生，目前库区工程性的水土流失不容忽视。

水土流失的不仅仅是水和土，在这一过程中，必将携带大量的营养物质。水流的动力和坡地的地势将营养物质搬运至较低处，最终汇至江河、湖泊，沉淀、富集后就会对水体产生较大的污染，即水体中富含的营养物质(N、P 等)超过其本身的自净化作用，表现出水质富营养化或超营养化现象。从某种意义上说，在不同土地利用下的水土流失才是驱动三峡库区面源污染发生的最直接的动力。当然，移民的肥沃土地被淹没，被就地后靠安置于相对贫瘠的区域后，为了获得与淹没土地一样的产出，将会增加更多的化肥投入，而在相对薄的土层、相对大的坡度下，更多的营养物质随水土流失而迁移，从而对库区水体产生更大的影响。为此，在一定土地利用类型或利用方式下，减量也是一种降低面源污染发生程度的主要方面。因此，对三峡库区来说，首先必须查明不同土地利用背景水土流失时空变化及其分布规律，借助前面的土地利用研究结果，识别不同土地利用类型下水土流失发生的时空分布特征；其次是借助土地利用的模拟，对三峡库区水土流失发生的未来情景展开模拟预测，为库区面源污染防控提供科学决策依据。

第一节　三峡库区不同土地利用背景水土流失时空变化及其分布规律

土壤侵蚀是指土壤及其母质在水力、风力、冻融、重力等外营力和人类活动作用下，被破坏、剥蚀、搬运和沉积的过程(毛汉英等，2002)，是一个复杂的时空过程，若气候条件相同，土地利用的类型组成、空间配置等土地利用格局就成为影响土壤侵蚀的主要因素之一(王思远等，2005)。土地利用变化通过改变土壤物理性质、化学性质、植被覆盖、径流速率等，从而改变土壤的抗侵蚀能力以及土壤侵蚀的发生、发展(赵文武等，2006；傅伯杰等，2006)。关于土地利用对土壤侵蚀的影响最早的研究主要是通过径流小区试验对比不同土地利用方式的土壤侵蚀效应(吕明权等，2011)，之后主要借助土壤侵蚀模型，定量计算出不同土地利用方式下的土壤侵蚀。3S技术的发展，为定量分析不同土地利用背景下的土壤侵蚀分布规律提供了支撑(王思远等，2001)。目前，利用放射性核素(如^{137}Cs)示踪法研究特定土地利用下的土壤侵蚀速率及空间分布的应用研究非常活跃(汪亚峰等，2009)。人类生产生活主要通过改变土地利用来影响生态环境，研究区内的土壤侵蚀对土地利用的变化响应也比较敏感(王硕等，2014)。三峡库区建设近20年，土地利用发生了很大的变化，特别是三峡工程以及随之而来的移民安置、迁建，对土地利用的扰动十分强烈(邵景安等，2013)。2004年，“两工”(农村义务工和劳动积累工)取消过后，大量农村劳动力外出打工，在减轻土地生产的压力的同时，也对土地利用产生了一定影响。本书在GIS的支持下，选用修正的通用土壤流失方程(RUSLE)，对不同土地利用背景下的土壤侵蚀进行定量分析，在大尺度上讨论土地利用与土壤侵蚀强度的关系。

一、材料与方法

(一)数据来源

①三峡库区及其周边日降水量监测数据来源于国家气象局气象信息中心和重庆市气象局。②土壤数据来源于中国科学院南京土壤研究所，1∶100万中国土壤数据库——数字化土壤图，包括土壤类型数据。③土地利用数据来源于中国科学院资源环境科学数据中心提供的1∶10万土地利用土地覆盖解译数据(http：//www. resdc. cn/b-f/b-f. asp)，以及实地踏勘的解译，共5期(1900年、1995年、2000年、2005年和2010年)，解译结果得到实地验证，并达到精度要求。④DEM数据来源于西部数据中心，空间分辨率为90m。三峡库区矢量边界，依据“三建委”，对所囊括渝鄂30个市区(县)的行政边界自行制作，将所有栅格数据统一转换为空间分辨率为90m，图像统一转为Albers等积投影，并参与空间运算。

(二)土壤侵蚀模型

本书采用目前应用范围广泛的修正通用土壤流失方程(RUSLE)(Renard et al.，1997)来计算土壤侵蚀量，该模型充分考虑不同的气候和地理条件，且可以直接利用遥感数据，在ArcGIS技术支持下，对土壤侵蚀进行定量分析，具有广泛的适用性。其基本算法如下：

$$A=K \cdot R \cdot LS \cdot C \cdot P \tag{3-1}$$

式中，A为土壤侵蚀模数即年均土壤流失量($t \cdot a/hm^2$)；K为土壤可侵蚀性因子[$t \cdot hm^2 \cdot h/(MJ \cdot hm^2 \cdot mm)$]；$R$为降水侵蚀力因子[$MJ \cdot mm/(hm^2 \cdot h \cdot a)$]；$LS$分别为坡长和坡度因子；$C$为植被覆盖或作物管理因子；$P$为水土保持措施因子。$LS$、$C$、$P$为无纲量单位。模型的参数计算及赋值如表3-1所示。

表 3-1 RUSLE 各因子获取方法

模型参数	计算方法	说明
土壤可蚀性因子 K	石灰土为 0.0171、紫色土为 0.0184、水稻土为 0.0185、黄壤为 0.0157、棕壤为 0.0072、黄棕壤为 0.0162	参见文献(吴昌广等，2010a)
降雨侵蚀力 R (章文波等，2002)	$R_i = \lambda \sum_{j=1}^{k} P_j^{\delta}$ $\delta = 0.8363 + \frac{18.177}{P_{d12}} + \frac{24}{p_{y12}}$ $\lambda = 21.586\delta^{-7.1891}$	R_i 为第 i 个半月时段的侵蚀力 P_j 为某半月内第 j 天的日侵蚀性降水量；k 为所研究的半月时段的段数；P_{d12} 为日降水量≥12 mm 的日均降水量；P_{y12} 为日降水量≥12mm 的年均降水量
坡长坡度因子 L、S (吴昌广等，2012)	$\begin{cases} L = (\lambda/22.13)^m \\ m = \lambda/(1+\beta) \\ \beta = 0.5(\sin\theta/0.0896)/[3(\sin\theta)^{0.8}+.0.56] \end{cases}$ $S = -1.5 + 17/[1+\exp(2.3-6.1\sin\theta)^{0.8}+0.56]$	λ 为水平坡长(m)；m 为坡长指数；22.13 为标准小区的坡长(m)；θ 为坡度
植被与管理因子 C	水田 0.12、旱地 0.31、林地 0.02、草地 0.03、其他用地类型 0	参见文献(刘爱霞等，2009；蔡崇法等，2000)
水土保持因子 P	水田 0.01、旱地 0.4、林地 1、草地 0.8、其他用地类型 0	参见文献(刘爱霞等，2009；蔡崇法等，2000)

(三)土壤侵蚀强度计算与不同利用下的土壤侵蚀

基于上述算法，利用 ArcGIS 中的栅格计算器，获得土壤侵蚀量，据中国水利部 2008 年颁布的土壤侵蚀分类分级标准(SL 190—2007)，通过 ArcGIS 重分类工具，将库区 1990～2010 年的土壤侵蚀分为微度、轻度、中度、强烈、极强烈和剧烈 6 个等级，得到研究区 1990～2010 年土壤侵蚀强度时空分布图，利用 Excel 进行分类统计。在此基础上，分析库区上壤侵蚀特征及时空变化。

为了掌握研究区不同土地利用下的土壤侵蚀变化，利用 ArcGIS9.3 中的 zonal statistics 功能，用研究区 1990～2010 年的土地利用图去识别统计土壤侵蚀图，以及土壤侵蚀强度等级图，分别得到不同土地利用下的土壤侵蚀数量特征 ，以及不同土地利用类型 6 种侵蚀等级面积的分布情况。并采用 SPSS 统计软件，对不同土地利用方式下的土壤侵蚀，进行单因素方差分析和 LSD 检验分析。

二、结果与分析

(一)土壤侵蚀总体概况分析

利用 RUSLE，计算得到库区 1990～2010 年土壤侵蚀总量和平均土壤侵蚀模数。由表 3-2 可见，1990～2010 年三峡库区土壤侵蚀状况总体呈现变好的趋势，平均土壤侵蚀模数为 2500～3500 t/(km^2 · a)，多年平均值为 2989.95 t/(km^2 · a)，土壤侵蚀量为 1.5×10^8～2.1×10^8 t，多年平均侵蚀量模数为 1.84×10^8 t，属于中度侵蚀。其中，20 世纪 90 年代，经历了 1990～1995 年的增大阶段，这与 1995 年的侵蚀性降水程度远大于 1990 年有很大关系，再到 1995～2000 年的减小阶段，进入 21 世纪初的前五年，则一直处于不断增大过程，究其原因主要是移民就地开垦坡耕地，土地利用度升高，加剧局部地区的水土流失，以及由三峡工程一期蓄水而引起的地质灾害频发，2005 年过后，随着退耕还林工程的不断推进，各种水土保持措施的不断实施，三峡库区的水岩环境随时间趋于新的平衡，库区的土壤侵蚀呈现不断减弱的趋势，至 2010 年，土壤侵蚀量降到 20 年最低。

表 3-2 三峡库区 1990～2010 年土壤侵蚀的数量特征

土壤侵蚀特征指标	1990 年	1995 年	2000 年	2005 年	2010 年	多年平均
平均土壤侵蚀模数/($t \cdot km^{-2} \cdot a^{-1}$)	3127.09	3478.65	2917.49	3344.25	2927.50	3159.00
土壤侵蚀量/$10^4 t$	18110.86	20124.22	17328.71	19282.74	16935.73	18356.45

（二）土壤侵蚀强度空间分布

根据中国水利部 2008 年颁布的土壤侵蚀分类分级标准(SL 190—2007)(中华人民共和国水利部，2008)，将土壤侵蚀分为微度、轻度、中度、强度、极强烈和剧烈 6 个等级，得到三峡库区 1990～2010 年的土壤侵蚀强度等级空间分布图(图 3-1)。从空间上看，整个三峡工程建设的 20 年间，库区的土壤侵蚀强度具有很大的趋同性。从整体上看，大体呈现万州至秭归的峡谷地区侵蚀强度高，该地区分布着大量的坡度在 25°以上的陡坡和急陡坡，渝西平行岭谷、秭归以西的鄂西低山中山峡谷侵蚀强度相对较低，这与三峡库区地势东陡西南缓相吻合。微度侵蚀、轻度侵蚀主要分布在库区的东部和西部，且在空间上展布连续性大，这些地区地形起伏不大，并分布着大量的建设用地，由降水造成的土壤侵蚀能力弱。极强度侵蚀、剧烈侵蚀主要发生在库区中部的巫山、巫溪、奉节、云阳和开县等高山峡谷区，这些地区地形起伏大，降水侵蚀力强，土壤因子敏感，且为库区移民搬迁建设工程最为密集地区，从而导致这些地区的土壤侵蚀较为严重。

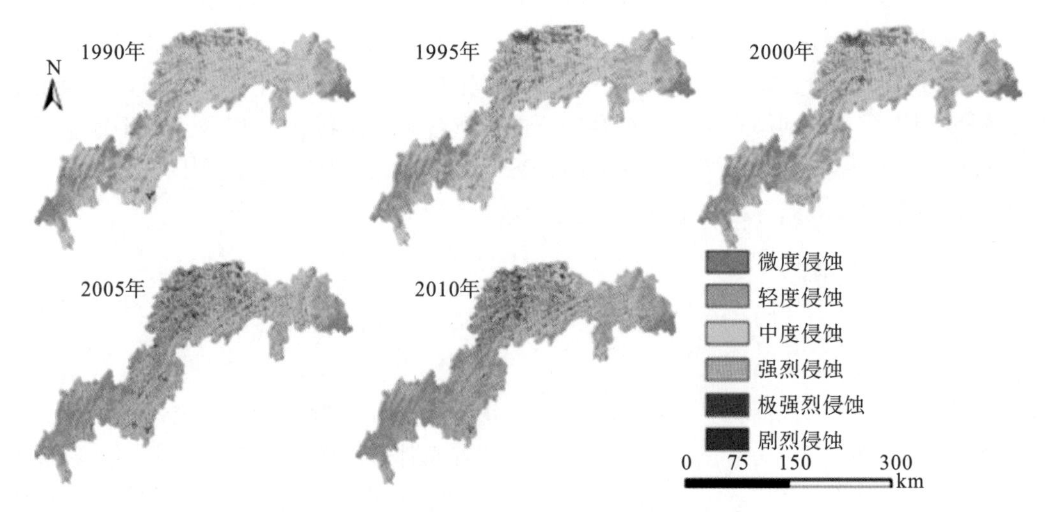

图 3-1 1990～2010 年三峡库区土壤侵蚀等级分布图

从时间上看(图 3-2)，1990～1995 年，土壤侵蚀强度升高的占 11.5%，主要分布在江津、宜昌以及渝中的万州、云阳和开县地区；而土壤侵蚀强度降低的面积只占 6%，分布在秦巴山区的兴山、巴东及库尾重庆段，而该地区恰好是耕地转换为林草地。1995～2000 年，侵蚀强度等级降低的占 13.8%，与 1990～1995 年相比，等级降低的面积有所增加；等级升高的面积仅占 1.3%，主要分布在重庆主城—万州的沿江地段，以及秦巴山区的兴山、巴东和秭归，这地区与 1995～2010 年建设用地的新建及林地开垦为耕地相契合，2000～2005 年土壤侵蚀强度等级降低面积只占 2%，而等级升高的占 13.8%，且主要位于侵蚀等级较低的地区。2005～2010 年，土壤侵蚀强度等级降低面积占 14.1%，主要分布在侵蚀强度等级比较高的地区。

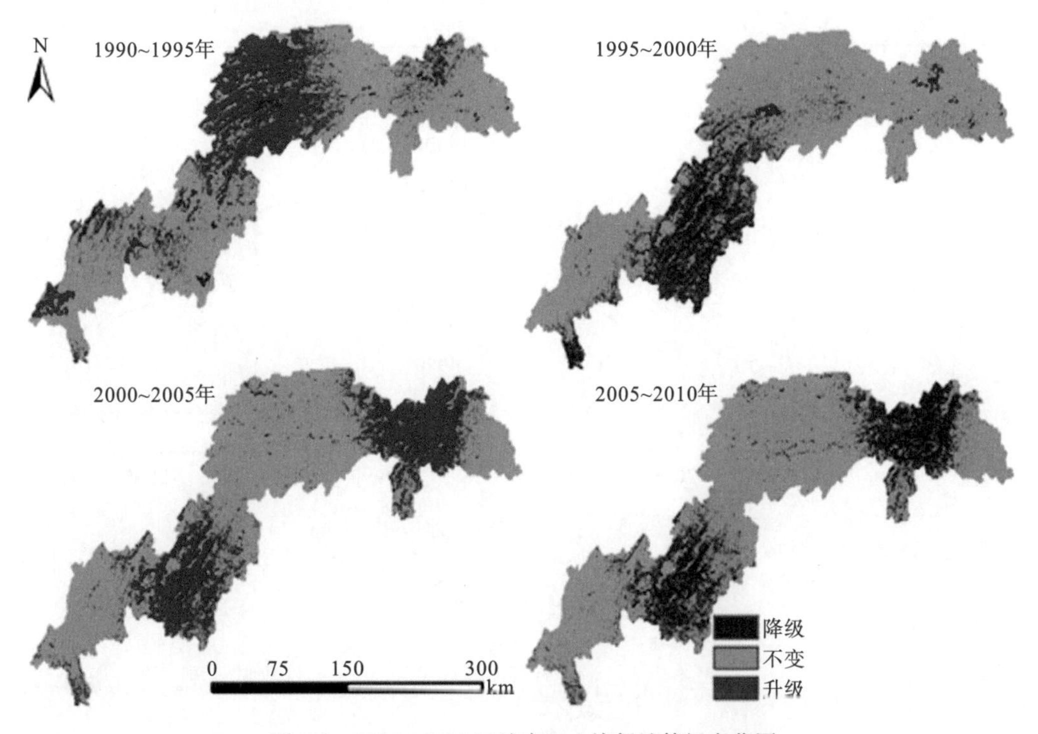

图 3-2　1990～2010 三峡库区土壤侵蚀等级变化图

（三）不同土地利用类型土壤侵蚀变化

土地利用方式的转变是导致土壤侵蚀变化的重要原因，从表 3-3 可知，不同土地利用对土壤侵蚀的贡献差异较大。就土壤侵蚀面积而言：林地>旱地>草地>水田>建设用地>未利用地，林地的侵蚀面积最大，占总面积的 47%以上。就土壤侵蚀量而言(图 3-3)：旱地>林地>草地>未利用地>水田>建设用地，其中，旱地的贡献率最大，占总侵蚀量的 57%以上，2000 年，旱地侵蚀量贡献率最大(58.08%)，这与国家实施严格的耕地保护政策有很大的关系。就平均侵蚀模数而言(图 3-4)，旱地最大，属于中度侵蚀，其他地类为轻度侵蚀或微度侵蚀。建设用地虽人为干扰度强，但其规划地多在海拔不高、坡度较低处，因而平均侵蚀模数不高。从时间上来看，各土地利用类型平均侵蚀模数的变化趋势一致，呈“M”型的动态格局，这与总的平均侵蚀模数的变化是一致的。各土地利用类型的侵蚀量变化趋势，基本与平均侵蚀模数相似，除 1990～1995 年的水田、1995～2000 年的建设用地的土壤侵蚀量变化趋势与总变化量相反。

表 3-3　三峡库区不同土地利用背景下的土壤侵蚀面积　（单位：km^2）

类型	1990 年	1995 年	2000 年	2005 年	2010 年
水田	6880.67	6149.28	6258.15	6215.02	6090.47
旱地	15062.10	15358.30	15691.70	15578.00	15234.10
林地	27316.10	27541.50	27210.30	27328.10	27531.30
草地	7448.19	7608.52	7366.23	7222.85	7208.98
建设用地	339.58	389.77	516.32	615.82	774.21
未利用地	10.21	10.12	10.11	7.14	6.87

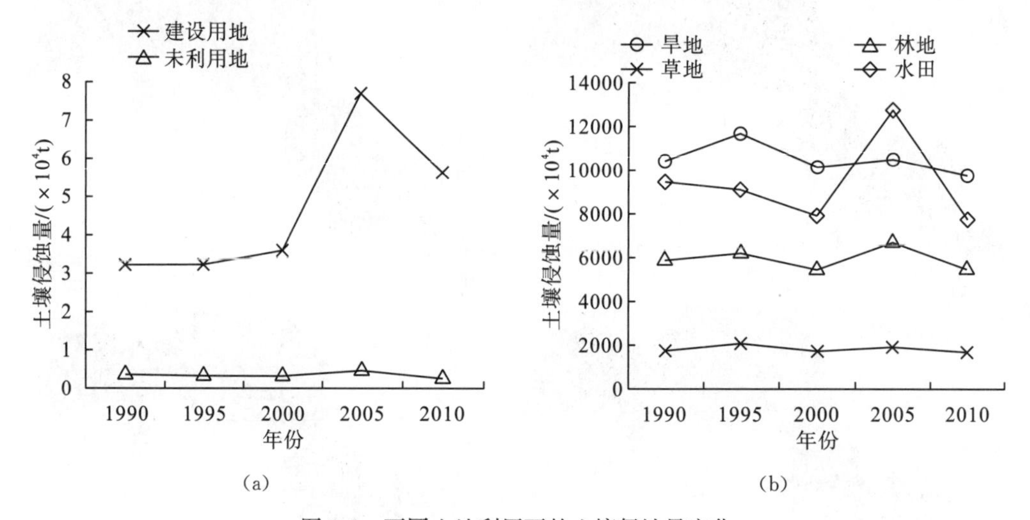

图 3-3　不同土地利用下的土壤侵蚀量变化

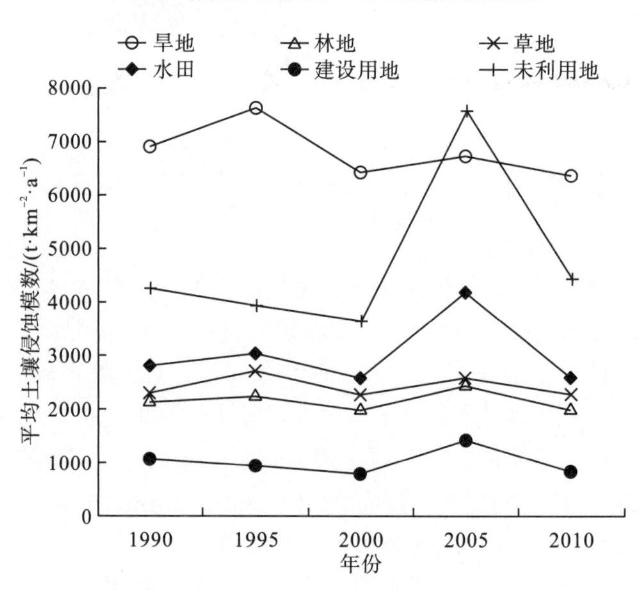

图 3-4　不同土地利用下平均侵蚀模数变化

1990~1995 年，水田侵蚀面积的减少，主要是城镇化的快速发展，使大量耕地转化为城镇用地，林地的土壤侵蚀量增多，一方面由于林地的面积增加，另一方面可能由于部分耕地转化为经济林。王延平等(2010)研究表明，经济林长期人为经营，加之坡度较大，水土流失较严重。

1995～2000年，耕地的侵蚀面积急剧扩大，其来源于国家严格保护耕地的政策实施。草地侵蚀总量的减少，来源于实验性蓄水及大江截流导致的大面积草地被淹没。

2000～2005年，三峡工程蓄水、移民迁建安置以及退耕还林的实施，使耕地侵蚀面积减少，但是三峡工程的实施，破坏了库区的水岩环境，导致灾难频发，移民就地开垦，加剧了局部地区的水土流失，从而使侵蚀量处于增加状态。林地侵蚀量的增加，来源于陡坡耕地的退耕，使林地面积剧增。建设用地侵蚀量的增加，归因于城市化的推进以及移民安置、迁建。

2005～2010年，农业人口大量“析出”，特别是青壮年劳动力大量进城务工，耕地尤其是一些难以实现机械化耕作的坡耕地大量被闲置，耕地侵蚀量明显降低。建设用地侵蚀面积的显著增长，主要归根于城市化的快速发展。

采用SPSS统计软件，对不同土地利用方式下的土壤侵蚀进行单因素方差分析(陈众等，2015)。表3-4结果显示，F检验值为627.851，同时，显著性水平接近0，说明不同土地利用方式下的土壤侵蚀具有极显著差异。通过LSD检验比较，显著性水平与单因素方差分析一致。但通过LSD多重比较，并没有显示出水田、建设用地和未利用地之间的显著性差异。

表3-4　三峡库区不同土地利用方式显著性水平

显著性	水田	旱地	林地	草地	建设用地	未利用地
水田	—	0.000	0.000	0.000	0.508	0.497
旱地	0.00	—	0.000	0.000	0.000	0.000
林地	0.00	0.000	—	0.000	0.000	0.000
草地	0.00	0.000	0.000	—	0.000	0.000
建设用地	0.508	—	0.000	0.000	—	0.986
未利用地	0.497	0.000	0.000	0.000	0.986	—

(四)不同土地利用背景下土壤侵蚀强度

从面积上看(图3-5)，三峡库区超过60%的区域处于微度、轻度侵蚀水平，其面积所占全区侵蚀面积的比例在不断增加，中度侵蚀及其以上侵蚀等级的侵蚀面积，都不同程度地向低等级转移。由表3-5可知，对于水田、建设用地和未利用地这3种类型，从面积上看，主要处于微度侵蚀水平；大部分林地与草地处于微度到中度侵蚀的状况，是控制库区整个土壤侵蚀状况的关键类型；旱地在6种侵蚀等级上都有分布，且比较均匀，这表明旱地仍然是控制库区水土流失的重点整理目标。从变化趋势上看，旱地、林地、草地、水域和建设用地在此2年对应的微度侵蚀的面积，均呈现增大趋势，林地增加最大，2010年的微度侵蚀面积比1990年增加680km^2；其次为建设用地、旱地、水域和草地，建设用地的增加速率最大，主要归功于城市化的建设，以及移民安置、迁建和设施配套等的扩建。旱地、林地、水域和建设用地的轻度侵蚀总变化趋势是增大的，草地则呈正“W”型变化。对于中度侵蚀到剧烈侵蚀面积的变化，旱地、林地、草地都基本上保持逐年递减的趋势。建设用地以及未利用地在中度及其以上侵蚀等级中，所占的面积很小，对土壤侵蚀的影响不明显。水田在 6 种侵蚀等级上的面积随着时间的变化，基本上是不断减小的，这与从 1990～2000 年，水田减少了近 800km^{2}有很大关系。

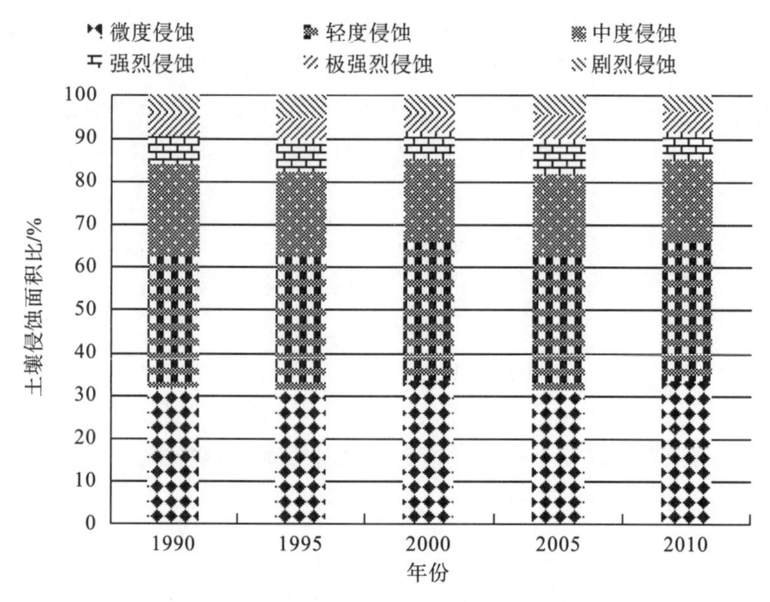

图 3-5　1990～2010 年三峡库区土壤侵蚀强度面积百分比

表 3-5　1990～2010 年三峡库区不同土地利用下土壤侵蚀面积百分比　(单位:%)

类型	微度侵蚀面积					轻度侵蚀面积				
	1990 年	1995 年	2000 年	2005 年	2010 年	1990 年	1995 年	2000 年	2005 年	2010 年
水田	11.10	9.87	10.07	9.91	9.80	0.44	0.42	0.44	0.42	0.43
旱地	5.62	6.02	6.44	6.05	6.23	4.64	4.89	5.66	4.92	5.50
林地	10.15	10.22	11.23	9.94	11.33	21.75	21.57	22.53	20.66	22.85
草地	3.06	3.00	3.27	2.92	3.17	5.37	4.96	5.30	5.00	5.18
建设用地	0.57	0.65	0.87	1.03	1.30	0.01	0.01	0.01	0.02	0.02
未利用地	0.02	0.02	0.02	0.01	0.01	0.00	0.00	0.00	0.00	0.00
类型	中度侵蚀面积					强烈侵蚀面积				
	1990 年	1995 年	2000 年	2005 年	2010 年	1990 年	1995 年	2000 年	2005 年	2010 年
水田	0.20	0.20	0.19	0.20	0.18	0.08	0.08	0.07	0.00	0.06
旱地	4.07	3.96	4.39	4.14	4.28	3.39	3.03	3.14	3.26	3.07
林地	12.31	11.83	10.49	12.08	10.63	2.04	2.83	0.86	3.72	1.85
草地	3.22	3.26	2.90	3.14	2.87	0.86	1.36	0.86	1.06	0.86
建设用地	0.00	0.00	0.01	0.01	0.01	0.00	0.00	0.00	0.00	0.00
未利用地	0.00	0.00	0.00	0.00	0.00	0.00	0.00	0.00	0.00	0.00

续表

类型	极强烈侵蚀面积/%					剧烈侵蚀/%				
	1990年	1995年	2000年	2005年	2010年	1990年	1995年	2000年	2005年	2010年
水田	0.06	0.05	0.04	0.05	0.04	0.02	0.02	0.01	0.02	0.01
旱地	4.70	4.18	4.08	4.44	3.99	3.65	4.52	3.45	3.98	3.29
林地	0.47	0.55	0.49	0.50	0.48	0.46	0.55	0.44	0.50	0.41
草地	0.20	0.34	0.23	0.22	0.22	0.16	0.22	0.17	0.17	0.15
建设用地	0.00	0.00	0.00	0.00	0.00	0.00	0.00	0.00	0.00	0.00
未利用地	0.00	0.00	0.00	0.00	0.00	0.00	0.00	0.00	0.00	0.00

三、结论

(1)三峡库区土壤侵蚀属中度侵蚀。1990~2010年，三峡库区土壤侵蚀量和土壤平均侵蚀模数均呈下降趋势，但局部地区的土壤侵蚀仍然十分严峻，这些地方应作为水土流失的重点治理区域。

(2)不同土地利用下的土壤侵蚀差异显著，不同土地利用对土壤侵蚀的贡献率差距较大。在库区6种不同土地利用类型之间在同一年份的土壤侵蚀模数基本上保持：旱地>草地>林地>未利用地>水田>建设用地，表明旱地是库区土壤侵蚀综合治理的难点和重点。

(3)各土地利用类型中，微度侵蚀的面积逐渐增加，中度侵蚀及以上侵蚀等级的侵蚀面积都不同程度地向低等级转移。

(4)库区土壤侵蚀模数虽逐渐下降，但是局部地区仍然十分严重，应继续进行土地利用格局优化，积极落实退耕还林、坡改梯工程，加强旱地的水土保持工程。

第二节 三峡库区土壤侵蚀强度模拟

作为世界大型水利工程之一，大坝的建设形成三峡库区这一特殊地理区域(Wu et al.，2003；Morgan et al.，2012)。由地理位置及生态系统特殊性决定的库区生态环境正成为我国生态环境变化研究的重点区域(吕明权等，2015)。土壤侵蚀及其导致的一系列环境问题是世界性主要环境问题之一(范建容等，2011)。从目前看，通过构建经验模型、过程模型等方法，刻画或预测土壤侵蚀的过程和特征，经验模型以Wischemeier和Simth提出的通用土壤流失方程(USLE)(Wischmeier et al.，1965)及修正土壤流失方程(RUSLE)(Renard et al.，1997)为代表，过程模型主要有WEEP(Foster et al.，1987)、LISEM(de Roo，1996)等，但它们本质上均属稳态模型，不能对土壤侵蚀的时空演变规律实现真正意义上的预报(董婷婷等，2009)。在对土壤侵蚀模拟及未来演变趋势研究上，李德成等(1995)利用Makov模型预测岳西土壤侵蚀未来格局演变，Pheerawat等(2013)基于大气-区域环流模型及CA-Makov模型预测泰国湄南河子流域未来土壤侵蚀变化，周宁等(2015)基于Logistic回归和RBP神经网络建立了黑龙江拉林河流域LOG-RBP土壤侵蚀预报模型。对三峡库区的土壤侵蚀研究多集中于影响因子计算、基于3S技术的土壤侵蚀量评估及利用放射性核素(如^{137}Cs)示踪法的小流域土壤侵蚀速率定量研究(董杰等，2006)，而在整个库区尺度进行未来土壤侵蚀的空间预测却鲜有涉及。BP 神经网络能通过学习、组织过去的经验，提取出规律性的特征并储存在网络结构中，以此处理模糊、非线性、有噪声的数据(冯利华，1999)。基于误差逆传播算法的 BP 神经网络，在处理非线性函数逼近方面效果较好，在降雨侵蚀力模拟预测领域已得到验证(王尧等，2014)，张坤等(2009)利用 BP 神经网络成功预测福建 46 个站点降雨侵蚀力与地理因素的关系。本节用 RUSLE 估算 2010 年库区土壤侵蚀状况，根据分级标准(SL 190—2007)(中华人民共和国水利部，2008)将土壤侵蚀分为 6 级；以 1990 年库区降雨侵蚀力特征为基础数据，用 BP 神经网络模拟、验证 2010 年降雨侵蚀力，预测 2030 年降雨侵蚀力，再用课题组基于自然增长、生态保护情景下 2030 年库区土地利用预测结果，预测库区 2030 年土壤侵蚀强度。

一、材料与方法

(一)数据来源

①气象数据：75 个站点日降水量监测数据由国家气象局气象信息中心和重庆市气象局提供，利用站点数据提取年侵蚀降水天数、年侵蚀降水量、站点经纬度、高度。②土壤类型数据：来源于中国科学院南京土壤研究所数据中心提供的 1∶100 万数字化土壤图。③土地利用数据：来源于中国科学院资源环境科学数据中心提供的土地利用土地覆盖解译数据，解译结果经课题组实地勘测验证、修订并达到精度要求，主要包括 5 类(水田、旱地、林地、水域及建设用地)。④库区 2030 年基于自然增长、生态保护情景下土地利用数据源自课题组基于 CLUE-S 模型的模拟。⑤DEM 数据来源于中国西部数据中心，下载后经剪切得到库区空间辨率为 90m 的 DEM。

(二)因子选择及预处理

降水侵蚀力与侵蚀降水量、侵蚀降水时间、降水强度、降水动能等具有高度协同性，库区地貌条件复杂，降水侵蚀力与其地理空间位置存在复杂的非线性关系。在库区，模拟因子的选取应尽量兼顾对降雨侵蚀力的描述能力及数据的可得性、可量性、相关性(Verburg et al.，2010)。本节选择库区及其周围(重庆、四川、湖北)75 个站点，其中 70 个站点数据作为训练样本，5 个站点数据作为验证样本，收集各站点侵蚀降水量、侵蚀降水天数及观察站点的经度、纬度、高度作为影响降水侵蚀力的主要因子，建立若干矩阵。由于输入数据的数值间相差较大，训练前需将变量全部归一化。

(三)研究方法

1. 土壤侵蚀模型

修正通用土壤流失方程(RUSLE)已被广泛应用于土壤侵蚀量的计算，且在库区的应用已经得到验证(龙天渝等，2012)，该模型充分考虑不同气候、地理条件，可直接利用遥感数据，算法如下：

$$A = K \cdot R \cdot L \cdot S \cdot C \cdot P \tag{3-2}$$

式中，A 为单位面积年均土壤流失量($\mathrm{t \cdot km^{-2} \cdot a}$)；$K$ 为土壤可侵蚀性($\mathrm{t \cdot km^{2} \cdot h \cdot MJ^{-1} \cdot km^{-2} \cdot mm^{-1}}$)，$K$ 越大抗蚀能力越小；R 为降水侵蚀力($\mathrm{MJ \cdot mm \cdot km^{-2} \cdot h^{-1} \cdot a^{-1}}$)；$L$、$S$ 分别为坡长、坡度；C、P 分别为植被覆盖与管理、水土保持措施，模型参数计算及赋值使用课题组已有研究结果(刘婷等，2016)。

2. BP 神经网络

BP 神经网络是在模拟生物神经网络结构和机理的基础上发展的一种数学方法(Openshaw，1998；陈彦光，2012)，是由大量相互连接的简单基本元件——神经元连接成复杂的网络结构。在 BP 神经网络中，神经元以层的形式出现，一个基本的神经元包括输入层、若干隐含层和输出层。隐含层接受输入层的信息后经非线性变换得到输出量(张宏等，2014)。利用 MATLAB2011a 开发，输入层有 5 个神经元，即侵蚀降水量、侵蚀降水天数、站点经纬度、高度及当年降雨侵蚀力。输出层：模拟年降雨侵蚀力。

3. 模拟结果检验

降水侵蚀力模拟选用 Nash-Suttdife(Nash et al.，1970)效率系数(NE)及相对误差作为衡量模拟与真实值的统计量，土壤侵蚀强度等级空间格局用 Kappa 系数和像元误差矩阵来评价模拟精度，公式如下：

$$NE = 1 - \frac{\sum_{i=1}^{n}(Q_i - Q_{\mathrm{sim},i})^2}{\sum_{i=1}^{n}(Q_i - \overline{Q_i})^2} \tag{3-3}$$

式中，Q_i 为 2010 年降雨侵蚀力计算值；$Q_{\mathrm{sim},i}$ 为 2010 年降雨侵蚀力 BP 模拟值；$\overline{Q_i}$ 为 2010 年降雨侵蚀力均值。NE 的计算结果为 0～1，结果越接近于 1，模拟效果越好。

$$\begin{cases} K=(P_{\mathrm{o}}-P_{\mathrm{c}})/(1-P_{\mathrm{c}}) \\ P_{\mathrm{o}}=S/N \\ P_{\mathrm{c}}=(a1*b1+a2*b2+\cdots+an*bn)/(n*n) \end{cases} \tag{3-4}$$

式中，K 为 Kappa 系数；P_{o} 为 RUSLE 像元值与模拟像元值的一致率；P_{c} 为期望一致率；S 为真实与模拟值相同的像元数；N 为栅格总像元数；$a1$ 为真实值为 1 的像元数，$b1$ 为模拟值为 1 的像元数，$a2,\cdots,an$ 和 $b2,\cdots,b2$ 同理。Kappa 计算结果为-1～1，一致性级别划分参考现有文献(Xiu et al.，2013)。

二、结果与分析

(一)BP 网络参数确定

多因子建模过程中，输入数据在单位、数量级上均存在很大不同，为消除不同维度数据的差异，加快数据收敛速度，选用 mapminmax 函数将变量全部归一化，将输入的数值转换到[-1,1]。用年侵蚀降雨天数、年侵蚀降雨量、站点经纬度、站点高度和1990 年降雨侵蚀力为输入向量，2010 年降雨侵蚀力为网络目标输出，故网络输入节点为 6 个，输出节点为 1 个。在模拟试验阶段，隐含层神经元数量的确定参考 Kolmogorov 定理得到隐含层节点数应为4层，但为更好地获得最佳网络隐含层神经元数量，隐含层节点数取值为4~40的整数，并通过不断循环得到误差最小的隐含层神经元，最后确定隐含层节点数为21。经过不断学习训练确定隐含层传递函数为sigmoid型的正切tansig函数，输出层函数用purelin函数，用trainlm函数优化网络，提高BP网络训练能力。

（二）降雨侵蚀力模拟

以70组数据为训练数据，5组数据为网络验证数据，训练到误差趋于平稳，停止训练，输出并保存网络权值、阈值，用于2010年、2030年库区降雨侵蚀力的预测。以2010年6个影响因子组成的矩阵为输入层，利用训练好的网络预测在自然条件下模拟70个站点的2030年降雨侵蚀力，最后提取库区及周边27个站点的降雨侵蚀力。从图3-6可看出，训练样本误差基本保持稳定，部分训练样本的实际与预测值相差较大，最大相对误差达51.68%，最小相对误差逼近0.1%。70个站点降雨侵蚀力均值为3986.7 MJ·mm·hm^{-2}·h·a^{-1}，模拟均值为3919.9 MJ·mm·hm^{-2}·h·a^{-1}，平均模拟相对误差为15%，训练样本平均模拟相对误差为14.67%，预测样本相对误差为19.65%，70个站点模拟的NE系数为0.85，库区及周围27个站点模拟的NE系数为0.81。这一结果表明，用BP神经网络方法研究降雨侵蚀力、侵蚀性降雨特点与地理空间位置间关系的效果较为理想，基本达到业务预报的水平。将预测的库区及周围27个站点降雨侵蚀力展开克里金插值得到2030年库区降雨侵蚀力（图3-7）。

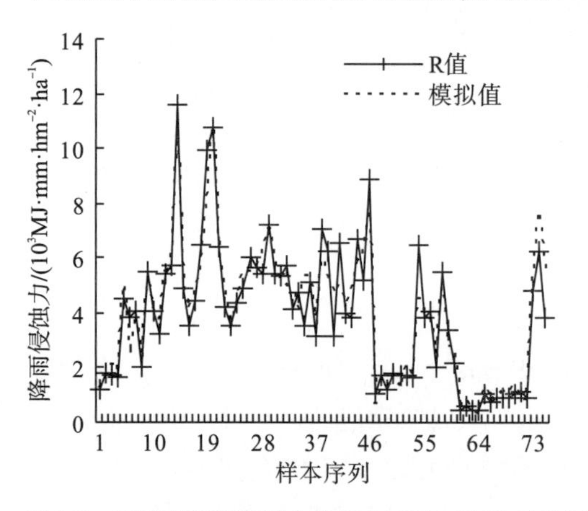

图3-6　BP网络训练拟合输出与2010年R对比图

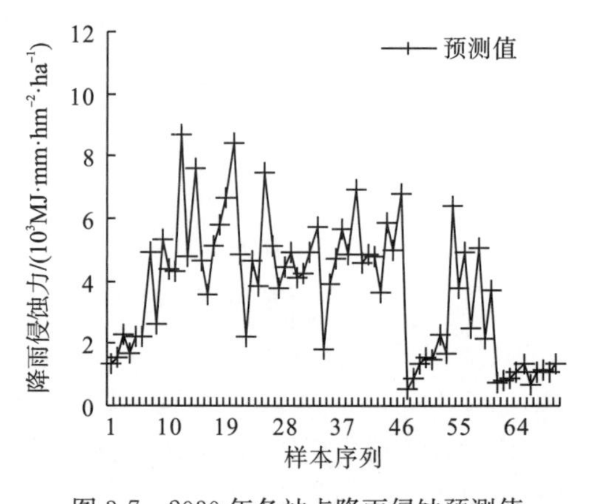

图3-7　2030年各站点降雨侵蚀预测值

（三）土壤侵蚀精度评价

在基于BP神经网络模拟的库区附近27个站点的降雨侵蚀力基础上，利用RUSLE算法模拟库区2010年土壤侵蚀强度（图3-8）。空间格局上，2010年现状与模拟结果中各土壤侵蚀强度类型整体上分布一致，没有发生较大空间位置的偏差，现状与模拟间的差异主要出现于局部。从表3-6可看出，模拟的2010年土壤侵蚀类型与RUSLE计算的之间的Kappa系数达0.75，具有高度一致性，相同像元占总像元数的80.1%。微度、轻度和中度侵蚀的模拟精度较理想，误差分别占真实像元的11.79%、20.18%和21.07%，强度、极强度和剧烈侵蚀的模拟精度相对较差，误差分别占真实像元的31.02%、

37.07%和 39.14%。微度、轻度和中度侵蚀类型中绝大多数错误类型被分到正确类型的邻近类型中，原因主要是相邻土壤侵蚀类型间采用硬性划分方法，处于分类临界值边缘的像元降低了神经网络的训练效果。总体上看，BP 神经网络的模拟精度较理想，模拟库区土壤侵蚀的动态变化是可行的。

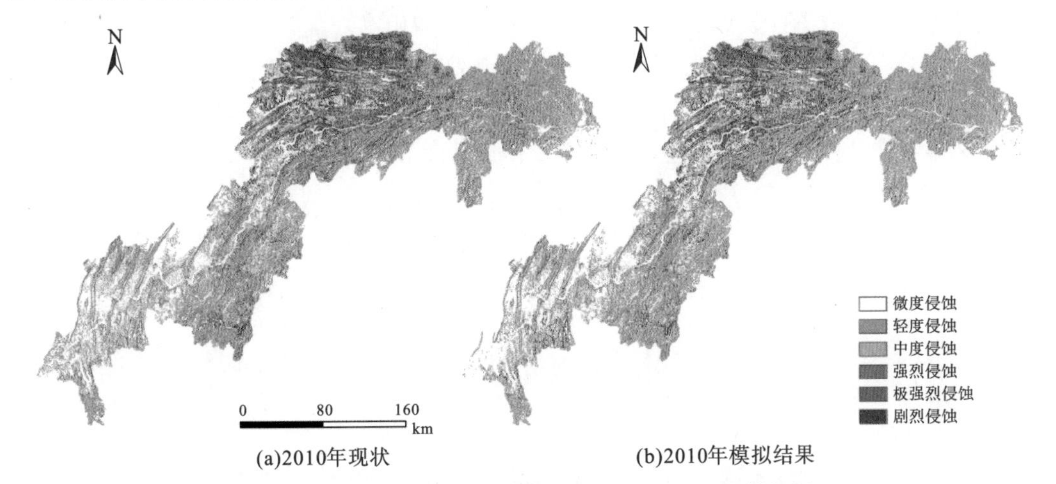

图 3-8　2010 年三峡库区土壤侵蚀强度现状图(a)和模拟图(b)

表 3-6　2010 年三峡库区土壤侵蚀强度模拟值与 RUSLE 比较

分类	微度侵蚀	轻度侵蚀	中度侵蚀	强度侵蚀	极强度侵蚀	剧烈侵蚀
模拟值	2062093	178576	59107	19302	12557	4516
	192144	1904144	95611	51619	74981	4746
	55599	111490	1047099	38808	6202	65839
	14842	74157	23899	335027	17501	16531
	9333	111927	10660	9992	201996	11965
	3813	5329	100984	30928	7728	161111
真实值像元数	2337824	2385623	1337360	485676	320965	264708
误差/%	11.79	20.18	21.70	31.02	37.07	39.14

(四)未来降水侵蚀力对土壤侵蚀影响

由表 3-7 可看出，在土地利用不变情况下，2030 年库区土壤侵蚀强度呈恢复趋势，在低侵蚀强度中除微度侵蚀的面积有所减少外，轻度、中度侵蚀面积均有所增加，微度、轻度及中度侵蚀面积占库区比例由 2010 年的 83.92%增加到 86.22%。轻度侵蚀面积变化最多，净增加 1165km²，占 2010 年微度侵蚀面积的 6.18%。强烈以上侵蚀面积均呈减少趋势，变幅最大的是剧烈侵蚀，在 2010 年的基础上减少 23.45%，净减少 588.82km²，其次是强烈侵蚀，在 2010 的基础上减少 14.41%，净减少 563km²。

在侵蚀强度上，共有 74.76%的区域土壤侵蚀强度等级未发生变化，有 14.29%的强度等级降，有 11.95%的强度等级升高，其中在强度等级发生变化的区域中，相邻等级间的转换占总变化面积的比高达 58.11%，跨越一级转换的占 18%。这说明在土地利用不变情况下，2030年降雨侵蚀力对土壤侵蚀强度的影响大多数发生在相邻侵蚀强度间，大幅度发生等级变化的区域较少。由图3-9发现，强度等级增强的地方主要位于万州以上的旱地及部分林地所在区域(江津南部)，其中有74.29%的区域由微度、轻度等级升高而来。因此，在库区重点治理土壤侵蚀严重区的同时也要防范土壤侵蚀强度较轻区的恶化。强度等级降低的区域主要位于万州以下区及以上的武陵山区，这些区域山高坡陡，森林植被茂密，是库区的主要森林分布区，加之，受非农务工工资不断攀高的驱动，山区大量劳动力从农业“析出”，这些区域的陡坡旱地因存在较为明显的比较劣势、农业生产效益低下而大量被撂荒，转变为林草地，从而在很大程度上有助于土壤侵蚀强度等级的降低。

表3-7　未来降雨侵蚀力变化对土壤侵蚀面积的影响

分类	基准线/km²	比例/%	侵蚀面积/km²	比例/%	净变化量/km²
微度侵蚀	18950.9	32.76	18823.6	32.54	−127.3
轻度侵蚀	18849.1	32.58	20014.1	34.60	1165
中度侵蚀	10745.7	18.58	11039.1	19.08	293.4
强烈侵蚀	3907.95	6.76	3344.9	5.78	−563.05
极强烈侵蚀	2884.69	4.99	2706.58	4.68	−178.11
剧烈侵蚀	2511.44	4.34	1922.62	3.32	−588.82

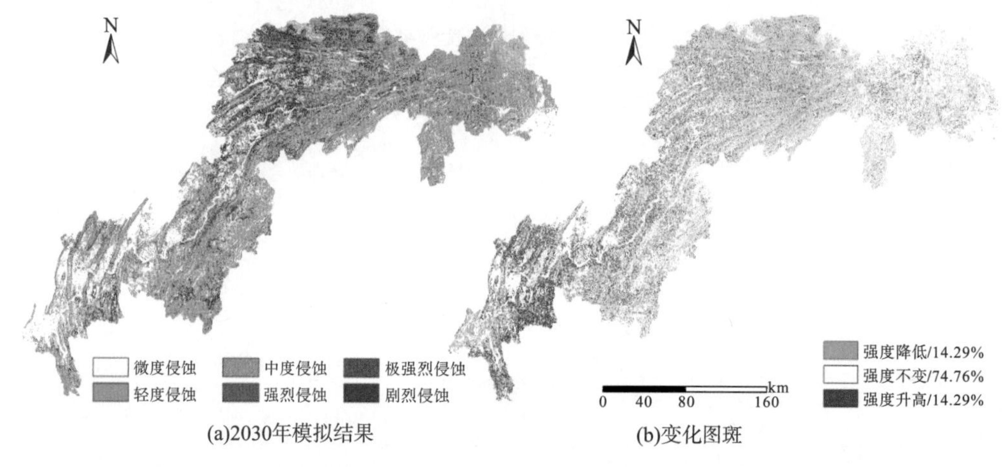

图3-9　2030年土壤侵蚀强度模拟结果(a)及其与2010年比较的变化图斑(b)

(五)未来土地利用变化对土壤侵蚀影响

从表3-8可看出，未来自然增长、生态保护情景下由土地利用变化所导致的土壤侵蚀均呈下降趋势，且后者比前者下降得更为明显，这说明由土地利用变化所诱发的土壤侵蚀将逐渐往恢复方向发展。强烈及以上侵蚀面积占比由2010年的16.08%降至2030年的15.48%(自然增长情景)、11.79%(生态保护情景)。与此同时，除自然增长情景下微度侵蚀外，中度及其以下侵蚀面积均有不同程度的增加。两种情景相比，生态保护情景下中度及其以下侵蚀面积增加得更为显著。生态保护情景更加重视对生态用地的保护，林草地的空间扩张速度定优于自然增长情景。微度侵蚀面积在自然增长情景下有减少趋势，在生态保护情景中少量增加，这一结果表明，在重点治理水土流失严重区的同时，应不忘防范中、轻度土壤流失地区的加剧可能。空间分布上，两种情景下土壤侵蚀存在较大趋同性(图 3-10)。中度及其以下侵蚀占据库区侵蚀强度的主体位置，超过库区面积的 80%，大体呈万州以下秭归以上的高山峡谷区侵蚀强度高，这些区域地形起伏大，对降雨造成的土壤侵蚀敏感；万州以上至库尾、秭归以西的鄂西地区侵蚀强度相对较低，这些区域地势相对平缓，以低山丘陵为主。两种情景下土壤侵蚀强度增加区主要位于旱地分布区及有大量水田转为旱地区(云阳、奉节等地)，降低区主要位于江津、重庆主城南部及万州以上的库东地区，这些区域林地增加较为明显。

表 3-8 未来土地利用变化对土壤侵蚀面积的影响

分类	基准线/km^2	自然情景		生态保护情景	
		面积/km^2	净变化量/km^2	面积/km^2	净变化量/km^2
微度侵蚀	18950.90	17683.50	−1267.40	19540.30	589.40
轻度侵蚀	18849.10	19897.40	1048.30	20466.20	1617.10
中度侵蚀	10745.70	11307.90	562.20	11018.90	273.20
强烈侵蚀	3907.95	4043.82	135.87	3544.65	−363.30
极强烈侵蚀	2884.69	2784.76	−99.93	1912.94	−971.75
剧烈侵蚀	2511.44	2125.95	−385.49	1364.08	−1147.36

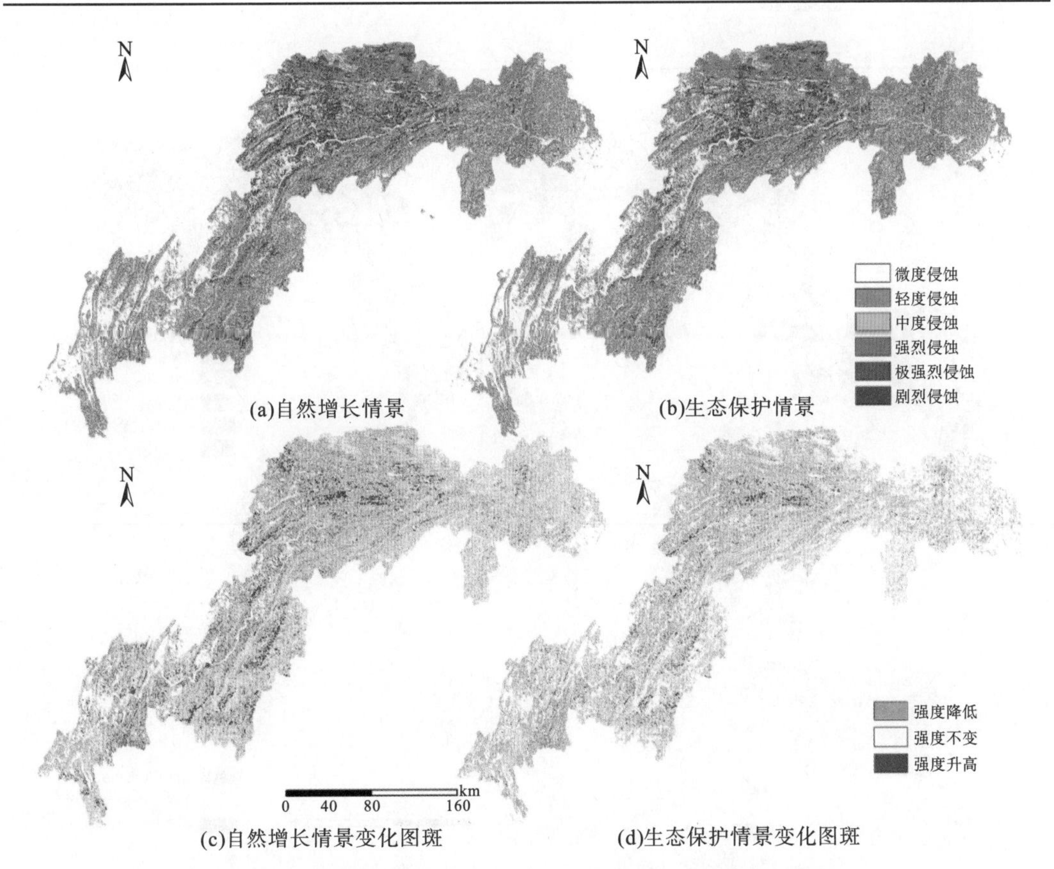

图 3-10 2030 年自然增长情景和生态保护情景下土壤侵蚀强度结果(a、b)及其与 2010 年的变化图斑(c、d)

（六）降雨侵蚀力与土地利用变化共同作用对土壤侵蚀影响

由表 3-9 可看出，两种模拟情景下，2030 年库区微度、轻度和中度侵蚀占侵蚀发生的主导地位，累计占比均超过总侵蚀面积的 80%，较 2010 年均有所上升。自然增长情景下，除微度侵蚀较 2010 年减少外，轻度和中度侵蚀均有一定增加，生态保护情景较自然增长情景下增加的趋势更为显著。自然增长情景下中度以上侵蚀除极强烈侵蚀以微弱趋势增加外，强烈和剧烈侵蚀均呈下降趋势。由图 3-11 可知，空间上有 66.67%的区域未

表 3-9　未来土地利用、降雨侵蚀力变化共同作用下的土壤侵蚀强度面积变化

分类	基准线/km²	比例/%	自然情景			生态保护情景		
			面积/km²	比例/%	净变化量/km²	面积/km²	比例/%	净变化量/km²
微度侵蚀	18950.90	32.76	17451.00	30.17	−1499.90	19264.50	33.30	313.60
轻度侵蚀	18849.10	32.58	20536.10	35.50	1687.00	21279.80	36.79	2430.70
中度侵蚀	10745.70	18.58	11387.70	19.69	642.00	11223.90	19.40	478.20
强烈侵蚀	3907.95	6.76	3549.93	6.14	−358.02	2941.56	5.09	−966.39
极强烈侵蚀	2884.69	4.99	2938.81	5.08	54.12	1954.58	3.38	−930.11
剧烈侵蚀	2511.44	4.34	1979.87	3.42	−531.57	1178.92	2.04	−1332.52

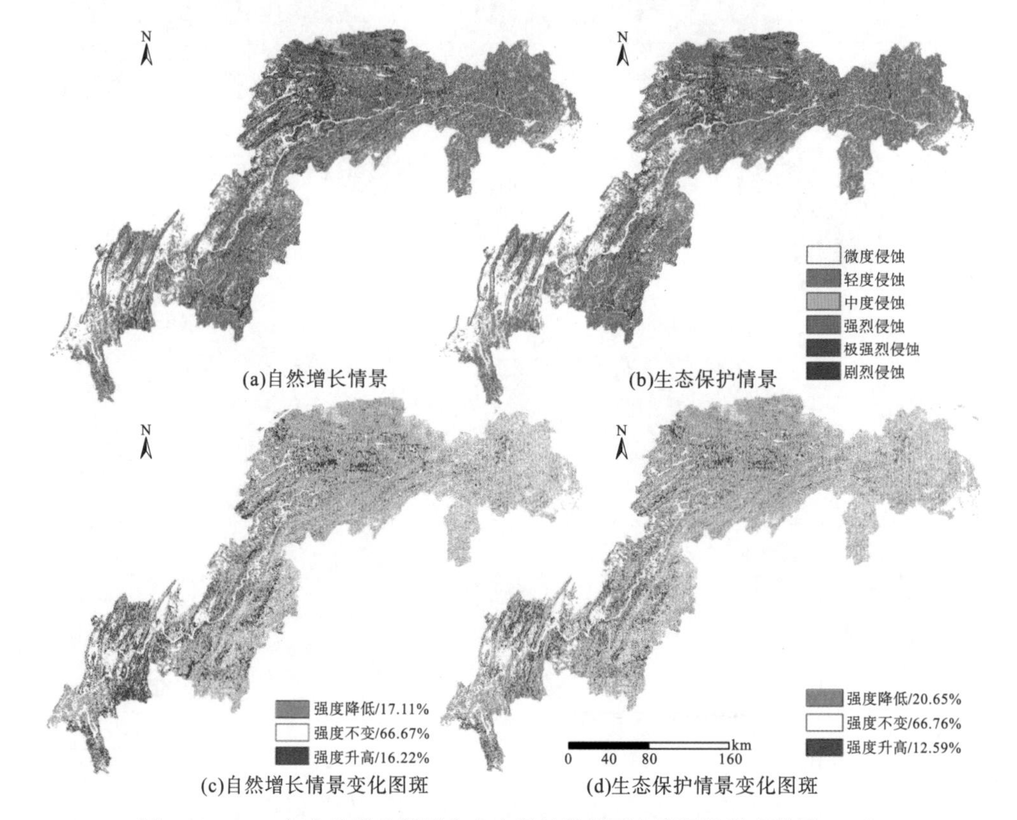

图 3-11　2030 年自然增长情景和生态保护情景下土壤侵蚀强度结果(a、b)及其与 2010 年的变化图斑(c、d)

发生等级转换，有 17.11%的等级降低，有 16.22%的等级升高。侵蚀强度增加区主要位于旱地集中分布区，而减少区主要分布在林草地集中区。生态保护情景下微度、轻度和中度侵蚀的增加伴随强烈、极强烈和剧烈侵蚀的大幅减少(其占库区侵蚀面积百分比由2010 年的 6.76%、4.99%、4.34%分别减至 5.09%、3.38%、2.04%)。空间上发生转换的区域与自然增长情景下有很大一致性，但等级升高面积较自然增长情景减少3.63%，且主要分布在江津东部、重庆主城南部及万州、开县的山地区，这些区域有大面积的耕地转出(如退耕还林、陡坡或破碎耕地撂荒等)。剧烈侵蚀在生态保护情景下净减少 1333.52km^2，占 2010 年剧烈侵蚀的一半。总的来说，两种情景下库区土壤侵蚀呈变好趋势，自然增长情景下虽然约 2%微度侵蚀发生区的侵蚀强度等级升高，但是对库区水土流失威胁更为严重的极强烈和剧烈侵蚀的面积减少得更为明显。

三、小结

(1)2010 年，库区降雨侵蚀力平均模拟相对误差为 15%，样本平均模拟相对误差为14.65%，验证样本相对误差为 19.65%，NE 系数为 0.85。在土壤侵蚀强度模拟栅格像元误差上，极强烈侵蚀>强烈侵蚀>剧烈侵蚀>中度侵蚀>轻度侵蚀>轻度侵蚀，总体Kappa 系数为 0.75。

(2)在土地利用不变的情况下，2030 年中度以上侵蚀面积均有所减少，除微度侵蚀外，轻度和中度侵蚀面积均呈增加趋势，土壤侵蚀强度转变有一半发生在相邻侵蚀强度间。

(3)在降雨侵蚀力不变的情况下，自然增长、生态保护情景下由土地利用所导致的土壤侵蚀均呈下降趋势，生态保护情景下土壤侵蚀比自然情景下下降的趋势更为明显。

(4)在降雨侵蚀力和土地利用均发生变化情况下，自然增长、生态保护情景下土壤侵蚀均呈恢复趋势，但侵蚀强度较轻区存在恶化可能，这一结果表明“治重防轻”要同时抓。

降雨侵蚀力变化是一个复杂过程，其在库区的变化存在一定的随机波动性，本节基于 1990~2010 年的历史变化趋势在 BP 神经网络的学习下模拟出 2030 年 27 个站点的降水侵蚀力，这仅是预示降雨侵蚀力变化的一种可能，而不具有完全确定性，存在一定局限性。降雨侵蚀力模拟平均相对误差虽然仅有 15%，但是最大误差仍有 51.68%，且在获得 2030 年降雨侵蚀力分布情况时采用的是克里金插值法，加之本节并未将土壤侵蚀模数纳入考虑，只讨论了库区土壤侵蚀强度面积变化情况，从而导致在对土壤侵蚀模数计算与 RUSLE 模型计算时可能会存在一定差异。在侵蚀强度划分上，因采用的是硬分类法，在利用 RUSLE 计算土壤侵蚀时，相邻土壤侵蚀强度间很易发生变化，从而降低了模拟、预测的精度，今后研究中将探索采用模糊分类法来提高模拟预测精度。

第四章 面源污染形成的“源－汇”格局识别

在一定的地形、地貌格局下及不同土地利用方式下，水土流失发生的程度与过程差异较大，从面源污染产生与运移的过程看，有些土地利用类型或有助于面源污染的发生，如耕地中的水田、旱地，它们是面源污染产生的“源”，有些土地利用类型又对面源污染的发生产生较大程度的阻碍作用，或者将“源”产生的面源污染在经过该土地利用类型时进行吸收，这类土地利用类型就是面源污染产生的“汇”。面源污染产生的“源－汇”是基于景观生态学理论而提出的，它将面源污染产生的格局与过程结合起来。不难理解，面源污染物从产生地经过一定的距离进入水体，势必经过不同的土地利用类型或地形、地貌，遇到不同的动力/阻力，花费不同距离成本才能形成整个过程。而且，现实生活中经常发现，由于地形、地貌较为复杂或起伏频繁，土地利用类型镶嵌频繁等，巨大“源”强也不可能产生较为显著的面源污染负荷，相反地，部分分散、微弱的“源”强也可能汇集成较为显著的面源污染负荷，原因就是它们所经由的地形、地貌及土地利用类型有较大差异。不同的地形、地貌及土地利用类型所产生的阻/动力有较大不同，而不同的阻/动力又会对面源污染的形成过程产生不同的加速或减缓作用，这也是目前面源污染较难深入研究的主要原因。离开阻/动力因素或面源污染形成的路径，很难查明污染物发生地与水体水质之间的关系。为此，要识别三峡库区面源污染形成过程，需要首先对影响面源污染形成的景观阻/动力进行评价，在此基础上，才能对面源污染形成的“源－汇”格局进行识别；其次是分析面源污染形成的“源－汇”风险格局，阐明三峡库区面源污染形成的风险特征，为接下来的库区污染负荷模拟提供阶段性成果。

第一节 三峡库区面源污染形成的景观阻/动力评价与“源－汇”格局识别

格局与过程间的耦合是景观生态学和综合地理学研究的关键科学问题(傅伯杰等，2010；Fu et al.，2010)。自“源－汇”景观理论(陈利顶等，2006)创建以来，在影响面源污染形成的“源－汇”研究上，现有文献借助面状景观格局与面源污染形成过程间的定量关系(许申来等，2008)，已认识到不同景观格局在面源污染形成过程中所展现出的“源”与“汇”的强度有很大差异(王瑛等，2012；Jiang et al.，2013；张新等，2014)，并发展一些模型指数表征“源－汇”格局的演变。在传统意义上，景观格局仅仅是下垫面在一定时间内的一种静态表现，这种表现相对于面源污染来说并不能完全反映出格局对过程的响应，而且景观格局是静态的镶嵌体结构，在宏观尺度上无法利用这种结构直接去识别并判断景观类型对面源污染形成过程的影响程度(Young et al.，1996；Chen et al.，2003)。因此，这使得在宏观上识别面源污染形成的“源－汇”过程中，更多的研究只凭借客观经验或赋予权重贡献法认定不同景观格局对面源污染的作用强弱(陈利顶等，2003；刘芳等，2009；李晶等，2014)，而很少从影响面源污染形成的景观阻/动力的过程机理来识别“源－汇”格局。

影响面源污染形成的最核心过程有降水径流、土壤侵蚀和污染物迁移三大方面(郝芳华等，2006a)，且这些过程均会伴随景观阻/动力能量流的转换而变化。受景观阻/动力的共同作用，其平衡关系在一定程度上制约着面源污染形成的“源－汇”格局，若景观动力大于阻力，则有更多的动力来源促进面源污染的形成，体现为“源”格局，反之则会有更多的阻力来阻止面源污染过程的发展，体现为“汇”格局。但在景观阻/动力的作用下，面源污染物从景观“源”扩散到一定距离形成景观“汇”直至流域出水口往往要耗费一定的空间和时间，存在耗费距离成本问题，即面源污染形成的“源－汇”格局最终受景观阻/动力的空间变化带来的“成本”差异所左右(Niu et al.，2002)。为此，本节设想以成本距离模型来表征影响面源污染形成的景观阻/动力，揭示景观介质对面源污染形成的“源－汇”格局的影响。

三峡库区农业化肥高施用量和严重的水土流失，以及大坝建设后的回水效应，使得库区流域的水环境安全面临严峻形势(Meng et al.，2001；Wu et al.，2004；刘春霞等，2011)。加之，现有文献关于库区流域面源污染形成过程与机理的研究较为薄弱(侯伟等，2013)，尤其是针对各景观要素影响因子驱动下的“源－汇”研究更为少见。为此，本节从影响面源污染形成过程的景观阻/动力入手，依据成本距离模型，构建影响面源污染“源－汇”格局的景观阻/动力成本模型，评价三峡库区面源污染形成的景观阻/动力过程，识别其“源－汇”格局，以更好地为库区流域面源污染形成过程、机理研究和防控方略制定提供科学依据。

一、材料与方法

(一)数据来源与处理

①90m 分辨率 DEM 数据来源于中国西部环境与生态科学数据中心(http：//westdc.westgis.ac.cn)。②1∶100 万流域划分数据：一级及子流域，源于湖泊－流域科学数据共享平台(http：//lake.geodata.cn/Portal/dataCatalog/dataList.jsp)。③长江上游 1∶25 万水系分布数据，源于地球系统科学数据共享网西南山地分中心(http：//imde.geodata.cn)。④1km分辨率 SPOT _ Vegetation 植被指数(NDVI)数据来源于“黑河计划数据管理中心”(http：//westdc.westgis.ac.cn)。⑤每天气象站点降水量监测数据，源于重庆市和湖北省气象局。⑥河流断面面源污染监测数据：水质监测指标为高锰酸盐指数(COD_{Mn})、五日生化需氧量(BOD_5)、氨氮(NH_3-N)、化学需氧量(COD)、总氮(TN)和总磷(TP)，源于重庆市和湖北省环境监测中心发布的自动监测水质周报。⑦1∶50 万土壤数据：源于课题组人员基于 1∶100 万中国土壤数据(http：//www.issas.ac.cn)和 1∶10 万重庆市、湖北省耕地地力评价图、采样数据的修正。⑧1∶10 万土地利用数据：土地利用类型包括耕地、林地、草地、城镇、农村居民点和未利用地，源于课题组人员基于中国科学院资源环境科学数据中

心提供的 1∶10 万土地利用/土地覆盖解译数据(http：//www.resdc.cn/b-f/b-f.asp)和实地踏勘的修正，结果得到实地验证并达到精度要求，可作为面源污染“源-汇”景观格局识别的数据基础。

三峡库区矢量边界依据“三建委”对所囊括重庆市和湖北省 32 个市区(县)的行政边界自行制作，除 DEM、流域、水系和土壤数据以外的数据采集时间均为 2010 年，栅格数据统一转换为空间分辨率为 90 m，并将所有图像数据统一转换为 Albers 等积投影参与空间运算。

(二)景观阻/动力成本模型构建

1. 子流域出水口确定

本节以子流域出水口作为三峡库区面源污染物的汇集点，利用 90 m 分辨率 DEM、长江上游 1∶25 万水系分布和 1∶100 万一级及其子流域划分矢量数据，确定子流域出口。但因库区范围是基于行政区划边界制作的，在具体确定子流域出口的过程中，定会遇到部分子流域被库区边界切割的现象，对此：如果库区边界上的子流域出水口落在边界范围之内，则不管被切割的子流域在库区内部分的面积多大，都归为库区范围内的子流域；如果出水口在库区边界范围外，则将边界上的这些子流域予以剔除。根据以上原则最终将库区子流域确定为 303 个，子流域出水口为 191 个(图 4-1)。

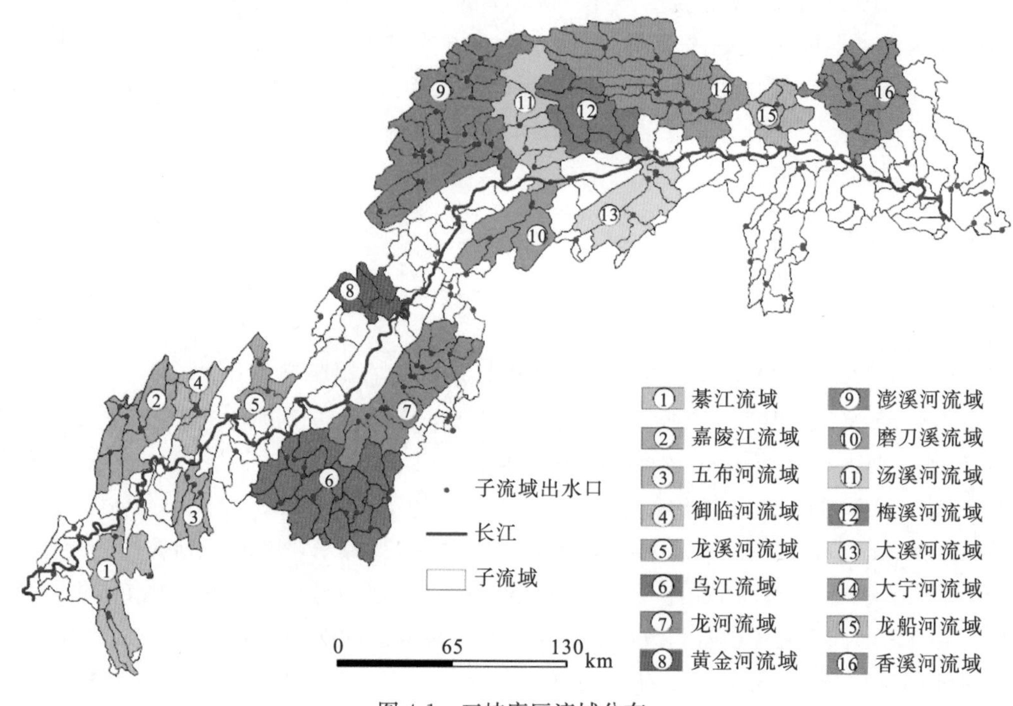

图 4-1　三峡库区流域分布

为反映三峡库区子流域出水口的分布特征，揭示景观阻/动力成本对面源污染“源-汇”格局的影响，本节沿长江干流选取 16 条主要支流，并将与这 16 条支流相对应的子流域进行空间合并，以最终合并后的子流域出水口沿长江干流流向进行排序得到图 4-1

所示的大子流域。

2.景观阻/动力系数评价指标

景观阻/动力系数决定面源污染形成过程的可控性，不同景观格局的阻力和动力效应差异较大。本节景观阻力系数评价指标由植被覆盖度(VFC)、地面粗糙度(M)和曼宁糙率系数(N)建立，景观动力系数评价指标由平均降水量(P)、坡度因子(S)、土壤可蚀性(K)和径流曲线数(CN)建立。每个指标都进行空间归一化处理，指标意义和获取途径如表4-1所示。曼宁糙率系数和径流曲线数分别作为景观阻/动力指标的权重因子，与其他景观阻/动力系数评价指标借助ArcGIS10.0软件的栅格计算器进行地图代数运算，得到影响面源污染形成的景观阻力系数(R)和动力系数(E)，计算公式为

$$R=(VFC+M)\times N \tag{4-1}$$

$$E=(P+S+K)\times CN \tag{4-2}$$

表4-1　影响面源污染的景观阻/动力指标

	指标	指标意义	指标获取途径
阻力系数指标	植被覆盖度(VFC)	决定影响面源污染形成的径流下垫面条件	利用SPOT-NDVI数据，在ENVI4.5软件支持下，根据公式：VFC=(NDVI−NDVIsoil)/(NDVIveg−NDVIsoil)进行年平均植被覆盖度的计算。参考李苗苗等(2004)、Gutman等(1991)提出的估算NDVIveg和NDVIsoil的方法，根据NDVI的灰度分布，以0.5%和90%的置信度截取NDVI的上下限阈值分别近似代表NDVIveg和NDVIsoil
	地表粗糙度(M)	反映地表起伏对面源污染形成的阻碍作用	利用90m分辨率DEM数据，在ArcGIS10.1的空间分析模块中，根据公式$M=1/\cos a$(汤国安等，2012)，a为坡度，计算地表粗糙度
	曼宁糙率系数(N)	表示每个景观单元对流入该单元污染物的截流作用	水流流速与曼宁糙率系数(N)的0.6次方成正比(赵新峰等，2010)，本节以景观单元曼宁糙率系数的0.6次方代表其阻力系数，并参考一级土地利用分类的曼宁糙率系数(谢华等，2005)
动力系数指标	平均降水量(P)	反映降水对面源污染形成的潜在能力，是面源污染形成的最主要动力之一	利用2010年气象站点日降水量监测数据求年降水量，再结合站点的海拔，进行年平均降水量的空间插值，插值方法为协同克里金插值(何红艳等，2005)
	坡度因子(S)	为地表侵蚀径流动力的加速因子	采用刘宝元等(Liu et al.，1994；李新艳等，2014)的研究进行计算，公式为：$S=10.8\sin a+0.03$(当$a<5°$时)，$S=16.8\sin a-0.5$(当$5°\leqslant a<10°$时)，$S=21.9\sin a-0.96$(当$a\geqslant 10°$时)，式中，S为坡度因子，α为坡度角度
	土壤可蚀性(K)	反映土壤侵蚀的敏感性	参考吴昌广等(2010a)的研究结果，对三峡库区土壤类型的土壤可蚀性K赋值
	径流曲线数(CN)	反映景观单元的最大可能产流能力	是与土壤类型、土地利用方式密切相关的一个径流系数，为土壤渗透性、地面覆盖及前期土壤水分条件的函数，不同的地表覆盖和土壤水分条件决定径流曲线数的值(Mishra et al.，2004；符素华等，2012)。本节CN的确定主要参考已有研究在三峡库区所建立的CN数据库(郑畅等，2008)

3. 景观阻/动力成本模型

借助成本距离模型构建影响面源污染形成的景观阻/动力成本模型。成本距离模型，即最小累积阻力模型（minimum cumulative resistance，MCR）（Knaapen et al.，1992），计算公式（Greenberg et al.，2011）为

$$\mathrm{MCR} = \min\sum D_{ij} \times R_{ij} \tag{4-3}$$

式中，D_{ij}为第i个单元到对应流域出水口j的距离；R_{ij}为第i个单元到对应流域出水口j耗费的费用或克服的阻力。

景观阻力成本模型，为面源污染物经过不同阻力单元到达目标点所耗费的费用或克服的阻力的总和，所识别的阻力是面源污染在景观单元内部对物质流、能量流的耗损系数。

景观动力成本模型，为从面源污染物经过不同动力单元到达目标点所接纳动力的总和，所识别的动力是面源污染在景观单元内部对物质流、能量流的补偿系数。

将式（4-1）和式（4-2）代入式（4-3），得到景观阻/动力成本的计算公式为

$$MCRR = \min\sum [D_{ij} \times (VFC_i + M_i) \times N_i] \tag{4-4}$$

$$MCRE = \min\sum [D_{ij} \times (P_i + S_i + K_i) \times CN_i] \tag{4-5}$$

式中，$MCRR$和$MCRE$为某一单元内景观阻/动力的最小累积成本；D_{ij}为第i个单元到对应流域出水口j的距离；VFC_i、M_i和N_i分别为第i个单元的植被覆盖度、地表粗糙度和曼宁糙率系数；P_i、S_i、K_i和CN_i分别为第i个单元的平均降水量、坡度因子、土壤可蚀性和径流曲线数；景观阻/动力成本模型的具体计算过程为，以子流域出水口和景观阻/动力系数评价图为基础，采用UEER模型算法（通过ArcGIS中的cost distance模块实现）（叶玉瑶等，2014）生成影响面源污染形成的最小景观阻/动力成本图，这两张成本图反映了影响面源污染形成的景观阻/动力所耗费的最小距离成本。

4. 面源污染的“源-汇”识别

由景观阻力成本$MCRR$和景观动力成本$MCRE$，通过ArcGIS栅格计算器中的条件函数：Con[MCRR>MCRE，1，Con（MCRR<MCRE，2，0）]，式中，$MCRR$、$MCRE$分别代表景观阻/动力成本栅格图，1和2分别代表“源”和“汇”，循环识别出影响面源污染形成的“源-汇”空间单元。如果$MCRR > MCRE$，即该栅格空间单元到对应子流域出水口的景观阻力成本大于动力成本，该单元表现为面源污染的“汇”，如果$MCRR > MCRE$，表现为“源”。技术流程如图4-2所示。

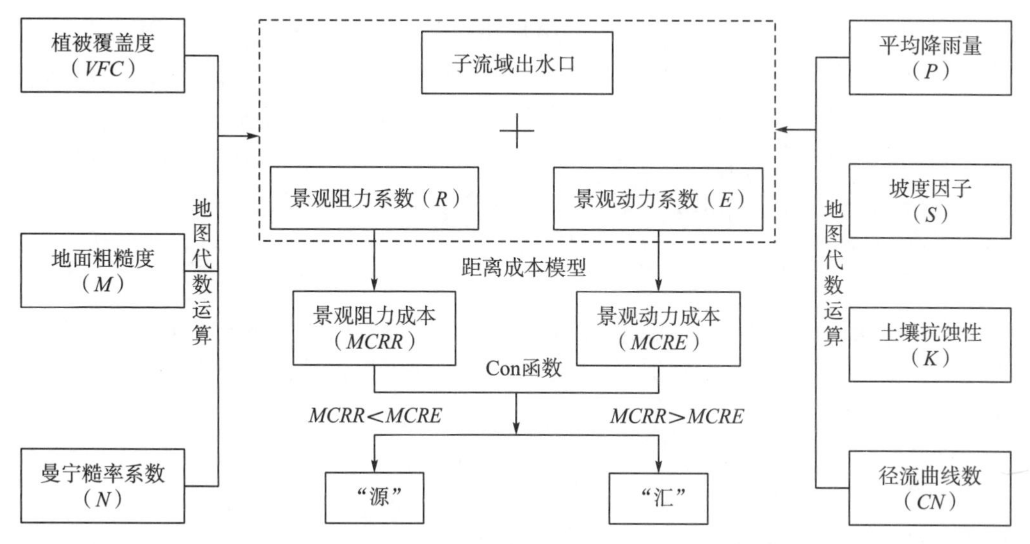

图 4-2　影响面源污染的“源－汇”格局识别技术流程

（三）数据分析

1. 景观阻/动力评价

使用两大指标对影响三峡库区面源污染形成的景观阻/动力进行数量统计与格局分析，即景观阻/动力系数和景观阻/动力成本。以 16 个子流域为统计单元，分别统计各子流域景观阻/动力系数、景观阻/动力成本的均值，并结合各自的空间格局以此评价影响面源污染形成的景观阻/动力。

2. “源－汇”格局识别

首先，景观阻/动力成本差可反映景观空间内影响面源污染形成的“源－汇”作用的主导程度，即属于“源”景观主导型或“汇”景观主导型。为此，本节利用景观阻/动力成本统计 16 大子流域的景观阻/动力成本差的均值，结合空间分布，识别“源－汇”作用强度及空间格局。

景观阻/动力成本差的计算公式为

$$\triangle MCR = MCRE - MCRR \tag{4-6}$$

式中，$MCRR$ 和 $MCRE$ 为景观阻力和动力；$\triangle MCR$ 为景观阻力与动力成本间的差。

其次，利用已有研究（孙然好等，2012；李海防等，2013）构建不受尺度限制的“源－汇”景观格局指数（$LWLI$），分析影响面源污染形成的“源－汇”空间格局，计算公式为

$$LWLI' = \frac{A_{\mathrm{sourcex}} \times E_{\mathrm{sourcex}} \times AP_{\mathrm{sourcex}}}{A_{\mathrm{sourcex}} \times E_{\mathrm{sourcex}} \times AP_{\mathrm{sourcex}} + A_{\mathrm{sin\,kx}} \times R_{\mathrm{sin}\,kx} \times AP_{\mathrm{sin}\,kx}} \tag{4-7}$$

$$LWLI_x = LWLI'_{\mathrm{distance}} \times LWLI'_{\mathrm{elevation}} / LWLI'_{\mathrm{slope}} \tag{4-8}$$

式中，$LWLI_x$ 是第 x 个子流域的综合“源－汇”景观格局指数；$LWLI'_{\mathrm{dis\,tan\,ce}}$、$LWLI'_{\mathrm{elevation}}$ 和 $LWLI'_{\mathrm{slope}}$ 分别为以相对距离（distance）、相对高程（elevation）和坡度

(slope) 为横坐标建立的“源－汇”景观格局指数；$A_{sourcex}$和A_{sinkx}分别为第x个子流域“源”景观和“汇”景观在洛仑兹曲线中的累积面积；$E_{sourcex}$和R_{sinkx}分别为第x个子流域“源”景观的平均景观动力系数和“汇”景观的平均景观阻力系数；$AP_{sourcex}$和AP_{sinkx}分别为“源”景观和“汇”景观在第x个子流域内的面积比例。其中，“源”景观和“汇“景观在洛仑兹曲线中的累积面积获取，是利用 MATLAB7.0.1 软件的编程语言实现。

3.“源－汇”格局验证

为验证“源－汇”格局效应及其与面源污染形成过程间的关系，本节开展河流断面水质监测数据与景观阻/动力成本差、“源－汇”景观格局指数的相关分析，并进行t统计量检验。

二、结果与分析

(一)景观阻/动力系数

由图 4-3 可看出，16 大子流域景观阻力系数的均值变化区间为[0.1996，0.5906]，整体上越往库区下游方向，越表现为上升趋势。第 1～6 子流域表现为“凹”型态势，即处于平行岭谷区的第 2～5 子流域的景观阻力系数偏低。第 8～16 子流域，越往高海拔山区，景观阻力系数越处于增大趋势。景观动力系数的均值变化区间为[0.2256，0.5848]，与景观阻力系数的变化趋势相反，整体上越往库区下游方向，越为下降趋势。第 1～7 子流域表现为“凸”型态势，第 8 子流域开始一直往下游呈波动性下降趋势，与景观阻力系数的空间分布存在此消彼长的关系。而且，第 1 和第 6～13 子流域的景观阻/动力系数差相比于其他子流域不显著，即趋于平衡。

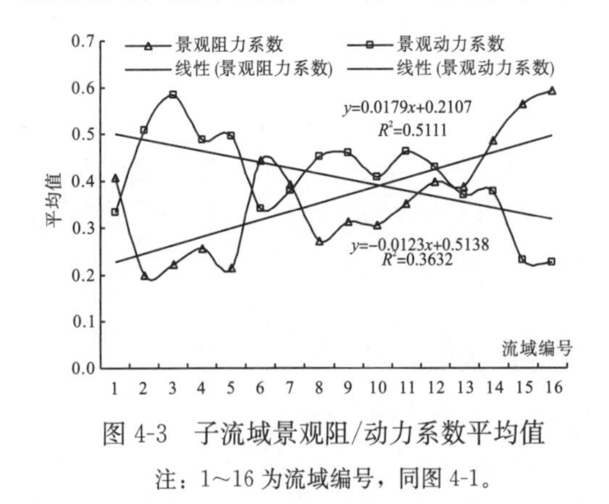

图 4-3 子流域景观阻/动力系数平均值

注：1～16 为流域编号，同图 4-1。

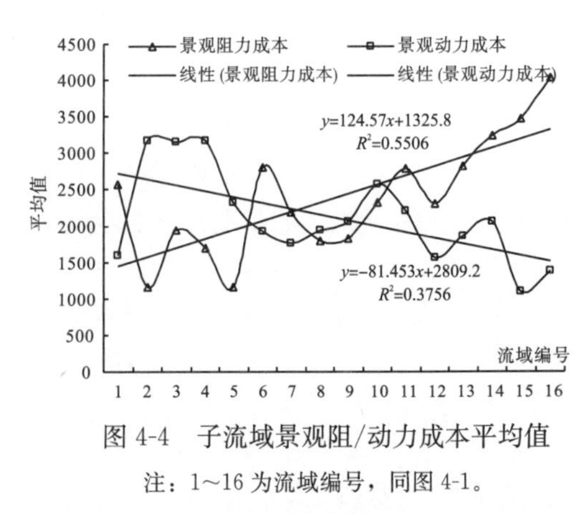

图 4-4 子流域景观阻/动力成本平均值

注：1～16 为流域编号，同图 4-1。

图 4-5(a)和图 4-5(b)表明，景观阻/动力系数在空间格局上呈反向态势。平行岭谷区条带状山体，因林草覆盖度较大，使得影响面源污染形成的景观动力系数较小，阻力系数较大；然而，山谷地带，因高强度农业活动的扰动，尽管地处地势较低，但土壤可蚀性较高，化肥农药施用量大且集中，也是城镇人口集中分布区，这些区域景观动力系数较大，阻力系数较小。在海拔较高的大巴山、巫山、大娄山等中低山区，是植被覆盖度高的核心区，尤其是湖北段，森林覆盖率较高，景观阻力系数大，动力系数小；而处于

森林边缘区，坡耕地分布集中，植被覆盖度低，再加上降雨丰富，是水土流失的主要贡献区，这些区域的景观动力往往较大，从而诱发面源污染的发生和发展。

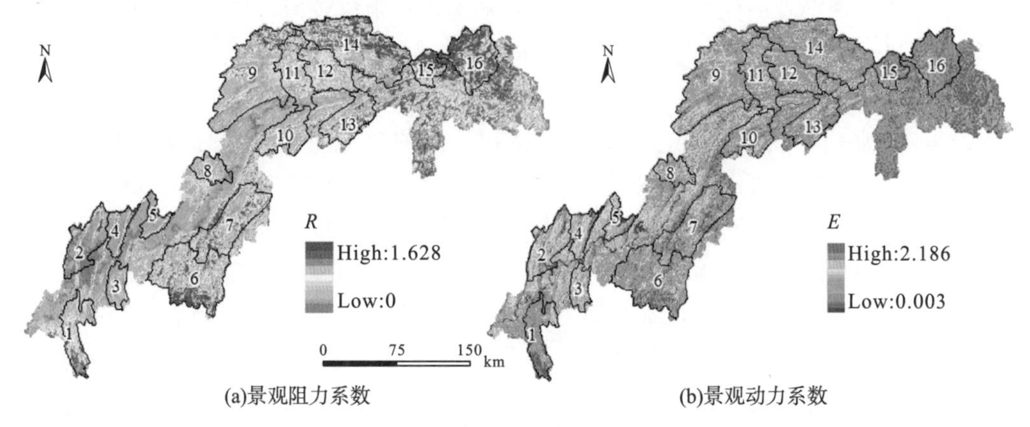

(a)景观阻力系数 (b)景观动力系数

图 4-5 子流域景观阻/动力系数空间格局

注：1～16 为流域编号，同图 4-1。

(二)景观阻/动力成本

由图 4-4 可看出，景观阻/动力成本总体上与景观阻/动力系数展现较为相近的趋势，也存在此消彼长的关系，同一景观单元内，动力成本高则阻力成本低。但不同的是，成本曲线比系数曲线表现得更具有波动性，整体上 16 大子流域沿长江流向平均阻/动力成本的线性增大或减小趋势更为显著。即景观阻/动力系数叠加景观单元到子流域出水口的距离因素后，就考虑了面源污染物运移所耗费的距离成本，使得景观阻/动力成本更能反映面源污染形成的动态过程。

由图 4-6(a)和图 4-6(b)显示，景观单元距子流域出水口越近，景观阻/动力成本值越小。库区景观阻/动力系数和子流域出水口存在明显的空间差异，致使景观阻/动力成本具有显著的空间异质性。

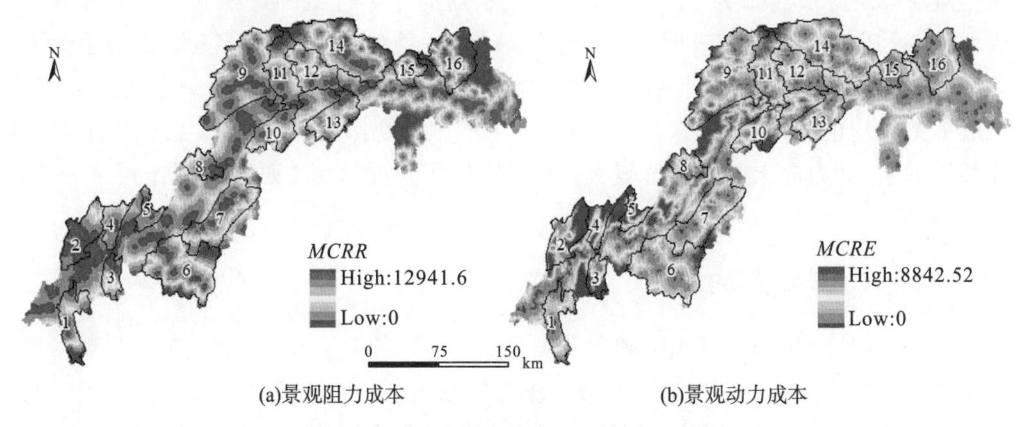

(a)景观阻力成本 (b)景观动力成本

图 4-6 子流域景观阻/动力成本空间格局

注：1～16 为流域编号，同图 4-1。

(1)北部第11、12和14子流域景观阻/动力成本的空间分布趋势大体一致，表现为高海拔区成本较高，并向子流域出水口及附近方向降低。北部区地处大巴山区，单个子流域面积大，流域景观单元与子流域出水口的平均相对距离较远，景观阻/动力系数的空间差异不明显，致使阻/动力成本的空间分布态势较为一致，而只是分布值为阻力成本高的值大于动力成本高的值。

(2)重庆段除小部分山区外，江津、主城和长寿的景观阻力成本分布较小，差异不大，且这种分布趋势一直沿长江水流方向向下游经涪陵、丰都、忠县、万州直到云阳。在这些区域，长江水系分布较为密集，相应子流域出水口也分布较多，区内景观单元到子流域出水口的距离差异不大，致使除小部分山体的景观阻力成本表现出高值外，多数数值集中于低值区。不同的是，景观动力成本的低值区在上述同样区域内的分布范围要缩小，而高值区范围要扩大，尤其是第2～5子流域，原因在于景观动力系数值分布相对于阻力系数的空间差异要大。

(3)湖北段的景观阻力成本低值区主要沿长江主干流两侧分布，阻力成本值从河谷向两侧山区方向增大。不同的是，景观动力成本低值区填充了湖北段的大部分区域，高值区主要出现在兴山与宜昌交界的北部区，即湖北段的景观单元必然会以影响面源污染的“汇”占据主导地位。

（三）“源－汇”景观空间格局

1.景观阻/动力成本差

由图4-7可看出，16大子流域的景观阻/动力成本差的均值小于0的有第1、6、7和第11～16子流域，说明在这些子流域中“汇”景观占据主导地位，而且，从第11～16子流域景观阻/动力成本差的均值不断减小，“汇”景观占主导性增强，尤其是湖北段的龙船河流域(第15)和香溪河流域(第16)的成本差均值小于－2000。景观阻/动力成本差的均值大于0的为第2～5和第8～10子流域，“源”景观居于主导地位，其中嘉陵江子流域(第2)最高，为2003.32，“源”景观的主导性最强。第8～10子流域的景观成本差的均值接近于0，表明这三个子流域影响面源污染的“源－汇”作用趋于平衡状态。上述空间分布特征也可从图4-8中看出，高海拔区影响面源污染形成的景观阻/动力成本差的均值较小，“汇”景观贡献大，“汇”景观作用强，“源”景观作用弱；低海拔区景观阻/动力成本差的均值较大，“源”景观贡献大，“源”景观作用强，“汇”景观作用弱。

2.“源－汇”景观格局指数

由图4-9表明，因自然环境限制和人类活动干扰，各大子流域“源－汇”景观格局指数差异较大。整体上可划分为三大类型：嘉陵江流域、五布河流域、御临河流域、龙溪河流域、黄金河流域、澎溪河流域和磨刀溪流域都处于平行岭谷区，“源”景观面积远大于“汇”景观，“源－汇”景观格局指数均大于0.8，为面源污染发生的高度风险区；綦江流域、乌江流域、龙河流域、汤溪河流域、大溪河流域和大宁河流域，“汇”景观面积大于“源”景观，“源－汇”景观格局指数介于(0.15，0.40)，为面源污染发生的中度风险区；梅溪河流域、龙船河流域和香溪河流域，“汇”景观面积远大于“源”景观，“源－汇”景观格局指数均大于0.03，为面源污染发生的低度风险区。

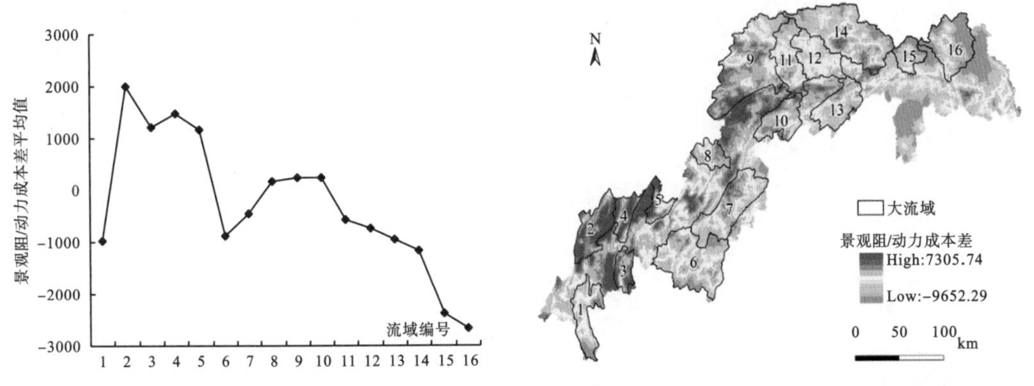

图 4-7　子流域景观阻/动力成本差均值

注：1～16 为流域编号，同图 4-1。

图 4-8　子流域景观阻/动力成本差空间格局

注：1～16 为流域编号，同图 4-1。

综合景观阻/动力成本差和“源－汇”景观格局指数，并结合图 4-10 可看出，影响面源污染形成的“汇”景观单元主要集中在万州以下至湖北段和万州以上至涪陵、武隆和石柱的喀斯特山地及江津南部区。其中，重庆段的“汇”区因山体不连续及其与“源”区的穿插而存在镶嵌格局，而湖北段秦巴山地(巴东、兴山、秭归和宜昌)的“汇”区在空间上的展布连续性强。影响面源污染形成的“源”景观单元主要分布于平行岭谷区的重庆主城至万州和开县，以及巫山和巫溪的平缓河谷地带，在湖北段仅分段分布于长江主干流两侧地带和宜昌夷陵区。与土地利用类型解译数据对比，可发现，影响面源污染形成的“源－汇”格局同农林地的总体格局是一致的，而农林地在库区范围是作为景观基质而存在的，因此农林地决定着影响库区面源污染形成的“源－汇”格局。

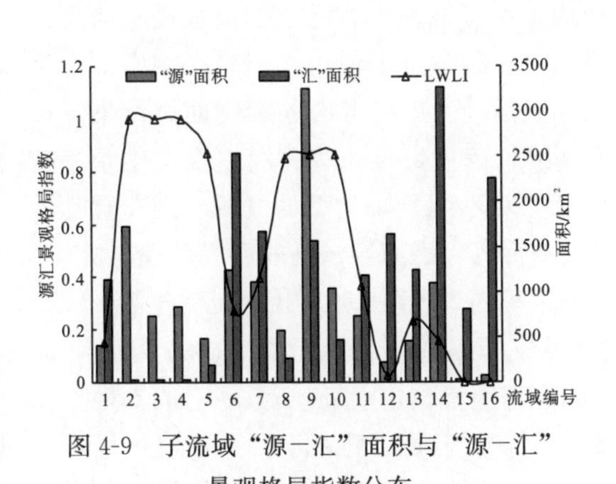

图 4-9　子流域“源－汇”面积与“源－汇”景观格局指数分布

注：1～16 为流域编号，同图 4-1。

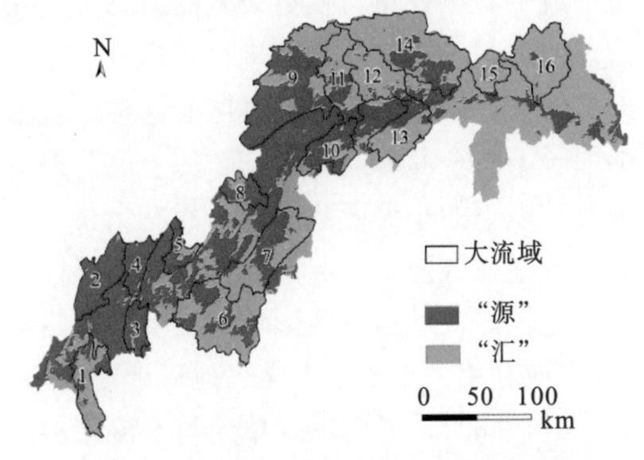

图 4-10　子流域“源－汇”空间格局

注：1～16 为流域编号，同图 4-1。

（四）“源－汇”格局验证

由表 4-2 可看出，景观阻/动力成本差和“源－汇”景观格局指数与各面源污染物平均浓度值均呈正相关关系，其中相关系数最大的为高锰酸盐指数，R 分别为 0.69 和 0.72，最小的为“源－汇”景观格局指数对总氮的相关系数，R 为 0.26。从显著性检验看，所有 t 分布的 P 都大于 0.8，本节的景观阻/动力成本模型应用在大尺度影响面源污染的“源－汇”格局识别上具有一定的可行性，反映响应过程的效果明显。而且，除氨氮与总氮外，“源－汇”景观格局指数与其他污染物间的相关系数要大于景观阻/动力成本的作用，进一步表明，结合了空间位置的“源－汇”景观格局指数对面源污染过程模拟的可靠程度较高，反映面源污染过程对景观格局变化的响应更为显著。

表 4-2　“源－汇”景观格局指标与面源污染物的相关系数 R 与 t 分布

指标	统计量	高锰酸盐指数（COD_{Mn}）	五日生化需氧量（BOD_5）	氨氮（NH_3-N）	化学需氧量（COD）	总氮（TN）	总磷（TP）
景观阻/动力成本差	R	0.69	0.41	0.56	0.34	0.46	0.41
	t	3.34	1.56	2.37	1.27	1.78	1.56
	$P(t,v)$	0.9971	0.9332	0.984	0.8919	0.9525	0.9332
“源－汇”景观格局指数	R	0.72	0.58	0.52	0.36	0.26	0.44
	t	3.60	2.46	2.12	1.34	0.94	1.67
	$P(t,v)$	0.9984	0.9867	0.9721	0.8919	0.8078	0.9435

注：$P(t,v)$为 t 分布的密度函数值，通过 t 分布统计国家标准(GB 4086.3—1983)进行查找。

（五）模拟精度分析与探讨

在对影响面源污染形成的“源－汇”格局识别的研究过程中，最初仅是依据主观经验直接认定哪种景观类型属于“源”景观或者“汇”景观，然而，伴随人们对面源污染形成认识的不断加深，现有研究更进一步地发展到需要对不同景观类型赋予影响面源污染形成的贡献权重，权重设置的方法主要有利用土壤侵蚀通用方程中的植被覆盖与管理因子或通过相关修正系数进行，这些方法的应用在一定程度上使得人们对影响面源污染形成的“源－汇”格局识别越来越客观定量化。但是，由于所考虑的影响面源污染形成的因子不够全面，进而影响“源－汇”格局识别的可信度，且这些方法主要发生于小流域及其以下的小尺度范围内，而在大的区域尺度上对不同景观类型的“源－汇”贡献的研究上往往忽视了区域环境背景的差异性，且没有深入考虑面源污染的形成过程与机理。

比较而言，本节从影响大尺度面源污染形成过程的景观阻/动力出发，融合各景观要素(土地利用、土壤、水文、地形地貌、植被覆盖等)构建影响面源污染形成的景观阻/动力系数，同时，考虑景观单元与子流域出水口的距离因素，建立景观阻/动力成本模型识别影响面源污染形成的“源－汇”格局。因此，本节的不同之处在于：①不仅仅局限于从景观类型固有的镶嵌模式来考虑面源污染形成的“源－汇”格局，而是从影响面源污染形成过程中景观流必受阻/动力因素的制约来识别“源－汇”格局；②综合了影响面源污染形成的主要关键景观因子构建景观阻/动力系数，这等同于其他文献中的影响面源污染形成的“源－汇”贡献权重，在考虑影响面源污染因子上更加全面而深入；③借助成本距离模型表达景观单元到子流域出水口的面源污染形成的动态过程，这对进一步深入揭示大尺度景观格局与生态过程的耦合关系具有重要意义。尽管如此，本节在方法、数据和结果上仍有不足之处，需要在后续研究中进一步改进与深入分析，主要表现为以下几个方面。

(1)用于统计分析的大子流域仅为16个，统计样本数量较少。本节所选用的流域数据精度有限，尤其是在平行岭谷区，地形较为平坦，流域的分布与面积存在一定的误差，为减少分析误差，在平行岭谷区选择5大子流域，为此，在后续研究中进一步改进流域划分的精度。

(2)选取的景观阻/动力因子仅仅是代表影响面源污染形成过程的关键因子。本节没有在景观动力因子中考虑坡长因子，因为坡长因子在大尺度范围内的差异性不大，对景观动力系数的影响差异不显著；选择SCS模型的径流曲线数(CN)，没有考虑与土壤类型和土地利用方式较为密切的径流系数，由于径流系数需要降水的实时数据，更适合于在小流域尺度获取(徐秋宁等，2002)。但是，要继续深入分析影响面源污染形成的“源－汇”格局的动态演变趋势，需要降水的年际动态变化，同时需要建立适合于大尺度的径流系数模型，这需要在后续研究中深入分析与讨论。

(3)在验证通过景观阻/动力成本模型而得到的面源污染形成的“源－汇”格局的有效性中，选用景观阻/动力成本差的均值和“源－汇”景观格局指数与各大子流域面源污染物的平均浓度进行相关分析，尽管相关系数最大的仅为0.72，小于相关文献小流域尺度的结果，但因本节的研究区域为大尺度范围，这也在一定程度上表明“源－汇”景观格局指数是不受尺度限制的，是有效刻画面源污染空间特征的定量指标，这与相关文献得到的结果一致。但是，本节仅是对“源－汇”景观格局指标与面源污染物进行了相关分析，“源－汇”格局对面源污染物的贡献度、面源污染物在“源－汇”未来格局变化中的趋势如何，以及人文因子对面源污染的阻/动力作用效果等尚需继续深入研究。

三、小结

(1)本节尝试用与面源污染形成过程有密切关系的植被覆盖度、地表粗糙度、曼宁糙率系数、平均降水量、坡度因子、土壤可蚀性和径流曲线数作为评价影响面源污染形成的景观阻/动力因子，并构建景观阻/动力系数。其中，16大子流域景观阻力系数的均值变化整体上体现为越往库区下游方向，越为上升趋势，而景观动力系数的均值整体上表现为越往库区下游方向，越为下降趋势，因此，面源污染形成的景观阻/动力系数的空间分布趋势存在此消彼长的关系。

(2)借助子流域出水口和景观阻/动力系数，依据成本距离模型得到影响面源污染形成的景观阻/动力成本值，发现景观阻/动力成本曲线比景观阻/动力系数曲线表现得更具有波动性，整体上16大子流域沿长江流向的平均阻/动力成本的线性增大或减小趋势更为显著，表明考虑面源污染物运移所耗费的距离成本，使得景观阻/动力成本值更能反映面源污染形成的动态过程。

(3)景观阻/动力成本差反映出的“源－汇”景观格局主要表现为，高海拔区影响面源污染形成的景观阻/动力成本差的均值较小，“汇”景观贡献大，“汇”作用强，“源”作用弱，而低海拔区则相反。再通过不限尺度的、并结合了空间位置的“源－汇”景观格局指数，将影响面源污染形成的“源－汇”格局划分为三大类型，即高度风险区、中度风险区和低度风险区。

(4)为验证本节应用景观阻/动力成本识别出的面源污染形成的“源－汇”格局的有效性，分别对景观阻/动力成本差和“源－汇”景观格局指数与面源污染物的平均浓度进行相关分析，结果发现，面源污染形成过程对景观格局变化的响应更为显著，景观阻/动力成本模型应用在大尺度影响面源污染形成的“源－汇”格局识别上具有一定的可靠性，而且，结合空间位置和景观阻/动力系数的“源－汇”景观格局指数对面源污染形成过程的模拟具有较高的可信度。

第二节　三峡库区农业面源污染“源－汇”风险格局识别

三峡库区作为长江流域的重要水源保护区和生态敏感脆弱区(Shen et al.，2004；Wu et al.，2004)，农业面源污染一直是库区最主要的生态环境问题，而耕地又是库区农业面源污染的重要来源，因此基于耕地的农业面源污染治理是整个库区安全运行和社会经济稳定发展的重要保障。紧紧围绕农业面源污染这一库区核心生态问题，探寻土地利用/覆被变化引起的景观格局对生态过程的风险影响，尤其是农业面源污染的“源－汇”过程机制，将影响农业面源污染过程的自然地理条件与社会经济发展相互联系，识别评价三峡库区农业面源污染的“源－汇”风险，对库区农业面源污染治理有重要的现实意义。

“源－汇”方法应用在面源污染研究中，主要贡献在于陈利顶等创建的“源－汇”景观理论，该理论主要是将全球变化和大气污染研究中的“源－汇”方法引入景观格局与生态过程关系的新方法探索中，将景观类型依据面源污染风险程度划分为“源－汇”景观，并构建了景观空间负荷对比指数，这使得定量研究景观格局与生态过程的关系成为可能(陈利顶等，2002、2003、2006；Chen et al.，2003)，由此“源－汇”景观理论在水土流失、面源污染、生物多样性保护等领域得到了广泛应用(孙然好等，2012；Zhang et al.，2014；Adams et al.，2014；陈利顶等，2015)。对于面源污染的“源－汇”分析，更多的研究偏重于发展景观格局指数对生态过程的指示，包括李晶等(2014)提出的“源－汇”水文响应单元景观格局指数和“地形－水文响应单元综合景观指数”、蒋孟珍等(2013、2014)提出的网格景观空间负荷对比指数等，但在“源－汇”风险认识上尚不多见，且主要见于理论探讨，如吕一河等(2007)认为对于同一生态过程，源、汇具有相对性，“源”“汇”在景观中处于相对的动态平衡之中，即表明影响面源污染的“源－汇”具有动态性；韦薇等(2011)定性地认为“源”与“汇”景观类型的“源－汇”作用主要取决于养分的流失(迁出)与迁入量之比，并给出了不同景观类型源汇程度的定性认识，但这种认识仅限于小尺度流域范围，对于大尺度区域如三峡库区则是无法对每一块景观斑块进行养分迁入与迁出的监测，以此识别“源－汇”风险程度。为了反映不同景观类型在“源－汇”强弱风险上的差异，更多的研究凭借主观经验或赋予权重贡献法认定不同景观类型对生态过程的作用强弱(陈利顶等，2003；刘芳等，2009；李晶等，2014)，而很少从景观外部环境因子影响生态过程的过程机理来识别“源－汇”风险格局。

“源”景观对面源污染过程起到促进作用，“源”的作用强，污染风险大，而“汇”景观则起到阻碍作用，“汇”的作用强，污染风险小(许申来等，2008；张新等，2014)。同时，在“源-汇”景观内部及其之间也必定存在“源-汇”风险的空间差异，这主要取决于“源-汇”景观外部自然环境因子(地形、气象、水文、植被覆盖、土壤等)的叠加效应，由此叠加景观外部自然环境因子，形成影响面源污染的阻力基面。但来源于耕地的面源污染物从降水侵蚀到入河过程，必定会经过一定的空间距离，因此在阻力基面的基础上再叠加考虑空间距离因素，借助最小累计阻力模型得到阻力面，这张趋势表面则反映了面源污染过程所需克服的阻力，若最小累计阻力越小，则面源污染的风险越大，“源”的作用越强；反之阻力越大，面源污染的风险越小，“汇”的作用就越强。由此可以通过最小累计阻力模型对影响三峡库区耕地的农业面源污染阻力进行评价，并识别“源-汇”风险格局。

综上所述，本节在对库区耕地及其面源污染的“源-汇”风险认识基础上，对耕地源景观依据距离长江干流进行等级划分，在获取主要自然影响因子的基础上构建影响农业面源污染的阻力基面，并借助最小累计阻力模型进行基于库区耕地的面源污染“源-汇”风险格局识别，将影响农业面源污染的“源-汇”风险程度划分不同等级，分析“源-汇”风险格局特征，进而更好地反映库区景观格局与面源污染的耦合关系，为库区农业面源污染的防控管理提供一定的参考依据。

一、材料与方法

(一)数据来源与预处理

①三峡库区DEM数据，来源于中国科学院计算机网络信息中心国际科学数据镜像网站(http：//www. gscloud. cn)的SRTM DEM UTM 90m分辨率数字高程数据产品，空间分辨率为90m，并通过DEM生成库区坡度slope数据。②三峡库区水系数据，来源于地球系统科学数据共享网西南山地分中心的长江上游1∶25万水系分布数据(http：//imde. geodata. cn)，可以从该数据中提取出三峡库区长江干流。③三峡库区增强型植被指数(enhanced vegetation index，EVI)数据，来源于中国科学院计算机网络信息中心国际科学数据镜像网站(http：//www. gscloud. cn)的MODEV1D中国250M EVI月合成产品(TERRA星)，空间分辨率为250m，时间为2010年的12个月。④三峡库区降水量监测数据来源于中国气象数据网和重庆市气象局，共包括库区及其周边的气象站点，提取出2010年的日降水量，并计算月降水量和年降水量。⑤三峡库区土壤数据，来源于中国科学院南京土壤研究所的1∶100万中国土壤数据库——数字化土壤图(http：//www. issas. ac. cn)。⑥三峡库区2010年土地利用数据，来源于课题组的三峡库区土地利用解译数据(邵景安等，2013)，解译结果得到实地验证并达到精度要求，可作为农业面源污染的“源-汇”风险识别分析的基础数据源。

另外，库区矢量边界依据“三建委”对所囊括重庆和湖北区、县(市)的行政边界自行制作。本节除了DEM、水系和土壤数据外，以上各数据采集时间为2010年，栅格数据统一转换为空间分辨率为90m，所有图像统一转为Albers等积投影参与空间运算。

(二)基于最小累计阻力模型的“源-汇”风险格局识别

最小累计阻力模型(minimal cumulative resistance，MCR)是由荷兰生态学家Knappen(1992)提出的，是耗费距离模型的一个衍生应用，最早应用于对物种扩散过程的研究，用来反映物种在从源到目的地运动过程中所需耗费的最小代价，后被广泛应用于物种保护和景观格局分析等生态领域(Ye et al.，2015)。该模型考虑3个方面的因素，即源、空间距离和阻力基面特征，其一般数学表达模型(Greenberg et al.，2011)为

$$MCR = f\min\sum_{j=n}^{i=m}(D_{ij} \times R_i) \tag{4-9}$$

式中，MCR 表示最小累积阻力面值；f 是一个未知的负函数，表示最小累积阻力与生态适宜性的负相关关系；min 表示某景观单元对不同的源取累积阻力最小值；D_{ij} 表示从源 j 到景观单元 i 的空间距离；R_i 表示景观单元 i 对运动过程的阻力系数。尽管 f 函数通常是未知的，但 $D_{ij} \times R_i$ 之累积值可以被认为是从源到空间某一点的某一路径的相对易达性的衡量，其中从所有源到某点阻力的最小值被用来衡量该点的易达性。

本节将库区农业面源污染发生发展过程在景观层面上看作是农业面源污染过程就可以模拟为面源污染物从“源”景观迁移扩张到“汇”景观克服阻力做功的过程。由于景观空间异质性的存在，农业面源污染发生、发展过程中将受到不同的阻力，由此形成的阻力面可以反映农业面源污染物迁移的空间运动趋势。因此将最小累计阻力模型应用到农业面源污染中，MCR 就可以表示农业面源污染物从“源”景观单元经过不同阻力单元到达目标点所耗费的费用或克服阻力的累计和最小值，阻力系数 R_i 则是农业面源污染在单元内部对物质流、能量流的耗损系数。

1.提取“源”景观类型和等级划分

依据不同景观类型的生态功能特点，“源”景观是能够促进农业面源污染发生、发展的景观类型，污染风险高，而“汇”景观则是能够减缓农业面源污染发生、发展的景观类型，污染风险低，“源-汇”景观组合类型及其变化以及污染物迁移所经过路径的不同，均会依据过程的发展而相互转化。因此，本节确定三峡库区景观类型中的水田和旱地是农业面源污染的“源”。

农业面源污染发生发展的风险程度与地形地貌、降雨气温、地表覆被和土壤可蚀性等诸多因素影响，因此客观地划分影响农业面源污染的源景观等级并非易事，对此可以另文讨论。本节更为关注的是，“源”景观划分等级后会对影响农业面源污染的阻力面构建及其风险格局识别产生怎样的影响。农业面源污染物最终以河流为汇集区，从而引起河流水体污染，且长江干流贯穿了整个三峡库区，在库区大尺度上，长江干流为库区面源污染物的最终汇集处，为此，本节设想以库区长江干流为农业面源污染物的最终汇集区，以长江干流为中心构建等距离的缓冲区，将库区耕地与缓冲区进行空间叠加，以此将库区耕地以等距离长江干流为标准划分为不同等级。为此，本节利用ArcGIS 10.3软件的buffer工具，构建以20km为等距离长度的长江干流缓冲区，并覆盖整个库区，由此可将2010年库区耕地划分为4个等级分区，分别为距离长江干流的0～20km、20～40km、

40～60km 和 60～80km 的空间区域，并分别定义为一级源、二级源、三级源和四级源。

2. 构建评价指标体系与阻力基面

面源污染作为一个连续的动态过程，其形成主要由以下几个过程组成：降水径流过程、土壤侵蚀及泥沙输移过程、污染物迁移转化过程(郝芳华等，2006b)，在三峡库区大尺度上，这些过程都受“源—汇”景观外部自然环境因子控制，主要包括地形、地貌、气象、水文、土壤和植被等方面，这些因子控制着农业面源污染过程中的物流和能流。为此，本节依据数据获取的难易程度，将影响三峡库区农业面源污染的阻力基面所涉及的数据源分解为 7 个指标，分别为相对高程、相对坡度、地表粗糙度、降水侵蚀力、TOPMODEL 地形指数、土壤可蚀性和植被覆盖度。各评价指标的具体计算方式如下，括号内的正号表示该因子为正向因子(对影响农业面源污染的景观阻力基面起正向作用)，负号表示负向因子(对影响农业面源污染的景观阻力基面起负向作用)。

(1)相对高程(－)：表示每个景观单元距离到最近长江干流的相对高程，反映影响农业面源污染过程从“源”景观到长江干流的重力作用分布，相对高程越大，重力作用越大。利用 ArcGIS 10. 3 的 ArcToolbox 中相关工具提取出库区每个景观单元距离到最近长江干流的相对高程。

(2)相对坡度(－)：表示每个景观单元距离到最近长江干流的相对坡度，表示地表侵蚀径流动力的加速因子，利用 ArcGIS 10. 3 的 ArcToolbox 中相关工具提取出库区每个景观单元距离到最近长江干流的相对坡度。

(3)地表粗糙度(＋)：反映地表起伏程度对库区农业面源污染的阻碍作用。利用三峡库区 DEM 数据，在 ArcGIS 10. 3 的空间分析模块中，并根据计算公式计算三峡库区的地表粗糙度 M(汤国安等，2012)。

$$M=1/\cos\ (\alpha\times\pi/180) \tag{4-10}$$

式中，M 为地表粗糙度；α 为坡度(°)。

(4)降雨量侵蚀力(－)，反映由降雨所引起土壤分离和搬运的动力指标。本节采用史东梅、卢喜平等基于人工模拟降雨的手段建立的重庆地区降雨侵蚀力计算的月雨量模型(史东梅等，2008)：

$$R_{\text{year}}=5.249\times\left[\sum_{i=1}^{12}\left(\frac{p_i}{p}\times p_i\right)\right]^{1.205} \tag{4-11}$$

式中，R_{year}为年降雨侵蚀力($\text{MJ}\cdot\text{mm}\cdot\text{hm}^{-2}\cdot\text{h}^{-1}\cdot\text{a}^{-1}$)；$P$ 为年降雨量(mm)；P_i为第 i 月降水量(mm)。具体计算过程为，先是利用已计算好的月降水量和年降水量进行克里金空间插值，然后在 ArcGIS 10. 3 的栅格计算器中进行年降雨侵蚀力的空间计算。

(5)TOPMODEL 地形指数(－)：反映某一地区的饱和带发展特征，该值越大意味着该区具有更大潜力的饱和带发展，土壤愈容易达到饱和而产流(Beven et al.，1979；Wang et al.，2015)。表达式为

$$CI=\ln(a/\tan\beta) \tag{4-12}$$

式中，CI 为地形指数；a 为单位等高线长的汇水面积(km^2)；β 为局部坡度角(°)。具体计算时采用 Beven 设计的 GRIDATB 程序来计算地形指数的分布。

(6)土壤可蚀性(－)：反映不同类型土壤所具有的侵蚀力速度。参考吴昌广等(2010a)的三峡库区土壤可蚀性研究，利用中国土壤数据库提取出三峡库区土壤类型，在 ArcGIS 10.3 中赋值每种土壤类型的土壤可蚀性 K。

(7)植被覆盖度(＋)：植被覆盖状况是反映阻碍农业面源污染的下垫面条件，植被覆盖状况越好，面源污染风险越小。考虑到库区大尺度区域的植被覆盖季节性变化特征，本节利用增强型植被指数(EVI)数据来指示库区植被覆盖状况，利用从地理空间数据云(http：//www.gscloud.cn/)获取到的 MODEV1M 中国 250M EVI 月合成产品(TERRA 星)，为 2010 年 12 个月的全国 EVI 数据从中提取出库区范围的 EVI，并求取月均 EVI，以此代表 2010 年库区的植被覆盖度。

依据对农业面源污染的作用方向，将上述各因子的栅格离散值进行统计学上的线性归一化，然后利用几何分类间隔方法(geometrical interval)方法进行 5 个等级的划分，分别用 1、3、5、7、9 表示，同时利用专家打分法赋予各个因子的不同权重，然后对加权各自然环境归一化因子并进行空间叠加，来表达影响库区农业面源污染过程的阻力基面[式(4-9)中的 R]，其实质反映的是景观单元通过影响因子空间叠加的垂直过程对于库区农业面源污染的综合影响程度。

3. 阻力面构建与“源－汇”风险分级

(1)影响库区农业面源污染的阻力面构建

阻力面反映了各种“流”(物质和能量等)从“源”克服各种阻力到达目的地的相对或绝对难易程度，也客观表现了事物空间运动的趋势和潜在可能性(Richard et al.，2010)。本节构建影响库区农业面源污染的阻力面，首先是通过最小累计阻力模型分别构建不同等级水田源景观和旱地源景观的阻力面，然后利用 Con 函数进行识别不同等级间的最小阻力面，形成水田源景观的阻力面和旱地源景观的阻力面，最后再借助 Con 函数识别这两类源景观的综合阻力面的最小值，即为最终的影响库区农业面源污染的阻力面。具体过程是，基于阻力基面评价结果，进一步考虑空间距离的影响，依据式(4-9)，采用 UEER 模型算法，运用 ArcGIS 10.3 中的 cost-distance 模块分别生成对应一级源、二级源、三级源和四级源的阻力面，并利用 ArcGIS 10.3 的栅格计算器中的 Con 函数进行两两比较不同等级源的阻力面，筛选出 4 个等级阻力面栅格单元最小值，以此构建水田源和旱地源景观的综合阻力面，最后利用 Con 函数进行识别两个综合阻力面的最小值，形成影响库区农业面源污染的阻力面。

(2)影响库区农业面源污染的“源－汇”风险分级

本节将影响库区农业面源污染的阻力面作为反映“源－汇”风险的指标，该指标反映农业面源污染物从耕地源景观到最终汇集处之间的易达性，若阻力面值越大，“源－汇”风险程度越小，景观单元所起到的“汇”作用越强，农业面源污染越不容易发生；相反阻力面值越小，“源－汇”风险程度越大，景观单元所起到的“源”作用越强，农业面源污染越容易发生。由此可以依据最终的阻力面栅格图层，利用几何分类间隔方法进行影响库区农业面源污染过程的“源－汇”风险等级划分，包括低风险区、较低风险区、中风险区、较高风险区和高风险区，等级越高，“源－汇”风险越高，农业面源污染的风险也越高。因此，通过构建影响农业面源污染的阻力面，可以更进一步识别分析库区耕地影响下的“源—汇”风险空间异质性和污染风险。

二、结果与分析

(一)不同等级“源”景观分布特征

库区耕地“源”景观斑块主要集中分布在距离长江干流的0～20km的地区，越向外围延伸，分布空间越小，重庆库区分布多于湖北库区，且旱地空间分布大于水田。由表4-3和图4-11可以看出：①一级“源”的耕地面积占据了库区总耕地的一半以上，且水田主要分布在万州以上的重庆平行岭谷区和湖北库区的夷陵东南部，旱地主要分布在重庆库区，集中分布在长江干流两侧的0～20km缓冲范围内，多为大图斑分布，而湖北库区分布较为零散；②二级“源”的水田和旱地面积比例均在30%上下，分布于距离长江干流的20～40km缓冲区，且多分布在长江流向的左侧区域，包括江津中部、重庆主城区南北部、长寿北部、忠县和万州东西部、开县中南部、奉节北部、巫溪南部和巫山北部等地区；③三级和四级水田“源”景观的面积累计分布为511.72km^2，面积比例低于10%，在空间上主要集中分布在开县西部的库区边缘，而这两个等级“源”的旱地源景观面积超过了1000km^2，空间分布也比水田“源”景观大，主要分布在武陵山区的武隆中南部、石柱西南部、秦巴山区的开县中北部、巫溪全境大部分区域和巴东南部等地区。

表4-3　不同等级耕地的“源”景观面积和面积比例

不同等级“源”	水田“源”景观		旱地“源”景观	
	面积/km^2	面积比例/%	面积/km^2	面积比例/%
一级	3512.28	57.03	8211.41	53.43
二级	2135.19	34.67	4536.20	29.52
三级	387.27	6.29	1882.41	12.25
四级	124.45	2.02	737.85	4.80
总计	6159.19	—	15367.88	—

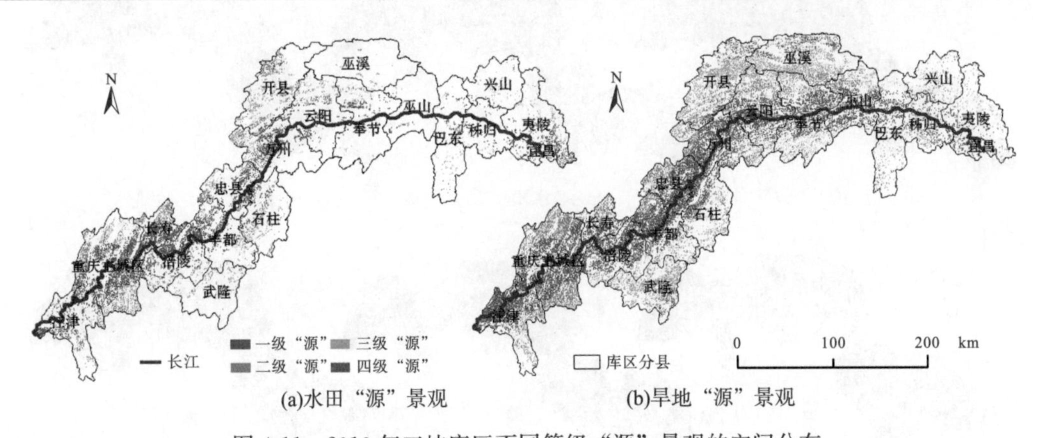

(a)水田“源”景观　　(b)旱地“源”景观

图4-11　2010年三峡库区不同等级“源”景观的空间分布

（二）不同等级“源”的阻力面特征

在库区大尺度区域上，受空间距离的影响，各级“源”的阻力面值总体上围绕“源”景观向外呈现不断增大的趋势，并随着一级“源”到四级“源”的空间位置变更，阻力面值相应地发生空间变化。

一级“源”的阻力面值特征[图 4-12(a)、图 4-12(e)]表现为，距离长江干流越近，阻力面值越小，农业面源污染物越容易迁移到长江，尤其是对于长江干流流经的区县；而距离长江干流越远，阻力面越大，农业面源污染物的易达性越低，主要分布在江津南部、武陵山区的武隆中南部和石柱东南部、秦巴山区的开县北部—巫溪全境—巴东南部—兴山和夷陵北部区域，也因此在总体上呈现出明显的向长江干流方向递减的空间梯度变化特征。

二级“源”的阻力面值[图 4-12(b)、图 4-12 (f)]表现为，以二级“源”的景观斑块分布为中心，阻力面值向两侧呈递增的梯度变化，由此距离长江干流的 0～20km 缓冲区的阻力面值相对于一级“源”的要大，这与一级“源”区呈现相反态势，但阻力面最高值低于一级“源”的。

相对于一级“源”和二级“源”，三级源景观斑块距离长江干流更远，因此，三级“源”的阻力面值[图 4-12(c)、图 4-12(g)]空间变化表现为，阻力面值随着距离长江干流越近而越大，且这种趋势比二级“源”的趋势更为明显，但由于三级“源”区距离四级源区较近，因此距离长江干流最远地区的阻力面值更小。

四级“源”的水田和旱地“源”景观斑块距离长江干流为最远，因此以该区域为中心，阻力面值[图 4-12(d)、图 4-12 (h)]向两侧呈递增的梯度变化。与前三个等级“源”不同的是，在空间上，四级“源”的阻力面值分布形成了明显的地域低值中心，为库区的主要高山分布区，由这些区域不断向外延伸，阻力面值的最高分布主要在重庆主城区北部、忠县和石柱北部、云阳和奉节南部、宜昌南部。

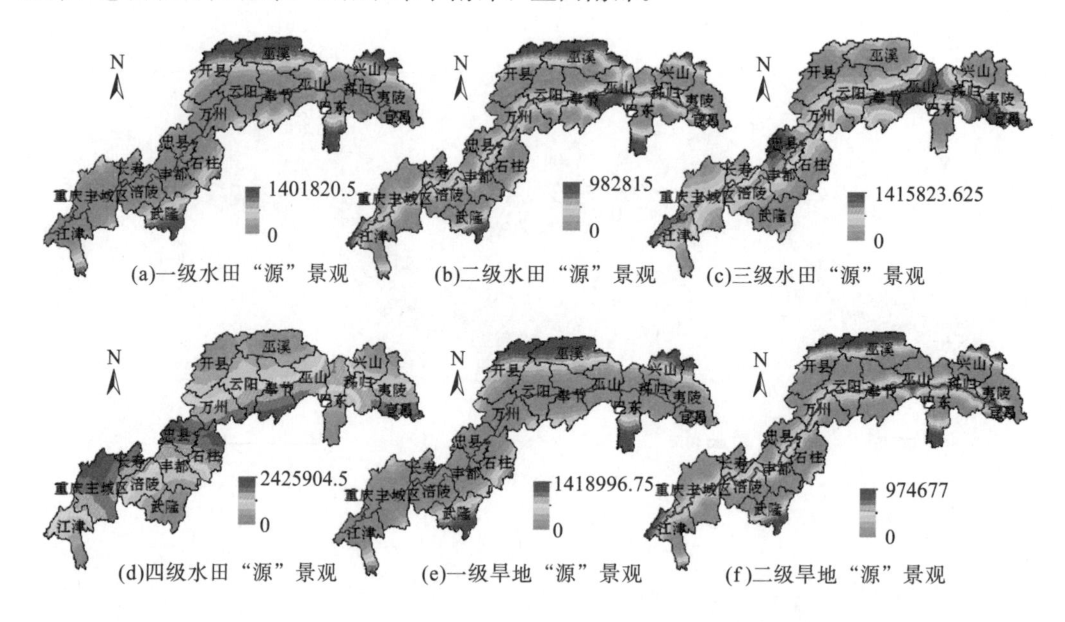

(a)一级水田“源”景观　(b)二级水田“源”景观　(c)三级水田“源”景观

(d)四级水田“源”景观　(e)一级旱地“源”景观　(f)二级旱地“源”景观

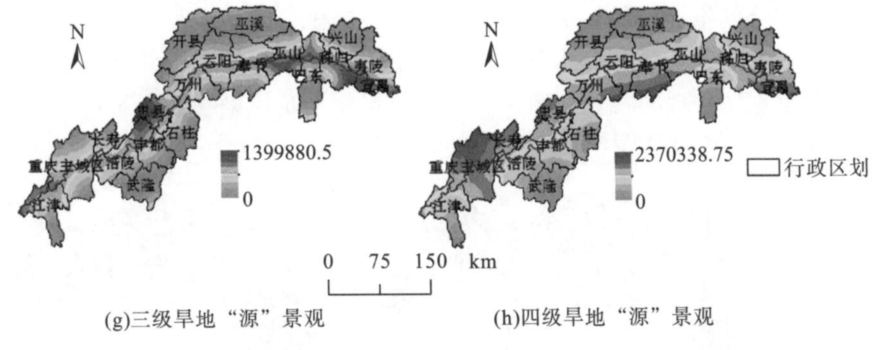

(g)三级旱地“源”景观 (h)四级旱地“源”景观

图 4-12 不同等级水田和旱地“源”景观的阻力面空间分布

图 4-13 是由各等级水田和旱地“源”景观的阻力面进行最小值的条件筛选而得到，为水田和旱地“源”景观的阻力面，综合反映了水田和旱地“源”下的影响农业面源污染的阻力面空间分布。通过对比可以发现，水田“源”景观的阻力面最高值(673489)大于旱地“源”景观的(247365)，主要是由于水田斑块分布数量较少，所占库区空间范围小，因此水田到其他景观单元的最远距离相对于旱地则较大。水田“源”景观的阻力面高值分布集中，主要发生在武隆东南部、开县北部与巫溪西部、巫溪东部与巫山中部的自南向北地区等，这些地区都处于高山地区，水田分布较少。旱地“源”景观的阻力高值分布较为分散，主要集中在湖北库区的巴东和兴山北湖、夷陵和宜昌，以及重庆的江津南部，以上这些区域尽管高差较大、坡度较陡，但植被覆盖度分布较大，多以林草地分布为主，且地表较为粗糙，再加上水田和旱地分布本身较少，因此农业面源污染不易集中发生，风险较小。

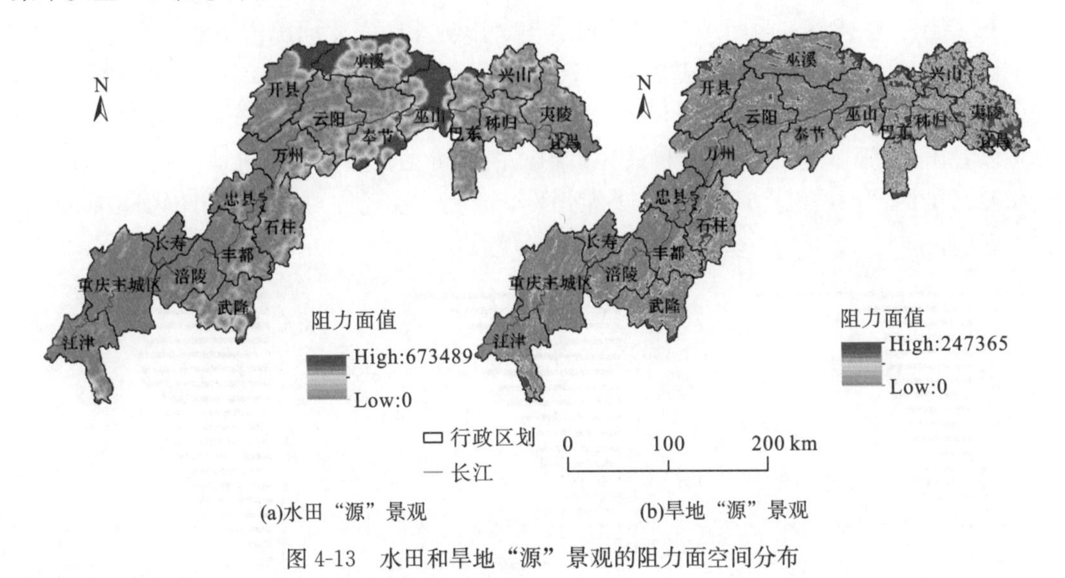

(a)水田“源”景观 (b)旱地“源”景观

图 4-13 水田和旱地“源”景观的阻力面空间分布

(三)库区“源—汇”风险特征

利用水田和旱地“源”景观的阻力面(图 4-14)进行栅格单元最小值的条件筛选，得到图 4-14(a)的影响库区农业面源污染的阻力面，可以发现，影响库区农业面源污染的阻力面空间分布趋势同旱地“源”景观的较为一致，这主要是由于旱地的空间分布范围较水田广，因此旱地源景观斑块与其他景观单元空间距离更近，也因此其最小阻力面值会较小，说明了旱地所表现的农业面源污染“源”作用强，污染物更容易迁入河流而产生污染，在库区中产生农业面源污染的风险机会要比水田的更大。

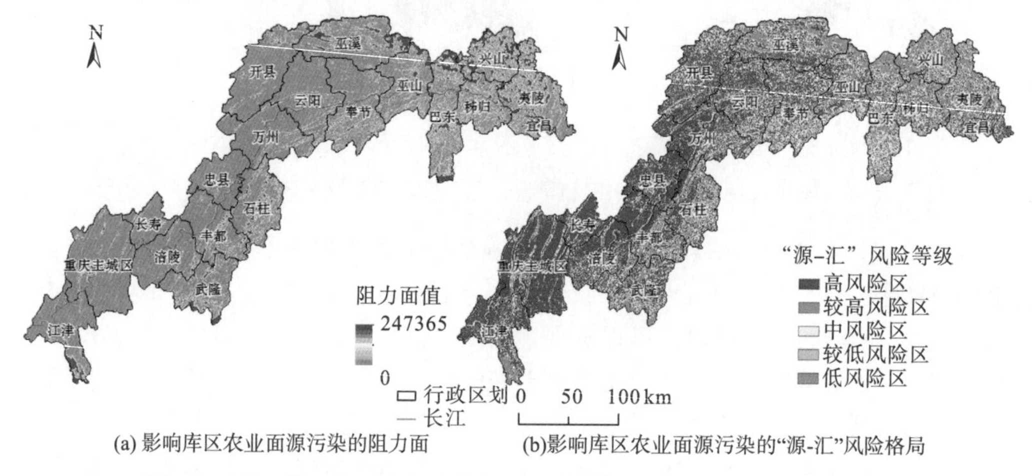

(a) 影响库区农业面源污染的阻力面　(b)影响库区农业面源污染的“源-汇”风险格局

图 4-14　基于耕地的三峡库区农业面源污染阻力面和“源－汇”风险格局

依据影响库区农业面源污染的阻力面所反映的特征：阻力面值越大，“汇”的作用越强，表示的“源－汇”风险越低，农业面源污染的风险也越低。由此对图 4-14(a)的阻力面进行几何间隔分类方法的分级，共分为五级：高风险区、较高风险区、中风险区、较低风险区和低风险区，如图 4-14(b)所示，并统计出库区各区县的各等级风险区面积，如图 4-15 所示。总体上，由图 4-15(a)可以看出，影响库区农业面源污染的各个“源－汇”风险区总面积特征表现为：高风险区(21706.13km^2)＞中风险区(16257.75km^2)＞低风险区(10311.6km^2)＞较高风险区(7464.65km^2)＞较低风险区(2221.61km^2)，由图 4-15(b)也可以看出，高风险区的空间分布最为集中，由此可见在整体上，耕地影响下的库区农业面源污染的“源－汇”风险处于较高水平，耕地源景观的“源”作用偏强，而“汇”作用偏弱。

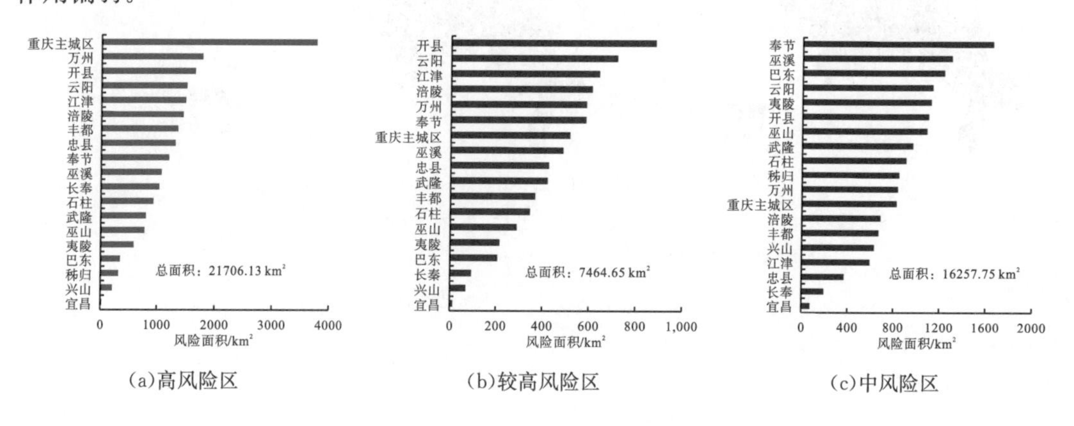

(a)高风险区　(b)较高风险区　(c)中风险区

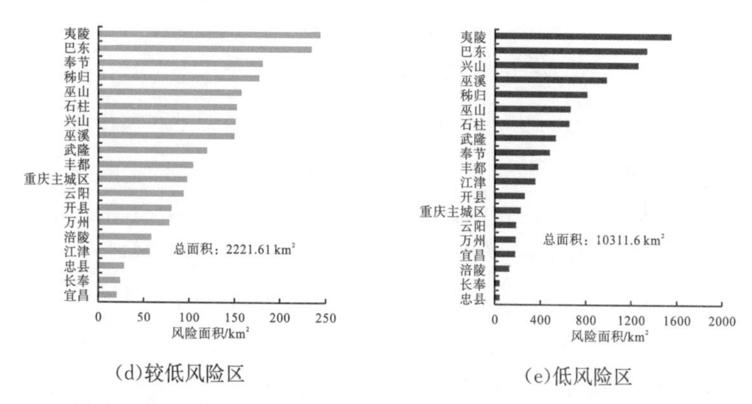

(d)较低风险区　　(e)低风险区

图 4-15　三峡库区各区县影响农业面源污染的“源-汇”风险面积统计(单位：km²)

更进一步地分析发现，库区平行岭谷区主要为“源-汇”高风险区和较高风险区，主要集中分布在自长江上游到下游的江津中北部、重庆主城区、长寿和涪陵的长江以北地区、丰都和忠县的长江以西地区、万州、开县和奉节等地区，尤其是重庆主城区的高风险区面积最大(3768.46km²)，对比图 4-11，也可知这些地区为水田和旱地的主要源景观分布聚集区，距离长江干流较近，影响农业面源污染的阻力值较小，因此耕地所影响下的农业面源污染“源”作用强，“源-汇”风险高，及其产生的农业面源污染风险也高，因此需要在耕地生产过程中有计划地控制好经营规模，尤其是控制农药化肥的大量投入，更多地在长江干流附近的耕作区设置植被缓冲带，以更有效地截留氮磷等营养物质，降低进入长江的污染物浓度，最终减轻“源”的作用强度，降低污染风险。

相反的是，较低风险区和低风险区的空间分布较为零散，“源”作用减弱而“汇”作用明显增强，主要分布在秦巴山区的湖北库区各区县、武陵山区的石柱—丰都—武隆等地区，主要原因在于这些地区耕地源景观斑块分布数量较少，且远离长江干流，所以面源污染风险较低，因此需要更进一步地保护好已有的植被覆盖，持续建设森林工程、水土流失治理工程等，以增强“汇”的作用。

(四)模拟精度分析与探讨

1. 耕地源景观等级的划分

与相关耕地等级划分研究不同，本节耕地等级的划分主要是从农业面源污染过程的“源-汇”角度出发，在库区大尺度上依据长江干流的缓冲区进行耕地源景观等级的划分。之所以如此划分，主要是基于两个方面：①耕地等级的划分需要考虑诸多因素的影响(Liu et al.，2010；曹隽隽等，2012)，同时，耕地作为农业面源污染的重要源，影响其所形成的农业面源污染的因素也较多；②面源污染物从“源”到“汇”的迁移转换必然要经过一定的空间距离，并受到其他景观单元的作用(赵新峰等，2010)。尽管如此，由于耕地自身存在质量和生产潜力的空间差异，这对面源污染的形成存在着一定的影响，因此这需要在后续的研究中对基于面源污染的耕地源景观等级划分进行专题研究，以便更好地评价农业面源污染的“源-汇”风险。

2.阻力面所指示的“源－汇”风险格局

本节从影响农业面源污染的“源－汇”出发，将“源”“汇”作用上升为风险层次，进行“源－汇”风险的格局评价。如果“源”的作用越强，农业面源污染的风险增大，反之，如果“汇”的作用越强，农业面源污染的风险降低，从而将“源－汇”赋予动态性，而不仅仅是局限于已有的源汇景观类型划分(孙然好等，2012；李海防等，2013)。在此基础上，引入最小累计阻力模型将农业面源污染过程融入风险评价中，从而以阻力面的形式来表征“源－汇”风险，阻力面越大，“汇”的作用越强，风险越小，相反，阻力面越小，“源”的作用越强，风险越大。在技术层面上，本节存在一定的局限性，一方面，由于本节的阻力面为栅格图层，因此栅格尺度的大小必定会影响到风险格局的空间异质；另一方面，构成的阻力基面的诸多影响因子也必然存在不同的权重影响，从而影响到阻力赋值，而不同的阻力赋值方式对影响最终的格局状态，尽管本节利用了专家打分进行阻力赋值，但存在一定的主观性，因此需要在后续研究中对不同阻力赋值方式所产生的“源－汇”风险影响进行延伸拓展分析。

三、小结

(1)本书利用长江干流的缓冲区叠加库区水田和旱地，以此作为不同等级的耕地源景观，其中分布于距离长江干流 0～20km 的一级源耕地占据了库区总耕地面积的 50%以上，越向外围延伸，耕地分布空间越小，且重庆库区的分布多于湖北库区，旱地的分布多于水田。

(2)不同等级源的阻力面变化主要受空间距离的影响，具体为各等级的耕地源景观所处的长江干流缓冲区空间位置。在耕地源景观自身所处的缓冲区范围内，阻力值偏小，并围绕源景观向外呈现不断增大的趋势。水田源景观的阻力面值要大于旱地源景观的，一方面在于水田分布的空间小于旱地分布，另一方面在于空间距离，尽管如此，两类耕地景观影响下的面源污染阻力面空间特征都表现出高值区的空间范围明显小于低值区的，且高值区均主要分布在库区的高山地区。

(3)本节创造性地利用最小累计阻力模型所构建的阻力面将耕地景观与影响面源污染过程的主要因子及空间距离因素结合起来，以此表征影响农业面源污染的“源－汇”风险格局，反映面源污染的风险程度，并将库区这一风险格局划分为高风险区、较高风险区、中风险区、较低风险区和低风险区五个等级。通过“源－汇”风险格局的空间分布和各区县的面积统计，表明影响库区农业面源污染的“源－汇”风险格局存在高风险的趋势，且存在显著的地域差异，风险高的地区主要集中分布在库区的平行岭谷区，而风险低的区域主要分散在距离长江干流偏远的秦巴山区和武陵山区。

第五章　污染负荷模拟

污染负荷模拟是查明三峡库区面源污染发生原因为最终目的，没有具体的污染负荷量化指标，就不可能弄清楚面源污染的程度，尤其是不同土地利用下的泥沙输移、污染负荷等。目前，面源污染的主要污染负荷仍以氮、磷为主，它们是水体产生富营养化的主要污染物质，从形态看，氮、磷污染物又分为溶解态和吸附态两类。溶解态主要是指溶解于水中的氮、磷污染物，而吸附态则主要是吸附于泥沙颗粒表面的氮磷污染物。一般情况下，溶解态氮、磷污染物相对容易模拟，而吸附态则主要通过氮、磷总污染物减去溶解态的方法计算。如前所述，不管是溶解态还是吸附态氮、磷污染物的产生都与水土流失有较大关系，而水土流失的发生又与不同的土地利用活动有关。为此，在进行三峡库区面源污染负荷模拟时，需要使用前面的研究成果，开展不同土地利用下溶解态氮、磷污染负荷模拟，分析三峡库区泥沙输移比估算与吸附态氮、磷污染负荷模拟，最后开展三峡库区长江干流入出库水质评价及其变化趋势分析。在此基础上，以三峡库区重庆段为典型案例，分析三峡库区重庆段农村面源污染时空格局演变特征及基于农业面源污染的三峡库区重庆段水质时空格局演变特征，以期弄清三峡库区面源污染发生特征及其对库区水质的影响。

第一节　三峡库区不同土地利用下溶解态氮、磷污染负荷模拟

面源污染已成为水环境污染和引发水体富营养化的主要原因之一(胡雪涛等，2002；Ongley et al.，2010)。依据污染负荷产生和运移的过程，面源污染物可分为吸附态和溶解态污染物(Salvia-Castellví et al.，2005)，相对而言，溶解态污染物更易被藻类水生生物吸收与利用，致使其输出浓度与负荷直接关系受纳水体的环境质量(Kin et al.，2008；马骞等，2011)。然而，在污染负荷模拟上，因面源污染的形成机理复杂、过程时间长(贺缠生等，1998)，在大区域尺度上进行面源污染负荷的模拟，往往会受到诸多因素的影响和限制，进而导致模拟精度不高、效果不显著(全为民等，2008；Zhang et al.，2011)。

在模型方法上，关于三峡库区不同土地利用下溶解态污染物负荷的研究主要集中在两个方面：小流域尺度上，因水文、水质等长时间序列数据较易获取，且污染过程与机理较为显著，对此，主要采用样点监测(杨乐等，2012)和半分布式或分布式水文模型(许其功等，2008；刘腊美等，2009；龙天渝等，2009；Shen et al.，2013)而进行；大区域尺度上，因缺乏长时间序列数据的支撑，主要应用统计模型(蔡金洲等，2012；Sun et al.，2013)和输出系数模型(Ma et al.，2011；杨彦兰等，2015)开展模拟，尤其是输出系数模型的创建与应用给大区域尺度上不同土地利用下溶解态面源污染负荷的模拟提供有效途径，并随着模型的不断改进，估算结果日趋精确。但是，在以三峡库区为研究区模拟不同土地利用下溶解态面源污染负荷的研究中，改进输出系数模型的引用和创新仍

较少。一方面，因库区长时间序列的水文、水质监测数据往往不能覆盖整个库区，致使各污染源的输出系数大多只能参考已有文献(梁常德等，2007；龙天渝等，2008)；另一方面，由于库区地形、气候、植被等自然地理条件较为复杂，采用单一土地利用输出系数无法反映大尺度的空间差异。而且，溶解态面源污染物的输出与入河过程是受地形、降水、植被等因素控制的水文过程，它受制于产污与截污因子的双重作用(李思思等，2014)。因此，对于大区域尺度上自然地理条件复杂的三峡库区而言，需要考虑影响不同土地利用下溶解态面源污染物输出的产污、截污系数，改进已有输出系数，将单一土地利用输出系数空间栅格化，模拟不同土地利用下溶解态面源污染负荷。

本节在Johnes输出系数模型基础上，引入反映地形影响产流形成的地形指数和年降水量构建产污系数，引入植被带宽和坡度构建截污系数。以产污、截污系数为权重因子改进已有输出系数，构建改进的输出系数模型，以此估算三峡库区5期(1990年、1995年、2000年、2005年和2010年)不同土地利用下溶解态面源污染负荷，并进行空间模拟、动态分析和结果验证。研究结果有助于提高库区面源污染负荷的模拟精度，为科学防治面源污染的规划制定提供依据。

一、材料与方法

(一)数据来源与处理

用于改进输出系数模型的数据基础主要有：土地利用、DEM、气象站点降水量、水文和水质监测数据等。①库区DEM数据来源于中国西部数据中心，空间分辨率为90m，数据下载后通过去除背景值和空间裁剪，得到库区范围的DEM，并利用ArcGIS的空间表面分析方法提取坡度。②库区及其周边1951～2010年日降水量监测数据来源于国家气象局气象信息中心和重庆市、湖北省气象局，由日降水量计算年降水量，结合气象站点的经纬度和高程，采用吴昌广等(2010b)的空间插值方法得到年降水量空间分布格局。③库区土地利用数据来源于课题组人员基于中国科学院资源环境科学数据中心提供的1∶10万土地利用/土地覆盖解译数据(http：//www. resdc. cn/b-f/b-f. asp)并辅以实地踏勘后进行再修正，共为5期(1900年、1995年、2000年、2005年和2010年)，结果得到实地抽样验证并达到精度要求；考虑到改进输出系数模型的构建和已有文献基础，将修正后的土地利用类型细分为水田、旱地、林地、草地和建设用地五类。④水文、水质监测数据来源于中华人民共和国环境保护部数据中心的全国主要流域重点断面水质自动监测周报和重庆市、湖北省环境科学研究院环境监测中心发布的自动监测水质周报，水文、水质监测指标为总氮、总磷和流量。

此外，库区矢量边界依据“三建委”对所囊括渝鄂22个市区(县)的行政边界自行制作，并将所有栅格数据统一转换为空间分辨率为90m，图像统一转为Albers等积投影后参与空间运算。

(二)输出系数模型的改进

1. Johnes输出系数模型

由单元负荷法演变而来的输出系数模型法(ECM)作为一种经验模型(Uttormark et

al.，1974；McElroy et al.，1976)，最为重要的进展是 Johnes 于 1996 年提出的经典输出系数模型(Johnes，1996)。该模型认为流域面源污染负荷是各污染源(如土地利用、畜禽养殖等)负荷的总和，据此建立起污染物的输入－输出关系。表达式为

$$L = \sum_{i=1}^{n} E_i A_i (I_i) + p \tag{5-1}$$

式中，L 为溶解态污染物总负荷；E_i 为第 i 种污染源的输出系数；A_i 为第 i 类土地利用类型的面积或第 i 种畜禽的数量、农村人口数量；I_i 为第 i 种污染源的污染物输入量；p 为降水输入的污染物量。

2. 改进的输出系数模型

现有研究表明，Johnes 提出的经典输出系数模型的主要局限在于对面源污染发生的机理和过程考虑不足，对降水、地形、土地利用、管理状况等因素变化的灵敏度差，仅适用于降水均匀、地势平坦且土地利用、管理状况等因素变化不显著的地区(Shrestha et al.，2008；Nasr et al.，2013)。三峡库区的地形、气候、植被等空间差异大，利用经典输出系数模型模拟污染物的负荷，往往达不到相应的精度。为此，重点考虑地形、降水、植被等因素，依据水文径流原理构建产污、截污系数，建立改进的输出系数模型。

1)产污系数计算

溶解态面源污染物之所以能形成负荷，关键在于径流过程，径流量与面源污染负荷间呈正相关关系。而径流的形成又与流域内的地形密切相关，地形反映重力对水运动状态的控制作用。Beven 等 (1979)和 Beven 等(1984)提出的以地形为基础的半分布式流域水文模型(topography-based hydrological model，TOPMODEL)中创建了表达地形特征的地形指数，该指数充分考虑地形对产流源面积的形成和动态变化的影响，有效地反映出流域饱和缺水量的空间变化(Beven，1997)。表达式为

$$T_i = \ln(\alpha_i / \tan\beta_i) \tag{5-2}$$

式中，T_i 为单元栅格 i 的地形指数；a_i 为流域内流经单元栅格 i 的单位等高线长度的累积汇水面积(km^2)；β_i 为单元栅格 i 的局地坡度(°)。

考虑到目前对地形指数的计算多采用单流向算法，用最陡坡度法来确定水流方向，且假设流域内降雨均匀分布(Sun et al.，2010)，但这往往偏离现实。本节将降水量 P 作为权重引入地形指数，构建改进的产污系数 CI，表示流域内某一栅格单元的溶解态污染物随径流发生的可能。表达式为

$$CI_i = \ln(P_i \alpha_i / \tan\beta_i) \tag{5-3}$$

式中，CI_i 为单元栅格 i 的产污系数，P_i 为单元栅格 i 的降水量(mm)。

2)截污系数计算

在影响污染物输移过程的诸多因子中，植被截留带宽度越大、坡度越小，截留污染物的效率越高(Roberts et al.，2012；Habibiandehkordi et al.，2015)。本节借鉴上述地形因子的构建原理，以植被带宽与坡度的比值反映截污系数 RI，表示流域某一栅格单元内污染物向水体传输过程中被植被截留的可能，表达式为

$$RI_i = \ln\left(\sum_{k=1}^{k} \frac{W_k}{\tan\beta_k}\right) \tag{5-4}$$

式中，RI_i 为单元栅格 i 的截污系数；W_k 是下游流线上点 k 处的植被截留带宽度；β_k 是该点的坡度角；k 是流域上某点在下游流线上土地利用为林地或草地的栅格数。

3)改进输出系数模型计算

由 Johnes 输出系数模型和新构建的产污、截污系数模型，可得到改进的输出系数模型。该模型反映的是空间上某点的产污可能性越大、截污可能性越小，则产污对地表水体的污染风险越大。本节以产污系数 CI 和截污系数 RI 的比值作为权重因子，改进已有输出系数模型，为不改变 Johnes 输出系数的模型结构，需对权重因子进行标准化处理。表达式为

$$L_1 = \sum_{i=1}^{n} Z_i E_i A_i I_i \tag{5-5}$$

$$Z_i = \left(\frac{CI}{RI}\right)_i \Big/ \left(\frac{CI}{RI}\right)_{\text{mean}} \tag{5-6}$$

式中，L_1 为溶解态面源污染负荷；Z_i 和 $\left(\frac{CI}{RI}\right)_i$ 分别为栅格单元 i 的标准化权重因子和权重值；$\left(\frac{CI}{RI}\right)_{\text{mean}}$ 为权重因子的均值；E_i、A_i 和 I_i 分别为土地利用类型 i 的输出系数、面积和污染物输入量。

(三)土地利用输出系数确定

对不同土地利用的输出系数，常根据研究区的土地利用情况分为 3 类：自然地(森林、草原、荒漠等)、农用地(耕地、园地、林地和草地等)和城镇用地(刘亚琼等，2011)。现有研究表明，小流域输出系数确定可通过田间试验或单一土地利用的监测获取，而对缺乏资料的大区域尺度则主要采用文献资料法(Lu et al.，2013)。因此，三峡库区的土地利用主要分为农用地(水田、旱地、林地和草地)和建设用地两类，而在确定各土地利用类型的输出系数时，参考国内与本区域相似自然条件下的研究结果，并计算其均值，不同土地利用的参考输出系数值和本节的取值结果如表 5-1 所示。

表 5-1　现有文献中不同土地利用的污染物输出系数　(单位：$t \cdot km^{-2} \cdot a^{-1}$)

参考文献	研究区	污染物	城镇用地	耕地		草地	园地	林地		水域	未利用地
				水田	旱地			果林	其他林地		
梁常德等(2007)	长江上游流域	TN	1.3	1.5	NA	0.6	NA	0.25		1.5	1.1
龙天渝等(2008)		TP	0.18	0.23	NA	0.08	NA	0.015		0.036	0.02
刘瑞民等(2006)		TN	1.1	2.9	1	NA	0.238	NA		1.49	—
		TP	0.024	0.09	0.02	NA	0.015	NA		0.051	—
丁晓雯等(2006)		TN	1.12	2.15	4.63	0.06	NA	1.43	0.04	NA	1.49
丁晓雯等(2008)		TN	1.1	0.15	0.23	0.3	NA	0.08	0.2	NA	0.5
Ding 等(2010)		TN	0.2	0.15	0.23	0.3	NA	0.08	0.2	NA	0.5
		TP	0.003	0.068	0.032	0.006	NA	0.03	0.003	NA	0.008
Ma 等(2011)	库区湖北段	TN	1.3	2.15	4.63	0.6	0.18	0.25		NA	1.1
		TP	0.18	0.43	0.14	0.08	0.52	0.015		NA	0.02

续表

参考文献	研究区	污染物	城镇用地	耕地		草地	园地	林地		水域	未利用地
				水田	旱地			果林	其他林地		
杨彦兰等(2015)	库区重庆段	TN	NA	1.8	0.0608	1.24	0.027	NA		NA	—
		TP	NA	0.25	0.0091	0.262	0.0019	NA		NA	—
本节研究取值	三峡库区	TN	1.2	1.5	2.084	0.42	NA	0.19		NA	NA
		TP	0.05	0.203	0.15	0.039	NA	0.012		NA	NA

注：NA 代表该项无可利用的数据；TN 和 TP 分别代表总氮和总磷。

(四)模拟结果验证方法

基于产污、截污系数的输出系数模型是对 Johnes 输出系数模型的改进，因此需要对改进前后的模拟精度与实际监测值进行对比，本节验证指标选用的是相对误差 R_e。表达式为

$$R_e = (R_t - O_t)/O_t \times 100\% \tag{5-7}$$

式中，R_e为模型模拟的相对误差；R_t为模型模拟值；O_t为实际监测值。

三峡库区地域范围广，历史水质监测数据相对缺乏，为此，本节选取库区具有代表性的子流域(如嘉陵江、綦江河、龙河、汤溪河、磨刀溪、梅溪河等)，并将面源污染负荷断面监测的 TP、TP 均值分别与模型改进前后的溶解态氮、磷负荷的模拟值进行对比。受资料有限的约束，对比年份选取 2010 年，根据式(5-7)求出各子流域监测值和模拟值间的相对误差。但改进前后输出系数模型的模拟结果是溶解态污染物的负荷量，而流域出口断面的监测值是流域污染负荷的入河量，这就需要将模拟值叠加入河系数换算成污染物的入河量，本节入河系数参考已有研究结果(程红光等，2006；沈珍瑶等，2008)，确定溶解态氮、磷入河系数分别为 0.2 和 0.1。同时，对流域出口的污染负荷需扣除吸附态氮、磷负荷和点源污染负荷，得到实际监测的溶解态氮、磷污染负荷，计算方法采用水文估算法(陈友媛等，2003；陈丁江等，2013)。

二、结果与分析

(一)校正前后不同土地利用溶解态氮磷输出系数

由表 5-2 可看出，改进前，不同土地利用的溶解态氮、磷输出系数均为单一数值，其中溶解态氮输出系数为旱地(2.084)>水田(1.5)>建设用地(1.2)>草地(0.42)>林地(0.19)，溶解态磷输出系数为水田(0.203)>旱地(0.15)>建设用地(0.05)>草地(0.039)>林地(0.012)。空间分布上，与土地利用的分布相对应，旱地、水田和建设用地的输出系数值集中于库区重庆段，且以旱地和水田为主；林地和草地的输出系数主要分布在库区湖北段和重庆段的武陵山区。改进前各土地利用内部的溶解态氮、磷输出系数不存在显著的空间差异，而仅随局部土地利用的扩张或收缩而产生相应的波动(图 5-1)，此结果不符合自然地理环境较为复杂的库区实际。

表 5-2　改进前后土地利用的溶解态氮、磷输出系数值

土地利用类型	校正前各土地利用的输出系数		校正后各土地利用输出系数的平均值									
			1990 年		1995 年		2000 年		2005 年		2010 年	
	TN	TP	TN	TP	TN	TP	TN	TP	TN	TP	TN	TP
林地	0.190	0.012	0.208	0.013	0.204	0.013	0.205	0.013	0.204	0.013	0.207	0.013
草地	0.420	0.039	0.419	0.039	0.420	0.039	0.426	0.040	0.426	0.040	0.431	0.040
建设用地	1.200	0.050	1.644	0.068	1.657	0.069	1.642	0.068	1.615	0.067	1.593	0.066
水田	1.500	0.203	1.654	0.224	1.692	0.229	1.684	0.228	1.695	0.229	1.704	0.231
旱地	2.084	0.15	2.06	0.148	2.062	0.149	2.071	0.149	2.081	0.150	2.108	0.152

注：TN 和 TP 分别代表总氮和总磷。

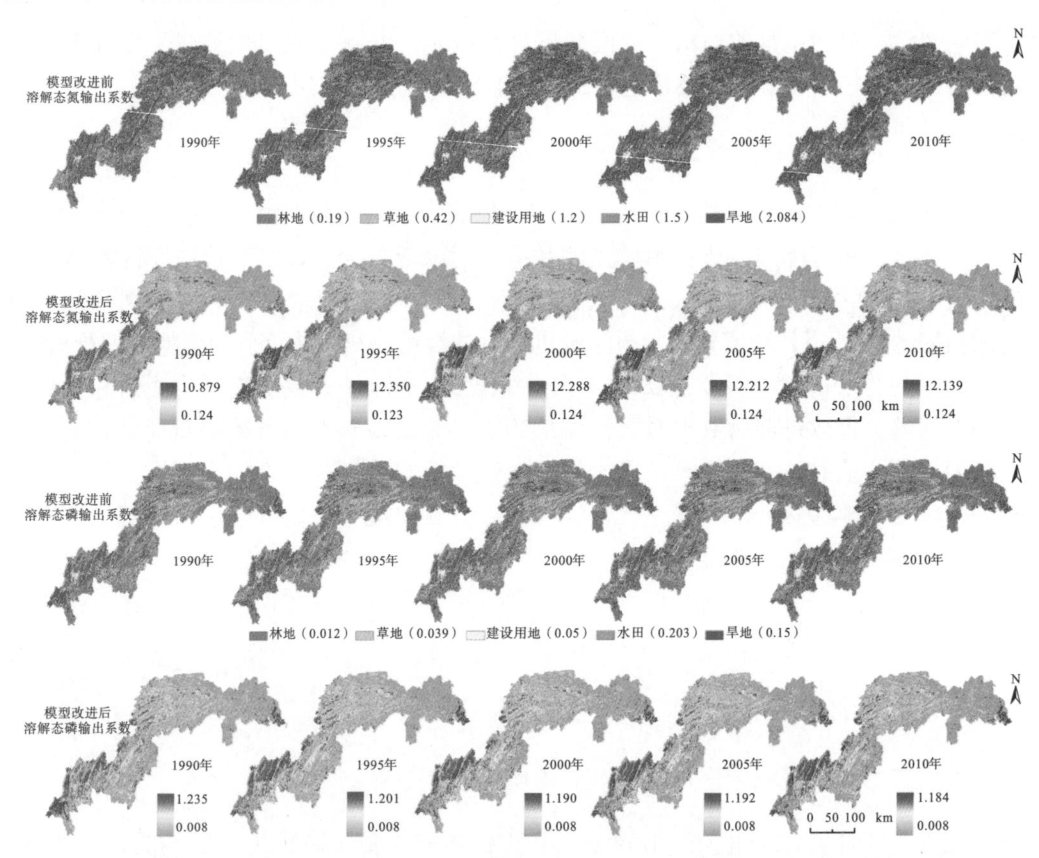

图 5-1　模型改进前后不同土地利用的溶解态氮、磷输出系数的空间分布

然而，对库区不同土地利用的溶解态氮、磷输出系数改进后，不同年份各土地利用的溶解态氮、磷输出系数的均值都接近于改进前的输出系数值，两者之差的绝对值均小于 1，且改进后与改进前各土地利用输出系数的大小顺序均未发生变化(表 5-2)。这说明改进后不同土地利用的输出系数没有偏离已有文献的取值范围。空间分布上，改进后不同土地利用的输出系数是二维平面的连续数值(图 5-1)。相对改进前各土地利用内部的溶解态氮、磷输出系数的均匀分布，改进后因考虑了降水、坡度和植被覆盖的空间异质性，而使得输出系数值表现出明显的空间异质性。高值区主要分布在库区重庆段的平行岭谷

区和湖北段的夷陵地区，该区地势较为平缓，是耕地和建设用地的集中分布区，致使输出系数较高；低值区在库区湖北段的分布较为集中，而在重庆段则相对分散，总体上集聚于秦巴山地和武陵山区，该区地形坡度较大，是林草地的主要分布区，输出系数较低。

（二）不同土地利用溶解态氮磷污染负荷特征

输出系数改进前后水田的溶解态氮、磷污染负荷仅次于旱地。由图 5-2(a)和表 5-3 可看出，各期改进前水田的溶解态氮污染负荷为 9000～10000t，溶解态磷污染负荷维持于 1200～1410t，其中 1990 年溶解态氮、磷污染负荷最大，分别为 10395.94t 和 1406.92t，其余年份均低于 1990 年。改进后各期溶解态氮污染负荷均超过 10000t，在 11000～12000t 变动，溶解态磷污染负荷上升到 1500～1700t。从表 5-3 中可看出，在各土地利用中，水田的溶解态氮、磷污染负荷在改进前后的增量最大，除溶解态氮污染负荷在 2010 年为 1978.31t 外，其余年份改进后的负荷变化均大于 2000t。

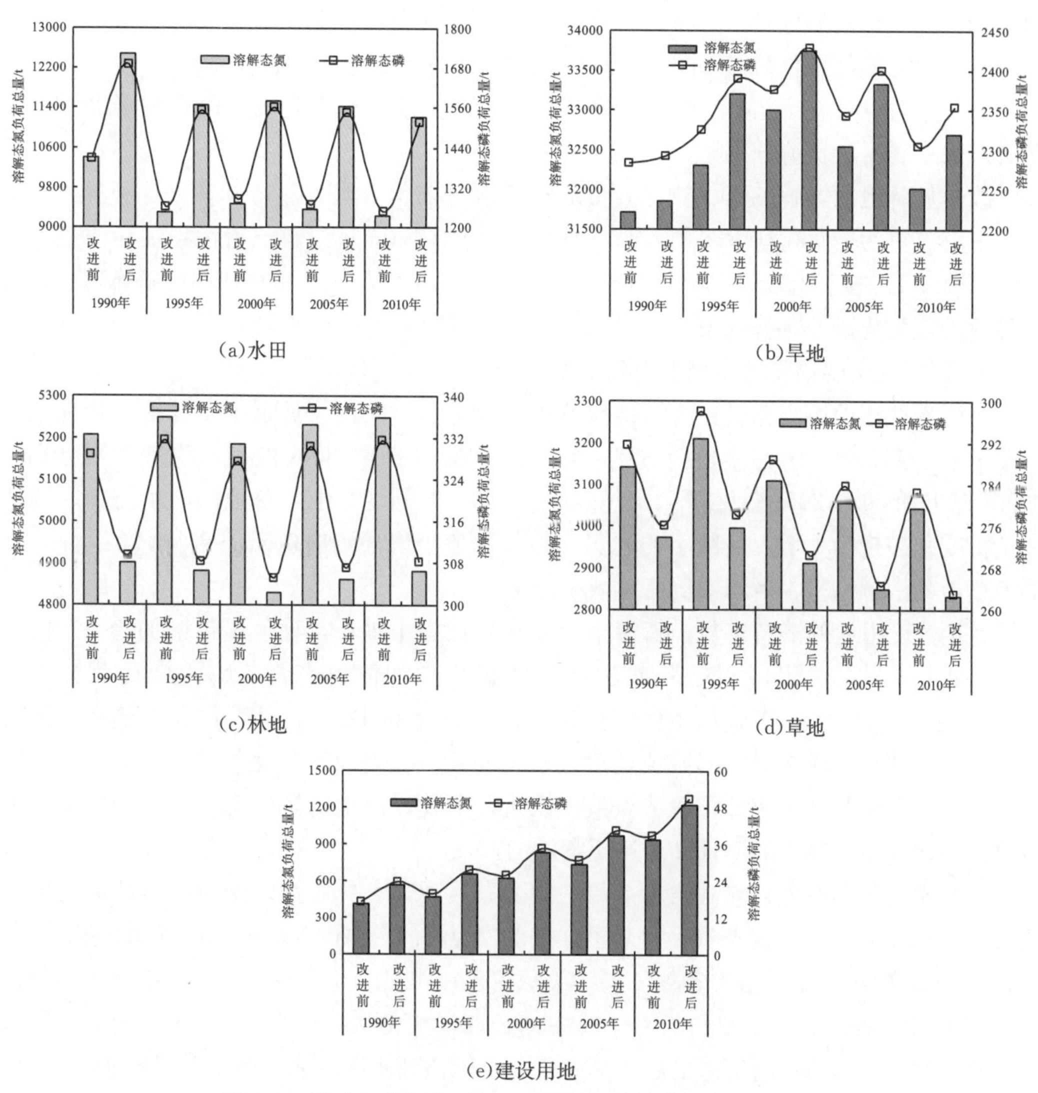

图 5-2 模型改进前后不同土地利用的溶解态氮磷污染负荷

表 5-3　模型改进前后不同土地利用的溶解态氮磷污染负荷变化

土地利用类型	1990 年		1995 年		2000 年		2005 年		2010 年	
	$\triangle N$	$\triangle P$	$\triangle N$	$\triangle P$	$\triangle N$	$\triangle P$	$\triangle N$	$\triangle P$	$\triangle N$	$\triangle P$
水田	2093.56	283.33	2146.51	290.49	2062.56	279.13	2069.75	280.11	1978.31	267.73
旱地	137.4	9.88	892.19	64.22	740.29	53.29	783.87	56.42	680.11	48.95
林地	−305.54	−19.30	−366.78	−23.17	−353.80	−22.35	−369.16	−23.32	−366.04	−23.12
草地	−166.98	−15.51	−212.98	−19.78	−196.18	−18.22	−205.65	−19.10	−210.01	−19.50
建设用地	15.06	6.54	184.81	7.70	210.35	8.76	235.85	9.83	283.56	11.81

注：$\triangle N$ 和$\triangle P$ 分别为改进后的溶解态氮与磷负荷总量的差值。

对比其他土地利用，各期旱地的溶解态氮、磷污染负荷均最大，且改进前后均分别大于 30000t 和 2000t[图 5-2(b)和表 5-3]，这说明旱地在库区所有土地利用中的溶解态氮、磷污染负荷的累计量中所占比重最大。但是，改进后旱地输出系数的增量远小于水田，除溶解态氮污染负荷在 1990 年为 9.88t 外，其余时期改进后的负荷增量均为 48～65t (表 5-3)。时间变化上总体表现为先增大后减小的“凸”型态势，峰值出现于 2000 年，溶解态氮、磷污染负荷分别为 33744.96t 和 2428.86t。

改进后林地的溶解态氮、磷污染负荷小于改进前。由图 5-2(c)和表 5-3 可看出，改进前溶解态氮污染负荷均大于 5100t，改进后均小于 4900t；溶解态磷污染负荷改进前为 320～332t，改进后为 305～310t。时间变化上与旱地相反，改进后林地的溶解态氮、磷污染负荷表现为先减小后增大的“凹”型态势，谷值出现于 2000 年，分别为 327.41t 和 305.06t，但变化的幅度均小于水田和旱地。

改进后草地的溶解态氮、磷污染负荷小于改进前，但负荷贡献小于林地。各期改进前草地的溶解态氮、磷污染负荷分别在 3000t 以上和 282～300t 波动，改进后则分别在 3000t 以下和 263～298t 变化[图 5-2(d)和表 5-3]。时间变化上，草地的溶解态氮、磷污染负荷变化表现为先增大后减小的趋势，最大和最小值分别出现于 1995 和 2010 年，整体上草地的溶解态氮、磷污染负荷呈减小趋势。

各期建设用地的溶解态氮、磷污染负荷在各地类中最小，且呈逐年增加趋势。由图 5-2(e)和表 5-3 可看出，1990 年改进前后建设用地的溶解态氮、磷污染负荷分别为 413.33t 和 570.39t，2010 年其值分别增大到 937.44t 和 1221t。尽管建设用地在库区各地类中所占的比例最小，但因城镇迁建、移民安置、基础设施建设尤其是库区城镇化的快速推进又促使其呈快速扩张趋势，致使改进前后建设用地的溶解态氮、磷污染负荷的增幅在各地类中是最小的，且又是逐年增加的。

三峡库区溶解态氮、磷污染负荷的空间分布展现显著异质性，氮污染负荷的高值与低值区同磷较为接近，改进前后的空间分布也较为相似。由图 5-3(a)、图 5-3(b)和图 5-4(a)、图 5-4(b)可看出，溶解态氮、磷污染负荷存在明显的高值和低值区，整体上高值区主要分布在库尾的重庆主城和长寿、库中的长江沿岸地区(丰都—忠县—万州—云阳)，而低值区的分布空间较高值区更广，从库首一直延伸到库尾，覆盖整个库区范围。但是，氮污染负荷的高值与低值区在时间变化上存在局部的区域差异性。

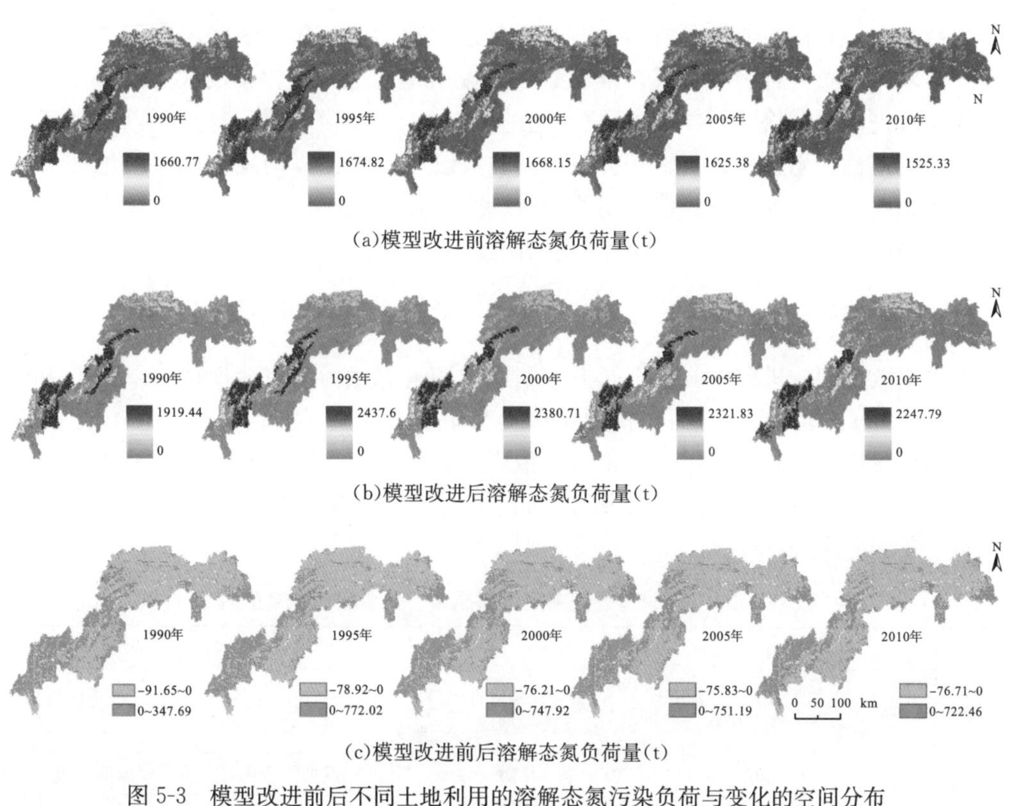

(a)模型改进前溶解态氮负荷量(t)

(b)模型改进后溶解态氮负荷量(t)

(c)模型改进前后溶解态氮负荷量(t)

图 5-3　模型改进前后不同土地利用的溶解态氮污染负荷与变化的空间分布

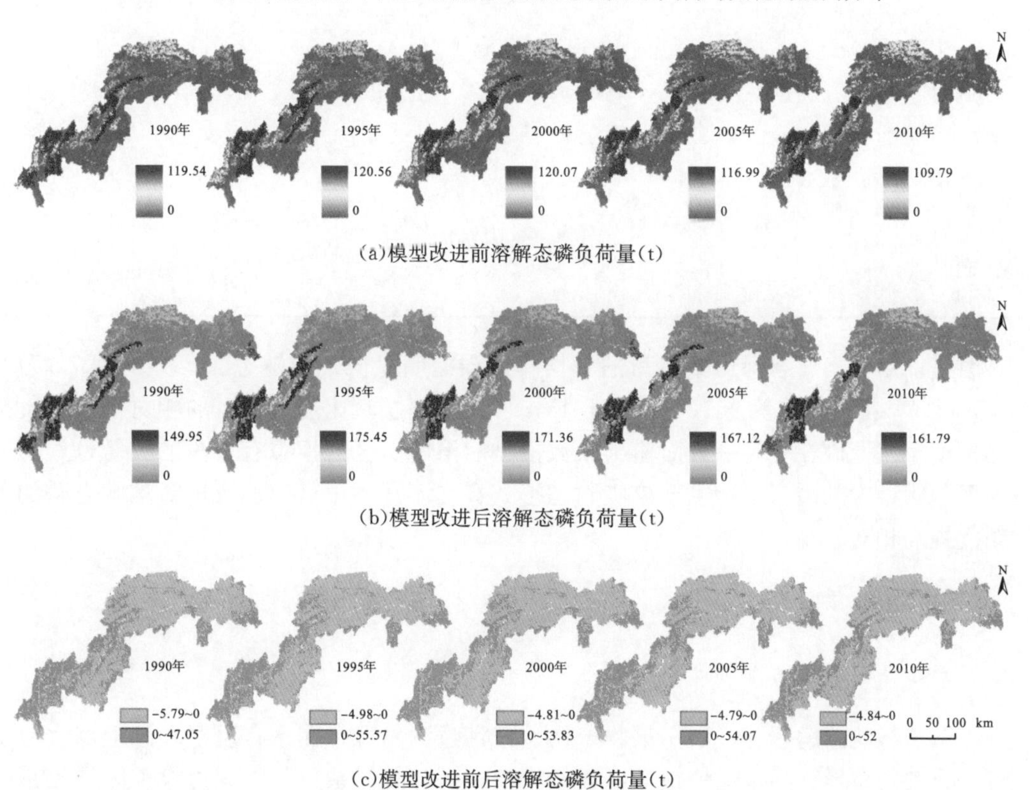

(a)模型改进前溶解态磷负荷量(t)

(b)模型改进后溶解态磷负荷量(t)

(c)模型改进前后溶解态磷负荷量(t)

图 5-4　模型改进前后不同土地利用的溶解态磷污染负荷与变化的空间分布

由图 5-3(c)和图 5-4(c)可看出，改进后与改进前溶解态氮、磷污染负荷增减变化的空间分布较为一致，且溶解态氮在改进前后的栅格单元值的变化幅度大于溶解态磷。改进后大于改进前的栅格空间单元主要分布在重庆段的主城区和平行岭谷区，如江津、长寿、涪陵、丰都、忠县、万州、开县等，湖北段巴东的长江以南地区和夷陵地区。这些区域地势相对平缓，为耕地、建设用地等人为强作用地类的主要集中区，改进后不同土地利用的输出系数相应增大，污染负荷也增大。

(三)输出系数改进前后溶解态氮、磷污染负荷与监测值对比验证

输出系数模型改进前，流域不同土地利用的溶解态氮污染负荷模拟结果的平均相对误差为 12.83%，改进后为 5%，模拟精度提高了 61.03%(表 5-4)。而且，相比溶解态磷，输出系数模型在溶解态氮污染负荷模拟中的精度更高，且改进后的模拟精度有较大幅度的提高，通过对产污、截污系数的表征，改进后的模型可更精确地模拟溶解态氮污染负荷的空间分布。

表 5-4　2010 年模型改进前后溶解态氮、磷负荷模拟精度对比

流域	溶解态氮					溶解态磷				
	监测值	Johnes 输出系数模型		改进的输出系数模型		监测值	Johnes 输出系数模型		改进的输出系数模型	
		模拟值	相对误差	模拟值	相对误差		模拟值	相对误差	模拟值	相对误差
綦江	314.71	266.89	−17.92	298.30	−5.50	21.26	11.256	−88.88	12.68	−67.67
嘉陵江	589.00	482.61	−22.04	661.17	10.92	28.24	20.82	−35.64	28.63	1.36
龙河	412.94	449.4	8.11	418.64	1.36	52.64	19.35	−172.04	18.14	−190.19
磨刀溪	237.71	261.19	8.99	231.21	−2.81	8.82	10.00	11.80	8.90	0.90
澎溪河	1076.58	1092.31	1.44	1016.02	−5.96	91.49	46.23	−97.9	43.96	−108.12
梅溪河	360.17	441.75	18.47	372.93	3.42	10.8	16.88	36.02	14.29	24.42
绝对值的均值	—	—	12.83	—	5.00	—	—	73.71	—	65.44

改进前后，溶解态磷污染负荷的平均相对误差明显低于溶解态氮，分别为 73.71%和 65.44%，提高幅度为 11.08%(表 5-4)，可见溶解态磷比溶解态氮的相对模拟精度提高的幅度小。原因在于，一方面输出系数模型对溶解态氮的模拟有较高的灵敏性，另一方面面源污染中的磷污染物主要以吸附态形式存在于泥沙中，模型改进对溶解态磷的模拟精度提高相对较小。

(四)模拟结果探讨

1. 产污系数与截污系数计算

本节从影响溶解态氮、磷污染物产污、截污过程出发，在已有模型基础上综合与水文过程有关的地形、降水、植被等因素，构建产污、截污系数，以此为权重因子校正土地利用输出系数，模拟三峡库区不同土地利用的溶解态氮、磷污染负荷，与改进前相比

模拟精度获得了大幅提高。

本节产污系数的构建采用 TOPMODEL 中的地形指数来表征溶解态氮、磷污染物随径流发生的可能，具体计算过程应用 ArcGIS 中的 Flow accumulation 工具，计算原理为单流向法(D8 算法)。但是，该算法认为径流仅流向周围 8 个邻域中最陡的单元上，在 45°或其倍数的方向上往往产生平行径流，这样就很难模拟水流的实际路径，D8 算法存在一定的缺陷(周晖子等，2010)。而且，地形指数的精度往往受尺度的影响，本节没有进一步考虑地形指数的多种改进方法在不同尺度上的比较，仅采用被普遍应用的 D8 算法，这也需要在后续研究中进一步体现。

截污系数的计算考虑到植被宽带对溶解态氮、磷污染物向水体输出的截留可能性，在植被分类上考虑到本研究的大尺度特性，简单地将林园地作为一种植被类型，通过 ArcGIS 中的 Flow Length 工具计算，这会在一定程度上影响截污系数的计算精度，进而影响土地利用输出系数的校正。因此，需要在后续研究中进一步对库区植被类型赋予更高的分类精度和更详尽的分类体系。

2. 土地利用数据精度与输出系数模型

本节主要针对土地利用这一溶解态氮、磷污染物的来源进行负荷模拟，因此土地利用类型的划分和提取精度在很大程度上决定了改进输出系数模型的精度。已有研究针对三峡库区土地利用类型的划分开展了大量工作，但因大多主要站在大区域尺度，在选取土地利用分类体系时多采用一、二级分类标准(He et al.，2003；Cao et al.，2013；王金亮等，2015)，很少使用高精度影像提取精度更高的土地利用数据。本节对土地利用类型进行了如下划分：耕地细化到二级地类(水田和旱地)，因为水田和旱地在面源污染负荷中的作用存在较大的差异；将园地划入林地中，因为在 TM 影像中园地的色调、纹理等与林地区别不大，两者的分布在空间上也存在彼此镶嵌格局；未利用地的面积比例很小，其所产生的污染负荷可忽略不计。但因输出系数模型依赖于土地利用类型的划分，未来有必要在空间提取精度上给予一定的提高。

三、小结

(1)改进前，三峡库区不同土地利用的溶解态氮、磷污染输出系数均为单一数值，且在时空动态上主要随不同土地利用的扩张与收缩而发生变化，但这种动态集中体现在局部空间上。改进后，土地利用输出系数的均值与改正前的差值的绝对值小于 1，说明改进后的输出系数接近于改进前。

(2)改进前后 5 期水田的溶解态氮污染负荷以 10000t 为界，改进后均超过 10000t；溶解态磷以 1500t 为界，改进后均大于 1500t。水田主要分布于地势相对平缓区，产污能力较强，改进后水田的污染负荷明显增大。旱地的溶解态氮、磷污染负荷贡献占比最大，各时期改进前后均大于 30000t，但改进前后的增量远小于水田，时间动态上表现出先增大后减小的趋势。

(3)林草地的溶解态氮、磷污染负荷表现为改进后小于改进前，主要是由于林草地的截污能力强，改进后林草地的溶解态氮、磷污染负荷相应要小。其中，林地的溶解态氮污染负荷改进前均大于 5100t，改进后均小于 4900t，溶解态磷污染负荷改进前后均以 310t 为界。草地的溶解态氮污染负荷改进前后均以 3000t 为界。建设用地的污染负荷最小，但呈逐年递增趋势。

(4)输出系数模型在溶解态氮污染负荷模拟中的精度高于溶解态磷，且改进后对三峡库区溶解态氮、磷污染负荷的模拟精度有较大提高，借助对产污、截污系数的表征，改进后的模型可更精确地模拟溶解态氮污染负荷的空间分布，且对溶解态磷比溶解态氮的相对模拟精度的提高幅度要小。

第二节　三峡库区泥沙输移比估算与吸附态氮、磷污染负荷模拟

水土流失携带氮、磷元素是吸附态氮、磷迁移的主要载体(杨胜天等，2006)。吸附态氮、磷污染的形成关键取决于土壤泥沙的流失过程，而土壤泥沙流失则会引发河湖口淤积和水域富营养化等水环境污染问题。考虑泥沙输移和吸附态氮、磷污染负荷模拟，对流域综合治理有重要的理论和现实意义。

吸附态污染物一般将土壤颗粒作为迁移载体，其产污多受土壤侵蚀的过程所控制，因此，现有吸附态氮、磷污染负荷的研究主要运用土壤侵蚀模型模拟土壤侵蚀量，再结合泥沙输移比等相关参数构建估算模型。其中，有代表性的是 Haith 等提出的“规划”模型，其主要考虑参数有土壤流失量，土壤固态氮、磷污染物浓度，污染物富集比和流域泥沙输移比(薛金凤等，2005；姜甜甜等，2011；Jiang et al.，2014)。国内研究多数也是在该模型基础上进行的，在模型中，泥沙输移比(SDR)是关键性参数，是连接地面侵蚀与河道输沙的纽带，它的引入在一定程度上使得吸附态氮、磷污染的负荷估算在真正意义上考虑了泥沙的输移状况(李秀霞等，2011)。

现有泥沙输移比的研究方法主要集中于模型构建上，如因子经验模型、分布式模型和物理模型(Hafzullah et al.，2005；李林育等，2009；王志杰等，2013)。Ferro 等(2000)建立的泥沙输移分布模型 SEDD，确定了泥沙输移系数与中值输移时间、泥沙输移比的关系；Fraser 等(1996)开发的分布式泥沙输移比评估模型 SEDMOD，考虑了影响泥沙输移的坡度、坡形、地表粗糙度、与河道的距离、土壤质地和坡面径流特征。国内的泥沙输移比研究仅是在国外模型的基础上改进(王玲玲等，2008；谢旺成等，2012)，且多数模型基本上是在中、小尺度上建立的(坡面或小流域)，而在大的区域尺度上(如长江、黄河流域等)多选用区域均值，如沈虹等(2010)估算汉江中下游流域颗粒态非点源磷负荷时，采用的就是泥沙输移比均值(0.28)。但是在模拟过程上，更多的研究没有详尽考虑泥沙输移到相应流域出水口的路径不同，因为土壤流失过程主要包括土壤物质的原位剥离(产沙过程)和泥沙在空间上的再分配过程(输沙－沉积过程)(刘宇等，2013)，泥沙输移的物理过程必然会受到空间单元和径流的阻/动力以及输移路径的影响。

由此，本节重点考虑泥沙输移比，通过对影响三峡库区泥沙输移的主要影响因素进行空间计算，把泥沙输移比细化到栅格空间，以反映流域水文过程的地形指数作为泥沙受汇流的动力系数、地表截留阻力作为泥沙输移的阻力系数，构建泥沙输移比模型，最后应用已有的土壤侵蚀模型、泥沙负荷模型和吸附态氮、磷污染负荷模型估算 1990～

2010年五期(1990年、1995年、2000年、2005年和2010年)三峡库区泥沙负荷和吸附态氮、磷污染负荷，并利用水文监测数据对估算结果进行验证，为有效防控库区面源污染提供科学依据。

一、材料与方法

(一)数据来源

①三峡库区DEM数据来源于中国西部数据中心，空间分辨率为90m；②库区及其周边1951~2010年日降水量监测数据来源于国家气象局气象信息中心，包括库区内部7个和周边18个国家气象基准站点；③库区土壤数据来源于中国科学院南京土壤研究所制作的1∶100万中国土壤数据库——全要素数字化土壤图；④库区土地利用数据来源于邵景安等(2013)的库区土地利用解译数据，共为五期(1900年、1995年、2000年、2005年和2010年)，解译结果得到实地验证并达到精度要求；⑤库区流域数据来源于国家基础地理信息中心的全国1∶100万流域分区数据(http：//nfgis. nsdi. gov. cn/sdinfo/thedata. asp? a=04)，囊括全国一级流域及其子流域矢量数据；⑥河流断面面源污染监测数据来源于重庆和湖北环境科学研究院环境监测中心发布的自动监测水质周报，以及长江泥沙公报。此外，库区矢量边界依据“三建委”对所囊括渝鄂22个区市(县)的行政边界自行制作，并将所有栅格数据统一转换为空间分辨率为90m，图像统一转为Albers等积投影参与空间运算。

(二)模型建立与数据处理

1. 土壤侵蚀强度等级计算

应用修正后的通用土壤流失方程(the revised universal soil loss equation，RUSLE)(Renard et al.，1997)估算库区5期土壤侵蚀量(1990年、1995年、2000年、2005年和2010年)，并根据水利部发布的SL 190—2007《土壤侵蚀分类分级标准》(中华人民共和国水利部，2008)对土壤侵蚀强度进行分级，得到五期侵蚀强度等级图。本节所应用的土壤侵蚀模型(RUSLE)属于经验统计模型，其原理在于借助统计方法，定量表述影响土壤侵蚀因子的指标(包括降雨、坡度、土壤可蚀性、植被及耕作管理等)，进而得出计算土壤流失量的方程式，具体的修正后通用土壤流失方程见式(5-8)(章文波等，2002；刘爱霞等，2009)。

$$X = R \cdot LS \cdot K \cdot C \cdot P \tag{5-8}$$

式中，X为土壤侵蚀模数($t \cdot hm^{-2} \cdot a^{-1}$)；$R$为降雨侵蚀动力因子($MJ \cdot mm \cdot hm^{-2} \cdot h^{-1} \cdot a^{-1}$)；$LS$为坡长坡度因子；$K$为土壤可蚀性因子($t \cdot hm^{2} \cdot h \cdot hm^{-2} \cdot MJ^{-1} \cdot mm^{-1}$)；$C$为植被覆盖和作物管理因子；$P$为水土保持措施因子。其中$LS$、$C$、$P$均为无量纲。

2. 泥沙输移比模型建立

1)模型理论依据

泥沙输移比一般表述为“在一定的时段内通过河流或沟道某一断面的实测输沙量与

该断面以上流域总侵蚀量之比”（蔡强国等，2004）。如依据这一表述，在库区的大尺度范围开展实测是很难做到的。而且，现有研究在计算输沙量时，泥沙输移比选用的均是流域空间均值，没有考虑其空间异质性。本节根据影响泥沙输移空间差异的主导因子，对其进行空间计算，细化到栅格空间单元。

栅格单元间产生的径流会相互影响，流经目标栅格单元的其他单元所产生的径流对目标栅格单元泥沙进入受纳水体会起到“推动”作用，表现为动力，而有些则会受到“阻碍”作用，表现为阻力，因此，库区每一栅格单元因受水流路径中其他栅格单元的作用，泥沙进入受纳水体的能力有差异。在山区，动力作用往往受地形所控制，地形是降水－径流陆面水文过程中最为重要的影响因子，决定着径流路径的差异性(Ambroise et al.，1996)；阻力作用表现为植被根系的固持土壤作用，以及对降水和径流的截留、吸收、下渗等作用(潘成忠等，2007)。如影响泥沙输移的动力大于阻力，则促进泥沙输移，反之亦然。

为此，本节设想以反映流域水文过程的地形指数作为泥沙受汇流的动力作用、地表景观的截留阻碍作为泥沙输移的阻力作用，以此构建库区流域的阻/动力系数和泥沙输移比模型。

2)动/阻力系数计算

动力系数：为流入目标栅格单元的径流运移该单元泥沙的能力，以各栅格单元产流能力与栅格总产流能力的比值来表达栅格自身的产沙能力对其他栅格单元的推动作用。本节选取的动力系数指标——地形指数，是 Beven 等(1984)于 1979 年提出的，见式(5-9)(邓慧平等，2012)。地形指数能反映径流对泥沙输移的推动作用(邓慧平等，2002)，与产流间关系为：$T_i=S_i/m-S^*/m+T^*$(式中，S^*为流域平均土壤相对含水量，T^*为流域平均地形指数)。以栅格为单元，把影响泥沙输移的动力系数细化到每个栅格，即栅格的动力作用为相应栅格的地形指数与库区最大地形指数的比值，见式(5-10)。

$$T_i=\ln(a/\tan\beta) \tag{5-9}$$

$$E_i=T_i/(T_i)_{\max} \tag{5-10}$$

式(5-9)、式(5-10)中，T_i为流经坡面任一点i处的地形指数；a为i处单位等高线长度的汇流面积；β为i处的局部坡度角；E_i为动力系数；$(T_i)_{\max}$为库区地形指数最大值。

阻力系数：结合地表对泥沙的拦截能力模拟栅格单元截留泥沙使其不进入河道的量，定义截留阻力系数为影响泥沙输移的阻力系数，表示为每个栅格单元对流入该单元的泥沙的截留作用。由于截留阻力系数的影响因素很多，且针对库区的相关研究较少，因此参照现有关于植被对地表径流中泥沙的截留研究成果(Daniels et al.，1996；赵新峰等，2010)，确定库区不同坡度下的阻力系数(U)，见式(5-11)。

$$U=\begin{cases}0.36, & \beta<5^\circ\\ 0.30, & 5^\circ\leqslant\beta\leqslant10^\circ\\ 0.24, & 10^\circ\leqslant\beta\leqslant15^\circ\\ 0.18, & 15^\circ\leqslant\beta\leqslant20^\circ\\ 0.12, & 20^\circ\leqslant\beta\leqslant25^\circ\\ 0.03, & \beta\geqslant25^\circ\end{cases} \tag{5-11}$$

3)泥沙输移比估算

依据上述对影响库区泥沙输移的动/阻力计算，同时考虑到泥沙输移比研究本身的复杂性，本节采取线性方式对库区泥沙输移比进行概化，由影响泥沙输移的阻/动力系数，构建泥沙输移比(D_r)估算模型，见式(5-12)。

$$D_r=(1-U)\times E \tag{5-12}$$

3.吸附态氮、磷污染负荷模拟

在进行吸附态氮、磷污染负荷模拟前，需要进行泥沙负荷估算。泥沙负荷是指因坡面土壤侵蚀产生的土壤颗粒中进入河道的部分，因此计算泥沙负荷主要是通过泥沙输移比与土壤侵蚀量的乘积计算(Benayada et al.，2013)，而土壤侵蚀量由上述土壤侵蚀模数与研究区面积的乘积计算得到。同样地，吸附态氮、磷污染负荷模拟也是在参阅现有文献的基础上，采用颗粒态氮、磷营养物迁移经验模型进行计算的(庄咏涛等，2001)，其计算原理在于吸附态污染物的发生是以土壤侵蚀为运移载体，同时其流失负荷也受到氮、磷元素在土壤颗粒中的富集比例的影响，因此该模型的计算主要是通过泥沙负荷量、土壤中氮、磷的背景含量和吸附态氮、磷的土壤富集比三者之间的叠加得到。其中，泥沙负荷和吸附态氮、磷负荷计算见式(5-13)和式(5-14)。在式(5-14)中，由于土壤中营养物质背景含量与土壤类型、土地利用类型、坡度等因素有关，是一个难以确定的参数(余进祥等，2011)，因此，本节借鉴曹彦龙等(2007a)对库区面源污染的研究结果，将其分布看作空间均匀不变的常量，TN为0.69，TP为0.35。

$$Q=D_r\cdot X\cdot A \tag{5-13}$$

$$W_x=Q\cdot C_x\cdot \eta \tag{5-14}$$

式(5-13)、式(5-14)中，Q为泥沙负荷量($t\cdot a^{-1}$)；D_r为泥沙输移比；X为土壤侵蚀模数；A为库区面积(km^2)。W_x为吸附态污染负荷($t\cdot a^{-1}$)；C_x为土壤中氮、磷的背景含量($g\cdot kg^{-1}$)；η为吸附态氮、磷的土壤富集比(无量纲)，取值为1.77(刘腊美等，2009)。

二、结果与分析

(一)土壤侵蚀特征

近20年，库区土壤侵蚀模数整体处于中度侵蚀状态。由表5-5可看出，库区多年平均侵蚀模数为2953.32 $t\cdot km^{-2}\cdot a^{-1}$(中度侵蚀为2500～5000 $t\cdot km^{-2}\cdot a^{-1}$(中华人民共和国水利部，2008))，但不同年份存在较大差异，呈现“N”型格局。2000年是侵蚀模数和侵蚀量发生的低值区，分别为2633.44 $t\cdot km^{-2}\cdot a^{-1}$和15236.20×$10^4$ t。其之前的侵蚀模数和侵蚀量呈先增大后减少态势，而后则表现为线性增加趋势，尤其是2010年的侵蚀模数和侵蚀量均较2000年有显著增加，增量分别为710.81 $t\cdot km^{-2}\cdot a^{-1}$和4112.53×$10^4$ t。

表 5-5　三峡库区 1990～2010 年不同土壤侵蚀等级的数量特征

侵蚀等级*	侵蚀特征指标	1990 年	1995 年	2000 年	2005 年	2010 年	多年平均
轻度侵蚀	侵蚀面积/km^2	17463.90	17405.30	15351.06	17994.09	18747.01	17392.27
	平均侵蚀模数/$(t \cdot km^{-2} \cdot a^{-1})$	1080.37	1106.57	997.42	1132.69	1182.33	1099.88
中度侵蚀	侵蚀面积/km^2	4223.10	3946.49	5558.28	4130.91	3918.50	4355.46
	平均侵蚀模数/$(t \cdot km^{-2} \cdot a^{-1})$	3689.19	3669.07	3333.09	3679.39	3657.42	3605.63
强烈侵蚀	侵蚀面积/km^2	3603.57	3278.85	3263.72	3434.94	3274.04	3371.02
	平均侵蚀模数/$(t \cdot km^{-2} \cdot a^{-1})$	6399.46	6407.24	6384.87	6397.99	6409.44	6399.80
极强烈侵蚀	侵蚀面积/km^2	4147.42	4176.60	3663.48	4111.00	4331.99	4086.10
	平均侵蚀模数/$(t \cdot km^{-2} \cdot a^{-1})$	10865.80	10975.40	10877.10	10918.10	11033.90	10934.06
剧烈侵蚀	侵蚀面积/km^2	2447.76	3244.81	2359.55	2764.19	3554.16	2874.09
	平均侵蚀模数/$(t \cdot km^{-2} \cdot a^{-1})$	21355.90	23550.50	22753.60	22641.20	23832.60	22826.76
总体侵蚀	平均侵蚀模数/$(t \cdot km^{-2} \cdot a^{-1})$	2744.32	3127.09	2633.44	2917.49	3344.25	2953.32
	侵蚀量/$(\times 10^4 t)$	15877.73	18092.29	15236.20	16879.64	19348.73	17086.92

注：* 本节在对土壤侵蚀的相关特征进行计算时，剔除了微度侵蚀发生的面积。

不同侵蚀等级发生的面积表现为轻度侵蚀>中度侵蚀>极强烈侵蚀>强烈侵蚀>剧烈侵蚀，除 1995 年和 2010 年的极强烈侵蚀大于中度侵蚀外(表 5-5)。土壤侵蚀量沿着剧烈侵蚀>极强烈侵蚀>强烈侵蚀>轻度侵蚀>中度侵蚀的轨迹，除 2000 年的中度侵蚀($1852.62\times10^4 t$)大于轻度侵蚀($1531.14\times10^4 t$)、2010 年的轻度侵蚀($2216.52\times10^4 t$)大于强烈侵蚀($2098.47\times10^4 t$)外。尽管极强烈和剧烈侵蚀的侵蚀面积远小于轻度侵蚀，但侵蚀量却很高，这说明库区局地水土流失仍较为严重。同样地，虽然轻度侵蚀的平均侵蚀模数($500\sim1500\ t \cdot km^{-2} \cdot a^{-1}$)远小于极强烈侵蚀($8000\sim15000\ t \cdot km^{-2} \cdot a^{-1}$)，但因 2010 年的轻度侵蚀面积($18747.01km^2$)远大于极强烈侵蚀($4331.99km^2$)，致使 2010 年的轻度侵蚀量反而超过了极强烈侵蚀量，即低等级的土壤侵蚀对库区水土流失的贡献仍不可忽视。

(二)动/阻力系数与泥沙输移比

泥沙输移的动力系数呈现“单峰”结构，其频率分布主要集中于中值区。由图 5-5(a)表明，影响库区泥沙输移的动力系数的频率分布为 0.17～1，均值为 0.63，其中分布在 0.4～0.8 的像元数所占的比例达 75.7%，且以频率 0.5～0.7 的像元数最多，占比为 44.0%。这一结果显示影响库区泥沙输移的动力处于中等以上水平，地貌对土壤侵蚀过程中的泥沙输移有较强的动力作用。动力系数值的频率分布相对集中，也导致其在整个库区流域的空间分布差异不显著。由图 5-5(b)可知，中值区(0.4,0.8)填充了库区流域的绝大部分空间，分布最广；低值区(0.17,0.4)主要分布于河道及其两侧的平缓地带，尤其是库区特有的平坝区，势能低，产流慢；高值区(0.8,1)主要分布在相对高差较大的武陵山区、秦巴山区及平行岭谷由高地势过渡到低地势的山岭与谷地相邻转折区。

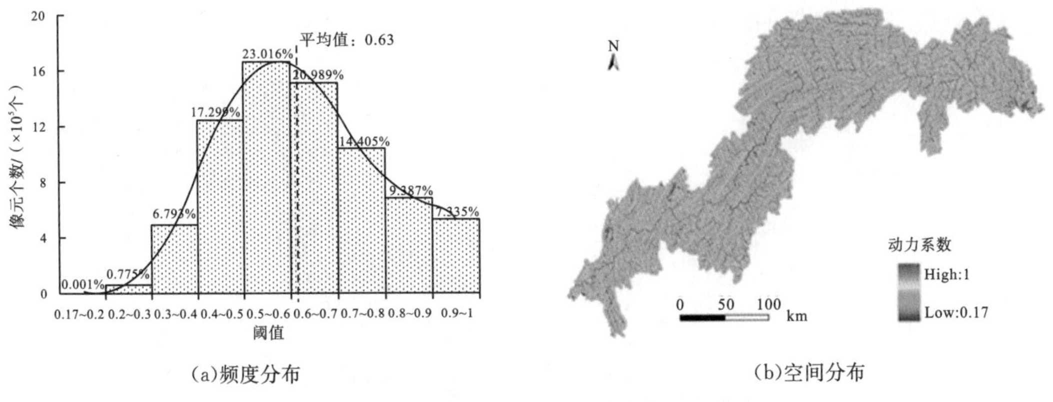

(a)频度分布　　　　(b)空间分布

图 5-5　三峡库区动力系数的频度与空间分布

泥沙输移的阻力系数表现为“W”型的宽谷格局，相对于动力系数整体偏低。由图 5-6(a)可看出，影响库区泥沙输移的阻力系数的频率分布为 0.03～0.36，均值为 0.23。总体上阻力系数在数值上可分为三大区间：≥0.33、0.15～0.33 和 0.03～0.15，而≥0.33 与 0.03～0.15 的累计像元数所占的比例间没有显著差异，分别为 26.78%和 26.83%，且 0.15～0.33 区间的累计像元数占比仅较≥0.33 和 0.03～0.15 区间少 15.56%。类似于动力系数的频率分布，影响库区泥沙输移的阻力系数也主要集中于中值区，且数量上大体呈现 1(≥0.33)∶1(0.03～0.15)∶2(0.15～0.33)的分布态势。但是，在坡度的影响下，库区流域阻力系数的空间差异较为明显[图 5-6(b)]，表现为坡度低的平行岭谷区、河流冲积缓坡及台地区阻力系数较高，坡度较陡的武陵山区和秦巴山区阻力系数值偏低。

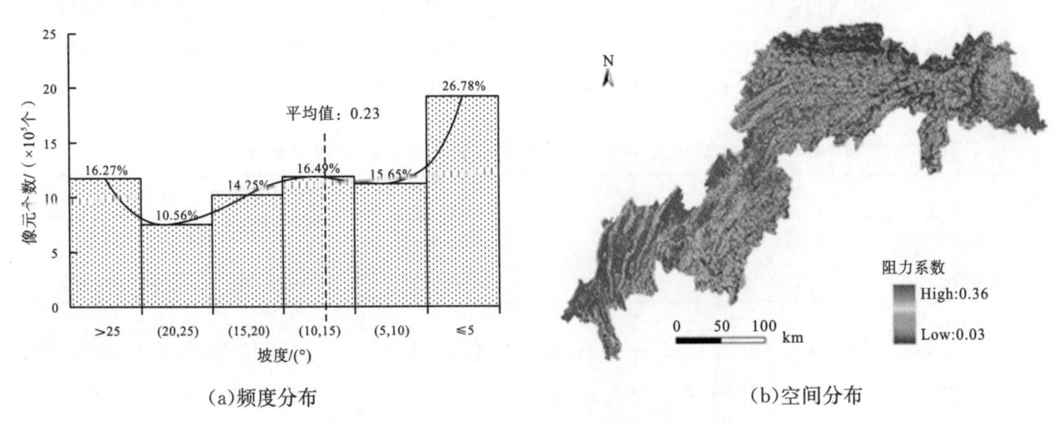

(a)频度分布　　　　(b)空间分布

图 5-6　三峡库区阻力系数的频度与空间分布

库区泥沙输移比呈“单峰”结构，值域为[0.12,0.97]。在大的区域尺度上，受整体偏低的阻力系数的叠加作用，库区泥沙输移比的均值为 0.48，较动力系数的均值偏低[图 5-7(a)]。其中，泥沙输移比在(0.3,0.7)的像元数占比为 87.47%，而在低值区(0.12,0.3)和高值区(0.7,0.97)的像元数分布较少，分别为 6.74%和 5.69%。可以说，库区泥沙输移比值的频率分布更趋于正态。由图 5-7(b)显示，在空间分布格局上，中、西部的平行岭谷区泥沙输移比较小，武陵山区和秦巴山区则较高，原因在于中、西部的平行岭谷区的整体坡度要比山区小，阻力系数作用强，而山区动力作用大。而且，泥沙输移比以长江及其支流的河道为中心向两侧呈梯度增大趋势展布。

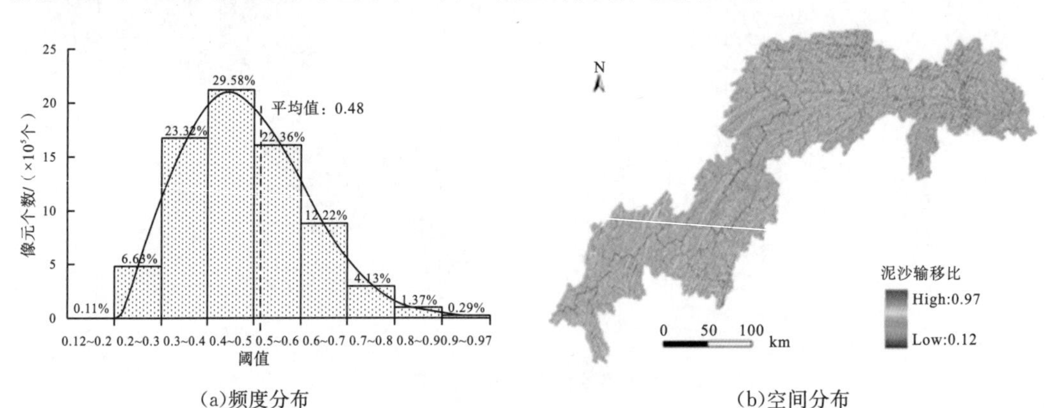

(a)频度分布　　(b)空间分布

图 5-7　三峡库区泥沙输移比频度与空间分布

（三）泥沙负荷特征

近 20 年，库区泥沙负荷的模拟值展现出显著的时间变异性。栅格单元中最大的泥沙负荷量为 1995 年的 466.13 t，其次顺序依次为 2000 年(454.796 t)＞2010 年(454.156 t)＞2005 年(407.753 t)＞1990 年(343.003 t)(图 5-8)。泥沙负荷总量的年际变化为 2010 年(9698.1×10^4t)＞1995 年(9023.13×10^4t)＞2005 年(8448.09×10^4t)＞1990 年(7922.03×10^4t)＞2000 年(7623.43×10^4t)[图 5-8(e)]，而且库区泥沙负荷均值与负荷总量的年际变化趋势一致，为 2010 年(13.58 t)＞1995 年(12.63 t)＞2005 年(11.83 t)＞1990 年(11.09 t)＞2000 年(10.67 t)。对比表示不同土壤侵蚀等级数量特征的表 5-6，由于本节的泥沙负荷计算是由土壤侵蚀量与泥沙输移比的线性叠加得到，因此库区泥沙负荷总量与均值同土壤侵蚀模数和侵蚀量成正比，即在数值上呈现同比增减的趋势。

表 5-6　三峡库区 1990～2010 年泥沙负荷量的均值与总量

	1990 年	1995 年	2000 年	2005 年	2010 年
平均值	11.09	12.63	10.67	11.83	13.58
总负荷量	7922.03	9023.13	7623.43	8448.09	9698.10

空间格局上因不同时期库区泥沙负荷量的均值变化不大，泥沙负荷的低值区与高值区的空间分布比较稳定。低值区的分布范围广泛，集中度高，主要分布于重庆段的江津、主城和长寿，以及湖北段的巴东、兴山、秭归和夷陵，这些地区的地势较低，泥沙输移比较小，因此泥沙负荷产生的概率较小；而高值区主要分布在重庆段的武陵山区(武隆、丰都、石柱)和秦巴山区(开县、奉节、云阳、巫溪和巫山)，且分布相对破碎，栅格单元较为离散，这些地区地势较高，尽管存在一定量的林草地覆盖，但由于决定泥沙负荷的泥沙输移比较大，再加上高等级土壤侵蚀的集中分布，因此这些地区的泥沙负荷发生的概率较大，泥沙输移作用强。

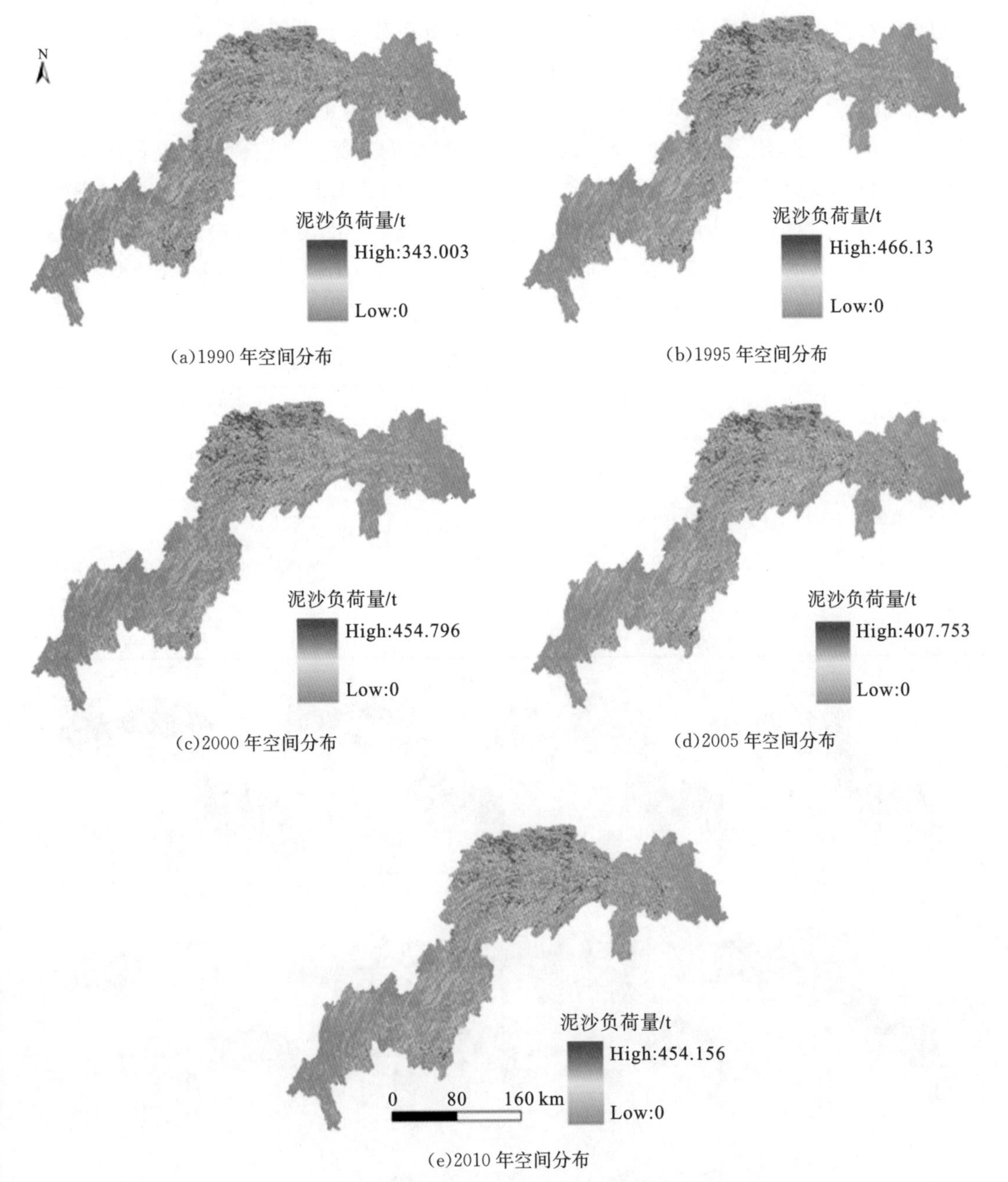

图 5-8　三峡库区 1990～2010 年泥沙负荷量的空间分布

(四)吸附态氮、磷负荷

吸附态氮、磷负荷与土壤侵蚀模数、泥沙负荷在数值上同比增长。由表 5-7 可看出，吸附态氮、磷负荷的均值和总量分别为[13,17]t 和[0.9,1.2]$\times 10^8$t，[6.6,8.5]t 和[0.5,0.6]$\times 10^8$t。比较表 5-5、表 5-7 和图 5-8(e)发现，吸附态氮、磷均值和总量的最大值均出现在 2010 年，分别为 16.64 t 和 1.19$\times 10^8$t、8.44t 和 0.6$\times 10^8$t，届时侵蚀模数最大，达 3344.25 t·km^{-2}·a^{-1}，泥沙负荷的均值也最大，为 9698.10 t。而且，其他时段的吸附态氮、磷负荷量与侵蚀模数、泥沙负荷量在数值上也表现为很好的对应关系，说明大尺度土壤侵蚀模数控制泥沙负荷量，进而决定吸附态氮、磷负荷量。

吸附态氮、磷负荷的空间分布呈从东向西逐渐减小的不平衡特征。由图 5-9 显示，受气候、地貌、土壤等因素空间分异的控制，库区吸附态氮、磷负荷量在空间上呈三大阶梯状分布：重庆段的开县、云阳、奉节、巫溪、巫山和湖北段的秭归氮、磷污染负荷严重，为第一阶梯；重庆段的万州、忠县、石柱、武隆、巴南氮、磷污染负荷较严重，为第二阶梯；其他区域氮磷污染负荷较弱，为第三阶梯。比较图 5-8(a)～图 5-8(e)和图 5-9 发现，吸附态氮、磷负荷与泥沙负荷在空间上分布规律相似。

表 5-7　三峡库区 1990～2010 年吸附态氮、磷负荷

年份	吸附态氮		吸附态磷	
	均值/t	总量/($\times10^8$t)	均值/t	总量/($\times10^8$t)
1990	13.59	0.97	6.89	0.49
1995	15.49	1.11	7.86	0.56
2000	13.10	0.94	6.64	0.47
2005	14.50	1.04	7.35	0.53
2010	16.64	1.19	8.44	0.60

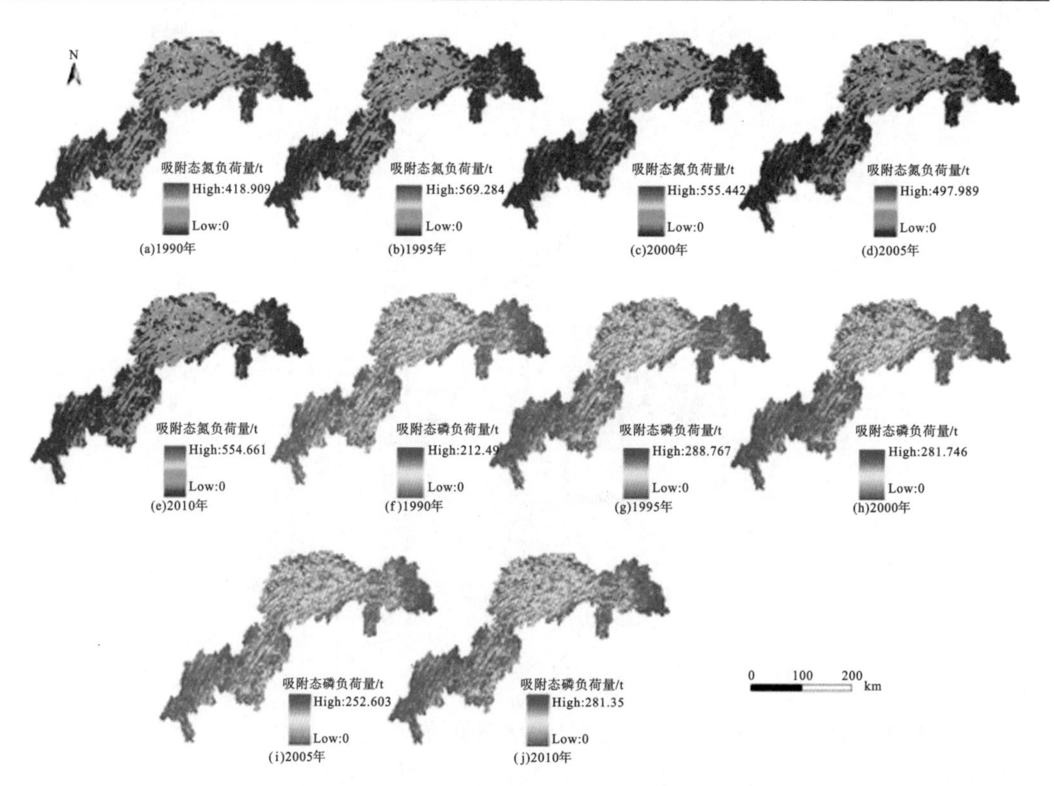

图 5-9　三峡库区 1990～2010 年吸附态氮、磷负荷的空间分布

分析发现，吸附态氮、磷负荷污染严重或相对严重区的地形高差较大，在降水丰富且约 50%的降水直接转变为地表径流的情况下，泥沙输移的动力系数大，降雨侵蚀力较

强，水土保持能力低。加之，这些区域受三峡工程建设的影响较大，如移民就地后靠安置、城镇后靠迁建、基础设施重新配套等强烈的人为扰动都使得土壤侵蚀的发生较为严重。而且，库区约 85.7%的陡坡旱地均集中分布于这一区域，受传统耕作方式的扰动，土壤侵蚀依然严重，甚至有增无减。另外，受非农务工工资逐年提高和农业生产投入成本攀升的影响，库区山区农村青壮年劳动力大量“析出”，从而使得直接从事农业生产的青壮年劳动力的数量大大缩小，捕获到的机会降低，成本提高。在这种情况下，用于土地平整、田坎维护、沟渠疏通等方面的投入(资金和工时)大大降低，相比大量青壮年劳动力外出之前，在农业生产过程中，土壤侵蚀发生的风险和可能大大提高。

相反地，污染负荷较弱的其他区(如重庆段的主城、长寿、涪陵等和湖北段的巴东、兴山和夷陵)，地貌以平行岭谷为主，地形起伏较小，在保护性耕作和作物轮作的共同作用下，降雨侵蚀力较弱。尽管旱地在农业生产中所占比例较大，但坡度主要集中于 15°以下，且由于这一区域的大部分地区是粮食主产区，以坡改梯、坡面水系整治等为主要措施的水土保持投入较多，致使以农业生产为主的人为扰动对土壤侵蚀的驱动作用较弱，吸附态氮、磷负荷较小。

(五)模型结果验证

1. 土壤侵蚀模数与侵蚀量结果对比

关于土壤侵蚀量的监测与评估，现有研究多以修正的土壤流失方程为计算模型，并以多年平均土壤侵蚀量为最终结果，本节则同样在该方程的基础上考虑了年际差异变化。为此，为了更好地与已有研究的比较，本节选取库区平均土壤侵蚀数据间接地验证本节的土壤侵蚀模数与侵蚀量结果。本节的平均土壤侵蚀模数、平均土壤侵蚀量的估算结果与现有研究发现是基本一致的，前者的相对误差分别为 7.73%、−7.27%和−10.95%，后者的相对误差分别为−11.76%、−6.93%和−7.52%(表 5-8)，均在大尺度土壤侵蚀估算结果的可接受范围(±15%以内)，这进一步证实本节估算方法的可行性和估算结果的正确性。

表 5-8　三峡库区土壤侵蚀的不同多年平均结果对比

文献来源	平均土壤侵蚀模数 $/(t \cdot km^{-2} \cdot a^{-1})$	与本节的相对误差/%	平均土壤侵蚀量 $/(\times 10^4 t)$	与本节的相对误差/%
龙天渝等(2012)	2741.48	7.73	19364.71	−11.76
吴昌广等(2012)	3185	−7.27	18359.43	−6.93
刘爱霞等(2009)	3316.53	−10.95	18476.27	−7.52

2. 库区泥沙输移比的可行性

对于泥沙输移比的估算模拟，无论是方法还是结果，目前尚处于定性描述或推理性解释阶段(王玲玲等，2008)。这一模拟不仅受限于影响泥沙输移因子作用的复杂性，而且受制于尺度升降带来误差的难确定性，致使多数研究以流域为尺度估算多年平均泥沙输移比。本节得出的库区泥沙输移比均值为 0.48，空间区域上泥沙输移比值域为[0.12，0.97]，这一结果与史德明(1983)对库区的估算结果(0.28)和余剑如等(1991)对长江上游宜昌段以上流域的估算结果(0.23)相比，显得明显偏大。但是，景可(2002)认为长江上游的泥沙输移比远大于 0.23，在高中山区接近于 1、丘陵宽谷区不小于 0.5。按照这一说法，在大尺度上，本节所采用的由景观阻/动力系数构建的泥沙输移比模型，对库区泥沙输移的模拟结果较为合理。不足的是，本节没有考虑泥沙输移比的时间序列变化，如能进一步考虑泥沙输移的水动力——径流量周期变化，即可估算两个以上水文系列年的泥沙输移比变化。

3. 泥沙负荷和吸附态氮磷负荷的验证

对比泥沙污染公报中的泥沙监测数据发现，5 个年份的泥沙负荷模拟值均较公报监测值小，模拟结果最接近的是 1995 年，相对误差为－2.17%，其次为 2000 年，相对误差为－5.00%，而相差最大的是 2010 年，相对误差为－57.64%(表 5-9)。分析认为，土壤侵蚀量监测的精确度是导致对比结果差异较大的主要原因，在大中流域尺度的土壤侵蚀监测中目前尚未有一个较为理想的土壤侵蚀预报模型(景可等，2010)。尽管如此，在整体趋势上，1995～2000 年模拟值和公报监测值都减小，说明“长治”工程已有一定成效，2000～2010 年的增大，则反映水库工程阶段性胁迫的波动性强。

表 5-9 泥沙负荷总量的模拟结果验证

年份	模拟值/($\times10^8$t)	公报监测值/($\times10^8$t)	相对误差/%
1990	0.8	1.05	－23.81
1995	0.9	0.92	－2.17
2000	0.76	0.8	－5.00
2005	0.84	1.02	－17.65
2010	0.97	2.29	－57.64

因缺乏实测的氮、磷通量值，无法验证库区吸附态氮、磷负荷模拟的有效性，为此，本节利用已有主要河流断面的水质浓度监测数据，沿长江主干流方向依次选取十四大子流域作为统计单元，统计 2010 年各大子流域的模拟均值和监测均值，通过相关分析验证本节的吸附态氮、磷模拟在空间分布上的合理性。由图 5-10(a)和图 5-10(b)显示，本节模拟的吸附态氮、磷负荷同监测数据呈现一定程度的正相关关系，且吸附态氮的拟合($R^2=0.6667$)明显高于吸附态磷($R^2=0.4336$)，说明吸附态氮负荷的模拟效果更好。而且，吸附态氮的模拟结果均值以 20 t 为界，小于 20 t 的 8 个流域主要集中于中上游，而大于 20t 的 6 个流域则集中在中下游；吸附态磷的分界值为 10 t。吸附态氮、磷负荷在库区流域内存在一定的空间相关性，且溶解态氮、磷往往会影响到吸附态氮、磷的存在，这均需在后续研究中进一步分析。

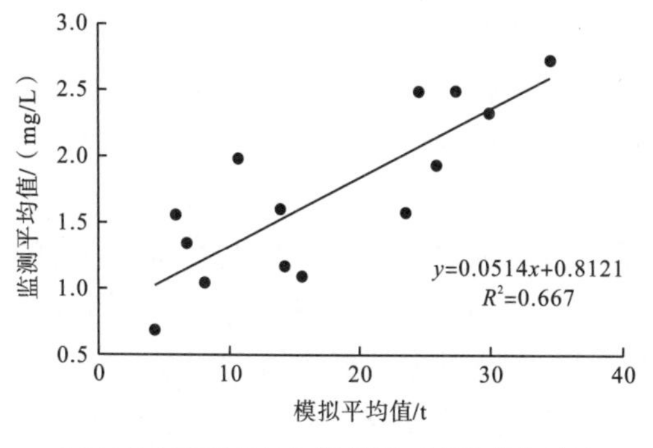

(a)2010 年吸附态氮负荷模拟与监测值的相关性

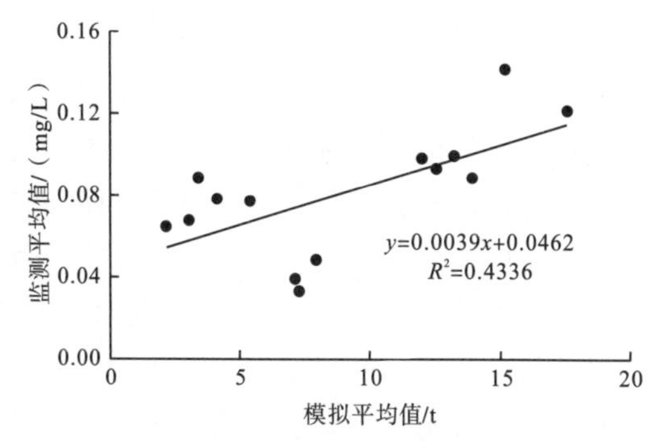

(b)2010 年吸附态磷负荷模拟与监测值的相关性

图 5-10　2010 年吸附态氮、磷负荷模拟与监测值的相关性

三、小结

(1)1990～2010 年的三峡库区平均土壤侵蚀模数为 2953.32t · km^{-2} · a^{-1}，处于中度侵蚀阶段，且在 2000～2010 年表现出不断加重的趋势。极强烈和剧烈侵蚀的土壤侵蚀模数较大，使得库区局部地区的水土流失较为严重，而且低等级的土壤侵蚀对库区水土流失的贡献不可忽视。

(2)影响库区泥沙输移的动力系数频率分布为 0.17～1，均值为 0.63。阻力系数频率分布为 0.03～0.36，均值为 0.23。坡度低的平行岭谷区和河流冲积缓坡以及台地区，阻力系数较高；坡度陡的秦巴山地北部区和武陵山区的高山峡谷地带，阻力系数值偏低。

(3)库区泥沙输移比均值为 0.48，频率图趋于正态分布，空间上呈现两大格局：中、西部平行岭谷区泥沙输移比较小，武陵山区和秦巴山区泥沙输移比较高。

(4)泥沙负荷均值与负荷总量的年际变化趋势相同，且泥沙负荷与土壤侵蚀量呈正线性关系，2010 年的负荷总量为最大(9698.1×10^4t)。

(5)吸附态氮、磷负荷量与土壤侵蚀模数、泥沙负荷量在数值上同比增长，最大值的 2010 年氮、磷负荷总量分别为 1.19×10^8t 和 0.6×10^8t。空间上总体分布相似，具有不平衡特征，主要表现为从东向西呈逐渐减小趋势。而且，与监测数据的相关分析，吸附态氮负荷的模拟效果比吸附态磷更好，且吸附态氮、磷负荷在库区流域内存在空间相关性。

本书研究重点在于三峡库区大尺度的泥沙输移比空间量化，因为泥沙输移比把坡面上的土壤侵蚀与泥沙进入河流的过程联系起来，为关键性参数。本节用反映流域水文过程的地形指数作为泥沙受汇流的动力作用、地表景观的截留阻碍作为泥沙输移的阻力作用，尽管如此，影响土壤侵蚀和泥沙输移的影响因子还包括降水、土壤结构和湿度、植被覆盖等，这需要在以后的研究中将各主导因子加入动/阻力系数中，以更加完善大尺度区域的泥沙输移比估算。同时，社会人文方面的因素，诸如城镇建设、农业生产、农村人口结构等间接因素因子，也可加入本节所应用模型的修正中，从而更好地模拟库区泥沙负荷和吸附态氮、磷负荷。

第三节　三峡库区长江干流入出库水质评价及其变化趋势

水体污染导致水质下降是目前及今后很长时期困扰人类发展的重大问题(Barbash et

al.，2001；Aryal et al.，2012)，现已成为众多学者和多级政府关注的焦点。三峡库区作为特殊的地理区域，其区内的环境安全及其与经济社会的协调发展在很大程度上取决于流域水质的健康状况(Guo et al.，2011；Fan et al.，2014)。长江干流作为三峡库区的主体部分，其水质状况控制着库区的环境安全和协调发展的未来趋势。现有研究认为，长江干流的水质状况趋好，且蓄水后较蓄水前的这一变好趋势更加明显(余明星等，2001；印士勇等，2011；兰峰，2008)，但这是否可认为入库水质较差，经库区长江干流段自净与消纳后出库水质变好，仍需要数据来证明。不幸的是，以往研究因很少从长江干流入出库首尾两端开展水质评价及未来变化趋势分析，致使这一问题到目前仍未能被清楚回答。

目前，常用的水质评价方法主要有BP神经网络、Hopfield网络、灰色聚类、支持向量机等(Groft et al.，2007；Lermontow et al.，2009；陈琳等，2010；苏彩红等，2012)，但不同方法因所需表征水质状况的指标体系间差异较大，受各指标数据可得性的限制，基于模糊理论的贴近度法可综合评价水质变化，且能得到接近客观实际的结果，尤其是基于灰色关联系数矩阵TOPSIS法(technique for order preference by similarity to an ideal solution)对样本数目和分布、评价指标数量和种类均无严格限制，具有普适性强、计算量小、几何意义直观、信息失真小等特点(张军等，2009；问国强，2015)。在水质变化趋势分析上，更多应用Mann-kendall非参数统计检验法(Hirsch et al.，1982；Tošić，2004；Eregno et al.，2014)，但该方法对数据的时间序列有严格要求，所需水质数据时段至少为5年以上(一般5～8年为佳)(李怡庭等，2003)，且无法对未来水质变化趋势给出合理解释。但R/S分析法能对过去与未来进行对比分析，并通过Hurts指数来判断时间序列所暗示的系统演化趋势，能在不同时间尺度研究自然现象的统计规律(樊晓一等，2006)。

为此，本节首先对三峡库区长江干流入出库断面的水质状况进行年均和季均的统计分析，在此基础上，利用入出库年均、季均统计数据和水质标准，通过基于灰色关联系数矩阵的TOPSIS法进行水质状况评价与对比分析，最后利用相对贴近度，通过R/S分析法探索入出库水质变化的未来趋势，研究结果可为三峡库区长江干流的水质动态监测和控制性规划提供科学依据。

一、材料与方法

(一)数据来源与处理

水质数据来源于中华人民共和国环境保护部数据中心的主要流域重点断面水质自动监测周报(http：//datacenter.mep.gov.cn/)，监测数据以周为时间单元更新发布[2004年第1周(2003年12月29日～2004年1月4日)至今]，主要指标为溶解氧(DO)、高锰酸盐指数(COD_{Mn})和氨氮(NH_3-N)，单位为mg/L。水环境质量评价标准执行《地表水环境质量标准》(GB 3838—2002)(表5-10)。

三峡库区的蓄水阶段主要是依据三峡水库的调水方式进行划分。三峡水库是典型的河道型水库，采取“蓄清排浑”的调度方式，2003年、2006年和2010年分别为135m、

156m 和 175m 最高蓄水位的蓄水实施年份，将不同实际运行水位所对应年份划分为表 5-11的四个阶段。

表 5-10　地表水环境质量评价标准

项目	Ⅰ类	Ⅱ类	Ⅲ类	Ⅳ类	Ⅴ类
溶解氧(DO)/(mg/L)	7.5	6	5	3	2
高锰酸盐指数(COD_{Mn})/(mg/L)	2	4	6	10	15
氨氮(NH_3-N)/(mg/L)	0.15	0.5	1.0	1.5	2.0

在季度划分上，由于三峡工程至大坝拦截蓄水以来，不同时期的最高蓄水位不一样，2010 年 10 月 26 日以后库区进入正常的周期性蓄水方式，因此在分析评价水质的时候为了平衡蓄水时间序列上的季节性变化，本节采用正常的季度划分方式，即第一季度为第 1 周到第 12 周(1～3 月)，第二季度为第 13 周到第 25 周(4～6 月)，第三季度为第 26 周到第 38 周(7～9 月)，第四季度为第 39 周到第 52 周(10～12 月)。根据 2010 年以后的库区周期性蓄水方式(图 5-11)，2010～2014 年，第一季度和第二季度处于排水期，库区水位不断降低，降至 145m，为水位调节期；第三季度为低水位运行期，库区水位保持在最低水位，除了遇到洪水需要蓄水以削减洪峰；第四季度处于蓄水期，库区水位不断升高，直至 175m(最高水位)，为高水位运行期。

表 5-11　三峡库区不同蓄水阶段

阶段	名称	回水末端
第一阶段（2004～2005 年）	135m 水位运行期	涪陵
第二阶段（2006～2007 年）	156m 水位运行期	江北铜锣峡口
第三阶段（2008～2009 年）	175m 试验性蓄水期	重庆主城区
第四阶段（2010 年以后）	175m 水位运行期	重庆朱沱

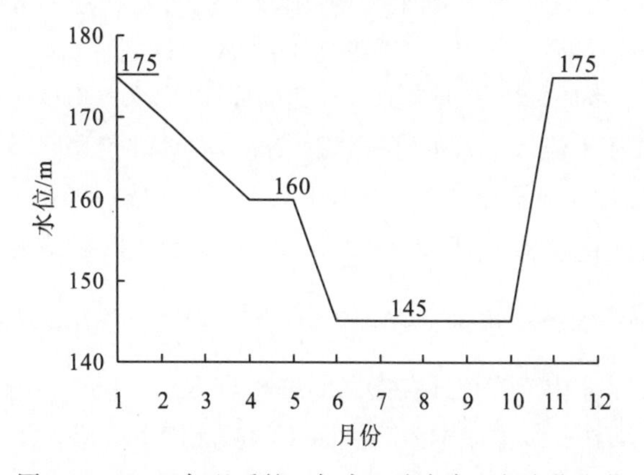

图 5-11　2010 年以后的 1 年内三峡水库运行水位变化

水质监测断面：①重庆朱沱断面[图 5-12(a)]，处于川渝交界处，为库区长江干流入库口，距三峡大坝 750km，属水库 175m 蓄水的背景断面；②湖北宜昌南津关断面[图 5-12(b)]，为库区长江干流出库口，靠近葛洲坝、夷陵和宜昌市区；时间上，考虑到库区的蓄水阶段，选取 2004～2014 年的水质监测数据，分别提取各水质指标每年四个季节的季均值和每年的年均值。

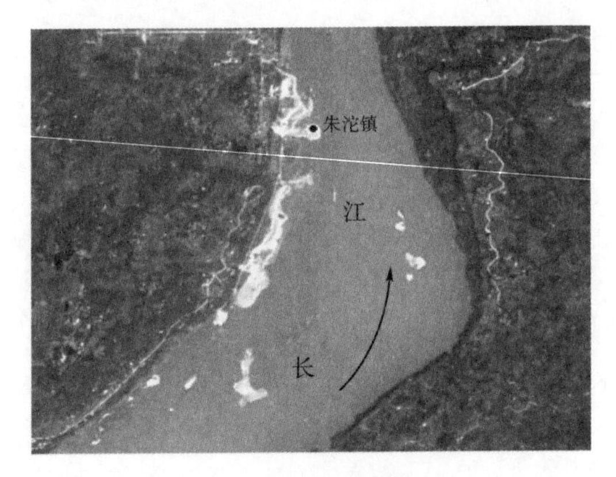

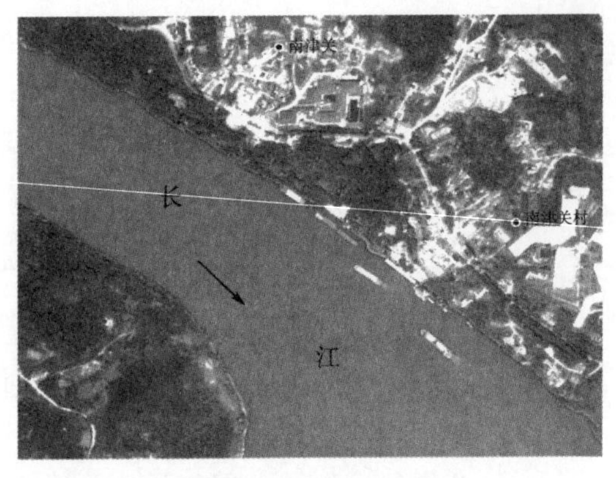

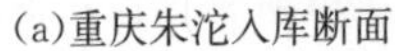
(a)重庆朱沱入库断面　　(b)湖北宜昌南津关出库断面

图 5-12　三峡库区长江干流入口(a)和出口断面(b)

(二)研究方法

1. 基于灰色关联系数矩阵的 TOPSIS 模型

TOPSIS 模型为逼近理想点的排序模型，是一种适于根据多项指标对多方案进行比较选择的分析方法(Hwang et al.，1981；Gumus，2009)，该模型在卫生质量、生态效益评价、水环境评估等领域得到广泛的应用(陈艳萍等，2009；胡林林等，2013；李灿等，2013)。但传统的 TOPSIS 模型受限于统计数据少且易受人为干扰的影响，导致数据波动大、规律不明显，而灰色关联分析所具有原始数据少、原理简单、运算方便和易于挖掘数据规律等优点恰好能弥补“贫信息、少样本”的限制(沈珍瑶等，2005；Shao et al.，2012)。为此，在已有研究基础上，应用基于灰色关联系数矩阵的 TOPSIS 模型，以便更准确地把握样本方案与理想样本间的空间距离，提高评价精度。

以 2 个断面和 5 个水质标准等级为评价方案(i)，以 DO、COD_{Mn}和 NH_3-N 为评价指标(j)，评价三峡库区长江干流入出库水质的健康状况。具体评价思路和方案如下所述。

(1)构建加权标准化矩阵 $U_k=(r_{ij})_{m\times n}$，($1\leqslant i\leqslant 7$，$1\leqslant j\leqslant 3$，$m=7$，$n=3$)，各指标权重利用层次分析法的主观权重 W_j^1(Sener et al.，2013)和熵权系数的客观权重 W_j^2(Pan et al.，2015)建立综合权重 $W_j=W_j^1W_j^2/(\sum_{j=1}^{n}W_j^1W_j^2)$ 得到，r_{ij}是各指标原始值的标准化结果。根据加权标准化矩阵统计各指标的理想点 R_j，对于“效益型”指标(DO)，R_j为各指标列的最大值$\max_i(r_{ij})$，“成本型”指标(COD_{Mn}和 NH_3-N)，R_j为最小值$\min_i(r_{ij})$。

(2)计算第 i 个方案与理想解 R_j 关于第 j 个指标的灰色关联系数 $q_{ij}=\dfrac{\min_i\min_j|R_j-r_j|+\xi\max_i\max_j|R_j-r_j|}{|R_j-r_j|+\xi\max_i\max_j|R_j-r_j|}$，并构建水质评价的灰色关联系数矩阵 $Q_k=(q_{ij})_{m\times n}$。因关联系数矩阵可反映方案在特定指标上接近理想方案的程度，Q_k中的

指标均为正向指标，由关联系数矩阵确定的正理想解 q_j^+ 由最大的关联系数构成，负理想解 q_j^- 由最小的关联系数构成。

(3)计算第 i 个方案到正理想点和负理想点的距离 $d_i^+ = \sqrt{\sum_{j=1}^{n}(q_{ij} - q_j^+)^2}$ 和 $d_i^- = \sqrt{\sum_{j=1}^{n}(q_{ij} - q_j^-)^2}$，以及各方案的相对贴近度 $C_i = d_i^- / (d_i^+ + d_i^-)$。按照相对贴近度的大小对方案进行排序，断面的相对贴进度越大，表明该断面的水质越好，反之越差；其次是，若断面的相对贴近度介于两个相邻水质标准等级的相对贴近度间，则该断面的水质级别属于较低标准等级。

2. 时间序列的 R/S 分析

R/S 分析是时间尺度上演变趋势的非线性数量分析和预测方法(Hurst et al.，1965；江田汉等，2004)，该方法的前提在于 Hurst 指数的计算，并由其判断时间序列的未来趋势，是完全随机的抑或存在趋势性成分等，Hurst 指数的主要思想是假设一个质点在一维时间轴上游走，那么累积均值离差就是质点随时间偏离起始点的距离，如果改变所有断面水质监测的时间尺度，就可以研究其统计特性变化规律。具体计算过程为：给定一个时间序列 $\{\xi(t)\}$，$(t=1,2,\cdots,n)$，对于任意正整数 $\tau \geqslant 1$，定义均值序列为 $\langle\xi\rangle_r = \frac{1}{t}\sum_{t=1}^{\tau}\xi(t)$，$(\tau=1,2,\cdots,n)$；累计离差为 $X(t,\tau) = \sum_{t=1}^{\tau}[\xi(u) - \langle\xi\rangle_\tau]$，$1 \leqslant t \leqslant \tau$；极差为 $R(\tau) = \max_{1\leqslant t\leqslant\tau} X(t,\tau) - \min_{1\leqslant t\leqslant\tau} X(t,\tau)$，$(\tau=1,2,\cdots,n)$；标准差为 $S(\tau) = \sqrt{\frac{1}{t}\sum_{t=1}^{\tau}[\xi(t) - \langle\xi\rangle_\tau]^2}$，$(\tau=1,2,\cdots,n)$。

对于比值 $H = R(\tau)/S(\tau) = R/S$，若存在如下关系 $R/S \propto \tau^H$，则说明时间序列 $\{\xi(t)\}$，$(t=1,2,\cdots,n)$存在 Hurst 现象，H 称为 Hurst 指数，其值可在双对数坐标系($\ln\tau$，$\ln R/S$)中用最小二乘法拟合得到。Hurst 指数(H)取值有三种形式(张子龙等，2013)：①若 $0.5 < H < 1$，表明该指标在时间尺度上的变化具有持久性，过去的一个增量对应未来的一个增量，即时间序列前后正相关；②若 $H = 0.5$，表明该指标的时间序列为相互独立的随机序列，具有“无后效性”；③若 $0 < H < 0.5$，表明该指标的时间序列数据具有反持续性，过去变量与未来趋势呈负相关，序列有突变跳跃特性。H 越接近 0，其反持续性越强；H 越接近 0.5，时间序列的随机性越强；越接近 1，其持续性越强。第一种和第三种形式可以进一步分级，持续性和反持续性强度由弱到强都分为 5 级，其中持续性强度用 1～ 5 级表示，反持续性强度则用−1～−5 级表示(表 5-12)。

表 5-12　Hurst 指数分级表

等级	Hurst 指数值域	持续性强度	等级	Hurst 指数值域	持续性强度
1	$0.5 < H \leqslant 0.55$	很弱	−1	$0.45 < H < 0.5$	很弱
2	$0.55 < H \leqslant 0.65$	较弱	−2	$0.35 < H \leqslant 0.45$	较弱
3	$0.65 < H \leqslant 0.75$	较强	−3	$0.25 < H \leqslant 0.35$	较强

续表

等级	Hurst 指数值域	持续性强度	等级	Hurst 指数值域	持续性强度
4	$0.75<H\leqslant0.8$	强	−4	$0.2<H\leqslant0.25$	强
5	$0.8<H\leqslant1$	很强	−5	$0<H\leqslant0.2$	很强

二、结果与分析

(一)单一水质指标评价

1. 年均评价

由图 5-13(a)可知，2004～2014 年长江干流入出库断面溶解氧的年均值在多数年份均为Ⅰ类水质标准，而少数年份为Ⅱ类水质标准，最明显的是 2008 年入库断面的 DO 年均值小于 7.5mg/L。时间变化上，入出库断面 DO 年均值变化存在显著阶段性特征，且与水库蓄水阶段具有一定的吻合性，表现为处于蓄水第一阶段的 2004～2005 年和处于蓄水第四阶段的 2010～2014 年为入库断面大于出库断面，而处于蓄水第二阶段和第三阶段的 2006～2009 年阶段相反。由此可见，库区长江干流的入库与出库断面 DO 年均变化明显受到库区阶段性蓄水作用。

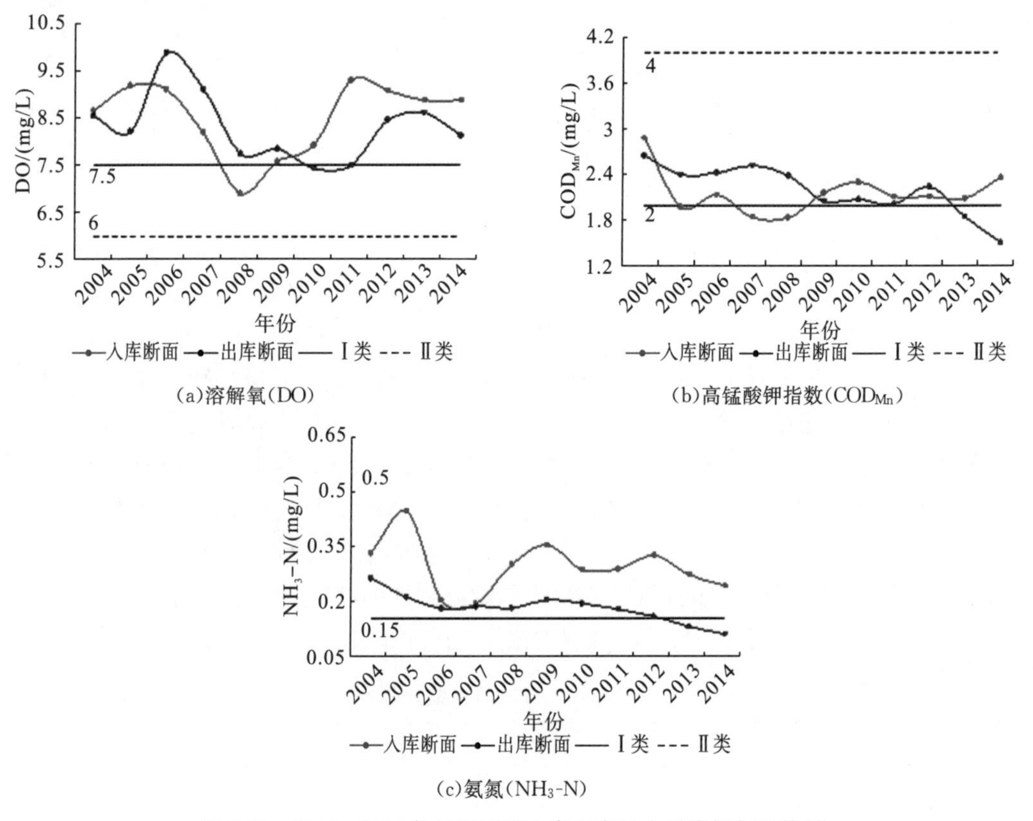

(a)溶解氧(DO)

(b)高锰酸钾指数(COD_{Mn})

(c)氨氮(NH_3-N)

图 5-13　2004～2014 年长江干流入库出库的水质指标年均特征

由图 5-13(b)和图 5-13(c)可知，相比于 DO 指标，COD_{Mn}和 NH_3-N 指标偏离Ⅰ类

水质标准的年份减少，逼近Ⅱ类水质标准的年份增多，且蓄水阶段性特征不明显。由图 5-13(b)可知，COD_{Mn}为Ⅰ类水质标准的年份有 2005 年、2007～2008 年的入库断面，2013～2014 年的出库断面，其他年份的入出库断面均为Ⅱ类水质标准，而且随着时间推进，出库断面的COD_{Mn}年均浓度逐渐减小，而入库断面有微弱的增大趋势，表明库区蓄水以来入库断面的COD_{Mn}水质比出库断面的要差。图 5-13(c)可知，NH_3-N 相对于COD_{Mn}更逼近于Ⅱ类水质标准线，除 2012～2014 年的出库断面为Ⅰ类水质标准，其余年份的入出库断面均为Ⅱ类水质标准，且入库断面的NH_3-N 年均值在水库蓄水后的 2004～2014 年均大于出库断面，且出库断面呈现逐渐减小趋势，表明库区长江干流的入库NH_3-N 水质劣于出库。

综合这三个水质指标的年均值变化规律可以看出，时间变化上库区入库断面相比于出库断面更倾向于水质较差的趋势，即从 DO 到COD_{Mn}再到NH_3-N，入库断面越表现出偏离Ⅰ类水质标准的趋势，水质越差。

2. 季均评价

由图 5-14(a)可知，入库断面的 DO 指标季均值在 2004～2014 年大体表现为蓄水第二阶段和第三阶段小于第一阶段和第四阶段，这与上述入库断面的 DO 年均特征相似，且前后两个阶段均以第一季度的均值最大，其次是第四季度。由图 5-14(b)可知，与入库断面不同的是，出库断面(出库断面)的 DO 指标季均值的最大特征在 2006 年第二季度(14.06 mg/L)和 2007 年第一季度(14.8mg/L)达到峰值，其余年份均在Ⅰ类水质标准线上下波动。

由图 5-14(c)可知，最为明显的是，入库断面COD_{Mn}指标的 2004 年第二季度均值(4.8mg/L)超过Ⅱ类水质标准线，为Ⅲ类水质标准，而且，在蓄水第一阶段的 2004～2005 年和蓄水第三阶段的 2010～2014 年表现为第二、三季度均值大于第一、四季度。由图 5-14(d)可知，出库断面的COD_{Mn}指标的 2004～2008 年的季均值几乎都在Ⅰ类和Ⅱ类水质标准线间波动，2009 年后出现低于Ⅰ类水质标准线的季度均值，即COD_{Mn}的水质较 2009 年前好转。比较入库和出库两断面，可以发现入库断面COD_{Mn}指标季均浓度小于Ⅱ类水质标准的年份要多于出库断面的，但相比于 DO 指标，入库断面COD_{Mn}指标所表现的水质好于出库断面的趋势明显减弱。

由图 5-14(e)可知，入库断面的NH_3-N 指标季均值在 2004 第一季度(0.512mg/L)和 2005 年第一、二季度(0.543mg/L、0.605mg/L)达到Ⅲ类水质标准，达到Ⅰ类水质标准的仅出现在 2006 年第四季度(0.11mg/L)和 2007 年第一季度(0.12mg/L)，其余年份处于Ⅰ类和Ⅱ类水质标准线间。由图 5-14(f)可知，出库断面的NH_3-N 指标季均值在 2004～2014 年的年际变化趋势类似于COD_{Mn}，总体上呈现出随时间推进而逐渐降低的趋势，预示着水质变好。不同的是Ⅰ类水质标准出现的时间延后到 2012 年，2013～2014 年NH_3-N 指标季均值均为Ⅰ类水质标准。

综合这三个水质指标的季均值变化规律可以看出，整体变化趋势上，从 DO 到COD_{Mn}再到NH_3-N，入库和出库断面均表现出越来越偏离Ⅰ类水质标准的趋势，这与年均特征较为一致，所不同的是，出库断面要比入库断面的水质表现出随时间演变而更倾向于Ⅰ类水质标准。因此，在季均特征上，库区长江干流的入库水质随时间演进相比于出库在单一水质指标所反映的水质要差。

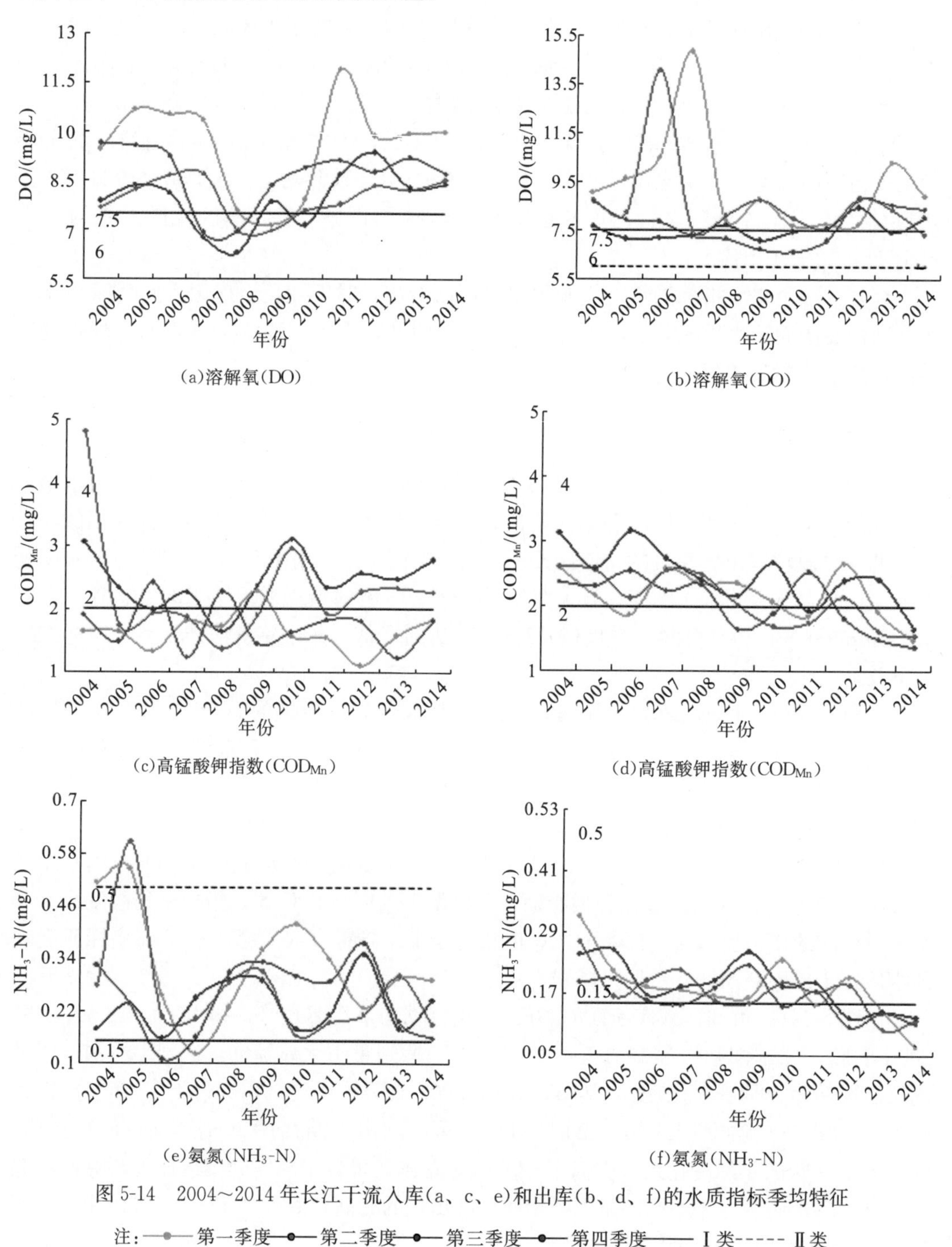

(a)溶解氧(DO)　　(b)溶解氧(DO)

(c)高锰酸钾指数(COD_{Mn})　　(d)高锰酸钾指数(COD_{Mn})

(e)氨氮(NH_3-N)　　(f)氨氮(NH_3-N)

图 5-14　2004～2014 年长江干流入库(a、c、e)和出库(b、d、f)的水质指标季均特征

注：第一季度　第二季度　第三季度　第四季度　Ⅰ类　Ⅱ类

(二)2004～2014 年水质综合评价

单一水质指标所表现的水质变化规律并不能完全反映出断面水质的综合优劣，因此

需要对水质指标通过统计分析进行水质优劣排序，以此反映库区长江干流入库与出库的水质时空演变特征。

1. 年均评价

由图 5-15(a)可知，2004～2014 年入库和出库断面的水质污染贴近度均介于Ⅰ、Ⅱ类污染标准的贴近度之间，且主要在Ⅰ类污染标准的贴近度曲线上下波动，由此可见库区长江干流的入出库水质在 2004～2014 年介于Ⅰ、Ⅱ类水质标准，这与单一水质指标的年均值所表现的水质一致。

由图 5-15(b)可知，比较入库断面和出库断面分别与Ⅰ类水质标准的相对贴近度差值发现，在蓄水第一阶段的 2004～2005 年表现为两段面水质的交替变换，蓄水第二和第三阶段的 2006～2009 年入库断面水质均小于出库断面，第四阶段的 2010～2014 年入库断面水质均大于出库断面，由此存在明显的蓄水阶段性，这与 DO 水质指标的年均值变化规律所反映的水质变化较为类似，进一步地可以说明，三峡工程阶段性的蓄水对长江干流水质产生明显影响。

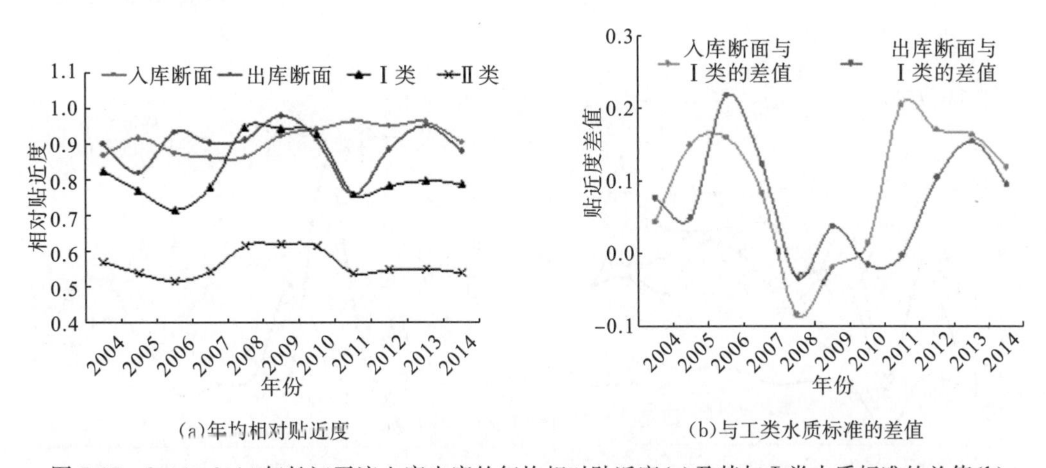

(a)年均相对贴近度　　(b)与Ⅰ类水质标准的差值

图 5-15　2004～2014 年长江干流入库出库的年均相对贴近度(a)及其与Ⅰ类水质标准的差值(b)

2. 季均评价

由图 5-16(a1)、图 5-16(b1)、图 5-16(c1)和图 5-16(d1)可知，每年四季度入出库断面水质的相对贴近度表现在Ⅰ类水质标准的相对贴近度曲线上下波动，且均大于Ⅱ类水质标准的相对贴近度曲线，说明两断面每年四季度的相对贴近度均在Ⅰ、Ⅱ类水质标准间波动，为Ⅰ、Ⅱ类水质标准，这与全年均值计算的结果[图 5-16(a)]较为类似。进一步地比较四个季度可发现，四个季度入出库断面的水质相对贴近度在 2004～2014 年存在着相反的升降趋势，少数年份存在同步变化趋势，而且呈现着“螺旋式”的年际交替变化规律，这表明了三峡库区长江干流入库和出库的季度水质变化存在着反向年际变动，也进一步说明三峡工程的开发建设、入库与出库间的沿程区域开发治理等人为活动对长江干流水质的影响。

与Ⅰ类水质标准的相对贴近度差值可以发现，由图 5-16(a2)可知，第一季度的入库与出库断面水质在大多数年份都超过Ⅰ类水质标准，表明第一季度的水质最好。与第一季度相反的是，由图5-16(c2)可知，第三季度水质低于Ⅰ类水质标准的年份较多，与Ⅰ类水质标准相对贴进度的差值的最大值也不超过0.15，由此可见第三季度的水质在整体上偏低。第二季度和第四季度的明显差异在于入库和出库[图5-16(b2)和图5-16(d3)]，主要表现为第二季度在除了2007年和2014年以外，其余年份出库断面的水质都好于入库断面，而第四季度在除了2008年和2012年以外，其余年份入库断面水质都好于出库断面。

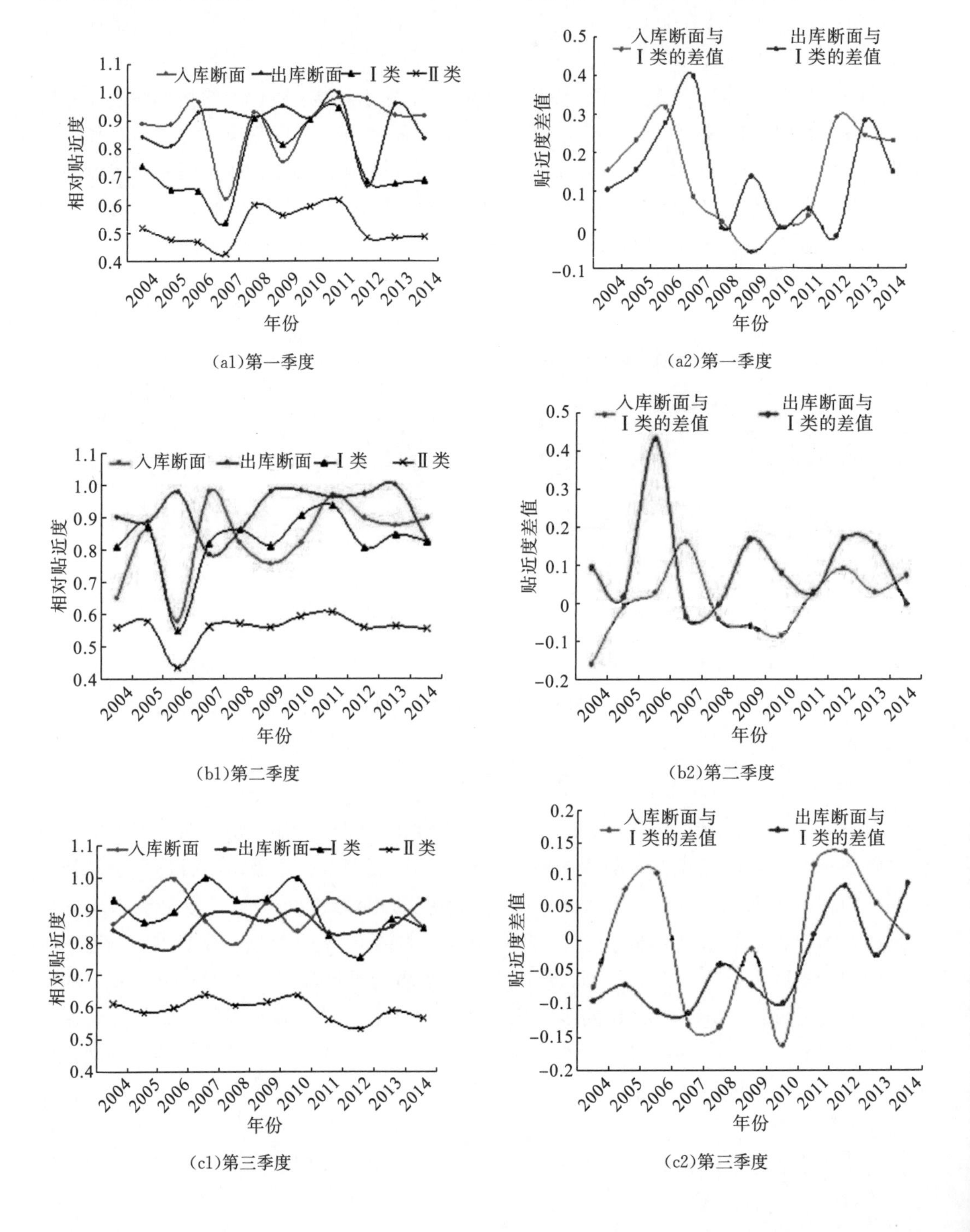

(a1)第一季度　(a2)第一季度

(b1)第二季度　(b2)第二季度

(c1)第三季度　(c2)第三季度

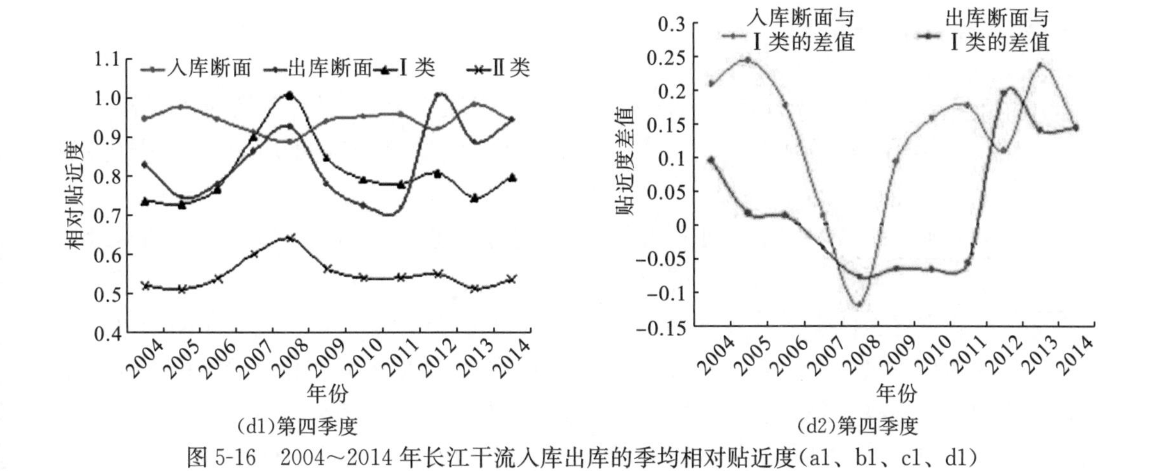

(d1)第四季度　　(d2)第四季度

图 5-16　2004～2014 年长江干流入库出库的季均相对贴近度(a1、b1、c1、d1)及其与Ⅰ类水质标准的差值(a2、b2、c2、d2)

(三)水质变化趋势

1. 年变化趋势

由图 5-17 可知，三峡库区入出库断面水质的未来年均变化趋势与过去存在很好的一致性，表现为较强的长期依赖性和持续性。入库断面的 Hurst 指数为 0.668，出库断面为 0.6201，均大于 0.5，2004～2014 年水质的时间序列变化前后正相关，意味着过去的水质变好会延续到未来相同的时间序列里，即过去的年均水质变好会传导至未来，使水质呈继续变好趋势。为此，可预测，在库区长江干流入出库范围内，未来至少大约 10 年，年均水质的趋好形势会继续下去，这主要得益于国家政府的生态环境保护政策实施，包括水污染治理、生态绿化工程、生态红线和功能规划等，如在《重庆市林地保护利用规划(2010—2020 年)》中划定 420 万公顷林地红线和 373.33 万公顷森林红线(重庆市环境保护局，2014)。尽管如此，由于入库断面水质的 Hurst 指数等级为较强等级，出库的为较弱等级，可见未来变化趋势的持续性不是很强，具有一定的随机性，也就是说，这种水质变好的持续趋势在未来的变化中是不稳定的，需要进一步加强水质监控，比如新增扩建农业面源污染定位监测国控点，并与全国联网运行。

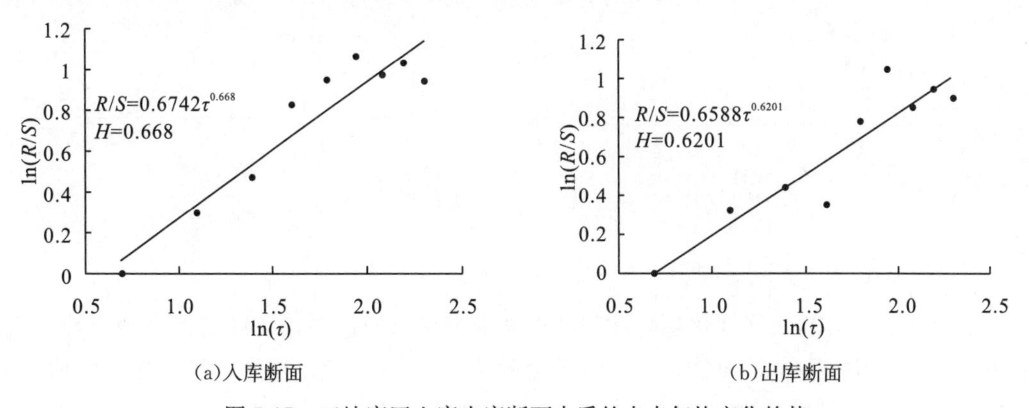

(a)入库断面　　(b)出库断面

图 5-17　三峡库区入库出库断面水质的未来年均变化趋势

2. 季变化趋势

总体来看，库区长江干流入出库断面的四个季度水质的未来变化趋势同样存在 Hurst 现象，但各断面水质的季均未来变化趋势强度达不到相应年均未来变化趋势的程度。

入库断面水质的未来变化趋势随四个季度的推进表现出同过去由反向到正向持续性的过渡。由图 5-18(a)、图 5-18(b)可知，一、二季度的 H 均小于 0.5，反持续性强度为较弱等级，两季度长江干流入库水质的季均未来变化趋势与 2004～2014 年的相反，而 2004～2014 年两季度长江干流入库水质均在Ⅰ、Ⅱ类水质标准间变化，可见两季度未来入库水质的变化趋势将会低于Ⅰ、Ⅱ类水质标准，但这种变化趋势程度不高，水质仍然会有反弹趋好的态势。相反，由图 5-18(c)、图 5-18(d)可知，第三、四季度的 H 均大于 0.5，两季度长江干流入库水质的季均未来变化趋势能保持 2004～2014 年的变化趋势，两季度未来入库水质的变化持续地维持在Ⅰ、Ⅱ类水质标准间，不同的是，第三季度的持续性强度很弱，有转换为低水质的风险，而第四季度的持续性稍微较强。

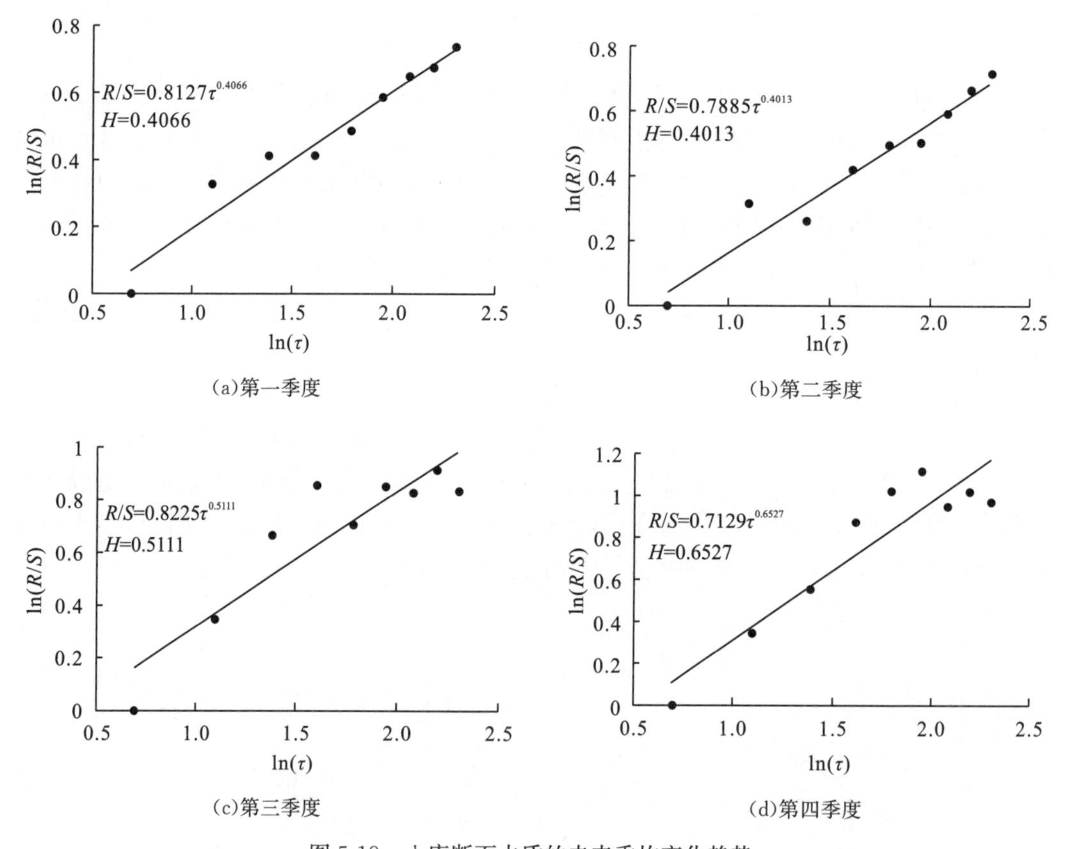

图 5-18　入库断面水质的未来季均变化趋势

出库断面水质的未来变化趋势在四个季度中表现出与过去正、反持续性的交替变换。由图 5-19(a)、图 5-19(c)可知，一、三季度的 H 均小于 0.5，且变化趋势强度相似，分别为 0.488 和 0.4844，与 2004～2014 年的变化趋势相反，表现出与过去的反持续性，但反持续性很弱。由图 5-19(b)、图 5-19(d)可知，二、四季度的 H 均大于 0.5，分别为 0.5706 和 0.5542，小于相应年均未来变化趋势，表现出与过去的正持续性，继续在Ⅰ、Ⅱ类水质标准间变化。但与年均水质的未来变化趋势一致，持续性较弱，因此这一变化有一定的随机性，未来趋势不稳定。

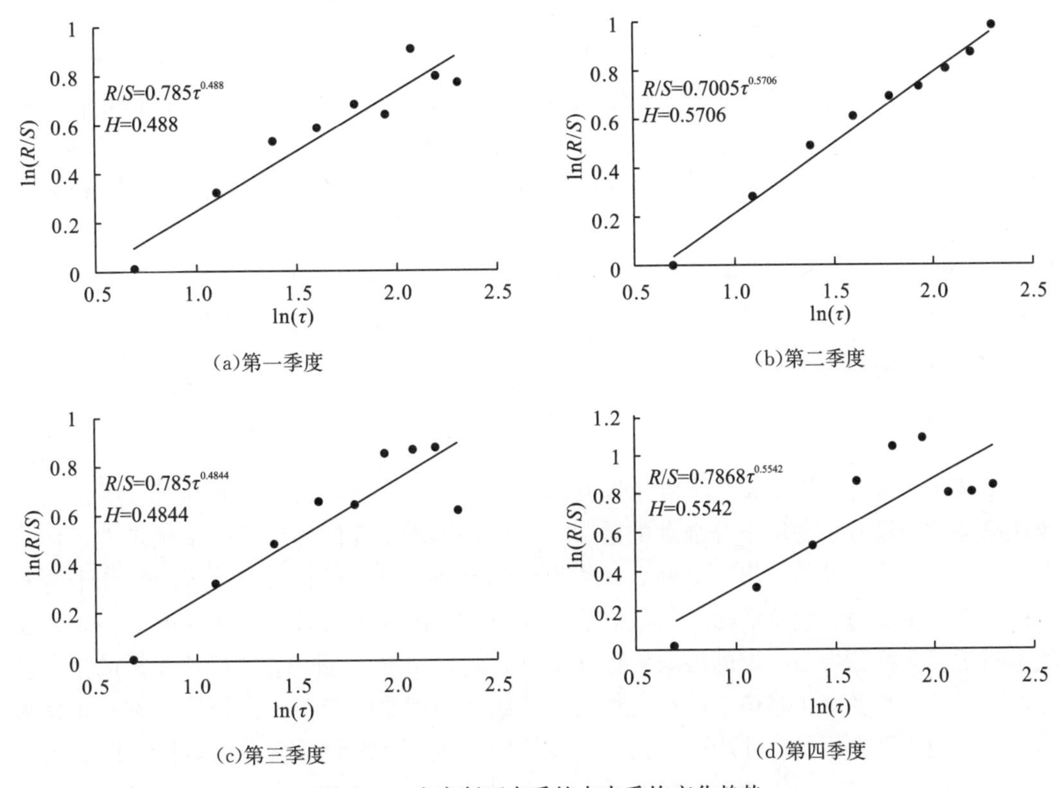

(a)第一季度　(b)第二季度

(c)第三季度　(d)第四季度

图 5-19　出库断面水质的未来季均变化趋势

(四)评价结果分析与探讨

1. 单一指标评价

在年均特征和季均特征方面，DO 所反映的库区长江干流入库和出库水质在多数年份都处于Ⅰ类水质标准；而 COD_{Mn} 和 NH_3-N 所反映的特征为入库比出库的水质要差，且随着时间推进出库断面的水质逐渐呈好，这与印士勇等(2011)、黄庆超等(2015)、幸梅等(2008)的研究相近，反映了库区长江干流的上游与库区区间对入库与出库水质的影响。

从库区蓄水后的水文条件变化可以知道，这主要在于三峡库区蓄水的澄清作用。三峡工程蓄水以来，库区长江干流由蓄水前的自然河流转变成蓄水后的人工河流，水文形态发生显著变化，水面变宽和流速减缓使得水体在库区的滞留时间增加，泥沙沉降也随之增强，因此附着于泥沙的有机污染物浓度也降低(娄保锋等，2012；尹真真等，2014；Zhao et al.，2013)，因此距离三峡工程大坝 750km 的重庆朱沱入库断面的水库澄清作用要弱于南津关出库断面，且随着时间推进这种作用越加明显。从区域发展与生态治理可以理解，水质整体趋好和入库水质劣于出库可以说明三峡库区长江干流的水体污染物来源主要来自于域外的输入，而域内近年来推行的各种生态农业发展思路和面源污染治理措施确实起到非常显著的作用(Ni et al.，2013)，如环库柑橘产业带、缓控释肥、水土流失治理等。

2. 水质综合评价

年均变化上，本节采用的水质综合评价方法所得到的水质评价结果同 DO 指标的较为类似，存在明显的蓄水阶段性特征，而没有显示出与 COD_{Mn} 和 NH_3-N 类似的变化规律，这说明了本节选择的基于灰色关联系数矩阵的 TOPSIS 模型方法对溶解氧 DO 指标较为敏感，也表明了 DO 在库区长江干流水质变化中占有重要的成分，进一步说明了水库的阶段性蓄水对库区水质存在显著的影响。尽管不同蓄水阶段的每个季度蓄水位不一，但在季均变化上，长江干流的入库与出库水质变化仍表现出一定的季度特征，因此必然受到季节性因素的影响和控制。

3. 水质变化趋势

年变化趋势上，库区长江干流入库与出库断面的未来水质变化呈现同过去类似的持续性趋势，但没有表现出十分强劲的趋势，也就是水质变好的趋势是很不确定的，仍然存在较大的风险，尤其是出库断面。这可以从污染源解释，已有研究认为，长江干流的污染物来源主要为城镇生活污水排放和农业源排放，因此随着城镇化速度的加快和农业的不断规模化将会带来的新的污染趋势(Ding et al.，2013)，进而使得断面水质的呈好趋势发生逆转。季度变化趋势上，持续性与反持续性强度要弱于年变化趋势，表明未来水质的季度变化趋势不稳定性增强，由于三峡工程已进入常态化的调蓄水阶段，因此未来水质的季度不稳定性趋势主要受控于季节性因素的影响，如水温、入库来水量、泥沙沉积量，以及农业的季节性生产方式等，也需要在后续研究中对影响水质变化的影响因子进行识别。

三、小结

(1)三峡水库蓄水以来的 2004～2014 年，长江干流入出库断面 DO 的年均值以Ⅰ类水质标准为主，少数年份为Ⅱ类水质标准，存在蓄水阶段性特征。COD_{Mn} 和 NH_3-N 的年均值偏离Ⅰ类水质标准的年份减少，偏近Ⅱ类水质标准的年份增多，且入库比出库的水质要差，以及随着时间推进出库断面的水质趋好。

(2)本节采用的水质综合评价方法所得到的年均水质评价结果以Ⅰ类水质标准为主，表现出明显的蓄水阶段性特征，与 DO 指标的较为类似。季度变化上，长江干流的入库与出库水质变化仍表现出一定的季度特征。

(3)库区长江干流入出库断面水质的未来年均变化趋势同过去存在一致性，但持续性不强，有一定随机性。入库断面水质的未来变化趋势伴随四个季度的推进表现出同过去由反向向正向持续性的过渡，但要弱于年变化趋势，且出库断面水质的未来变化趋势在四个季度中表现出与过去正反持续性的交替变换。

第四节　三峡库区重庆段农村面源污染时空格局演变特征

农业面源污染是指进行农业生产和农村生活的过程中产生的污染物(COD、BOD5、TN和TP)，在降水或灌溉过程中，通过农田地表径流和农田排水等途径汇入地表水体引起的有机物或者氮、磷污染，主要包括化肥污染、农药污染、集约化养殖场污染、农膜污染、固体废弃物污染等(国家环保总局，2002；周琳等，2010；Xu et al.，2010)，随着工业点源污染和城镇生活点源污染得到逐步治理，农业面源污染将成为我国水污染的主要矛盾(刘光德等，2004)。目前，研究问题主要集中在农业面源污染的特点、分析农业面源污染的多个来源，以及面源污染的防治措施等(刘光德等，2004；王莉玮，2005；陈洪波，2006；李杰霞等，2008)，而对于空间分异的研究也仅限于一个时间点(李杰霞等，2008；徐丽萍等，2011)，对于农业面源污染的各污染源在空间的相关性以及在时间变化特征上的研究不足，忽略了连续时间内的面源污染时空格局演变特征。另外，在研究方法上，获取和分析面源污染的来源及影响多是借助于清单分析法(陈敏鹏等，2006)、数学模型法(Grunwald et al.，1999；Scheren et al.，2000；Grunwalda et al.，2000；Nigussie et al.，2003；Hassen et al.，2004)、综合调查法(钱秀红，2001)以及聚类分析(曹彦龙等，2007b)等。

三峡库区作为一个具有区域特色的局部地区，面源污染问题对库区的自然生态环境和社会经济环境的响应是迅速而明显的。尤其在库区蓄水之后，江水的流速和流态发生了变化，这种变化改变了水环境物流的物理和化学条件，从而降低了污染物在水体中的稀释、降解扩散和转化等过程(张智等，2005)。但是就目前的研究来看，在研究内容上，已有的研究忽略了连续时间内库区面源污染的格局演变。在研究方法上，目前关于库区面源污染的研究方法无法在空间的相关性和时间变化的冷热程度上反映面源污染的变化特征。

为此，本节以三峡库区重庆段21个区（县）(因为渝中区已经没有农业，所以不列入考虑范围)为实例，在区（县）级尺度上，以“三峡建委”对整个三峡工程建设的阶段划分为依据，且考虑到数据质量及可得性，重点分析2005年、2008年、2011年三个阶段(三个时点)，选取化学肥料施用、有机肥施用、农作物秸秆、畜禽养殖、水产养殖、农村生活污水、生活垃圾和农田土壤侵蚀等8个来源中农业面源污染化学需氧量(COD)、生化需氧量(BOD5)、全氮(TN)、全磷(TP)的绝对排放量，并在此基础上借助全局空间自相关方法来分析各类污染指标在空间上是否具有相关性，以及用冷热点分析方法，研究各项指标的时空变化特征，旨在对比研究三峡库区不同的建设阶段污染排放的时空演变格局，以期为编制重庆市农业面源污染防治规划提供科学依据。

一、材料与方法

(一)区域概况

三峡水库作为目前具有特殊典型意义的地域单元，因受大坝建成后回水淹没、拆迁、安置的影响，行政上包括渝鄂 2 个省市，是长江中下游地区的生态环境屏障和西部生态环境建设的重点(刘晓冉等，2012)。而三峡库区重庆段位于三峡库区西段，地理范围为 N28°～N31°，E105°～E110°。东南、东北与鄂西交界，西南与川黔接壤，西北与川陕相邻，主要包括等 22 个区（县）(刘春霞等，2011)(图 5-20)。这其中包括库区腹地的“一区五县”：万州区、巫山县、巫溪县、云阳县、开县、奉节县；库中的“两区四县”：涪陵区、长寿区、石柱土家族自治县、丰都县、武隆县、忠县；还有库尾的江津区和主城九区。而三峡库区重庆段覆盖了大部分三峡库区范围，占三峡库区总面积的 85%，是长江上游重要的生态脆弱区之一。

三峡库区重庆段地处亚热带季风气候区，气候温和湿润，空气湿度大，降雨充沛，平均气温高。该地区处于大巴山褶皱带、川东褶皱带和川鄂湘黔隆起带三大构造单元交汇处，地形起伏剧烈。土壤以冲积土、紫色土、水稻土为主(李建国等，2012)。库区物种资源丰富，区域森林覆盖率为 22.3%，地带性植被以亚热带常绿阔叶林、暖性针叶林为主(李月臣等，2009b)。

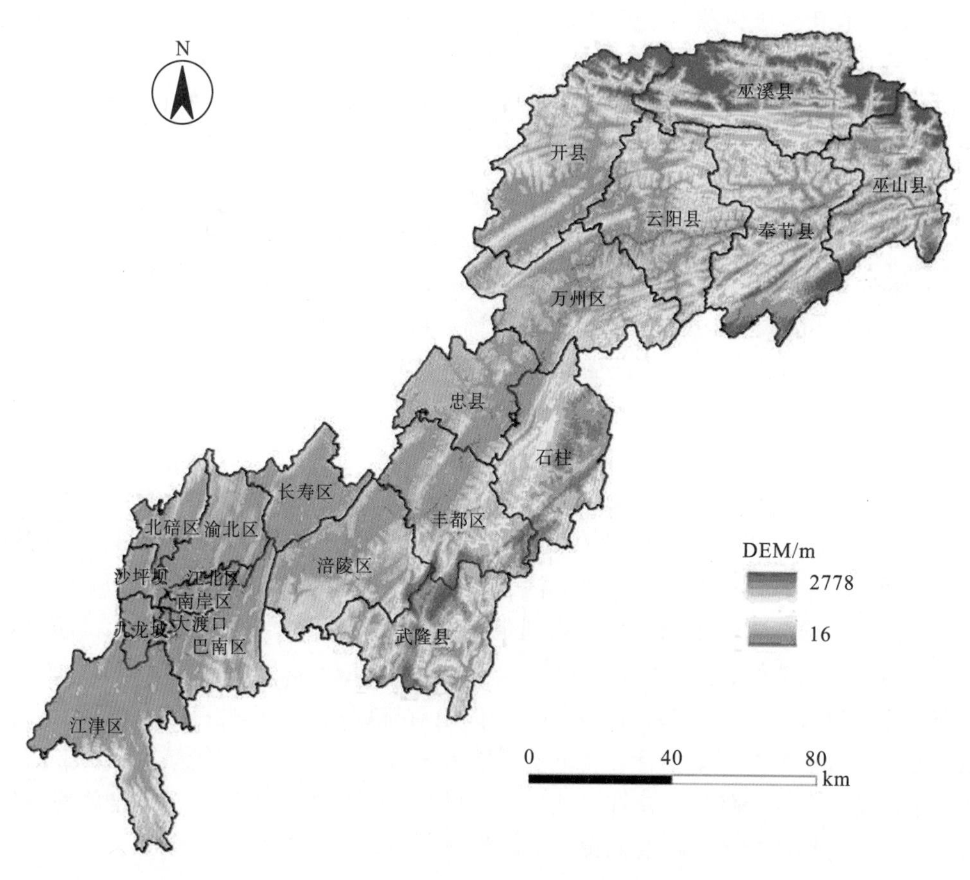

图 5-20　三峡库区行政区划和数字高程

(二)数据来源

以“三建委”对整个三峡工程建设的阶段划分为依据，从 2003 年三峡库区正式蓄水开始，2003～2006年属于正式蓄水到三峡大坝全线建成阶段(取2005年时间节点)，蓄水水位为135m。2007～2009年属于后期导流阶段(取2008年时间节点)，蓄水水位由135m提高到156m，且移民搬迁工作全面结束，移民扰动结束。2009年之后属于正常蓄水阶段(取2011年时间节点)，蓄水水位将达到最终的蓄水目标175m。同时考虑到数据获取的可行性与相对完整性，2003年之前的全要素数据获取难度大，个别数据难以收集补充，故选取2003～2012年为研究时限，并选取2005年、2008年、2011年共3个时间节点来代表三个阶段分析三峡库区重庆段农业面源污染时空格局演变特征。

研究中涉及的数据主要来源于重庆市统计局网站的2003～2012年《重庆统计年鉴》《重庆市各区县主要农产品生产、贸易及排名》及重庆市全市土地变更调查数据。基础图件为重庆市行政区划图。

(三)研究方法

1. 农业面源污染实物排放量的核算

依据2005年、2008年、2011年重庆市统计年鉴中化肥、有机肥施用量，畜禽养殖量等基础数据，计算出各年的化肥污染排放、有机肥污染排放、作物秸秆污染排放量、畜禽养殖污染排放量、水产养殖、农村生活污水排放量、生活垃圾排放量和农田土壤侵蚀排放量等中的COD、BOD5、TN、TN的绝对排放量(杨志敏，2009)。具体核算方法如表5-13所示，表中各类系数的确定参考了第一次全国农业污染普查结果，以及重庆市种植业源、养殖业源污染物流失系数测算报告和三峡库区农村生活污染源产排污系数测算报告。

表5-13　农业面源污染实物排放量核算方法

指标	公式	变量
化肥污染排放量/($t \cdot a^{-1}$)	化肥施用量(折纯量)×入河系数	据重庆市农业环境检测站调查研究，氮磷肥的入河系数为0.1007和0.0599。以氮肥、磷肥的折纯量分别计算TN、TP的排放量，不考虑化肥的COD、BOD5的排放量
有机肥污染排放量/($t \cdot a^{-1}$)	有机肥施用量×(1－有机肥利用率)×有机肥养分含量×入河系数	入河系数取0.01，利用率为抽样调查取得、有机肥养分含量分别由相关资料提供(全国农业技术推广服务中心，1999)
作物秸秆污染排放量/($t \cdot a^{-1}$)	某作物产量×某作物秸秆产出系数×(1－秸秆利用率)×秸秆养分含量×入河系数	入河系数取0.01，其综合利用率为抽样调查取得。秸秆产出系数与养分含量由相关文献提供(全国农业技术推广服务中心，1999；李茂松等，2004)
畜禽养殖污染排放量/($t \cdot a^{-1}$)	养殖总量×畜禽粪便排放系数×粪便中污染物平均含量×污染物入河系数	畜禽粪便排放系数、畜禽粪便中污染物平均含量及其入河系数由国家环保总局推荐(国家环保总局，2002)
水产养殖/($t \cdot a^{-1}$)	淡水养殖产量×污染物排放系数	水产养殖污染排放量根据淡水鱼类产品，借助其他城市的排放系数计算(黄欢等，2007)
生活污水污染排放量/($t \cdot a^{-1}$)	乡村人口总数×农村生活污水排放系数×污水平均含量×入河系数	抽样调查显示重庆市农村人均生活污水排放量为0.67 $L \cdot d^{-1}$，参考重庆市环境监测中心的检测结果，COD、BOD5、TN、TP分别取292.69 $mg \cdot L^{-1}$、138.33 $mg \cdot L^{-1}$、44.14 $mg \cdot L^{-1}$、4.49 $mg \cdot L^{-1}$，乡村入河系数取0.30

续表

指标	公式	变量
生活垃圾污染排放量/($t \cdot a^{-1}$)	乡村人口总数×农村生活垃圾排放系数×垃圾渗滤液平均含量×入河系数	抽样调查显示重庆市农村人均生活垃圾排放量为0.67 $kg \cdot d^{-1}$，其 COD、BOD5、TN、TP 参考垃圾渗滤液，分别取 50.00 $mg \cdot kg^{-1}$、5.00 $mg \cdot kg^{-1}$、1.00 $mg \cdot kg^{-1}$、0.2 $mg \cdot kg^{-1}$，乡村入河系数取 0.20
农田土壤侵蚀排放量/($t \cdot a^{-1}$)	$W_i = S_i \times DA \times C_i \times 10^{-6}$	W_i为水土流失带入河流的污染物量($t \cdot a^{-1}$)；S_i 为区域土壤年侵蚀量，即水土流失面积与侵蚀模数的乘积($t \cdot a^{-1}$)，数据来源重庆市土地利用调查数据；DA 为水体泥沙转移比，取 0.046；C_i 为土壤中污染物背景值(徐丽萍等，2011)($mg \cdot kg^{-1}$)。COD、BOD5、TN、TP 分别取 15 000 $g \cdot t^{-1}$、2000 $g \cdot t^{-1}$、100 $g \cdot t^{-1}$、20 $g \cdot t^{-1}$

2. 数据预处理

数据收集完以后，要依据以上计算过程进行处理，核算出三个时间点三峡库区重庆段各个区县的 COD、BOD5、TN、TN 的绝对排放量，具体核算方法如表 5-14 所示，并对核算所得的各个量，运用统计学中的模糊聚类分析的方法，划分高低量。另外要实现数据的空间相关和热点分析，就要把所有空间数据统一到一个地理信息系统软件平台上，确定地图投影、数据库比例尺等方面的内容，建立 GIS 数据库。矢量数据的处理均在 ArcGIS10.1 软件的支持下完成。采用高斯投影，并运用重庆市行政区划图作为基准图件，对库区重庆段涉及的区县进行提取处理，在属性表中增添新的字段，将数据导入 GIS 数据库中。

表 5-14　农业面源污染 COD、BOD5、TN、TP 绝对实物排放量区间划分(单位：$t \cdot a^{-1}$)

	低量	次低量	次高量	高量
COD	0～5000	5000～10000	10000～15000	>15000
BOD5	0～2500	2500～5000	5000～7500	>7500
TN	0～2000	2000～4000	4000～6000	>6000
TP	0～500	500～1000	1000～1500	>1500

3. 空间自相关分析

空间自相关的测度主要用于检验空间单元与其相邻的空间单元的属性之间是否具有相似性，即其是否存在集聚的趋向。Global Moran's I(GMI)是评价空间自相关统计的常用统计指标。本书研究主要用以探索农业面源污染在区(县)尺度上的整体分布状况，判断该现象在空间上是否存在集聚，从而分析整个研究区的空间关联结构模式，本书研究中 GMI 的计算利用 ArcGIS 10.1 实现。

$$\mathrm{GMI}=\frac{\sum_{i=1}^{n}\sum_{i=1}^{n}W_{ij}(X-\overline{X})(X_j-\overline{X})}{S^2\sum_{i=1}^{n}\sum_{i=1}^{n}W_{ij}} \tag{5-15}$$

式中，$S^2=\frac{1}{n}\sum_{i=1}^{n}(X_i-\overline{X^2})$；$\overline{X}=\frac{1}{n}\sum_{i=1}^{n}X_i$；$n$ 是研究区内地区总数；X_i 和 X_j 分别为属性特征 X 在空间单元 i 和 j 上的观测值；W_{ij} 为采用临近标准构建的空间权重矩阵。其中空间关系选择 K 最近点权重(k-nearest neighbor)，距离方法选择欧几里得距离(euclidean distance)。GMI 的取值范围为－1～1，在显著性水平为 0.01 时，如 GMI 显著为正，表明三峡库区重庆段各项污染指标特征具有明显的集聚态势；若 GMI 显著为负，表明各项污染指标具有明显的空间差异特征；若 GMI 接近于 0，表明随机分布，空间分布没有相关性。

4. 冷热点分析

$$G_i^*(d)=\sum_{j=1}^{n}W_{ij}(d)X/\sum_{j=1}^{n}X_{ij} \tag{5-16}$$

冷热点分析是探索局部空间聚类分布特征的方法，用于标识出变量空间集聚程度的热点区(高值区)与冷点区(低值区)，G_i^* 是刻画区域冷热点的常用指标，本书研究用其反映区域之间各项污染指标的关联程度，其计算利用 ArcGIS 10.1 实现。$Z(G_i^*)^2=G_i^*-E(G_i^*)/\sqrt{Var(G_i^*)}$，$Z(G_i^*)$的显著程度则用于识别不同区域热点与冷点的空间分布。本书对 $Z(G_i^*)$通过 ArcGIS 10.1 的 Nature Break 分类方法，划分为热点区域、次热点区域、过渡区域、次冷点区域和冷点区域。

二、结果与分析

(一)农业面源污染的总体变化与趋势特征

从区(县)蓄水以来的三个时间点来看，2005 年三峡库区重庆段的农业面源污染引起的 COD、BOD5、TN、TP 绝对排放量分别为 $15.85\times10^4\ \mathrm{t\cdot a^{-1}}$、$7.35\times10^4\ \mathrm{t\cdot a^{-1}}$、$5.50\times10^4\ \mathrm{t\cdot a^{-1}}$和 $0.97\times10^4\mathrm{t\cdot a^{-1}}$。2008 年的 COD、BOD5、TN、TP 绝对排放量分别为 $10.93\times10^4\ \mathrm{t\cdot a^{-1}}$、$6.45\times10^4\ \mathrm{t\cdot a^{-1}}$、$5.60\times10^4\ \mathrm{t\cdot a^{-1}}$和 $1.04\times10^4\mathrm{t\cdot a^{-1}}$。2011 年的 COD、BOD5、TN、TP 绝对排放量分别为 $14.67\times10^4\ \mathrm{t\cdot a^{-1}}$、$8.68\times10^4\ \mathrm{t\cdot a^{-1}}$、$6.94\times10^4\ \mathrm{t\cdot a^{-1}}$和 $1.14\times10^4\mathrm{t\cdot a^{-1}}$。可见，COD、BOD5 绝对排放总量经历了先降后升的趋势，TN 和 TP 绝对排放总量则一直处于增长的态势。

从 COD、BOD5、TN、TP 绝对排放量空间特征来看，三个时间断面的各项指标在三峡库区库尾部分污染最小，三峡库区库中次之，三峡库区腹地污染最为严重，各项指标的次高量和高量占比很高。由表 5-15 和图 5-21、图 5-22、图 5-23 的分析可知下述四点。

表 5-15　2005 年、2008 年、2011 年 COD、BOD5、TN、TP 绝对实物排放量高低值区(县)个数　（单位：个）

年份	COD				BOD5				TN				TP			
	低量	次低量	次高量	高量	低量	次低量	次高量	高量	低量	次低量	次高量	高量	低量	次低量	次高量	高量
2005	7	7	4	3	7	8	5	1	8	8	5	0	13	7	1	0
2008	10	10	0	1	8	12	0	1	9	7	4	1	12	7	1	1
2011	9	10	0	2	7	4	8	2	7	6	5	3	10	9	1	1

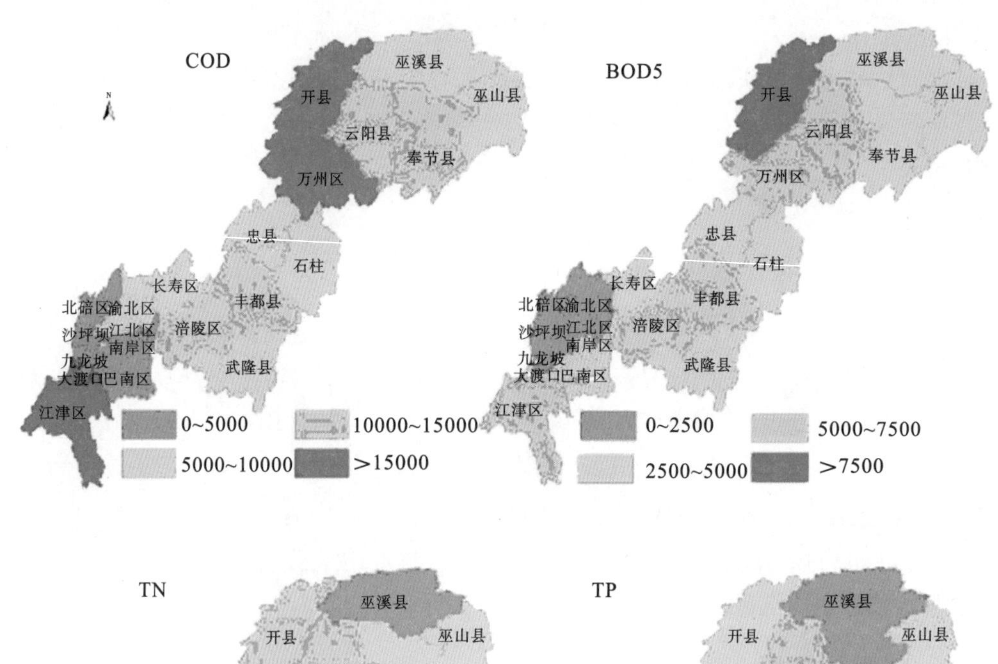

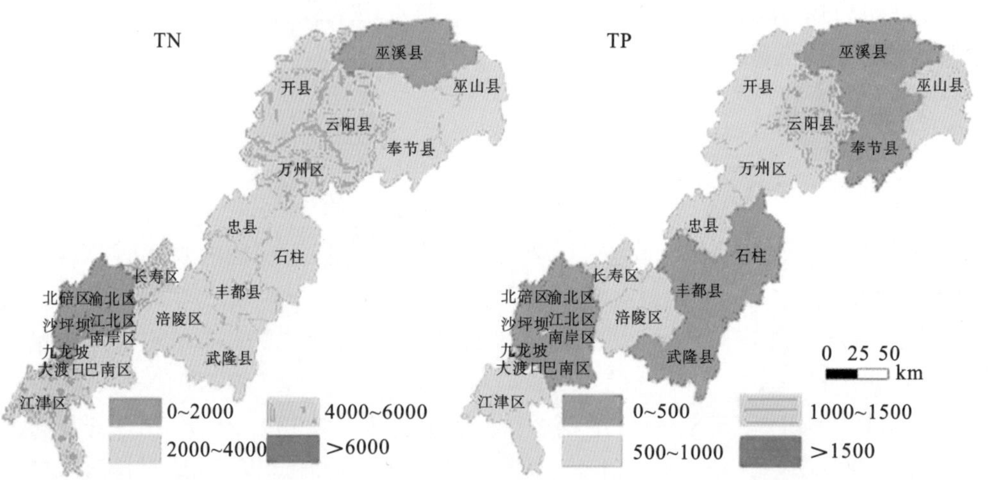

图 5-21　2005 年三峡库区重庆段各区县 COD、BOD5、TN、TP 绝对实物排放量($t \cdot a^{-1}$)

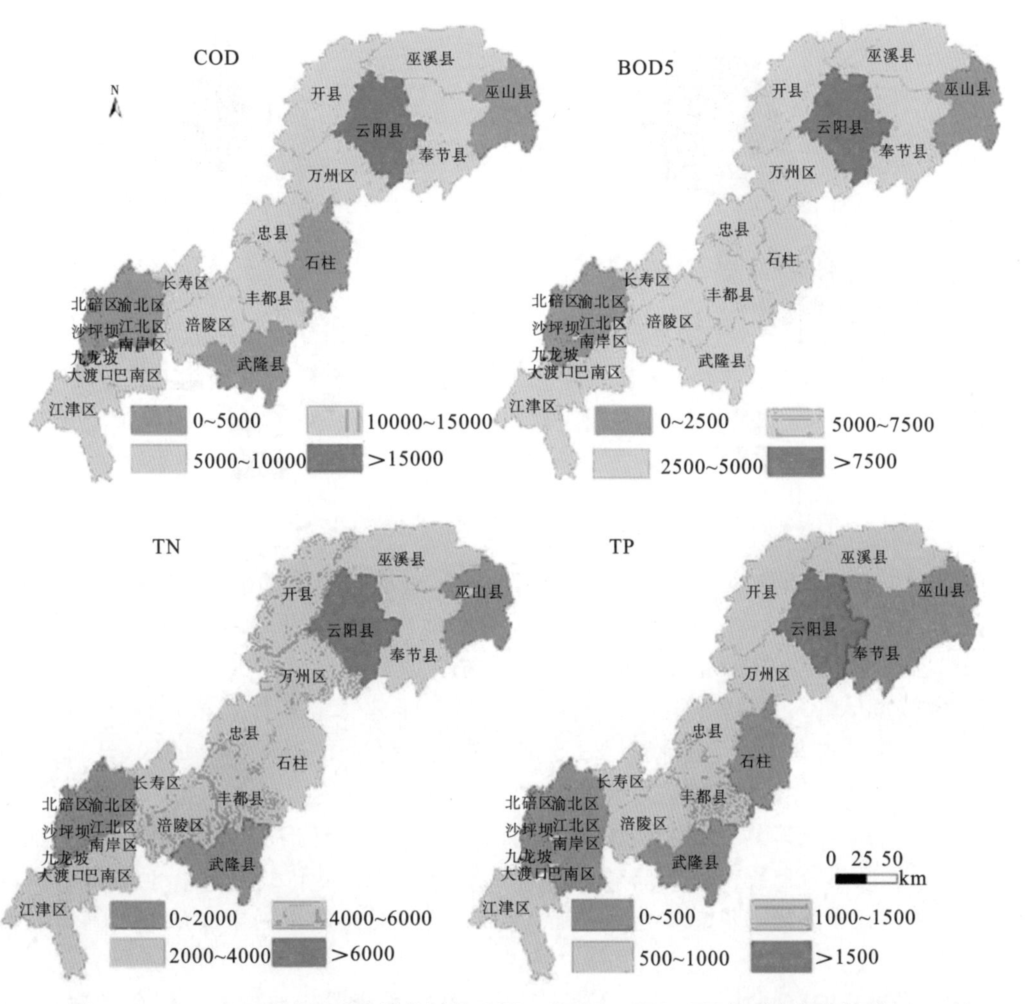

图 5-22　2008年三峡库区重庆段各区县COD、BOD5、TN、TP绝对实物排放量$(t\cdot a^{-1})$

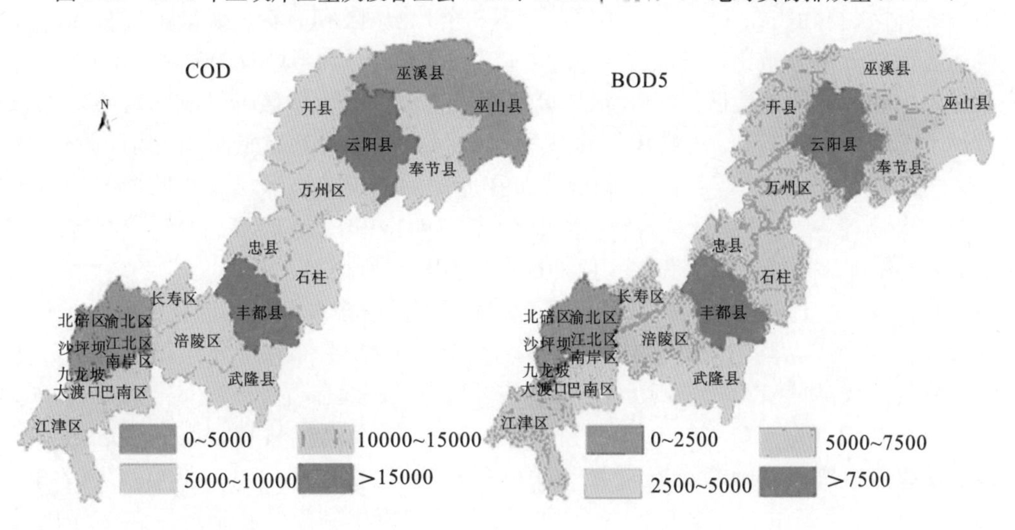

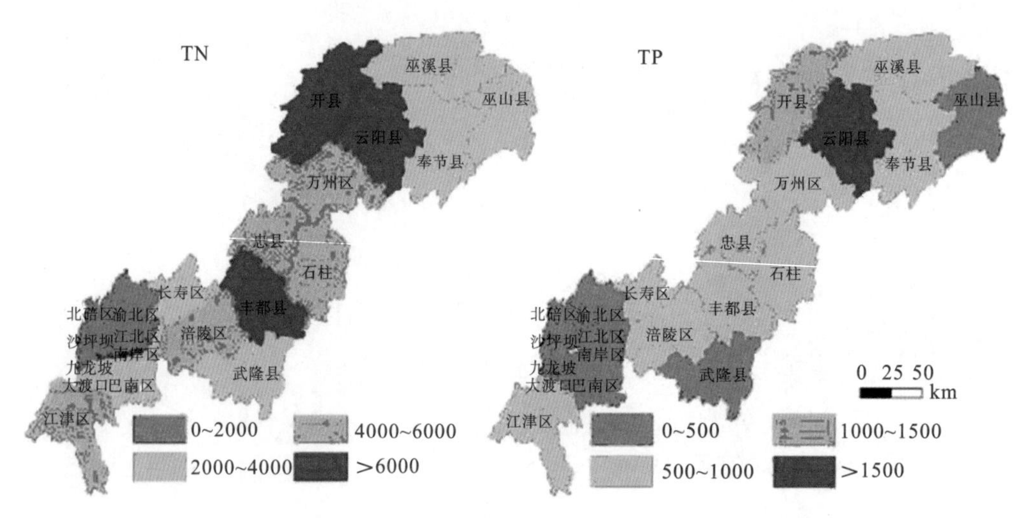

图 5-23　2011 年各区县 COD、BOD5、TN、TP 绝对实物排放量(t·a^{-1})

(1)从 COD 的空间特征来看，2005 年三峡库区重庆段排放量小于 10000t·a^{-1}的区(县)占 66.7%(14 个)，主要集中在库尾的主城地区，而大于 10000t·a^{-1}的则占到 33.3%(7 个)，主要分布在库中和库区腹地，其中尤其以开县、万州、江津排放量最多，均超过了 15000t·a^{-1}。2008 年，整个库区 COD 的排放总量有所下降，小于 10000t·a^{-1}的区(县)个数占 95.2%，提高了 28.5 个百分点。超过 15000t·a^{-1}的区(县)只有云阳。2011 年，三峡库区重庆段排放量大于 10000t·a^{-1}的区(县)只占 9.5%(2 个)，分别为云阳县和丰都县，其中云阳总排放量超过了 20000t·a^{-1}，位于所有区(县)之首。而低量和次低量的区(县)个数占到 90.5%。2011 年的排放总量大于 2008 年，但是相比 2005 年，总量还是有所下降。从总体趋势来看，COD 的绝对排放量处于高量和次高量的区(县)数量在减少。

(2)从 BOD5 的空间特征来看，2005 年三峡库区重庆段排放量处在低量和次低量，分别占统计区(县)的 33.3%(7 个)和 38.1%(8 个)，从区域上看，低量主要分布在库尾主城地区而次低量分布比较分散。次高量(5000～7500t)与高量(>7500t)总计 6 个，主要分布在库中和库区腹地地区。2008 年低量和次低量占了绝大多数，仅有库区腹地的云阳是超过了 7500t。2011 年，三峡库区重庆段排放量处在低量和次低量，分别占统计区县的 33.3%(7 个)和 19.1%(4 个)，低量分布在库尾的都市核心区，而此低量的分布则较为分散。次高量与高量总计 10 个，主要分布在库中和库尾地区。从总体趋势来看，BOD5 的绝对排放量处于高值和次高值的区(县)数量有所增加。

(3)从 TN 的空间特征来看，2005 年三峡库区重庆段排放量处在低量(0～2000t)和次低量(2000～4000t)，均占统计区县的 38.1%(8 个)，主要分布在库尾主城地区和库区腹地的巫溪县。次高量(4000～6000t)有 5 个，占 23.8%，没有高量。2008 年小于 4000t 的占 76.2%，次高量(4000～6000t)有 4 个，占 19.1%。而高量只有云阳一个区县。2011 年，三峡库区重庆段排放量处在低量和次低量，分别占统计区(县)的 33.3%(7 个)和 28.6%(6 个)。次高量与高量总计 8 个，主要分布在库中和库区腹地，还包括库尾的江津区。从总体趋势来看，TN 绝对排放量处于高值和次高值的区(县)数量有所增加。

(4)从 TP 的空间特征来看，2005 年三峡库区重庆段排放量处在低量(0～500t)和次低量(500～1000t)，合计占到 95.2%(20 个)，除云阳属于次高量以外，其他区(县)排放量均小于 1000t。2008 年小于 1000t 的占 90.5%，次高量和高量总计 2 个，分别是丰都和云阳。2011 年，三峡库区重庆段排放量处与 2008 年基本相同。从总体趋势来看，TP 的绝对排放量处于高值和次高值的区(县)数量基本稳定，变化不大。

总体来看，COD、BOD5、TN、TP 排放总量严重的区域主要集中在三峡库区库中和库区腹地，而在库尾地区，江津的各项污染排放量也在前列。2005 年，COD、BOD5 排放量最大值出现在开县，最小值出现在大渡口区，TN、TP 最大值出现在云阳县，最小值出现在南岸区。2008 年，各项数据的最大值均出现在云阳县，而最小值则和 2005 年情况相同。2011 年，各项数据的最大值也均出现在云阳县，而 COD、BOD5 最小值出现在大渡口区，TN、TP 最小值出现在江北区。

从变化的角度看，2005～2011 年，三峡库区重庆段中，COD、BOD5、TN、TP 排放总量有所增加的区(县)分别占 23.8%(5 个)，42.9%(9 个)，66.7%(14 个)，57.1%(12 个)，这其中均有所增加的主要包括云阳、石柱、丰都等区县。

(二)农业面源污染的时空格局的演变

1.农业面源污染各污染指标的空间自相关分析

从区(县)尺度的污染指标集聚与扩散态势看来(图 5-24)，库区蓄水期间，2005 年、2008 年、2011 年各年份区(县)的污染指标数值均能在 1%的置信空间上通过检验，且 Moran's I 指数均大于 0.2200，说明三峡库区重庆段的 COD、BOD5、TN、TP 在区域上一直处于较高的集聚状态，可以进行冷热点分析。从总体上看，各指标的 Moran's I 最大值均出现在 2011 年，2005～2008 年三峡库区重庆段农业面源污染的各项指标集聚态势有所减缓，Moran's I 有所下降，各项指标的最低值均出现在 2008 年。2008～2011 年三峡库区重庆段农业面源污染的各项指标集聚态势在加强，Moran's I 在增大，各项指标的最大值均出现在 2011 年。

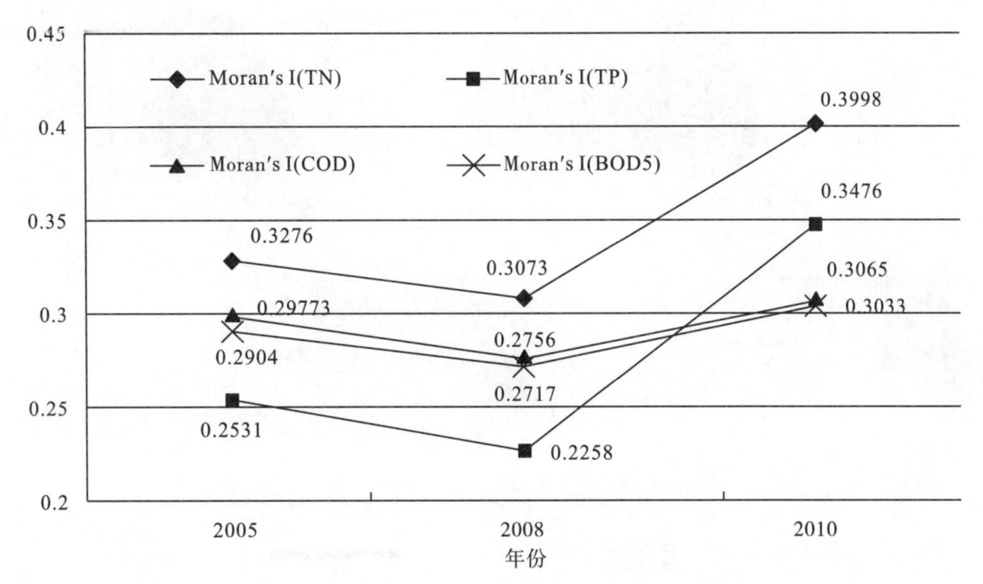

图 5-24　2005 年、2008 年、2011 年 COD、BOD5、TN、TP 的 Moran's I

2. 农业面源污染各污染指标的冷热点分析

(1)2005 年(图 5-25)，从区域 COD、BOD5、TN、TP 变化的冷热点区域来看，热点区域都集中在库区腹地的万州、开县、云阳等地区，主要是因为这些区域的牲畜养殖量位居库区区(县)的前列、农业人口居多，生活垃圾和生活污水排放量多，加之农药化肥使用量居多，由此形成了热点区域。COD、BOD5 次热点主要分布在江津区、涪陵区、丰都县，而 TN、TP 的次热点只要分布在江津，从次热点分析，主要原因在于涪陵和丰都的畜禽养殖量比江津区多，而畜禽养殖是产生 COD、BOD5 的主要影响因素。而江津区的农药化肥施用量高于涪陵和丰都，而农药化肥是产生 TN、TP 最主要的影响因素，由此产生了次热点。COD、BOD5 次冷点主要集中在长寿区，而 TP 的冷点区主要集中在库尾和库中部分地区。冷点区域主要位于三峡库尾的都市核心区，因为这些地区不管从

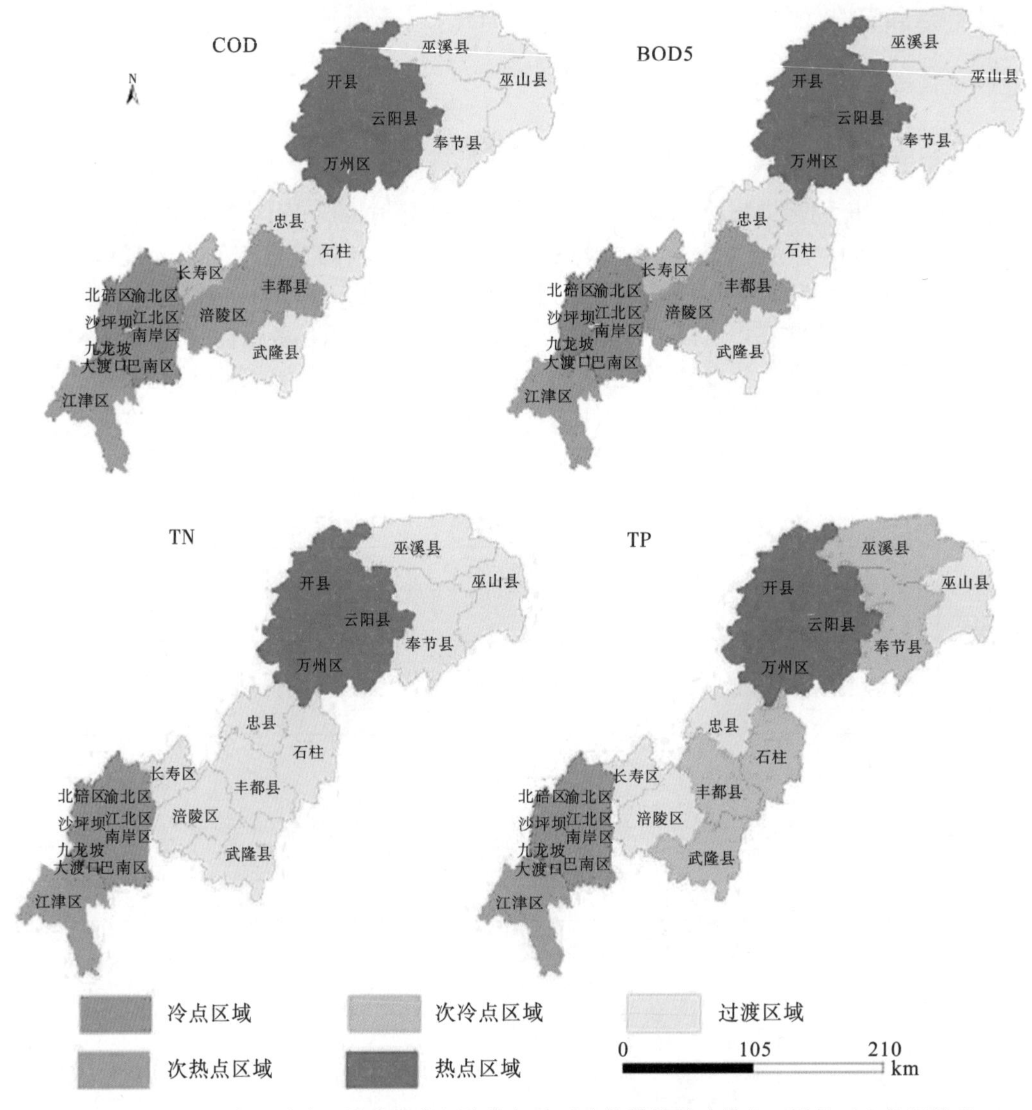

图 5-25　2005 年三峡库区重庆段各污染指标绝对实物排放量冷热点区域的时空格局演化

国土面积、农业人口及农业产值等方面来说，都比较小，所以污染物的绝对排放也相对较小，由此形成污染物排放的冷点区域。

(2)2008 年(图 5-26)，与 2005 年相比，COD、BOD5 的热点区域有所收敛，开县和万州区成为次热点，其主要原因在于两个区县畜禽养殖总量相较于 2005 年分别减少了 200 多万头只和 600 多万头(只)。而次热点区域有所增加，除了增加万州区和开县外，奉节也成为新的次热点，这其中除了因为奉节的畜禽养殖量增加了 30 多万头（只）外，重要的原因在于随着库区蓄水水位由 135m 提高到 156m，非汛期水位开始影响到奉节，造成大量的耕地被淹没，土地流失强度增加，随之带入水体的各污染物也增多。冷点区域主要还是集中在三峡库尾的都市核心区。值得注意的是，在此期间，巴南区由之前的冷点区域变为过渡区域，这可能是因为 2005 年以后，重庆市出台了关于支持三峡库区畜牧业发展的方案，巴南区家禽养殖业发展迅速，增加了畜禽养殖数量，导致 COD、

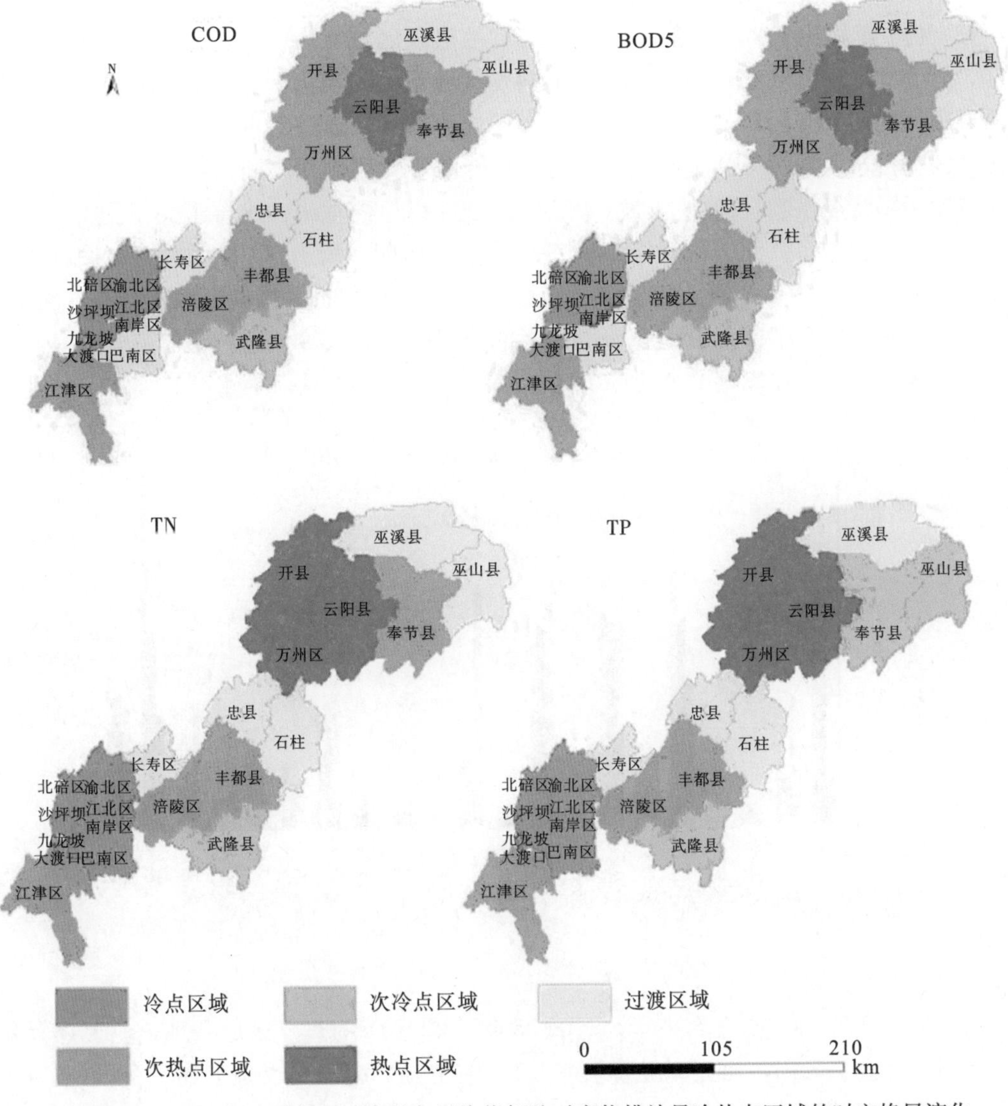

图 5-26　2008 年三峡库区重庆段各污染指标绝对实物排放量冷热点区域的时空格局演化

BOD5 污染绝对排放量增加。长寿区由之前的冷点区域变为过渡区域，原因在于蓄水水位提高，汛期的水位开始影响长寿区，随之带来的污染也逐渐开始显现。

从 TN、TP 的冷热点分布来看，热点区域主要还是集中在库区腹地的万州、开县、云阳。而次热点区域有所增加，这其中最主要的原因在于蓄水水位的上升，非汛期水位影响的区县增多，造成大量农田被淹没，导致土壤中氮、磷等进入水体，造成了水体的污染，很多地方都出现了水华的现象，此外，这些区域化肥农药以及农膜使用量均比 2005 年有所提升，这也是导致 TN、TP 增加的原因。次冷点区域、冷点区域主要还是集中在三峡库尾的都市核心区。另外值得注意的是，武隆县由 2005 年的过渡区域变为了次冷点，这是受 2007 年武隆喀斯特申报世界遗产成功以后，重庆市以及武隆当地政府开始加强旅游业的发展，武隆由以前的农业大县转变为著名旅游景点，重庆市按照世界遗产公约，加强了对武隆环境的保护，退耕护林，使得水土流失减少，另外就是农药化肥等的施用量减少，由此形成了次冷点。

(3)2011 年相比于 2005 年，COD、BOD5 的热点区域有所收敛，主要集中在云阳和丰都，与 2005 年和 2008 年相比，2011 年热点区域不再表现为聚集现象，此前一直处于热点聚集区的“万开云”地区，只剩下云阳还处于热点。通过对各时间节点各区县污染物来源的分析，面源污染的主要污染源为畜禽养殖和化肥施用，而该结果与三峡库区农业非点源污染特点是吻合的(陈洪波，2006)。2005 以后，重庆市出台了关于支持三峡库区畜牧业发展的方案，而云阳和丰都的畜禽养殖量居库区所有区(县)的前列(图 5-27)，由此产生的 COD、BOD5 污染物较多，形成了热点区域。而次热点区域增加势头强劲，从分布上来看，包含了库区腹地和库中的大部分区(县)。次冷点区域只有武隆县，而冷点区域主要还是集中在库尾的核心都市区。

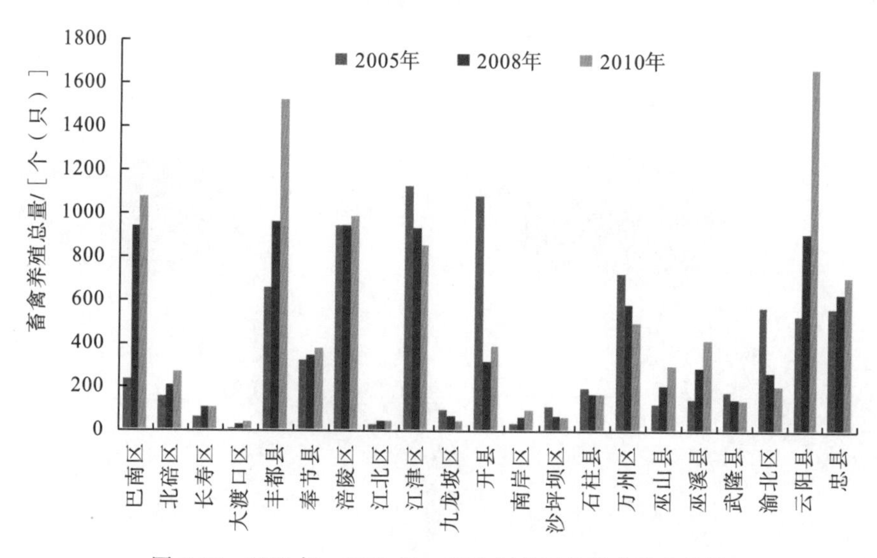

图 5-27 2005 年、2008 年、2011 年各区县畜禽养殖总量

从 TN、TP 的冷热点分布来看，与 2005 年、2008 年的热点区域一致，主要还是集中在万州、开县、云阳，而在库区蓄水前，TP 的主要分布区域也是上述三个区(县)(张智等，2005)。这主要还是由于这三个区(县)主要发展农业，农业产值一直位居库区各区

(县)前列，导致农药化肥使用量较多，而农药化肥的施用量对 TN、TP 的贡献率最大，由图 5-28 可以明显看出，万州、开县、云阳的化肥使用量是所有区(县)中最多的。而次热点区域增加势头也很强劲。其原因和 COD、BOD5 次热点区域增加的原因相同，2011 年较 2005 年化肥使用量增加了 5.3×10^4t，比 2008 年增加了 2.7×10^4t，这也是次热点不断增加的原因。次冷点区域只有武隆县，而冷点区域主要还是集中在库尾的核心都市区。

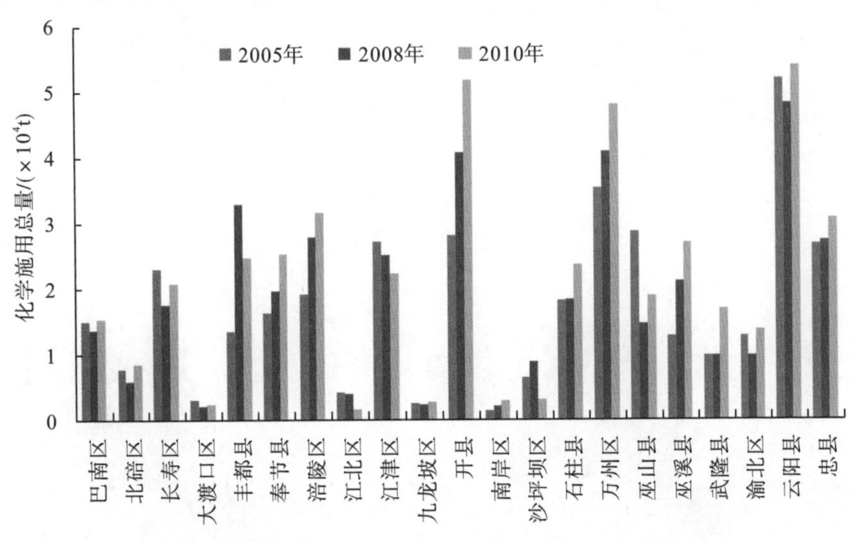

图 5-28 2005 年、2008 年、2011 年各区(县)化肥施用总量

由图 5-29 可以看出，COD、BOD5 污染物的格局由以前的热点聚集变成了热点分散，且次热点不断增加的新格局，说明总体三峡库区重庆段的 COD、BOD5 绝对排放量正在由以前的重点突出变为各区(县)污染均在不断上升。说明随着库区社会经济发展，以及库区工程的完成，污染负荷有逐步增大的趋势，而这一点在前人的研究中已经被预测并提到(李崇明等，2005、2006)。而 2011 年次热点和热点区域占绝大多数的原因除了畜牧业的大力发展之外，最重要的是库区在 2009 达到了最终的蓄水目标 175m，非汛期影响到长寿区境，汛期回水到达重庆市巴南区大塘坝。蓄水高度再次提升，由此带来的是大量的耕地被淹没，造成大量污染物进入水体，随着库区蓄水的完成，江水流速将大大减缓，长江的自净能力下降，随之污染物的环境容量也会出现下降，造成库区水资源的污染程度增加(赵刚等，2002)。此外，耕地数量的减少还源于安置、迁建和设施配套对耕地的占用和生态退耕。农田数量的减少，致使农田和人类活动上移，人地矛盾突出，大量垦殖坡耕地，进一步造成了大量的水土流失。这一时期的冷点区域主要还是集中在三峡库尾的都市核心区。

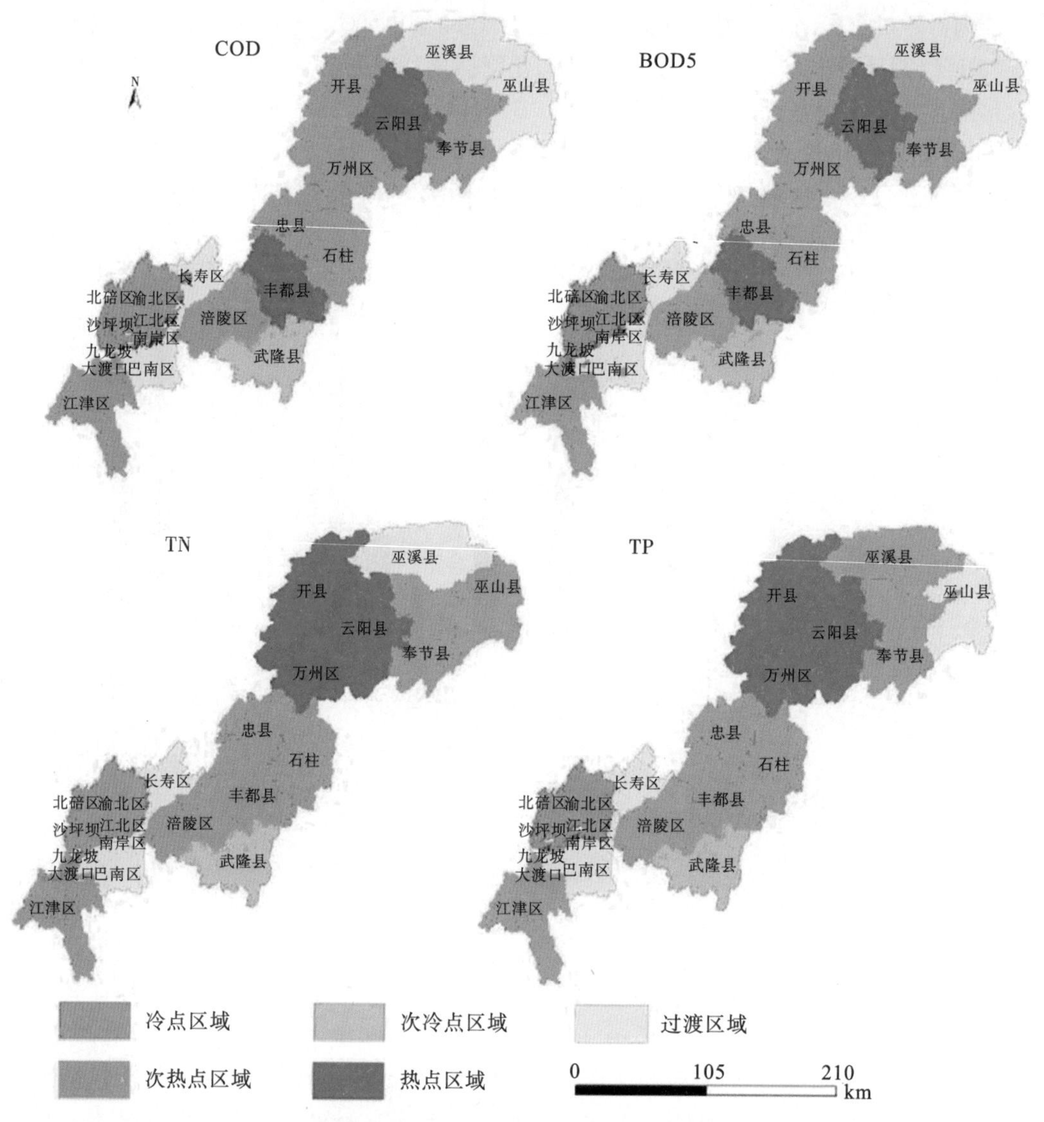

图 5-29　2011 年三峡库区重庆段各污染指标绝对实物排放量冷热点区域的时空格局演化

三、小结

基于三峡库区重庆段 2005 年、2008 年、2011 年化学肥料施用、有机肥施用、农作物秸秆、畜禽养殖、水产养殖、农村生活污水、生活垃圾和农田土壤侵蚀等数据，本书研究运用清单分析法、空间自相关及冷热点分析等方法，求得近年来区(县)尺度上三峡库区重庆段的 COD、BOD5、TN、TP 绝对排放量与单位国土面积污染物排放量的负荷的时空演变特征。

(1)从 Moran's I 判断，2005～2011 年三峡库区重庆段各区(县)的 COD、BOD5、TN、TP 排放量在区域上一直处于较高的集聚状态。从时间演变过程来看，三峡库区重庆段农业面源污染的各项指标经历了 2005～2008 年集聚趋势减缓，2008～2011 年，集聚态势再增强。

(2)从COD、BOD5、TN、TP绝对排放量来讲，2005～2011年，除了COD有所下降外，其余指标均表现为增加态势。其中这四项指标都有所增加的包括了云阳、丰都、石柱等区县。四项指标的绝对排放量表现为库区腹地>库中>库尾。而各项指标的最低值均出现在库尾的核心都市区。

(3)从区域污染物排放量变化的冷热点格局来看，2005～2011年，热点区域主要集中在三峡库区腹地的万州、开县、云阳，而其中又以云阳最为严重。而冷点区域主要位于不管是从国土面积、农业人口还是农业产值来说都较小的三峡库尾的都市核心区。随着大部分区(县)污染物的绝对排放量格局不断变热，其原因除了2005年以后，重庆市出台的关于支持三峡库区畜牧业发展的方案，畜禽养殖量上升对环境造成的污染外，随着库区蓄水高度不断增加，并最终达到175m高度，同时受安置、迁建和设施配套对耕地的占用和生态退耕等因素的影响，大量耕地减少，导致库区人地矛盾的进一步加深，大量垦殖坡耕地，进一步造成了大量的水土流失。此外，随着库区蓄水的完成，江水流速将大大减缓，长江的自净能力下降，污染物的环境容量也会出现下降，造成库区水资源的污染程度增加，而这些原因都导致了库区各项污染指标的增加。

本书在指标核算部分只考虑了化学肥料施用、有机肥施用、农作物秸秆、畜禽养殖、水产养殖、农村生活污水、生活垃圾和农田土壤侵蚀等八个方面的来源，污染物只核算了COD、BOD5、TN、TP等4种，另外在牲畜选择时，仅限于大型的猪、牛等牲畜，而作物仅限于排量较大的玉米、小麦、稻谷等，人居活动范围为乡村，暂不考虑建制镇内建成区住户。

本书的研究只核算了各种污染物的绝对实物排放量，而各种污染物对环境的影响不尽相同，无法在同一尺度上进行比较，因此在以后的研究中需要将各污染物的绝对实物排放量在国家制定的标准下进行核算，以便于在同一尺度上进行比较。此外，由于农业面源污染的排放量和区域的国土面积、农业人口以及农业产值等有密切的关系，而且各区(县)的国土面积、农业人口以及农业产值不尽相同，在以后的研究中，需要考虑上述因素的影响，以便于更好地对各区(县)污染情况进行比较。

此外，由于受全要素数据收集难度较大，本书未能对蓄水之前的面源污染进行统计分析，但是为了降低对本书分析的影响，作者参阅了其他同行的文献研究，与本书结果进行结合分析。另外，在时间节点的选取上，作者将在以后的研究中，增补到5个及其以上的时间节点，使研究更加完善。

第五节　三峡库区重庆段水质时空格局演变特征

社会经济水平的发展，气候条件的变化，以及人类对水资源盲目、过度的开发利用，使得水资源安全问题不容忽视。即便政府对工业点源污染的控制做了大量工作，但是流域的水环境污染问题并没有得到好转，究其原因在于农业面源污染对水体造成的污染在不断加大(Dennis et al.，1998；刘光德等，2004；周琳等，2010；Xu et al.，2010；肖新成等，2013)。国内外学者对农业面源污染的研究包括：结合GIS和遥感技术对面源污染建立数学模型进行研究(Grunwald et al.，1999；Grunwalda et al.，2000；Scheren et al.，2000；Nigussie et al.，2003；Chowdary et al.，2004；Hassen et al.，2004)；通过足够的小流域样本来推测整个流域的水质情况，并通过监测污染物的转移运输的水文过程来估算非点源污染的负荷和水质变化程度(冉景江等，2011；Wang et al.，2011；Hong et al.，2012)等。三峡库区蓄水之后对水质的影响也是国内外广泛关注的话题，三峡水库蓄水后，江水流速减缓，水环境容量降低，农业面源污染对水库水体安全的影响和威胁就逐渐表现出来(陈洪波，2006)，且库区不同的蓄水阶段(135m、156m、175m)对于水环境的影响也是不同的(刘辉等，2010)。因而对库区重庆段各区(县)水环境变化的研究，有助于改善生态环境，实现经济、环境与社会协调发展，对控制该地区农业面源污染具有重要的理论和现实意义。

近年来，国内学者对于三峡库区蓄水后对水质影响的研究取得了一定成果。吕平毓等采用单因子评价方法对蓄水前后整体水质进行评价(吕平毓等，2011)。印士勇等(2011)分析了三峡库区蓄水前后(1998～2009年)干流水质的变化及原因。而目前对水质环境的研究代表性的方法主要有以下几种：①基于单项指标的评价方法，包括单因子评价法(徐祖信，2005a；陆卫军等，2009)，综合水质标识指数法(徐祖信，2005b)；②基于矩阵运算的典型评价方法，包括灰色系统评价法、模糊数学评价法，灰色系统评价法的基本思想是构造白化函数和灰色聚类矩阵(张蕾等，2006；章新等，2010)，而模糊数学评价法的基本思想是构造隶属函数和模糊关系矩阵(Chen et al.，1993；田景环等，2005；李文君等，2011；尤永祥等，2012)；③基于样本训练的水质评价方法，最典型的方法是基于BP网络的神经网络模型(Jiang et al.，2006；刘树锋等，2007)。在研究内容上，已有的研究忽视了连续时间段内，随着库区蓄水高度的提升，农业面源污染对水环境的影响在空间上的变化特征，而已有的方法也无法对水质污染程度进行分级定义。

基于此，本节以三峡库区重庆段21个区(县)(因为渝中区已经没有农业，所以不列入考虑范围)为实例，在区(县)级尺度上，以“三建委”对整个三峡工程建设的阶段划分为依据，且考虑到数据质量及可得性，重点分析2005年、2008年、2011三个阶段(三个时点)，选取化学肥料施用、有机肥施用、农作物秸秆、畜禽养殖、水产养殖、农村生活污水、生活垃圾和农田土壤侵蚀等8个来源中农业面源污染化学需氧量(COD)、生化需氧量(BOD5)、全氮(TN)、全磷(TP)的等标绝对排放量和等标相对排放量，并借助地统计学中的空间插值方法，对库区重庆段水质监测数据进行插值分析，最后利用内梅罗综合水质指数，通过核算和实测插值的数据来对比研究三峡库区重庆段水质质量的时空变化，旨在对比研究三峡库区不同的建设阶段水质质量的时空演变格局，以期为编制重庆市农业面源污染防治规划提供科学依据。

一、材料与方法

(一)数据收集

根据提出的指标体系及核算方法，以“三建委”对整个三峡工程建设的阶段划分为依据，从2003年三峡库区正式蓄水开始考虑，2003～2006年属于正式蓄水到三峡大坝全线建成阶段(取2005年时间节点)，蓄水水位为135m。2007～2009年属于后期导流阶段

(取 2008 年时间节点)，蓄水水位由 135m 提高到 156m，且移民搬迁工作全面结束，移民扰动结束。2009 年之后属于正常蓄水阶段(取 2011 年时间节点)，蓄水水位将达到最终的蓄水目标 175m。不同的蓄水阶段，对水质的影响不同(幸梅等，2008；刘兰玉等，2012)。同时考虑到数据获取的可行性与相对完整性，2003 年之前的全要素数据获取难度大，个别数据难以收集补充，故选取 2003～2012 年为研究时限，并选取 2005 年、2008 年、2011 年共 3 个时间节点来代表三个阶段分析三峡库区重庆段农业面源污染负荷时空格局演变特征。

基础的数据如下：研究中涉及的化学肥料施用、有机肥施用、农作物秸秆、畜禽养殖、水产养殖、农村生活污水、生活垃圾、农业人口数、国土面积以及农业总产值数据均来源于重庆市统计局网站的 2003～2012 年《重庆统计年鉴》《重庆市各区县主要农产品生产、贸易及排名》，农田土壤侵蚀数据来源于重庆市国土局提供的 2003～2012 年土地利用变更调查数据，库区各区(县)地表水资源总量数据来源于重庆市水利水务网站的 2003～2012 年的重庆市水资源公报，书中的地面水环境质量标准采用的是国家于 2002 年实施的《地面水环境质量标准》(GB 3838—2002)，农业面源污染各指标核算过程及系数来源如表 5-16 所示。

表 5-16　地表水环境质量标准　　(单位：mg/L)

序号	项目	Ⅰ类	Ⅱ类	Ⅲ类	Ⅳ类	Ⅴ类
1	化学需氧量(COD)≤	15	15	20	30	40
2	五日生化需氧量(BOD5)≤	3	3	4	6	10
3	总磷(以 P 计)≤	0.01	0.1	0.2	0.3	0.4
4	总氮(湖、库以 N 计)≤	0.2	0.5	1.0	1.5	2.0

本书研究选取库区重庆段长江主干流及其支流 24 个水质监测站点，加上长江上游段 4 个和下游段 2 个，共计 30 个水质监测站点 2005 年、2008 年、2011 年三个时间节点的水质监测数据，数据来源于各省市水体断面监测统计报表。基础图件来源于重庆市国土局提供的重庆市行政区划图。

(二)研究方法

1. 农业面源污染实物排放量的核算

具体核算方法见表 5-13，表中各类系数的确定参考了第一次全国农业污染普查结果，以及重庆市种植业、养殖业源污染物流失系数测算报告和三峡库区农村生活污染源产排污系数测算报告。

2. 水质浓度与水质指数计算

假设污染物全年均匀分布于地表水，在各区(县)COD、BOD5、TN、TP 的实物绝对排放量的基础上，按照重庆市水资源公报所提供的各区(县)2005 年、2008 年、2011 年地表水资源拥有量，计算出了地表水 COD、BOD5、TN、TP 的排放浓度，在此基础上，统一按照GB3838—2002中Ⅲ类标准，可以计算出各区(县)水质浓度。

某污染物水质浓度=该污染物绝对排放量/该区县地表水资源总量；

水质指数=污染物排放浓度/环境质量标准(GB 3838—2002)中Ⅲ类标准(表5-16)。

3. 水质综合指数

为了综合评价各区县地表水因农业面源导致的污染程度，在本书研究中引入内梅罗综合指数。内梅罗指数是由美国叙古拉大学Nemerow提出的，该指数是专门针对河流水质评价的污染指数，由于指数兼顾了最高污染状况与平均污染状况，因此被广泛地用于水质检测领域的综合评价中。其计算过程如表5-17所示。

表5-17　内梅罗综合指数核算方法

公式	变量
$I_{ik}=\dfrac{C_{ik}}{S_k}$	I_{ik}为第i区(县)、第k污染物的单项污染指数；C_{ik}为第i区(县)、第k污染物的水质浓度(mg/L)；S_k为第k污染物的地表水质标准(mg/L)
$I_{i(\mathrm{ave})}=\dfrac{\sum_{k=1}^{4}I_{ik}}{4}$	地表水质平均指数$I_{i(\mathrm{ave})}$
$I_{i(\max)}=\max_{k=1}^{4}(I_{ik})$	地表水最大值指数$I_{i(\max)}$
$I_i=\sqrt{\dfrac{I_{i(\mathrm{ave})}^2+I_{i(\max)}^2}{2}}$	内梅罗综合指数I_i

4. 空间插值分析

空间插值的理论依据是Tobler地理学定律，即地理数据空间距离越小就越有关联性。空间插值就是针对区域化变量而发展的空间统计理论，主要研究那些在空间上存在结构性和随机性的变量(王丽等，2015)。但是，由于水质监测站点的布局在空间上是有限而离散的，因此在没有水质监测点的区域想要获得相应的数据，可以通过空间插值得到。插值的方法可以得到能代表库区各区县的水质数据。

普通克里格插值方法是一种以统计学为基础上的插值方法，假设数据变化成正态分布；它以空间自相关为基础，利用原始数据和变异函数的结构性，对未采用点区域变量的取值进行线性无偏差最优估计的一种方法(许民等，2012)。普通克里格插值方法的优点在于最大程度利用区域取样点的各种数据，比其他插值方法更加精确，它是对数据进行最优和无偏差内插估计。但是，普通克里格插值法计算量较大且较为复杂；如果变异函数与分析结果不存在空间自相关性，此方法就不能使用(李思米，2005；冯锦明等，2009)。普通克里格插值方法计算表达式为

$$E_v^*(x)=\sum_{i=1}^{n}\lambda_i E(x_i) \tag{5-17}$$

式中，λ_i是区域化变量的权重系数；x_i在书中表示气象站点的位置。求取权重要求$E_v^*(x)$的估计是无偏差的，即$\sum_{i=1}^{n}\lambda_i=1$，还要求$E_v^*(x)$是最优的，即估计值和实际值之差的平方和最小。根据拉格朗日乘数原理和协方差与变异函数的关系，确定变异函数的模型，求出

权重系数λ_i，得到最优估计值(岳文泽等，2005)，然后就可以进行空间差值了。

（三）数据处理分析

1. 数据预处理

数据收集完以后，首先要依据表5-13中的核算方法进行处理，核算出3个时间点三峡库区重庆段各个区(县)的COD、BOD5、TP、TN的绝对排放量。然后对核算所得的各个量和水质站点监测的数据进行处理，核算出库区的水质浓度和水质指数，最后再计算内梅罗综合指数。另外要实现数据的空间分析，包括对监测数据的空间插值的分析，就要把所有空间数据统一到一个地理信息系统软件平台上，确定地图投影、数据库比例尺等方面的内容，建立GIS数据库。矢量数据的处理均在ArcGIS10.1软件的支持下完成。采用高斯投影，并运用重庆市行政区划图作为基准图件，对库区重庆段涉及的区(县)进行提取处理，在属性表中增添新的字段，将数据导入GIS数据库中。

2. 数据分析

由以上研究方法分析可见，对不同蓄水阶段农业面源污染物的绝对排放量进行核算，使用水质浓度的变化，分析库区农业面源污染导致的总体水浓度的年变化。另外，为了更全面地分析和论证农业面源污染对于水质的影响，借助空间插值分析的统计方法，对长江流域及支流的水质监测站点的监测数据进行空间插值分析，用库区重庆段行政区划图对空间插值的结果进行裁剪，得到库区水质监测的空间分布图，然后利用ArcGIS10.1中的空间统计功能计算出库区重庆段每个区(县)的水质监测平均量，得到库区重庆段的水质监测数据。借助Nemerow提出的内梅罗水质综合指数，分析农业面源污染导致的水质变化的时空分布格局。

二、结果与分析

（一）农业面源污染导致的水质浓度年变化特征

三峡库区形成之后，包括库区蓄水完成之后，长江三峡库区江段的水质状况会发生很大变化。面源污染所带来的各种污染物排放量不断增加，对水环境产生很大影响。三个时间断面三峡库区重庆段因农业面源污染导致的COD、BOD5、TN、TP的平均浓度如表5-18所示，结合表5-16分析可知，其中三个时间断面的TN、TP的浓度已经超过地表水环境质量三级标准。

表5-18 2005年、2008年、2011年三峡库区重庆段平均水质浓度 (单位：mg/L)

	2005年				2008年				2011年			
	COD	BOD5	TP	TN	COD	BOD5	TP	TN	COD	BOD5	TP	TN
平均浓度	7.7	3.25	2.86	0.57	4.37	2.56	2.34	0.52	6.11	3.55	3.09	0.52

（二）农业面源污染导致的水质综合指数时空特征

为了综合评估三峡库区成库以及蓄水完成之后农业面源污染所导致的水质污染程度，

依据 3 个时间断面的水质浓度，并在此基础上利用内梅罗指数来评估水质污染程度。计算所得的 2005 年三峡库区重庆段因农业面源污染造成的水质综合指数为 2.48，2008 年此项数据为 2.51，而到了 2011 年则为 2.88，从对照表 5-19 可以分析得出，3 个时间断面三峡库区重庆段水质均处于中度污染状态，而 2011 年甚至逼近严重污染状态。可见，由于农业面源污染所造成的水质污染现状不容乐观。结合图 5-30 进一步分析如下所述。

表 5-19　内梅罗指数综合评价分级标准

内梅罗指数	0～0.7	0.7～1.0	1.0～2.0	2.0～3.0	≥3.0
污染程度	安全	警戒级	轻污染	中污染	严重污染

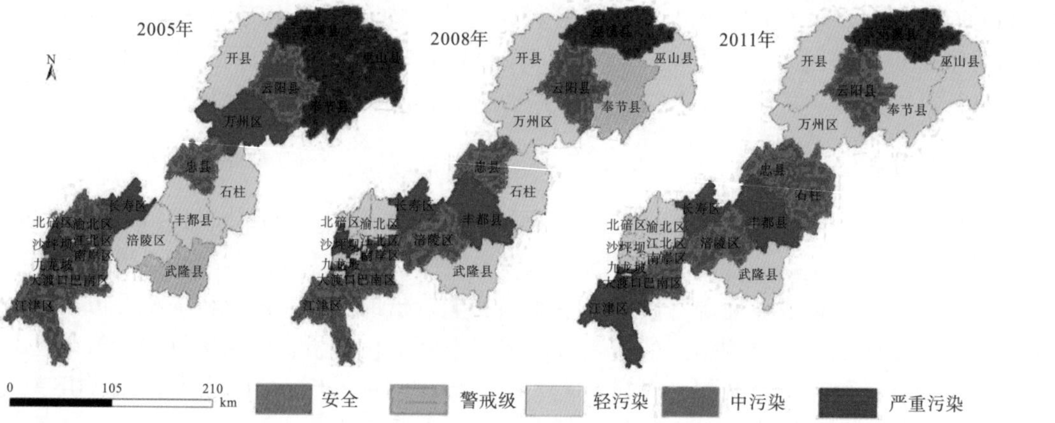

图 5-30　2005 年、2008 年、2011 年三峡库区重庆段各区县核算的理论内梅罗指数分布图

(1)进一步对三峡库区重庆段 21 个区(县)进行分析可以看出，2005 年处于安全状态的有巫溪县、巫山县、奉节县；处于警戒级的只有武隆县；处于轻度污染状态的有开县、万州区、石柱县、丰都县、涪陵区以及主城的南岸区和九龙坡区；处于中度污染状态的有云阳县、忠县、江津区以及主城的巴南区、北碚区和渝北区；而处于严重污染状态的有长寿区以及主城的江北区、沙坪坝区和大渡口区。总体上来讲，2005 年水质状况较好，基本上处于中度污染状态以下，相比于蓄水前，水质状况有所下降，但不明显(王彻华等，2004)。

(2)2008 年，处于安全状态的只有巫溪县；处于警戒级的只有奉节县；处于轻度污染状态的有巫山县、开县、万州区、石柱县、武隆县以及主城的南岸区、九龙坡区、渝北区和北碚区；处于中度污染状态的有云阳县、忠县、江津区、涪陵区以及主城的巴南区；而处于严重污染状态的有长寿区、丰都县以及主城的沙坪坝区、江北区和大渡口区。

与 2005 年相比，2008 年整体的水质呈现下降趋势。这其中最主要的原因在于，随着库区蓄水水位由 135m 提高到 156m，非汛期水位开始影响奉节，大量的耕地被淹没，土地流失强度增加，随之带入水体的各种污染物也增多。此外，与蓄水前相比，支流口流速减缓，长江水的流速整体也在减缓，长江的自净能力下降，随之污染物的环境容量也会出现下降，造成库区水资源的污染程度增加(许其功，2004)。除此之外，部分区(县)的畜禽养殖总量也较 2005 年有所提升，造成了排放的污染物增加，这其中就包括奉节县和巫山县等。

(3)2011年，处于安全状态的只有巫溪县；处于轻度污染状态的有巫山县、开县、万州区、奉节县、武隆县以及主城的北碚区、渝北区、沙坪坝区、江北区、九龙坡区、南岸区；处于中度污染状态的有云阳县、忠县、石柱县、涪陵区、巴南区；处于严重污染状态的有长寿区、丰都县、江津区、大渡口区。

与2008年和2005年相比，2011年除库尾的主城都市核心区之外的库中和库区腹地区(县)整体水质状况下降。与2003年库区蓄水之前的水质情况相比(戴润泉等，2004)，水质状况总体也处于下降状态。这其中的原因在于，库区在2009年达到了最终的蓄水目标175m，蓄水高度再次提升，由此带来的是大量的耕地被淹没，造成了大量污染物进入水体，随着库区蓄水的完成，江水的流速和流态发生了变化，这种变化改变了水环境的物流物理和化学条件，从而降低了污染物在水体中的稀释、降解扩散和转化速度(张智等，2005)，造成库区水资源的污染程度增加。此外，耕地数量的减少还源于安置、迁建和设施配套对耕地的占用和生态退耕。农田数量的减少，致使农田和人类活动上移，人地矛盾突出，大量垦殖坡耕地，进一步造成水土流失，更多污染物进入水体。

值得注意的是，2005年、2008年、2011年3个时间断面，位于三峡库尾的核心都市区的整体水质状况提高。2005年处于中度及以上污染状态的有6个区，而到了2011年则减少为2个区，只剩下大渡口区和巴南区。可以看出，水质状况在不断提升。这其中最重要的原因在于随着城市的不断发展，主城区的畜禽养殖量和农业产量在不断减少，由此所产生的污染物排放在不断减少。而巴南区则不同，主城区中的巴南区主要以发展农业和畜牧业为主，所以相较于其他区(县)，由此而产生的污染物也较多，因此进入水体污染物较多，对水质产生影响。而大渡口区则是因为其面积最小，而且地表水资源量也最少，污染物进入水体后就形成了高浓度的污染。

(三)水质监测结果所反映的水质综合指数时空特征

分别以长江流域及其支流30个站点的水质监测数据为指标，对其进行空间插值分析，插值结果如图5-31所示。因为克里格插值的方法在插值过程中充分利用了数据点之间的空间关联性，所以可以从插值的结果直观地看出三峡库区重庆段水环境的质量。整体上来看，2005年，水环境质量基本呈现出由西南向东北带状分布，从库尾到库区腹地水质逐渐变好的趋势，其中水质最差的位于巴南区和涪陵区，这与之前核算数据的结果大致相同。2008年，水环境质量分布则有所侧重，可以明显看出，位于库尾的巴南区和库区腹地的云阳县水质最差，其他区域则相对较好。2011年，从插值图上可知水质最差的为忠县、丰都县、长寿区和江津区。从插值的效果来看，其所反应的结果与上面核算数据所反映的水质时空特征大致吻合，进一步对插值结果进行分析，用库区重庆段行政区划图对其进行裁剪，得到库区水质监测的空间分布图，然后利用ArcGIS10.1中的空间统计功能计算出库区重庆段每个区(县)的均值，得到库区重庆段的水质监测数据。

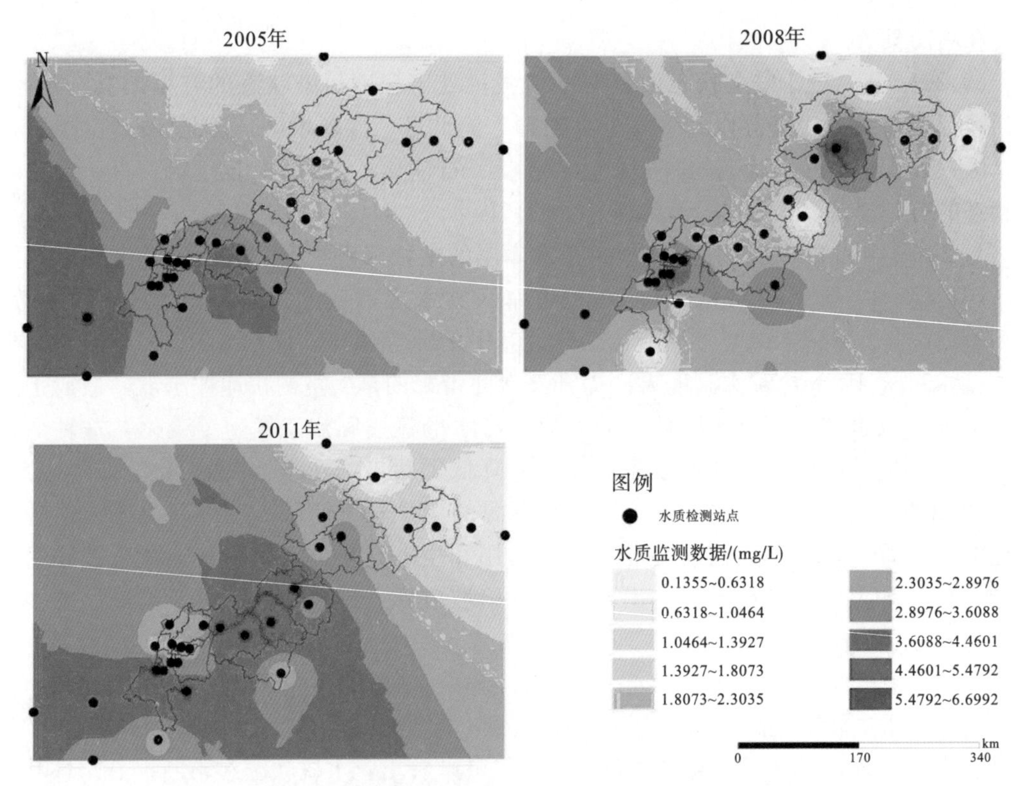

图 5-31　基于普通克里格法的库区重庆段水质监测数据的空间插值

利用内梅罗指数来对实际监测的插值结果进行分析，以评估水质污染程度。计算所得的 2005 年三峡库区重庆段因农业面源污染造成的水质综合指数为 1.26，2008 年为 1.38，而到了 2011 年则为 2.14，2005 年、2008 年两个时间断面三峡库区重庆段水质均处于轻度污染状态，而 2011 年则为中度污染状态。可以看出，利用河流断面实际监测数据的插值结果分析得出的水质要比理论核算的水质要好，这是因为江水的自净能力所起的作用。结合图 5-32 进一步分析如下。

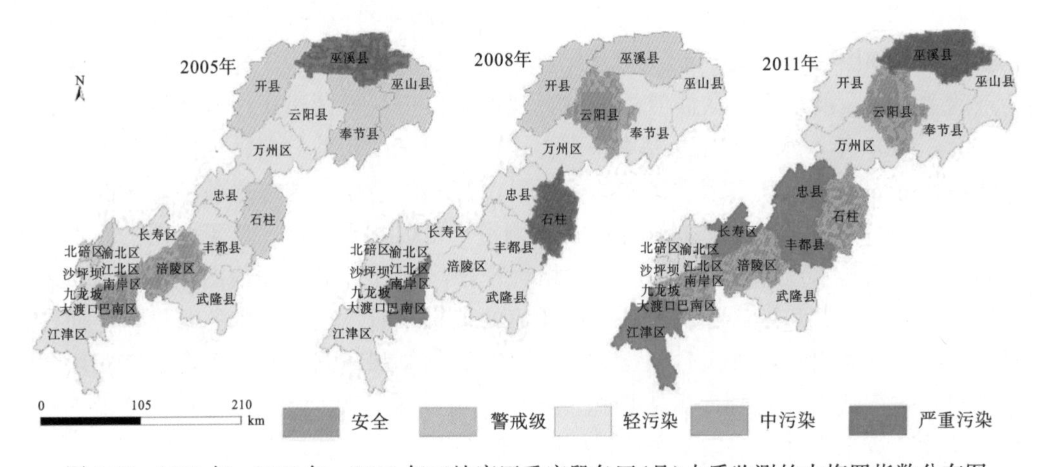

图 5-32　2005 年、2008 年、2011 年三峡库区重庆段各区(县)水质监测的内梅罗指数分布图

与 2005 年的理论核算数据相比，河流断面的监测数据所反映出的水质状况更好，水

质基本处于轻度污染状态甚至更好，没有严重污染的水质出现。而2008年，河流断面的监测数据所反映的状况相较于同时期的理论核算数据，虽然水质状况整体良好，但是相较于2005年的监测数据所反映的状况却在变差，其中巴南区处于严重污染的状态。而到了2011年，河流断面的监测数据所反映的状况与同时期的理论核算数据所反映的水质状况相同，且整体的分布也是几乎一致的(忠县例外)，而且水质状况也比2005年和2008年两个时间断面的水质状况差。值得一提的是，2005～2011年，三峡库区重庆段河流断面的监测数据所反映的结果(图5-32)和理论核算数据所反映的结果(图5-30)呈现出较好的吻合性，特别是2011年的时间断面，两者的结果几乎一致。

通过河流水体断面的监测数据与理论核算数据的对比看出，三峡库区蓄水的高度对水质有很大的影响。究其原因，是因为三峡库区在建成蓄水后，库区水环境发生了很大变化，蓄水高度由135m增加到最终的175m的过程中，产生诸多不利的影响。三峡库区建成后，长江、嘉陵江等河流的水动力学条件发生变化，其中最主要的变化包括库区重庆段主城区流速将减至原来的1/4～1/5，水深却加大到原来的2倍左右，而水面宽度则约为原来的2～3倍(夏冰雪，2007)。这些变化对污染物的迁移过程和降解过程都有不利影响，这其中就包括江水流速大大减缓，污染物在水体中的稀释扩散能力减弱，随之污染物的环境容量也会出现下降，造成库区水资源的污染程度增加，更为严重的是使库区城市江段的岸边污染带增大；水的流速减缓，导致库区水滞留的时间增加，复氧能力减弱，会减弱五日生化需氧量(BOD5)的降解量，长江的自净能力随之下降；库区蓄水高度的不断提升，将造成大量土地(尤其是耕地)被淹没，而在水的浸泡和水力冲刷作用下，大量的污染物质会被释放出来，库区水资源的污染程度增加。

三、小结

三峡工程不同的建设阶段以及不同的蓄水高度，农业面源污染的变化以及由此带来的水质污染程度也是不尽相同的。本书研究基于三峡库区重庆段2005～2011年化学肥料施用、有机肥施用、农作物秸秆、畜禽养殖、水产养殖、农村生活污水、生活垃圾和农田土壤侵蚀等数据，运用清单分析法、地学统计中的克里格插值法及综合水质标识指数评价等方法，求得近年来区(县)尺度上三峡库区重庆段的COD、BOD5、TN、TP绝对排放量，从理论核算数据和站点监测数据来研究三峡库区重庆段水质的时空演变特征。通过对三个时间断面的水质变化的研究，发现下述四点。

(1)从核算数据所反映的水质综合指数来看，2005年、2008年、2011年水质综合指数分别为2.48、2.51、2.88，均处于中度污染状态，而2011年甚至逼近严重污染状态。2005年、2008年和2011年水质综合指数反映的是水质状况变差，这是由于随着库区不同蓄水高度的增加，江水流速减缓，对污染物的迁移和降解过程都有不利影响，而且江水的自净能力也在下降，此结论和现有研究成果是一致的(王彻华等，2004；许其功，2004；戴润泉等，2004；张智等，2005；岳文泽等，2005)。

(2)通过对30个水质监测站点监测数据的普通克里格插值，然后利用库区重庆段行政区划图对其结果进行裁剪，最后利用空间分析模块求取各区(县)水质平均值，再利用水质综合指数分析得出，2005年、2008年、2011年水质综合指数分别为1.26、1.38、

2.14，总体反映的水质状况在变差。而与核算数据的结果比较来看，污染程度没有核算的严重。这其中最主要的原因在于农业面源污染在进入水体后，江水对污染物的降解和迁移。

(3)从水质综合指数的时空特征来看，无论核算数据还是站点监测数据所反映的，2005年到2011年，三峡库区重庆段库中和库区腹地的区(县)整体的水质状况在下降，位于三峡库尾的核心都市区的整体水质状况在提高。这其中最重要的原因在于随着城市的不断发展，主城区的畜禽养殖量和农业产量在不断减少，由此所产生的污染物排放不断减少，因此对水环境的影响也减弱。

(4)通过河流水体断面的监测数据与理论核算数据的对比看出，两者呈现出较好的吻合度，尤其是2011年时间断面，水质状况几乎一致。通过二者的相互对比和印证，可以看出库区蓄水高度对水质的影响。

本书研究的不足之处在于：未能从库区流域的角度对水质变化进行分析判别，而是从行政单元上来分析空间上的变化，这样的分类难免会对水质的分析结果产生影响。此外，污染物只核算了COD、BOD5、TN、TP等4种，对于水质污染程度的变化分析也不尽全面。为此，未来将利用库区干支流的水体断面监测点数据，打破行政区划的限制，选取具有代表性的多项水质指标，如增加溶解氧、高锰酸盐指数、挥发酚、石油类等，建立合适的水质监测模型和方法，从流域方向来分析库区水质的变化。

第六章　驱动动因分析

在查明三峡库区重庆段面源污染负荷及其来源后，识别驱动面源污染发生的动力因素不仅非常重要，而且极其必要。面源污染是在一定的动力因素作用下形成的，不同区域动力因素差异较大，前面已经详述，土地利用是影响面源污染形成的主要因素，地形起伏又对面源污染物的积聚与扩散产生再分配作用，最终形成上述面源污染负荷状况。从面源污染的形成过程看，自然地理条件(如地形、地表覆被、区位等)是影响面源污染发生概率的主要因素，如地形坡度大、地表覆被类型以耕地为主、距离末端水体较近等，都容易促进面源污染的发生，反之亦然。当然，从与面源污染物间的关系看，自然地理因素仅仅是影响因素，决定面源污染发生的概率与可能。社会经济因素则是自然地理基础上驱动三峡库区面源污染形成的根本动力因素，首先是氮、磷污染物的来源主要与农业生产过程中过量施用化肥、农药等有关，以及农村畜禽养殖、生活垃圾、生活污水等也对面源污染产生较大程度的影响，这是面源污染产生的主要源头。因此，要识别面源污染发生的动力因素与作用机理需要从这方面入手。其次像农业生产中化肥、农药等的施用以及畜禽养殖规模，均受市场因素的驱动和左右，不管是种植还是养殖，都会以追求利益最大化为根本出发点。这样，种植或养殖生产资料的投入都是在非理性的决策下发生，如化肥大量使用、养殖饲料或激素超量使用，在作物或牲畜不能吸收的情况下，均会以污染物的形式排出。从某种意义上说，社会经济因素才是面源污染发生的主要动力因素，是未来制定适合政策必须查明的部分。

为此，本章首先对三峡库区不同农业经营模式下肥料的投入进行评估，并查明变化的特征与原因，在此基础上，分析生计多样化背景下种植业非点源污染负荷演变，以重庆市为例，开展重庆市农业面源污染源的EKC(envirmment kuznets curve)实证分析。

第一节　三峡库区不同农业经营模式肥料投入评估及其变化特征

在以家庭承包经营为基础的前提下发展合作经营、公司经营、集体经营等农业创新经营方式已呈现出现代农业的多重元素。在农业经营模式上，已有研究探讨了不同经营模式的变革及未来发展趋向。税尚楠(2013)从工业化对农业发展产生深刻影响的背景下，指出由“绿色革命”到“常绿革命”小农户经营的困境逐步显现，合作经营或资本农场是农业发展的出路。邹新月等(2003)从市场经济视角，阐释家庭小规模经营所呈现的弊端日益明显，土地流转下的适度规模化经营是摆脱这一困境的很好出路。曾福生(2011)在详细解读经营形式与经营方式时，指出经营模式是经营形式与经营方式的有机统一，适度规模化的专业户是农业发展的主导模式，以专业户为主导，多种经营模式并存的格局是农业演变的趋势。徐玉婷等(2011)在研究影响不同农户类型农资投入的因子时指出，农户耕地投入水平呈上升趋势，利润型农户比消费型农户总的投入水平高，农地投入中流动资本投入占主要方面而固定资本相对较少。栾江等(2013)应用“CHINAGRO”模拟中国到2020年肥料使用情况时指出，化肥使用总量及单位面积使用量都呈增长趋势，但对肥料投入方向并未作深刻探讨。王海等(2009)调查太湖区域肥料、农药投入时，指出种植结构间差异较大，且不同种植模式投入肥料的差异也明显，表现为蔬菜>水蜜桃>葡萄>稻麦轮作>稻油轮作>柑橘>茶叶。欧阳进良等(2004)研究黄淮海平原农区时，指出不同农户类型和不同农作物的肥料用量存在较大差异，其中果蔬的用肥量尤为突出。张卫峰等(2008)运用调查数据研究得到种植结构逐步调整，粮食作物的播种面积比与肥料投入比都呈下降趋势，经济作物成为化肥消费主体。郜亮亮等(2011)分析产权制度对农业投入要素的稳定性影响时指出，对自家地投入的有机肥比转入地多，但随农地流转的稳定性提高，不同农地间投资的差异在缩小。综上所述，尽管对于不同经营模式对化肥投入影响分析已有深入研究，但从农户视角来评估不同农业经营模式下用肥量与结构的特征较少(韩书成等，2005；阎建忠等，2010)，尤其是对于西部山区。

本节基于农户调研数据，从农户尺度根据生产经营特征划分农业经营模式，以此评估各经营模式肥料投入特征。通过分析三峡库区重庆段肥料在不同农业经营模式间的投入特征，进一步说明农业结构变动下用肥结构与量的变动，及可能产生的农村非点源污染负荷量的变化特征及其分布规律，对保障经济发展的前提下有针对性地解决库区脆弱的生态环境和解析及控制农村非点源污染有探索性的作用和启示。

一、材料与方法

(一)区域概况

研究区域为三峡库区重庆段，覆盖范围包括重庆境内的15个区(县)及主城核心区(图6-1)。土地类型多样，丘陵、山地面积大，平地面积小，土地结构复杂、垂直差异明显，人均耕地面积在$0.06km^2$左右。以山地为主的重庆，种植农作物以玉米、马铃薯、番薯为主，平坝地区伴有水稻种植，因三峡工程中退耕还林等生态工程的实施后种植结构逐步转型，山区经济林、经济农作物逐步兴起并快速发展。库区日夜温差小，空气湿润，多雾少霜，太阳辐射弱，日照时间短，雨热同季，立体气候显著。库区蓄水后，水域面积扩大，水流减缓，受季节性高水位与低水位影响，生态环境十分脆弱。为保护库区生态环境，沿江两岸造林绿化设立生态屏障区，实施退耕还林、还草工程，这迫使当地农村农业结构调整；生态经济林种植规模不断扩大，库区的产业结构及其所处的区位环境正逐步转变。

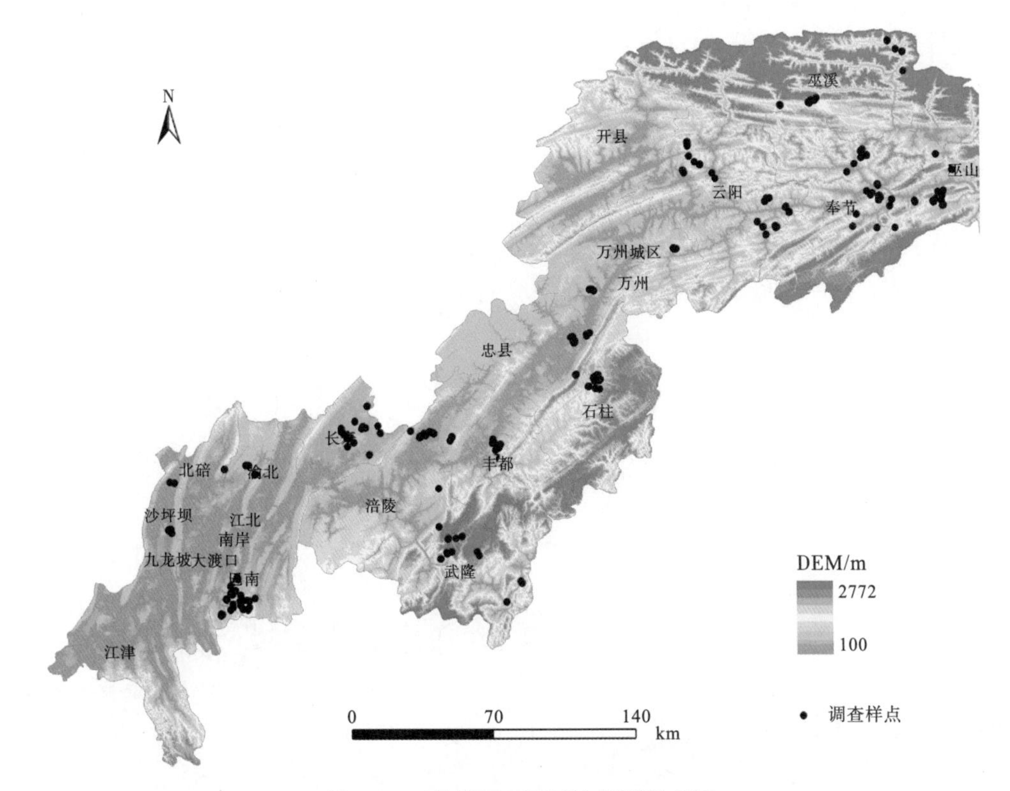

图 6-1　三峡库区(重庆段)调研样点图

(二)数据基础

本节的数据来源有两方面：一是国家统计数据(http：//data. stats. gov. cn/index)，二是农户调研采集数据。国家统计数据选取重庆市 1997～2011 年农业生产投入的氮肥、磷肥、钾肥、复合肥及总量化肥来说明肥料投入量整体变动趋势；农户调研获取数据选点主要采取分层抽样与随机抽样相结合的方式(王劲峰等，2010)，宏观层面上基本分层覆盖研究区的所有区(县)，具体落实则根据调研过程的当地实地情况(交通可行性、农业生产典型性和具有代表性、交流的方便性及数据源记录的真实性)，考虑到典型性与全方位相结合，最终确定具体调研的农户对象。

采用 PRA(participatory rural appraisal)方法于 2013 年 6～10 月对三峡库区重庆段的区(县)抽样调研，调研对象包括沙坪坝区、万州区等 13 个区(县)，每个区(县)选择两个镇(主城区只选 1 个镇)，每个镇选择两个村，共 23 个镇 46 个村。调研内容包括农户家庭情况、种植的主要农作物种类、各农作物种植面积、各农作物施肥情况(肥料的种类、量)、经营方式、养殖的种类及特征、其他生产生活垃圾统计，共调查问卷 758 份，经汇总核查，有效问卷为 752 份。

(三)数据处理

针对大量的调研数据，借助 Excel、GIS 等工具。选取种植面积、养殖规模、是否有涉农公司企业、是否有合作社等集体经济组织、种植养殖业中各占百分比等指标，划分为一般散户(general farmers，GF)、种植大户(big farming household，BF)、公司企业(company enterprise，CE)、养殖大户(big breeding household，BB)、种养大户(big farming and breeding household，FB)、合作社(cooperation，CP)6类农业经营模式(表6-1)。

表6-1　农户经营模式划分

经营模式	种植面积/hm^2	养殖规模	涉农公司企业	合作社经营	主要经营方式
一般散户(GF)	<0.66	牲畜<20头；禽类<100只	无	无	传统经营，组织性不强，参与市场化程度不高
种植大户(BF)	>0.66	牲畜<20头；禽类<100只	无	无	借助机械，针对性地种植农作物，农作物的商品率高，收入来源于种植业
公司企业(CE)			有	无	流转土地，以市场为导向，以获取最大经济效益为目的，企业化管理，专业化生产经营
养殖大户 (BB)	<0.66	牲畜>20头；禽类>100只	无	无	以养殖为主、种植为辅，种植的目的是为养殖提供青饲料，市场是饲料的主要来源
种养大户(FB)	>0.66	牲畜>20头；禽类>100只	无	无	种养兼顾，养殖的饲料自己配制(精饲料来源于市场，粗饲料来源于自给)，种植的农作物作为饲料来实现其原始价值在养殖中升值
合作社(CP)			无	有	以村干部或退休村干部领头，专门组织管理，协调市场与农户，统筹农资与农产品供销，租赁或者农户土地入股，是组织性较强的一种组织

在划分农户经营模式的基础上，核算各经营模式肥料的投入情况，肥料投入核算以农作物播种单位面积为基准。

根据肥料在农业投入时广泛施用的时间顺序，将肥料种类分为传统肥料与新兴肥料。传统肥料包括碳铵、磷肥、尿素、农家肥、草木灰等。新兴肥料包括复合肥、有机肥、高钾肥、微量元素肥料(如锌肥)、专用配方肥(水稻专用肥、薯类专用肥)、叶面肥等。调研发现，研究区传统肥料中尿素、碳铵、磷肥3种肥料长期以来都有举足轻重的地位，新兴肥料中复合肥(普通复合肥)、专用配方肥(专用复合肥)、有机肥在农业转型发展过程中日益凸显。因而本节在统计各经营模式用肥情况时选用尿素、碳铵、磷肥、复合肥、有机肥、其他肥料(除复合肥和有机肥之外的其他肥料)作为参考指标。

折算不同经营模式用肥中氮、磷含量时按氮肥的有效成分氮及磷肥的有效成分 P_2O_5 计算。核算复合肥中氮、磷含量时参考常规15-15-15配方。

重庆山区主要农作物为玉米、水稻、番薯、马铃薯、蔬菜、果木园林及其他农作物(桔梗、党参、木香等)。按时间尺度的推移及其在农业生产中的地位及农业生产所占比例可分为传统农作物与新兴农作物；传统农作物指玉米、水稻、马铃薯、番薯；新兴农作物指蔬菜、果木园林、其他农作物(桔梗、党参、木香等)。

二、结果与分析

(一)肥料投入总量变化特征

1997~2011年，三峡库区重庆段整体用肥变化特征如图6-2所示。化肥总量整体上呈增长趋势(从1997年69.60×10^4t到2011年95.58×10^4t)，自1997年开始仅在2003年有小幅度波动(肥料用量略有减少)，源于三峡工程二期工程完成后蓄水水位升高及持续高温伏旱影响农业生产和农资投入(陈峪等，2004；张瑞萍等，2005；吴兆娟等，2011)。氮肥用肥量基本保持且稍有波动，2003年前氮肥用量呈减少的趋势，之后呈增长趋势，2008年后趋于平稳状态。磷肥用量从1997年到2007年逐年增加，2008年回落到2006年的水平，之后基本保持平稳，虽然有增长和波动但幅度都不大，磷肥用量在15.25×10^4~18.43×10^4t。复合肥用量表现强劲的增长趋势且变化幅度较大(6.20×10^4~21.39×10^4t)，15年间增加15.19×10^4t，平均年增幅为16.33%。钾肥用量呈平缓增长趋势，总量和增幅都较小(2.27×10^4~5.60×10^4t)。

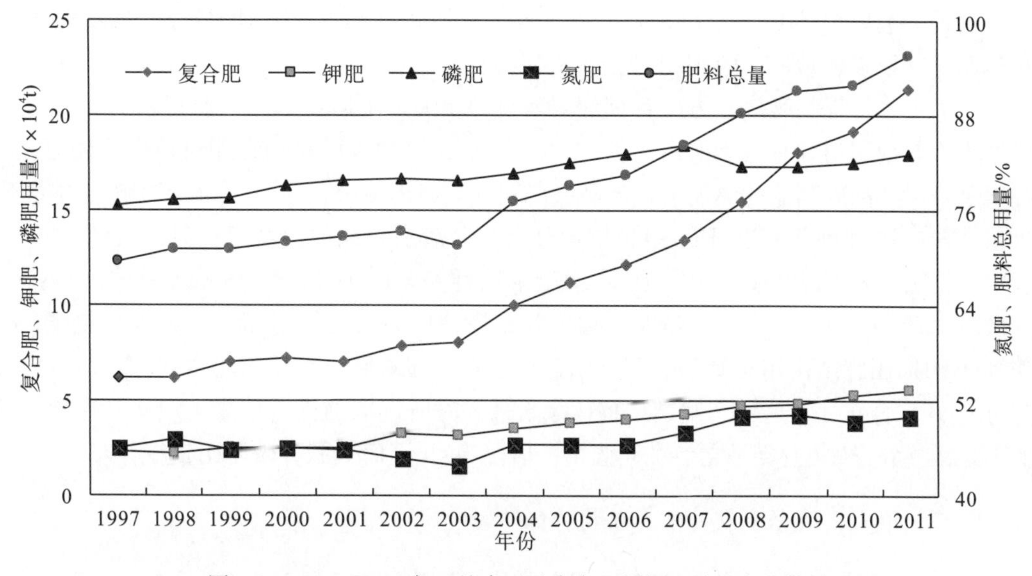

图6-2 1997~2011年三峡库区重庆市肥料投入总量变化特征

(二)不同经营模式下肥料用量结构特征

1.用肥结构特征

不同经营模式下用肥结构特征如图6-3所示，一般散户(GF)、养殖大户(BB)、种养大户(FB)3种经营模式用肥种类较多、结构复杂、涉及范围较广且主要以传统肥料为主；种植大户(BF)、公司企业(CE)、合作社(CP)3种经营模式用肥结构相对简单，主要以某种肥料或某类肥料为主，如BF用肥中复合肥占52.53%，CE则以其他类型肥料为主，占78.32%。

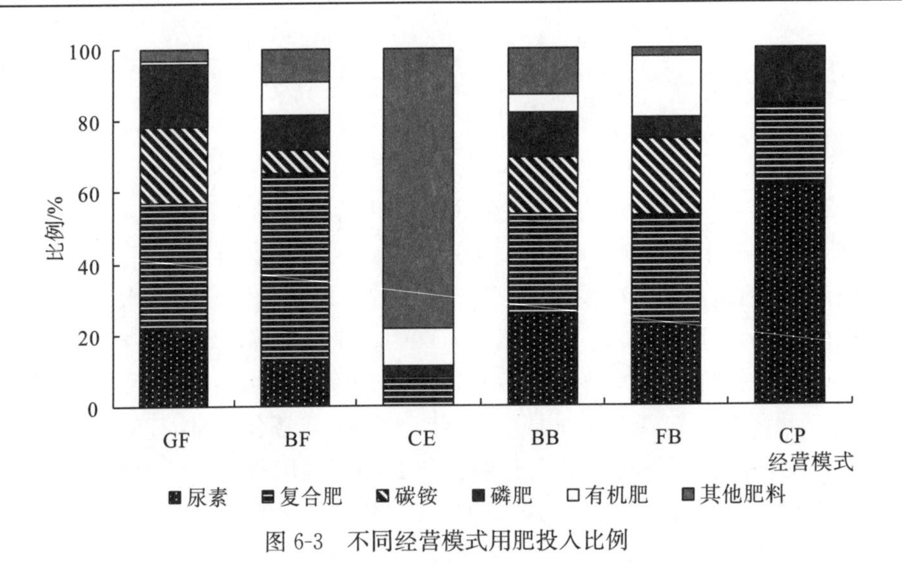

图 6-3　不同经营模式用肥投入比例

具体的，一般散户(GF)用肥种类多样，涉及范围较广，但依然是以传统的尿素、碳铵、磷肥及复合肥为主，且所占比例较大，达到 95.61%；种植大户(BF)复合肥用量所占比例较一般散户(GF)明显增加，有机肥料和其他肥料在所用肥料中所占比例增加特征也较明显，尿素、碳铵、磷肥相对比例有所降低，这缘于复合肥是种高效肥料，有利于节约人力资本，提高肥效，方便管理等因素在种植大户中广泛施用；公司企业(CE)的用肥结构中其他肥料和有机肥所占比例较大(88.69%)，常规肥料用量相对很少，公司企业在绿色环保、高效利益的驱使下选择新兴肥料，最终形成公司企业现阶段用肥结构特征；养殖大户(BB)和种养大户(FB)用肥结构具有与一般散户相似的特征，只是氮肥(不计算农家肥投入情况及其含氮量)用量相对比例偏高(种养大户 94.20%>养殖大户 87.54%>一般散户 82.74%)，这是因为养殖大户和种养大户种植大量青饲料需要投入大量氮肥；合作社(CP)的用肥结构相对简单，只有尿素、复合肥和磷肥，且尿素所占比例特大，已经超过 60%，合作社的这种用肥结构特征缘于采样时所选取的样本因素，山区合作社经营的不是常规农作物(主要是党参、天蓝星、桔梗等)，因而氮肥、磷肥用量较普遍。

2. 用肥中氮、磷含量及其来源结构特征

从表 6-2 可以看出，各经营模式用肥结构中氮磷总施用量为一般散户(986.25 kg·hm^{-2})>养殖大户(898.05kg·hm^{-2})>种养大户(676.35kg·hm^{-2})>种植大户(655.20kg·hm^{-2})>合作社(556.95kg·hm^{-2})>公司企业(316.65kg·hm^{-2})，说明小规模经营比大规模经营单位面积肥料投入量更大。这缘于经营规模小的模式(如一般散户)强调土地生产力，主要通过追加单位面积土地的投资来最大限度实现单位面积产量。而规模较大的经营模式(如公司企业)强调人力资本中劳动生产力的最大化来实现规模效益达到生产经营赢利的目的。各经营模式中，氮(N)的主要来源是尿素(占 50.28%)，其次是复合肥(占 39.53%)，碳铵对氮的贡献相对少(仅 10.19%)；磷(P_2O_5)的主要来源是磷肥(占 56.74%)，其次是复合肥(占 43.26%)。氮肥用量结构中尿素和复合肥总量已接近 90%，磷肥用量中复合肥占到 43.26%，因而用肥结构向尿素、复合肥等高效和缓释肥料倾斜。

不同经营模式氮、磷来源结构各异，因种植规模不同各经营模式用肥结构相似性与差异性表现显著。一般散户(GF)单位面积用肥量最高，用量中氮多磷少，其中氮肥占55.03%，磷肥占44.97%；氮的主要来源是尿素(占51.05%)，磷的主要来源是磷肥(占63.82%)。养殖大户(BB)单位面积用肥量第二，其用肥量和结构与一般散户相似。种养大户(FB)单位面积用肥量居第三位，其用肥量及氮肥的结构与一般散户相似，但磷的用量主要来源复合肥(占59.20%)。种植大户(BF)单位面积用肥量居第四，与一般散户(GF)用肥量与结构存在差异，氮、磷的用肥量基本持平且氮、磷都主要来源于复合肥(占54.12%、59.04%)。合作社单位面积用肥量排在第五位，其用肥量和结构亦与一般散户(GF)相似，但用肥量更趋向于氮肥(占71.37%)；尿素对氮肥的用量贡献更高(占88.41%)，磷的用量亦更倾向磷肥(占71.09%)。公司企业(CE)单位面积用肥量相对最少，其用肥的量和结构与一般散户(GF)不同，更倾向磷肥(70.87%)；氮肥的来源几乎全是复合肥(占92.89%)，磷肥对磷用量的贡献亦突出(占61.79%)。

表 6-2　不同经营模式的氮磷肥用量结构

经营模式	氮肥用量结构(N)				磷肥用量结构(P_2O_5)		
	总量/($kg \cdot hm^{-2}$)	尿素比例/%	复合肥比例/%	碳铵比例/%	总量/($kg \cdot hm^{-2}$)	复合肥比例/%	磷肥比例/%
一般散户(GF)	542.70	51.05	29.57	19.37	443.55	36.18	63.82
种植大户(BF)	341.85	38.82	54.12	7.06	313.35	59.04	40.96
公司企业(CE)	92.25	7.11	92.89	0.00	224.40	38.21	61.79
养殖大户(BB)	556.65	61.74	23.30	14.96	341.40	38.01	61.99
种养大户(FB)	471.60	54.54	25.70	19.76	204.75	59.20	40.80
合作社(CP)	397.50	88.41	11.59	0.00	159.45	28.91	71.09
均值	400.50	50.28	39.53	10.19	281.10	43.26	56.74

(三)不同种植模式的用肥结构与不同经营模式的种植结构特征

1. 不同种植模式用肥结构特征

由图 6-4 显示，主要农作物肥料投入氮、磷折纯总量为玉米(593.25 $kg \cdot hm^{-2}$)>蔬菜(499.50 $kg \cdot hm^{-2}$)>马铃薯(337.05 $kg \cdot hm^{-2}$)>其他作物(276.60 $kg \cdot hm^{-2}$)>番薯(229.80 $kg \cdot hm^{-2}$)>果木园林(188.70 $kg \cdot hm^{-2}$)>水稻(183.00 $kg \cdot hm^{-2}$)，传统农作物玉米、马铃薯用肥量依然较大，新兴农作物的蔬菜和其他类型农作物用肥量亦较突出。

农作物的种类决定其用肥结构特征，玉米用肥结构均匀，各肥料种类单位面积投入的量差异较小；水稻用肥结构特征为单位面积整体用量较小、不同肥料种类用量差异不大，但主要集中在复合肥及低氮的碳铵；番薯、马铃薯、蔬菜、果木园林及其他农作物用肥结构中各类肥料用量差异明显，主要是复合肥，其次是尿素，说明农作物用肥向高纯度高肥效转型；新兴农作物用肥主要集中在新兴肥料种类，且用量较高，传统农作物用肥以传统肥料为主但正逐步向新兴肥料转型(如番薯、马铃薯的用肥中复合肥用量占绝对优势)。

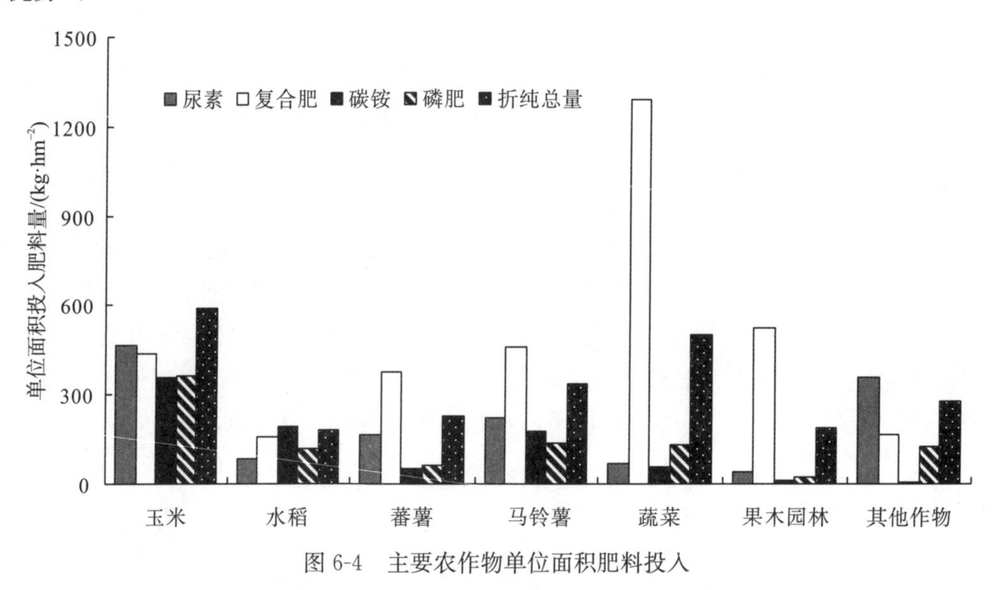

图 6-4　主要农作物单位面积肥料投入

2. 不同经营模式种植结构特征

由图 6-5 显示，不同经营模式种植结构特征的相似性与差异性表现显著，一般散户(GF)、养殖大户(BB)、种养大户(FB)具有相似种植结构特征，以传统的农作物玉米、水稻、番薯、马铃薯为主且所占比例都超过 65%，表现为“小而全”的特性(单个经营户种植的规模整体较小，种植的种类较多，种植业生产以自给性为主)；种植大户(BF)、公司企业(CE)、合作社(CP)间也具有相似的种植结构特征，它们的种植结构开始转型(摆脱固有的种植结构，有针对性地种植某种或者某类农作物)，表现为专业化生产经营在技术支撑的前提下有重点地突破一些领域的商品化生产经营。

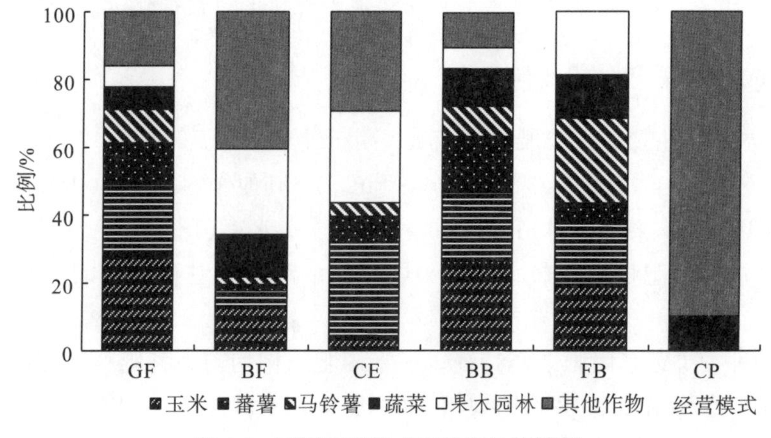

图 6-5　不同经营模式下种植结构特征

三、小结

三峡库区重庆段农业种植结构正逐步调整，新兴农作物是今后一段时间农业投入的重点，因而对农作物肥料的投入将由传统农作物向新兴农作物转型。本节通过核算不同经营模式及主要农作物单位面积肥料投入得出以下结论。

(1)研究区化肥总量逐年增加，其中氮肥与复合肥总量增势强劲，随农业生产转型及农村农业进一步发展，肥料用量可能继续增长。

(2)常规肥料在研究区占有主导地位，常规用肥中氮、磷折纯量在各经营模式中单位面积投入情况为小规模经营的一般散户用量最大，而大规模经营的(种养殖大户、合作社、公司)则较小。

(3)各经营模式用肥结构差异显著，一般散户、养殖大户、种养大户经营模式常规用肥比例较大而种植大户、公司企业、合作社经营模式在新兴肥料(有机肥、高钾肥等)的用量及比例方面突出。

(4)农作物单位面积肥料折纯用量为玉米>蔬菜>马铃薯>其他作物>番薯>果木园林>水稻，凸显山区新兴作物(蔬菜、其他农作物)用肥量的崛起；经营模式不同，种植结构也相差较大，种植大户、公司企业、合作社向新兴农作物转型；因而肥料用量将向专业化的经营模式(如公司企业)中新兴农作物(如蔬菜)转向。

第二节　三峡库区(重庆段)种植业污染负荷空间分布

非点源污染是攻坚水污染控制与治理难题的突破口，其负荷的“源”主要有种养殖业、农村生活污水和垃圾等。蔡金洲等(2012)解析湖北三峡库区农业非点源污染时指出主要污染物是 TN、TP，种植业是最主要的污染源，等标负荷比占 56.08%；朱俊等(2006)研究库区干流污染负荷时发现，农业施肥是干流水体主要污染负荷来源的一种，贡献率达 26.3%。种植业对库区水环境的影响较大，解析种植业产生的污染负荷及其空间分布特征对防控非点源污染有重要意义。

现阶段，我国农业旨在形成“资源节约型”“环境友好型”的“两型”发展模式。对此，现有文献主要集中于：土地利用结构调整(向粮、经、饲多元结构转型)与耕地利用方式变化(向经济收入更高的园地方向转向)(郝仕龙等，2007)；从栽培、良种、政策等多因素综合考虑种植结构变化、种植结构优化及经济作物播面增加(高强等，2012)；粮食作物占比减少，经济作物成为化肥消费主体(张卫峰等，2008)；农业正向“精准农业”发展(Ganesh et al.，2012)。转型期，种植业是产生非点源污染负荷的敏感点，对其研究有助于水污染控制与治理。

耕地、园地受人为扰动更强烈，即便发生利用方式的变化，农田依然是非点源污染负荷中氮、磷的主要来源(龙天渝等，2008)。确定种植业非点源污染负荷及其空间分布特征，明确种植业非点源污染物的影响因子及其作用，有助于防控和治理因种植业导致的非点源污染。

核算非点源污染负荷的方法较多，主要有数学模型(Arnold et al.，2005；Singh et

al.，2005；郝芳华等，2006a；Wang et al.，2010）、平均浓度（李怀恩，2000）、水质水量相关（洪小康等，2000）、单元调查（赖斯芸等，2004）、清单分析（陈敏鹏等，2006）等。其中，输出系数法因所需资料少、实施起来容易，对其修正并加以推广应用更为普遍（龙天渝等，2008；刘瑞民等，2008；柯珉等，2014）。但是，对种植业而言，除去基质的影响和不考虑小尺度区域间入河系数的差异性，其产生的非点源污染负荷主要取决于化肥施用强度（曾曙才等，2007；陈玉成等，2008）。

使用参与式农村评估方法抽样调查不同区域种植业投入情况，核算肥料施用强度；使用输出系数法，根据种植业化肥投入的入河系数确定非点源污染负荷及其空间分布；此基础上，采用逐步回归方法确定 TN、TP 及负荷总量的影响因子和作用强度，以期估算结果有助于服务整个三峡库区非点源污染负荷的解析，并为防控种植业非点源污染负荷对策的制定提供科学依据。

一、材料与方法

（一）数据来源

库区（重庆段）2012 年土地利用数据来源于重庆市国土资源和房屋管理局，重庆市及各区（县）统计年鉴来源于重庆市及各区（县）统计局。统计数据用于核算不同区（县）单位面积劳动力投入及农产品产值等，用于查明影响库区（重庆段）种植业污染负荷的因素。

基于典型性与普遍性共存的原则，使用参与式农村评估方法获取农户访谈数据。典型性指所抽样农户在种植农作物类型、养殖方式、生活方式等方面在抽样区具有较强的代表性，而普遍性则指所抽样乡（镇）及村落基本覆盖整个研究区，并兼顾不同区域的经济发展水平、距离中心城镇的距离等。具体样点选择时采取分层抽样与随机抽样相结合（王劲峰，2010），分层抽样从宏观层面控制调查样点覆盖研究区各典型地貌类型、农户类型、种植结构等，随机性则指调研过程中根据交通的可达性、交流的顺畅性、数据记录的真实性等综合衡量以最终确定访谈农户。

库区（重庆段）的面积较大、地形起伏状况的空间异质性较强、不同区域的种植结构、经济发展水平、农户对种植业的依赖程度等均有很大的不同，而且，在山区，交通的可达性在很大程度上决定访谈工作是否能够到达预定目的地进行访谈，再加上留守在农村的劳动力多以老人、妇女为主，语言交流（口音、听力、是否了解情况等）也是访谈遇到的较大问题。另外，即便路况较好、交流顺畅，由于本次所调查的内容并不能给农户带来直接的增收或解决现实的问题，部分受访农户跟风和随意应付现象时有发生，为此对受访农户进行了筛选。基于这一考虑和分析，本次抽样访谈充分考虑了数据的空间差异性，很好地兼顾了典型性（代表性）与普遍性。

作者及所在课题组其他成员于 2013 年 6～10 月按区（县）抽样访谈，各区（县）按抽样原则抽取两个乡（镇）及每个乡（镇）选择两个村，共 23 个乡（镇）46 个村，调查问卷为 758 份，经汇总核查，有效问卷为 752 份（图 6-6、图 6-7 和表 6-3）。访谈内容包括农户家庭构成、主要农作物种植类型、各类农作物种植面积、各类农作物施肥情况（种类、用量）、经营方式等。

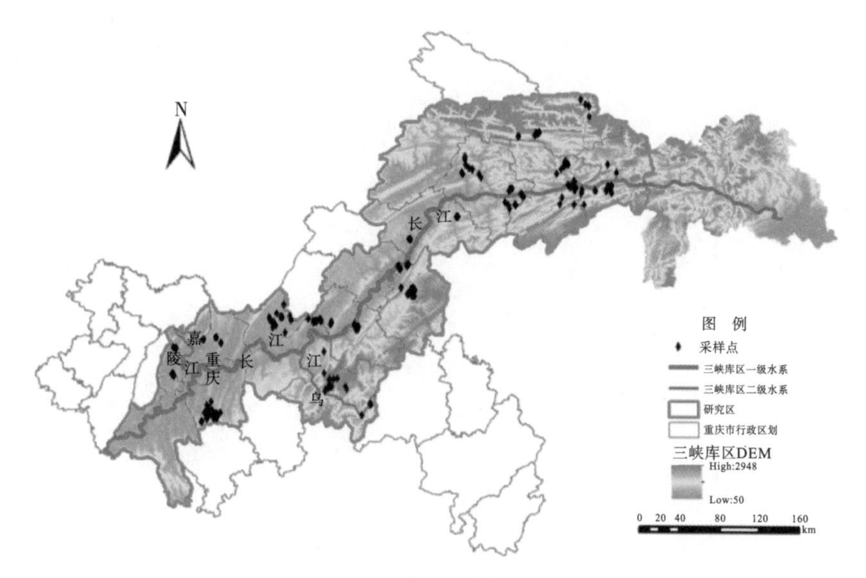

图 6-6 研究区位置和调查点分布

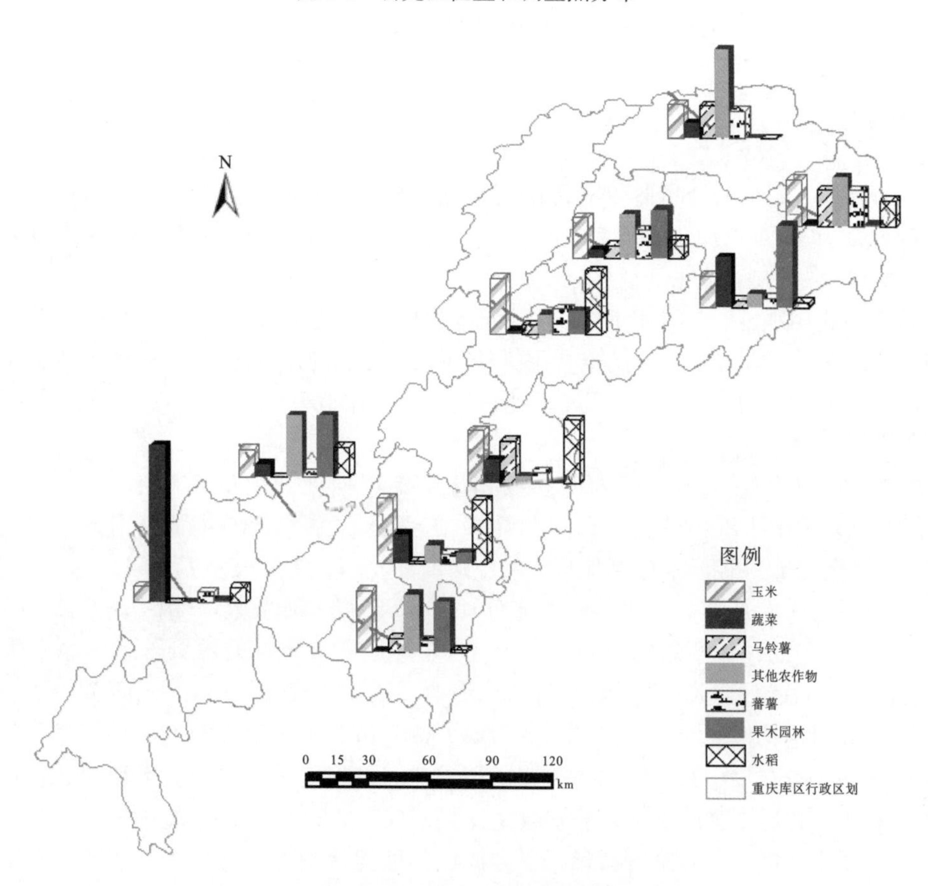

图 6-7 研究区种植业结构和分布情况

表 6-3　研究区调查点基本概况与各调查点问卷数量

调研区域	区(县)	距区(县)中心点		距乡(镇)中心点		问卷数/份
		较近乡(镇)	较远乡(镇)	较近村	较远村	
沿江平谷浅丘区	主城	西永镇、两路镇	安澜镇、歇马镇	天马村、中柱村、中建村	院子村	75
	长寿	邻封镇	渡舟镇	邻丰村	宝丰村、三好村	46
	丰都	兴义镇	社坛镇	泥巴溪村、文汇村、杨柳寺村	双桂场村、马大塘村	120
	万州	新田镇	太安镇、龙沙镇	岩口村、五溪村、河堰村	黄金村、天峰村、高家村	121
典型山区	武隆	巴马镇	江口镇	铁佛村、黄草村、东升村	杨柳村、盐场村	49
	石柱	西沱镇	悦来镇	南坪村、悦来村、东木村	黄桷岩村、寺院村、水桥村	121
	云阳	高阳镇	堰坪镇	建全村、堰坪村	青树村、乐宫村	62
	巫溪	文峰镇	徐家镇	银峰村、大宝村、高洪村	长沙村、龙店村	48
	奉节	康乐镇	新民镇	观音庵村、石龙村	长棚村、木耳村	65
	巫山	庙宇镇	铜鼓镇	水库村、水磨村、长梁村	关国村	51

注：距中心点较近、较远不仅指空间位置，亦指区域内部经济发展横向比较结果(较近指经济发展相对较好；较远指经济发展相对较差)。

(二)数据处理与方法

用 ArcGIS、Excel、SPSS 等对访谈问卷进行整理、统计与分析，主要有核算化肥施用强度(F)、单位面积污染负荷(PL)、农作物类型指数(CTI)等指标，具体核算标准如下。

(1)化肥施用强度。用年化肥施用折纯量除以化肥实际施用的耕种面积，计算公式为：$F=F_u/A_f$，式中 F_u 为年化肥施用折纯量，A_f 实际耕种面积。核算种植业化肥施用年折纯量 F_u 指标为 TN 与 TP，TN 折纯量按氮的有效成分 N、TP 折纯量按磷的有效成分 P_2O_5 折算。

(2)单位面积污染负荷。用入河系数和化肥施用强度的乘积来表示，计算公式为：$PL=\lambda \cdot F$，式中 PL 为单位面积污染负荷，λ 为入河系数，F 化肥施用强度。核算种植业污染负荷(PL)的指标有氮肥 PL_{TN}、磷肥 PL_{TP}、总污染负荷量($PL_{ZL}=PL_{TN}+PL_{TP}$)。值得说明的是，对于化肥有效成分 TN、TP 的入河系数，受污染源与受纳水体间的距离、地形条件、气候条件等因子影响，尤其是离水体近的污染源入河系数大，远的污染源其负荷在流经过程中大量被持留或消纳，从而导致 N 和 P 的入河系数不同。但是，书中主要讨论种植业污染负荷的空间分布，没有讨论其与距离间的关系，以及不同元素的入河系数，故在书中并未做出进一步的研究，而是直接使用由重庆市和湖北省农业环境监测站调查研究后得到的结果，分别取 $\lambda_{TN}=0.1007$，$\lambda_{TP}=0.0599$(陈玉成等，2008)。在未来的研究中，为进一步精确解析整个三峡库区的面源污染负荷总量，将开展以小流域为单元的污染源离水体的距离与入河系数间关系的研究，建立入河系数变化函数。

(3)农作物类型指数。用各种作物类型综合得分和与各种类型面积比的乘积来表示，计算公式为：$CTI=\sum_{i=1}^{n} C_i \cdot AR_i$，式中，$CTI$ 为作物类型指数，i 为作物类型，C_i 为第

i 种作物类型综合得分，AR_i 为第 i 种作物类型面积比。不同农作物综合得分 C_i 根据库区(重庆段)主要农作物单位面积施肥量(N、P 折纯)换算(钟建兵等，2014)，计算公式为：$C_i = 100 \cdot F_i / \sum_{i=1}^{n} F_i$，式中 C_i 为第 i 种作物类型的综合得分，F_i 为第 i 种作物类型单位面积施肥量(N、P 折纯量)。

玉米用肥综合得分最大(表 6-4)，一方面玉米在生产过程中本身用肥量就很大，既有底肥也有追肥，N、P 总折纯量达 593.25 $kg \cdot hm^{-2}$；另一方面玉米的用肥结构较均匀，尿素、复合肥、磷肥、碳铵等在单位面积上的投入差异较小，而蔬菜、马铃薯则以复合肥、尿素为主(钟建兵等，2014)。

表 6-4　研究区不同农作物用肥综合得分

作物类型	玉米	蔬菜	马铃薯	其他农作物	番薯	果木园林	水稻
综合得分	25	22	15	12	10	8	8

注：其他农作物指山区经营不同种类的经济作物，如调研中云阳堰坪镇的茴香、巫溪徐家镇的桔梗等就归为其他农作物。

(4)承包面积与实际耕种面积间换算。在 20 世纪 80 年代初分田到户时，农户所得到的承包地在面积上常常小于实际耕种面积。本次访谈中，农户仅对承包地面积较为清楚，而对对应的实际耕种面积则不甚了解，这样，在计算上述各种指标时，如不将承包地面积换算为实际耕种面积，就会使得各指标的计算值较实际值偏大。为此，本书通过对现有文献的阅读，综合不同地形条件下承包地面积与实际耕种面积间的换算结果，对比库区(重庆段)与文献中所描述区域的地形差异后，认为承包面积与实际耕种面积间换算取表 6-5 中湖北、贵州、江西的均值 1.5096 为宜。

表 6-5　承包面积与实际耕种面积间换算

位置	地貌特征	换算量/亩		文献
湖北洪湖	以平原为主	稻田	1.507	(汪权方等，2008)
贵州六盘水	以山地、丘陵为主	灌溉水田、菜地	1	(柯刚等，2004)
		望天田、上等旱地	2～3	
		一般旱地(≥15°)	3～10	
湖北潜江	以平原为主		1.5	(廖洪乐，2005)
			1.32	
江西吉安	以山地、丘陵为主		1	
			0.75	

(5)污染负荷影响因子识别。依据适度规模经营和投入产出理论，在丘陵山区，破碎、分散的耕地流转后很大程度上提高了耕地的利用率和产出率，常常被用作收益更高的果木园林，常规化肥施用量较少，从而有助于降低种植业的污染负荷；根据要素投入理论，单位面积劳动力投入越多，化肥的投入也就越多、越均匀，这样对种植业污染负荷也有一定程度的增加；基于效益最大化理论，单位耕地面积产值是农户经营耕地的最终目标，在一定的种植结构下，产值越高，农户投入化肥的积极性也就越大，反过来，

在未达到报酬递减的拐点时，化肥投入的增加有助于增加单位耕地面积的产值，从而导致种植业污染负荷的增加；类似于单位面积劳动力投入，务农人员的比例越大，化肥投入量就越大，种植业的污染负荷就会上升；鉴于要素整合理论，在农村青壮年劳动力大量非农化的情况下，户均耕地面积越多，单位面积投入的化肥越少，但投入往往较为集中于离家较近且耕作便捷的耕地分布区，致使种植业的污染负荷在总量上减少，在空间布局上成相对集中趋势；依据作物生长过程中对养分元素需求的差别化理论，农作物类型指数反映作物种植类型，而不同的农作物需要的化肥投入数量、品种等均有很大不同，从而影响污染负荷。影响因子如表 6-6 所示。

采用 Stepwise 回归法，拟合多元回归模型，量化影响因子的重要性次序和作用方向。

表 6-6　研究区种植业污染负荷影响因子指标

影响因子	含义
耕地流转率(X_1)	流转耕地占实际耕种耕地的比例：发生流转耕地面积/实际种植面积
单位面积劳动力投入(X_2)	单位耕地面积上投入的劳动力数量：农业生产投入的劳动力总和/耕地面积总和
单位耕地面积产值(X_3)	单位耕地面积产出农产品的经济价值：农业总产值/耕地总面积
务农人员比例(X_4)	务农人数占家庭总人数的比例：务农人员总数/人员总数
户均耕种面积(X_5)	平均每户耕种的耕地面积：实际耕种总面积/总户数
农作物类型指数(X_6)	反应区域间农作物类型种植结构特征

二、结果与分析

(一)三峡库区(重庆段)种植业污染负荷量估算

库区(重庆段)种植业化肥施用量高于全国平均水平。经农户调查核算，库区(重庆段)种植业单位面积化肥施用折纯量为 TN 23.25 t · km^{-2}、TP 20.34 t · km^{-2}，高于全国平均水平 33.53 t · km^{-2}(张锋，2011)。这与库区(重庆段)农户传统的作物种植结构固化有很大关系，且也与本次调查所强调的农业转型有关。传统的“粮猪型”农业仍然是农户家庭种植业的主要生产模式，即大量的种植玉米并套种番薯用于生猪养殖。加之，伴随农村青壮年劳动力的非农化，农户家庭的作物种植也向更为省工的结构转变，这样，大量水田转变为旱地用于玉米种植。而且，在农业发展转型中，为满足城镇居民消费需求，蔬菜种植成为农户的现实偏好。其结果导致玉米、蔬菜的作物用肥综合得分显著高于其他作物，进而得出库区(重庆段)种植业化肥使用量较高。

按照一定的 N、P 入河系数(陈玉成等，2008)，核算出库区(重庆段)种植业污染负荷总量较高，达 3.54t · km^{-2}，其中 TN 为 2.33t · km^{-2}，TP 为 1.21t · km^{-2}。这一数值高于陈玉成等(2008)使用农业统计年鉴数据计算出来的重庆市种植业污染的国土等标排放系数 2.11 t · km^{-2}。而且，与长江上游地区耕地的输出系数(TN 2.90 t · km^{-2}、TP 0.09 t · km^{-2})相比较，库区(重庆段)种植业污染负荷总量和 TP 亦较高，TN 则偏低(刘瑞民等，2008)。数据基础不同是造成书中研究结果与现有发现存在较大差异的主要原因，书中核算单位面积种植业污染负荷时，耕地面积以实际耕种面积(农户提供的数据指耕作时净面积)为基数，化肥施用量也是农户或业主根据实际生产记录下来的，这样，在库区(重庆段)的实际耕地种植面积低于统计数据[耕地撂荒现象普遍存在(邵景安等，2014)]、单位面积化肥施用量高于统计数据的情况下，计算出的种植业污染负荷定会较高。

(二)三峡库区(重庆段)种植业污染负荷的地域空间分布

库区(重庆段)种植业污染负荷总体展现出较大的空间差异。种植业污染负荷总量在空间上表现为五级阶梯式态势(图 6-8)：①典型高污染负荷区，主要集中于库尾的主城，负荷量为 10.17 t·km^{-2}；②污染负荷次级积聚区，以长寿为代表，负荷量为 4.60 t·km^{-2}；③中度污染负荷区，以巫山、万州、丰都和武隆为代表，负荷量为 3.2～3.9 t·km^{-2}；④轻度污染负荷区，以巫溪、石柱和云阳为代表，负荷量为 2.4～2.9 t·km^{-2}；⑤污染负荷最低区，以奉节最为突出，负荷量为 1.57 t·km^{-2}。

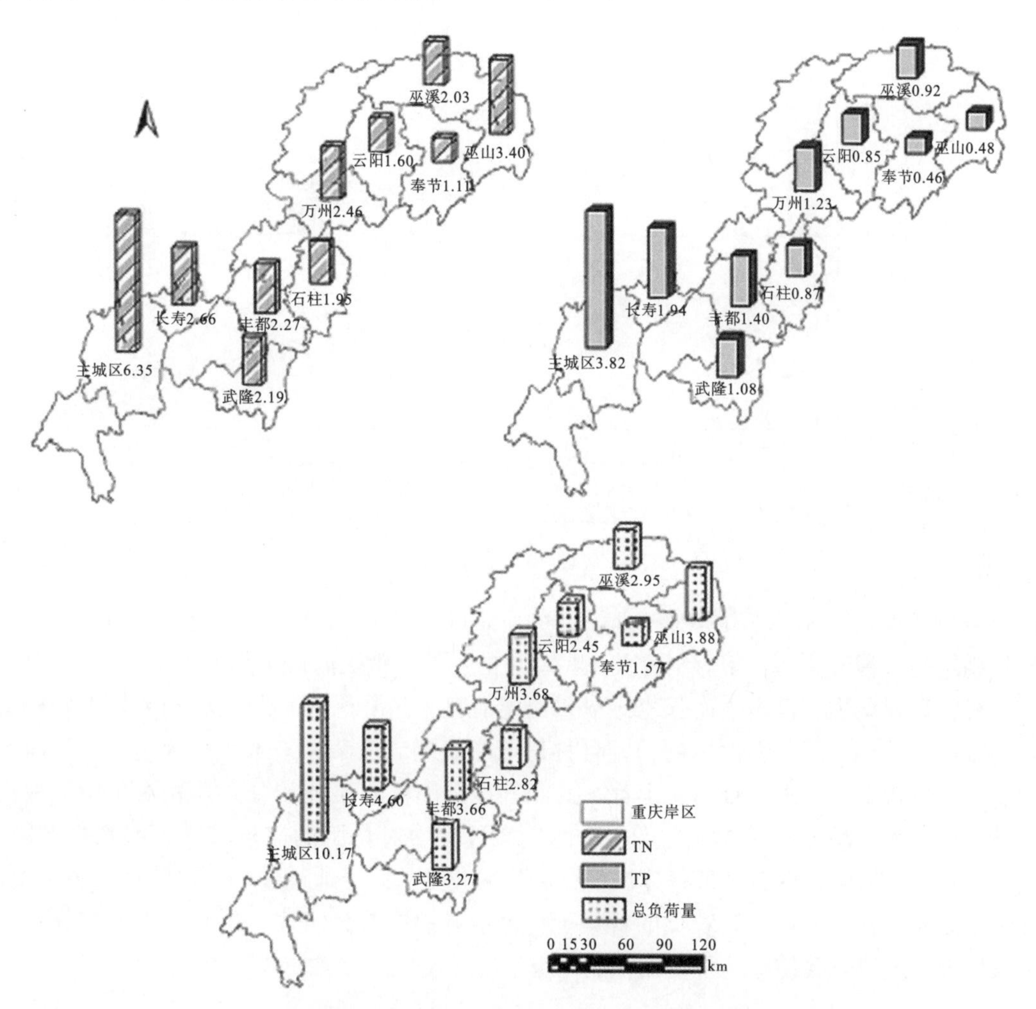

图 6-8　研究区种植业施肥产生的污染负荷空间分布特征(t·km^{-2})

除巫山和丰都外，库区(重庆段)种植业 TN、TP 污染负荷与污染负荷总量基本保持同步变动趋势。TN、TP 污染负荷最高的依然是处于库尾的主城区，分别为 6.35 t·km^{-2}和 3.82 t·km^{-2}，而巫山和丰都 TN、TP 的污染负荷分别为 3.40 t·km^{-2}和 0.48 t·km^{-2}及

2.27 t·km^{-2}和1.40 t·km^{-2}。

库区(重庆段)不同区(县)种植业污染负荷的距平分布展示(图6-9)，主城、长寿、丰都、万州、巫山等地种植业污染负荷总量均超过库区(重庆段)的平均水平3.54t·km^{-2}，石柱、武隆、云阳、巫溪、奉节等地则相反，而TN、TP污染负荷的距平与TN、TP污染负荷的空间分布一致。

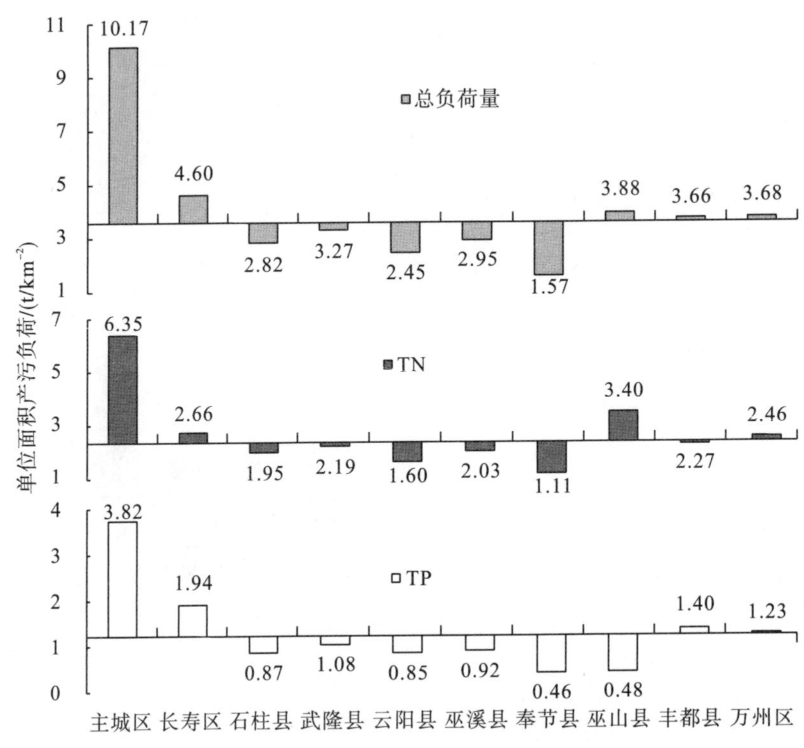

图6-9　研究区不同区(县)种植业产生的污染负荷距平分布特征

分析发现，库区(重庆段)种植业污染负荷总量和TN、TP污染负荷的空间分布与作物种植结构、种植业的积聚有很大关系。库尾的主城是重庆高效集约农业的主要赋存区，作物种植以蔬菜生产为主，而长寿地处平行岭谷区，地势平缓，距主城相对较近，种植业的集约发展程度高于其他区(县)，且种植业的发展以蔬菜和玉米生产为主，单位面积化肥施用量较高。巫山、万州、丰都、武隆等地则因优质耕地的分布均相对集中，种植业结构以玉米、马铃薯、番薯为主，致使生产过程中对化肥的需求较高，特别是氮肥。巫溪、石柱、云阳、奉节等地是库区(重庆段)的典型山区，地块破碎，以陡坡耕地为主，在大量农村青壮年劳动力非农化的背景下，种植业发展较为粗放，化肥施用大多分布于距家较近的地块，致使平均单位面积的化肥施用量较少。

(三)三峡库区(重庆段)种植业污染负荷距区域中心点的分布

种植业距离区域中心点越近由化肥施用产生的污染负荷总量越高，且TN、TP污染负荷亦具有相似特征[区(县)中心点的TN除外](表6-7)。考虑不同区(县)间的主体地貌特征，以及实际调查的驱车距离，将距离区域中心点15～35 km设为较近区(主城的较近区距离短些，山区的较近区相对较远)，将距离区域中心点 25～85 km 设为较远区。以区(县)为中心点，种植业污染负荷总量表现为较近区(3.60 $t \cdot km^{-2}$)>较远区(3.49 $t \cdot km^{-2}$)，且 TP 亦是较近区(1.31 $t \cdot km^{-2}$)>较远区(1.09 $t \cdot km^{-2}$)，但 TN 却是较远区(2.40 $t \cdot km^{-2}$)>较近区(2.29 $t \cdot km^{-2}$)；以乡(镇)为中心点，种植业污染负荷总量较近区(4.11 $t \cdot km^{-2}$)>较远区(2.80 $t \cdot km^{-2}$)，且 TN 和 TP 亦是较近区>较远区。

表 6-7 研究区距离不同区域中心点 TN、TP 污染负荷的分布特征

区域中心点距离	区(县)中心				乡(镇)中心			
	较近区		较远区		较近区		较远区	
源负荷类型	TN	TP	TN	TP	TN	TP	TN	TP
负荷量/($t \cdot km^{-2}$)	2.29	1.31	2.40	1.09	2.67	1.44	1.89	0.91

乡(镇)中心点较近区与较远区化肥施用产生污染负荷的空间分布差异比区(县)中心点更显著。距区(县)中心点较近区的乡(镇)较较远区产生的污染负荷仅多 0.11 $t \cdot km^{-2}$，而距乡(镇)较近区的村比较远区产生的污染负荷多达 1.31 $t \cdot km^{-2}$。这一结果表明在库区(重庆段)以乡(镇)为单元进行区(县)范围的种植业污染负荷总量的分析并未展现出较大的空间差异，而以村为单元进行乡(镇)尺度的种植业污染负荷总量的研究呈现出显著的空间异质性。进一步表明，使用参与式农村评估方法开展种植业污染负荷总量研究时，村级水平是最佳单元。而且，村级水平的农户行为(如种植结构、化肥投入、劳动力投入等)最能反映目前耕地资源的利用状况。

种植业高污染负荷区向区域中心点集中，种植业污染负荷具有"类点源"特征。分析发现，不管是区(县)中心点还是乡(镇)中心点的较近区的自然地理和社会经济条件均较较远区优越，如地形起伏、地块破碎、耕作便捷度、交通区位等，从而使得处于区域中心点较近区的耕地常被用于发展高效集约农业，作物种植也常朝着更有助于提高当地居民福祉的方向转变，致使较近区的单位面积耕地化肥投入量较多。换句话说，距离中心点较近区有更为适合居住和农业生产的土地，远中心点多为山地和坡耕地，不同的土地利用类型或土地利用方式是造成种植业污染负荷差异的主要原因。而且，伴随农村青壮年劳动力的非农化，劳动力老龄化、劳均耕地增加是必然趋势，在这种情况下，农户的耕作半径必将大大缩小，其结果为距家较近的耕地才能被耕作，化肥的施用也主要集中于此，这样，种植业的高污染负荷区向区域中心点集中，呈"类点源"特征。

(四)影响三峡库区(重庆段)种植业污染负荷量的因子

由表 6-8 可看出，农作物类型指数、单位耕地面积产值和务农人员比例对库区(重庆段)种植业污染负荷总量影响较为显著，农作物类型指数、单位耕地面积产值对库区(重庆段)种植业 TN 和 TP 的影响较为显著；其次是耕地流转率、单位面积劳动力投入、务农人员比例和务农人员比例的影响。而且，农作物类型指数、单位耕地面积产值和务农人员比例对污染负荷总量产生正向作用，农作物类型指数、务农人员比例、单位面积劳动力投入和单位耕地面积产值和务农人员比例对 TN 和 TP 产生正向作用，而耕地流转率对污染负荷总量的影响则相反。在库区(重庆段)的种植业生产中，农作物类型指数、单位耕地面积产值和务农人员比例对污染负荷产生较大影响。

表 6-8　研究区污染负荷总量、TN、TP 与影响因子间的逐步回归

变量	污染负荷总量			TN			TP		
	回归系数	*t*	*Sig.*	回归系数	*t*	*Sig.*	回归系数	*t*	*Sig.*
Constant	−27.28	−9.038	0	−19.875	−5.099	0.002	−8.511	−3.091	0.018
耕地流转率(X_1)	−9.166	−3.523	0.017**	—	—	—	—	—	—
单位面积劳动力投入(X_2)	—	—	—	0.635	2.692	0.036**	—	—	—
单位耕地面积产值(X_3)	1.468	6.851	0.001***	—	—	—	0.705	3.713	0.008***
务农人员比例(X_4)	47.458	7.434	0.001***	25.756	3.181	0.019**	19.807	3.004	0.02**
户均耕种面积(X_5)	—	—	—	—	—	—	—	—	—
农作物类型指数(X_6)	0.971	6.479	0.001***	0.622	4.077	0.007***	—	—	—
R^2		0.974			0.873			0.778	
F		47.693			13.713			12.293	

注：**、***分别表示在 5%、1%水平上显著；—表示未通过模型的显著性检验。

农作物类型指数与种植业污染负荷量(污染负荷总量与 TN)呈显著的正相关关系。不同作物对化肥的需求量有很大不同，且不同作物在目前家庭种植业中所占的比例差异较大，从而导致农作物类型指数对种植业污染负荷的影响较大，且呈正向作用。玉米、蔬菜、马铃薯等是农户主要的作物种植结构，且累计种植面积占总种植业播面的 65%以上。从表 6-4 可看出，不同作物单位面积 N、P 施用折纯量为玉米>蔬菜>马铃薯。这样，农作物类型指数越大，由种植业所产生的污染负荷(污染负荷总量与 TN)就越大。产污较高的主城、长寿和巫山，其由玉米、蔬菜、马铃薯等单位面积累计产污占单位面积总产污的比重，总负荷量占 73.91%，TN 占 74.12%(图 6-10)。相应地，主城、长寿和巫山上述作物的累计种植面积占总种植面积的比重分别高达 86.14%、51.48%、67.17%(图 6-11)。库区(重庆段)的作物种植结构与种植面积对单位面积产污负荷量产生显著影响。

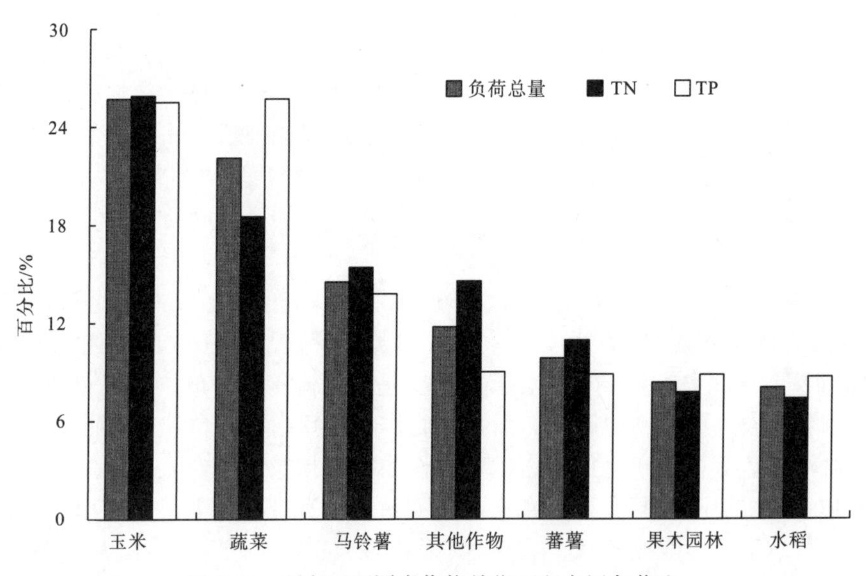

图 6-10　研究区不同农作物单位面积产污负荷比

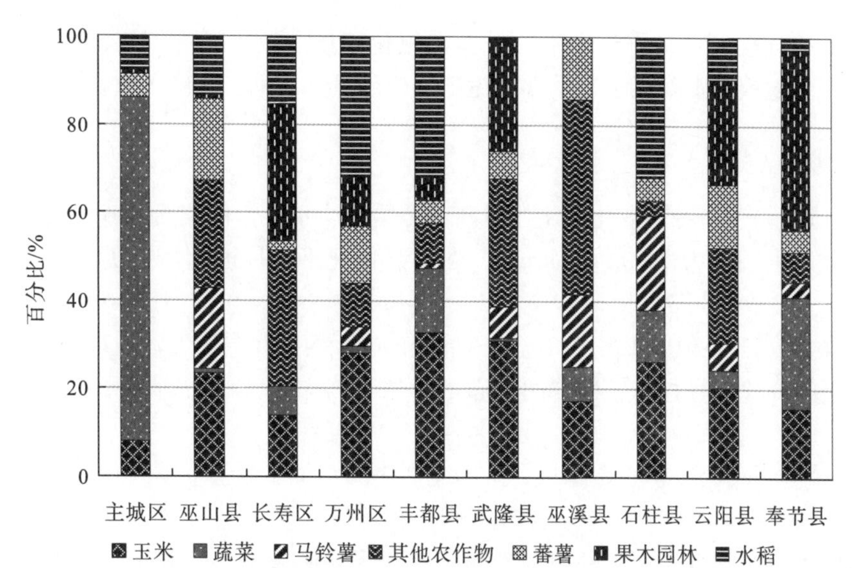

图 6-11　研究区不同区县间种植农作物结构特征

单位耕地面积产值对种植业污染负荷量(污染负荷总量与 TP)产生正向驱动。单位耕地面积产值越大，追加投入(化肥)获取更大收入的可能就越强，从而由种植业所产生的污染负荷也就越大。库区(重庆段)的种植业仍处于传统农业发展阶段，“粮猪型”是其主要特点，这样，在以玉米、蔬菜、马铃薯等为主的种植业条件下，单从种植业的亩均产值来看则相对较低，但是，当种植业与养殖结合后，其产值就会获得较大幅度的提升，且在农村目前的劳动力背景下，“种养”结合仍有较大的利润可捕获，致使为追求能够为养殖业提供更多饲料粮的动机下，单位面积的化肥投入量就会大幅增加，进而使得由种植业所产生污染负荷总量与 TP(占 73.71%)也会相应增加。

务农人员比例和单位面积劳动力投入对种植业产污负荷的作用也表现为正向。单位面积投入的劳动力越多，越可能将更多的化肥投入到单位面积耕地上，或者将化肥投入到更远的耕地上。目前，农村青壮年劳动力的大量非农化给农业生产带来较大冲击，留守劳动力多以老、弱(病、残)、妇为主，这不仅使得家庭务农人员比例大大降低，而且也导致单位面积劳动力的投入量大为减少，其结果驱使耗费体力或需要由青壮年劳动力才能完成的化肥投入量、投入半径大大受阻。相反地，务农人员比例和单位面积劳动力投入越大，在追求利益最大化的情况，投入到种植业生产中的化肥就越多，加之，务农人员比例和单位面积劳动力投入的增加，耕作对土地的扰动也就大大加强，从而诱发单位面积的污染负荷的增加，即出现务农人员比例和单位面积劳动力投入的正向作用。

与其他因素的作用相反，耕地流转率对种植业产污负荷总量拥有反向的驱动作用。从实地踏勘和农户访谈看，库区(重庆段)的耕地在流转前后，种植结构均由流转前的传统大宗作物转向附加值较高的果木园林或其他经济作物。因为起伏频繁的地形、地块破碎的耕作条件使得耕地流转后倘若仍种植传统的大宗作物是不可能取得像平原地区的比较优势，当然流转也就不可能实现或持续。由表 6-4 可看出，果木园林或其他经济作物的单位面积化肥使用折纯量远小于玉米、蔬菜、马铃薯等。而且，即便在地势相对平缓区流转后用于发展传统农业(如玉米、蔬菜等)，但在品种选择、化肥选用、单位面积施用量等方面与分散种植都有很大不同，如常规化肥使用较少，有机肥、钾肥施用较多。耕地流转在一定程度上降低了单位常规化肥的施用量，有助于缓解种植业的产污负荷。

三、小结

(1)库区(重庆段)种植业化肥施用量高于全国平均水平，单位面积施肥折纯量TN为23.25 t·km^{-2}、TP为20.34 t·km^{-2}。在这种情况下，种植业污染负荷总量较高，达3.54t·km^{-2}。

(2)库区(重庆段)种植业污染负荷总体展现出较大的空间差异性，表现为库尾>库中>库首的五级阶梯式态势，且这种空间分布的异质性与作物种植结构、种植业的积聚有很大关系。

(3)种植业距离区域中心点越近，由施肥产生的污染负荷总量越高，TN、TP污染负荷亦具有相似特征，且乡(镇)中心点较近区与较远区施肥产生污染负荷量的空间分布差异比区(县)中心点的更显著。种植业高污染负荷区向区域中心点集中，种植业污染负荷具有“类点源”特征。

(4)农作物类型指数、单位耕地面积产值和务农人员比例对库区(重庆段)种植业污染负荷总量的影响较为显著，农作物类型指数和单位耕地面积产值对库区(重庆段)TN和TP的影响较为显著，其次是耕地流转率、单位面积劳动力投入、务农人员比例和务农人员比例的影响。

(5)除耕地流转外，其他因素对污染负荷总量、TN和TP均产生正向作用。

第三节　生计多样化背景下种植业非点源污染负荷演变

种植业对农村生态环境的影响日益凸显，探究其演变规律有助于缓解农村生态环境压力。2014中央农村工作会议指出，生态环境已对农业发展亮起“红灯”，“三高”型粗放农业发展方式对农村生态环境产生较大负面影响(梁流涛等，2010)。从目前我国农业和农村发展的阶段看，在政策导向、经济发展及农村发展转型驱动下，农民福祉/农户收益的最大化在农村资源配置、农户生计决策中扮演着至关重要的作用(Rozelle et al.，1995；刘彦随，2007)，驱使农户主导生计趋于“非农化”、经营主体趋于多样化(税尚楠，2013)、农业趋于“精准化”(Ganesh et al.，2012)和多功能化(Walford，2005)。然而，作为影响农村生态环境重要组成部分的非点源污染，是目前乃至未来农村生态环境必须面对且不能回避的敏感问题(杨林章等，2013)。相关研究也表明，农业生产过程产生的污染负荷是非点源污染“源”的重要组成部分之一(李秀芬等，2010)，并发现农业生产中的化肥施用对水环境中水质的影响较大(张燕等，2012)；有学者认为，不同农业经营主体对农业种植中肥料投入的影响差异显著(钟建兵等，2014)，农户对耕地投入的态度亦显著影响肥料投入决策(巩前文等，2008)，农户经营行为对农村非点源污染有重要影响(冯孝杰等，2005；侯俊东等，2012)。

在非农务工工资不断提高的情况下，农村劳动力大量转移(Sharma et al.，2006；张务伟等，2009；赵春雨等，2013；龙冬平等，2014)已是不争的事实。山区农村因地形起伏所导致的农业生产的比较劣势更为显著，农村劳动力的转移更为突出，农户生计对土地的依赖程度更低(李宾等，2014)。调研发现，山区农村劳动力“析出”的年龄多在50岁以下，他们关于生计策略的理性判断与抉择更多以追求收益最大化为目的；留守劳动力年龄多在50～65岁，且以“自给性”农业生产为主，参与市场程度较低；留守年龄超过65岁的，仅开展“菜园子”“自给性”农业生产，经营土地规模与集约利用程度有限。外出务工劳动力以非农生计为主导，而留守农村的则以兼业生计或农业生计为主导。不同生计决策的农户对农村生态环境的感知/认识程度有很大不同(赵雪雁，2012)，对土地的态度及农业生产投入表现出很大的异质性(欧阳进良等，2004；罗小娟等，2013)，必将影响农村非点源污染的程度及其变化。探究农户生计多样化演变中种植业产生的非点源污染“源”的变化，落实以农户为关键突破口的源头控制来防控非点源污染“源”，已尤显必要。

考虑非农化背景下，不同农户类型对生计转变的不同响应、对耕地投入的不同决策态度，最终将驱动农村种植业中非点源污染“源”的致污程度及其变化，本节基于农户生计决策收益最大化框架，结合农户类型、生计决策与种植业产污负荷，探讨农户主导生计类型演变过程中农村种植业非点源污染的可能演变趋势及不同农户类型的种植业产污响应；在权衡农户生计多样化抉择与耕地投入间博弈的基础上，有针对性地制定适应性调控政策，以引导不同经营主体(农户、合作社、企业等)在农业生产过程中进行合理投入，从源头防控农村非点源污染(控“源”)的发生。

一、材料与方法

(一)区域概况

样区分别位于渝东北生态涵养发展区和渝东南生态保护发展区，属三峡库区典型山区的巫山(福田镇和龙溪镇)和武隆(白马镇和长坝镇)，分别紧邻长江主要支流大宁河和乌江(图6-12)。巫山样区，地势西南高东北低，起伏较大，地貌以中低山为主。气候属亚热带湿润季风性气候，年均降水量1041mm，年均温为18.4℃，立体气候显著。其中，福田镇距县城60km，农业生产一年两熟，农作物以玉米、水稻、番薯为主；龙溪镇距县城10.3km，林地为主要地类，外出务工人口比例为46.49%，农作物主要有玉米、番薯、芝麻等。武隆样区，地势东南高西北低，总体相对平缓，地貌由河谷平坝、深丘、低山构成，也属于亚热带湿润季风气候，年均降水量为1100mm，无霜期260天。其中，长坝镇距县城38km，319国道过境，农业基础较好，主要种植水稻、玉米、油菜等；白马镇距县城24km，交通、水利等基础设施比较完善，主要经营玉米、水稻、烤烟、油菜等。

样区抽样选取8个典型村(巫山的莲花、双塘、双河和老鸦村；武隆的鹅冠、前进、东升和车盘村)，涉及人口2814人。人均承包耕地11.21×10^{-2} hm^{-2}，人均退耕4.40×10^{-2} hm^{-2}，年地均收益819.67～1464.29元，年人均获资助593.96～1775.10元，外出务工人员年均收入20101.02元，兼业人员年均收入5801.54～14686.07元。样点村劳动力不同年龄段从业差异化特征显著(表6-9)。

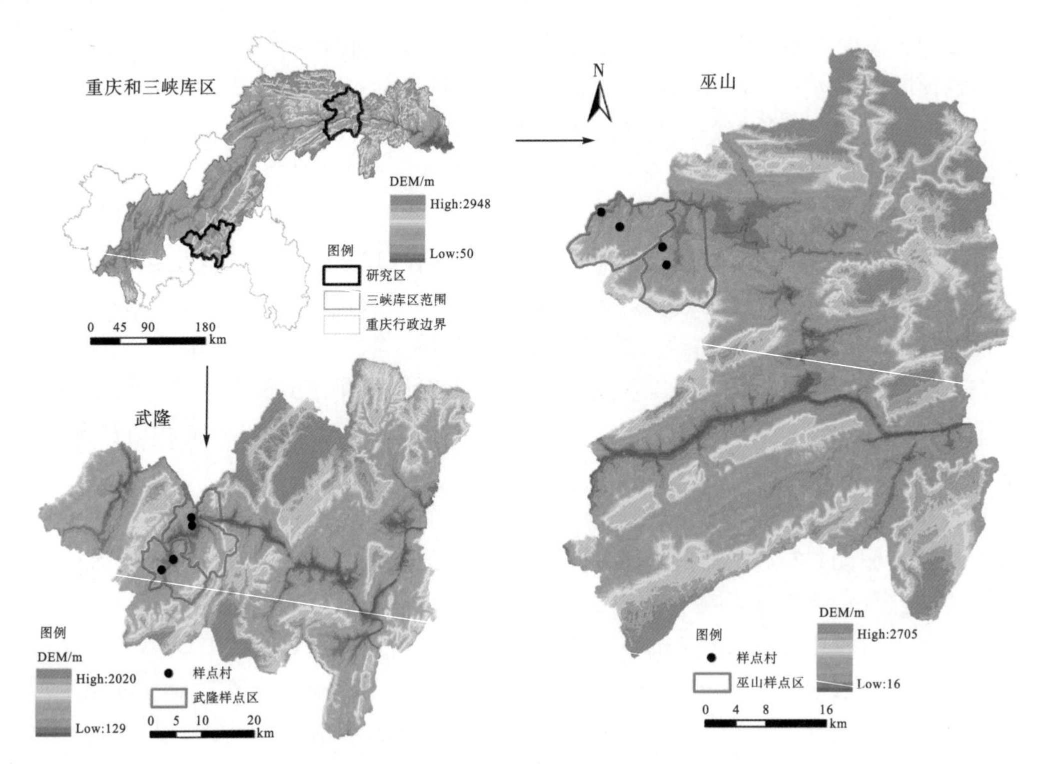

图 6-12 研究区区位和样点村分布

表 6-9 不同年龄段人员从业配置情况

年龄段/岁	仅务工/人	非劳动力/人	仅务农/人	务工为主兼务农/人	务农为主兼务工/人	总计/人
<16	3	536	7	—	—	546
16～50	607	168	414	198	15	1402
50～65	25	23	427	45	9	529
>65	1	77	253	4	2	337
总计	636	804	1101	247	26	2814

(二)数据来源

农访数据：主要采用课题组 2012 年 7～8 月(为期 60 天左右)，以参与式农村评估(PRA)采用随机抽样调查的方法获取的 691 户有效农户问卷。其中，龙溪镇老鸦村 98 户和双河村 92 户，福田镇莲花村 98 户和双塘村 86 户，长坝镇鹅冠村 77 户和前进村 81 户，白马镇车盘村 80 户和东升村 79 户。调研内容主要有农户的生计资产(人力资产、自然资产、物质资产等)、生计策略等情况。此外，采用数据还包括 2013 年 6～10 月对三峡库区重庆段部分区(县)的抽样调研数据，数据涉及 23 乡(镇)46 村，共 758 份问卷，其中有效问卷 752 份，调研内容主要包括农户基本现状、种植结构、种植面积、施肥情况、经营方式、养殖结构及农村生活。

空间数据：样区县级尺度DEM数据、长江水系数据、三峡库区行政区划数据、重庆市行政边界数据等来源于地理空间数据云(http：//www. gscloud. cn/)；1∶1万村级地形图、土地利用现状图、村级路网、居民点分布图、水域分布图等来源于样点村所在乡(镇)国土所或所在县国土资源局；样点村调研点空间分布数据来源于调查时所记录的GPS坐标，导入上述图件获得。

(三)数据处理

1. 农户家庭类型划分

依据家庭人员构成中有无青壮年劳动力(16～50岁)，将家庭类型分为劳动力家庭、半劳动力家庭和无劳动力家庭。劳动力家庭指单个农户家庭人员构成中有青壮年劳动力且从事劳动生产；半劳动力家庭指单个农户家庭中没有青壮年劳动力，但有50～65岁的“半劳动力”，且主要从事劳动生产；无劳动力家庭指单个农户家庭中农户年龄均大于65岁，从事一定农业生产活动。

2. 农户生计类型情景划定

依据不同农户家庭对土地的态度、主导生计策略抉择、农户生计对家庭承包耕地依赖程度及农户生计决策多元化发展趋向，将农户生计类型划分为三种，如表6-10所示。

表6-10 农户生计类型情景划分

主导生计类型情景	主要生计资产	主导生计策略	土地依赖程度	土地流转强度	主要农户收益
农业主导生计	自然资产	农业生产	高	低	农产品
兼业转向生计	自然资产、人力资产	务农、兼业	较高	较强	非农收益、农产品
非农主导生计	人力资产、社会资产	务工	低	强	非农收益

情景1：农业主导生计。农户生计主要依靠土地资源，尤其是为日常生活提供基本“来源”的家庭承包地；生计活动类型单一，以追求耕地单位面积效益最大化为目的，最大限度地获取单位面积的产出。这一情景下，农户不存在兼业情况，土地流转发生概率相对较低(即便有也多以局部小规模流转为主)，土地资源得到最大限度的开发利用，不存在撂荒现象。

情景2：兼业转向生计。农户生计不全依赖有限的土地资源，劳动力可在不同产业间自由流动。对“劳动力”来说，农业生产仅是其生计策略的退路；土地流转逐步兴起并快速发展，但耕地流转保障机制不健全，不同经营主体均持观望态度，土地流转、撂荒、耕种并存。这一情景下，“劳动力”绝大部分选择收益更高的生计策略，对土地不太重视，最有可能实现流转；“半劳动力”中仅有少部分选择“务工”生计，其余则依托土地并从事可能的兼业工作，这部分人对土地的态度取决于从土地中获取的收益，若流转获得收益大，流转的可能性较高，反之亦然；而年龄超过65岁的老人，他们对土地的态度取决于家庭状况及土地流转后的收益，对有偿流转土地比较支持。

情景3：非农主导生计。土地流转逐步成熟，相关配套机制健全，农民转出土地后没有“后顾之忧”，农地经营主体与农户都能从土地中获取预期收益，农地利用效率显著提高。单体经营农户退出农地经营，土地通过公司企业等高级经营主体介入，实现最大程度高效利用。

农地经营主体随农户主导生计类型转换向高级化方向发展。农业主导生计情景下，耕地经营主体是承包地农户及发展起来的种养殖大户；兼业转向生计情景下，耕地经营主体表现为承包地农户、种植大户、合作社、公司企业共存，土地利用表现为农户自耕、流转及撂荒并存；非农主导生计情景下，单体农户退出耕地经营，由合作社/公司企业有组织性生产作业。

3. 不同生计决策下农民收益/福祉核算

伴随农村经济的转型和发展，农户生计来源朝多元化方向演化。调查发现，农户收益主要由外出务工收入、农业生产收益、农业兼业收入、承包耕地资源收益和政府及亲朋的资助性收益组成。参照“理性小农假说”与最大目标决策函数，不同农户家庭类型收益表达式为

$$Income_j = \sum (OF + F_m + CB + L + AF) \tag{6-1}$$

式中，$Income_j$ 为第 j 种农户家庭类型收益总和；OF 为非农务工收入；F_m 为农业生产收入；CB 为兼业收入；L 为耕地收入；AF 为资助性收入(如政府补助、亲朋送礼等)。其中，$OF = \sum N_W \cdot OF_W$，$F_m = \sum_{m=1}^{k} q_m \cdot p_m \cdot A_m$，$CB = \sum N_J \cdot CB_J$，$L = \sum_{L=1}^{k} A_L \cdot La_L$，$AF = \sum_{f=1}^{k} AF_f$；$N_W$ 为外出务工人数，OF_W 为外出务工平均年收入，q_m 为第 m 种种植(养殖)产品单价，p_m 为第 m 种种植(养殖)产品单产，A_m 为第 m 种种植(养殖)产品规模，N_J 为兼业人员数量，CB_J 为兼业平均年收入，A_L 为土地的第 L 种收益面积，La_L 为土地的第 L 种收益单价，AF_f 为第 f 种资助收益。

4. 不同农户种植业中污染物入河系数修正

不同空间单元由种植业所产生的污染物经由地表径流汇入受纳水体的过程主要受沿坡向的重力分力和地面的粗糙系数所控制(龙天渝等，2013)，但各产污单元距受纳水体的距离同样制约污染物汇入受纳水体的可能与强度。距受纳水体越近，污染物经由的地面粗糙程度相对越简单，经由的土地利用类型也越简单，污染物被就地拦截或消纳的可能较小，入河的概率相对较高，反之亦然。因此，沿坡向的重力分力越大，距受纳水体越近，入河系数就越大。考虑到地形指数反映空间某单元顺坡向的重力大小(Beven et al.，1979)，用地形指数为成本修正各空间单位到达受纳水体的距离，表达式为

$$D_i = d_i \cdot \ln \frac{a_i}{\tan \beta_i} \tag{6-2}$$

式中，D_i 为修正后第 i 单元距受纳水体的距离；d_i 为第 i 单元距受纳水体的欧式距离；$\ln \frac{a_i}{\tan \beta_i}$ 为地形指数，a_i 为流经坡面 i 处单位等高线长度的汇流面积(m^2)，$\tan \beta_i$ 为第 i 单元所处的坡度值(°)。

不同农户由种植业产生的污染物入河系数的修正表达式为

$$\lambda_n = \bar{\lambda} \cdot \frac{\overline{D}}{D_n} \tag{6-3}$$

式中，λ_n 为第 n 样点的入河系数；$\bar{\lambda}$ 为平均入河系数，取值参考重庆与湖北农环监测站调查研究结果（陈玉成等，2008；钟建兵等，2015），对不同污染物 TN、TP 的取值为 $\lambda_{TN}=0.1007$ 和 $\lambda_{TP}=0.0599$；$\overline{D}$ 为耕地距受纳水体的平均距离；D_n 为第 n 样点距受纳水体的距离。样点区不同调研点产生的污染物入河系数值范围，如表 6-11 所示。

表 6-11　不同农户种植业产生的污染物入河系数取值范围

样区名称	TN 取值范围	TN 均值	TP 取值范围	TP 均值
巫山样区	0.0675～0.3902	0.1221	0.0401～0.2321	0.0726
武隆样区	0.0485～0.4906	0.1006	0.0289～0.2919	0.0598

5. 不同主导生计类型下种植业非点源污染核算

在农村劳动力非农化的过程中，农户生计类型由农业主导生计、兼业转向生计向非农主导生计演变。不同主导生计类型下，由种植业产生的非点源污染负荷的核算表达式为

$$PL_j = \sum_{n=1}^{m} PL_n \tag{6-4}$$

式中，PL_j 为第 j 种农户生计类型下种植业产污负荷总量；j 为农户生计类型；PL_n 为第 n 样点不同主导生计类型下种植业产污负荷总量，公式为 $PL_n = \lambda_n \cdot \sum_{i=1}^{n} A_i \cdot F_i$，其中 λ_n 为第 n 样点修正后的入河系数，i 为第 n 样点农户中第 i 种种植方式，A_i 为第 i 种种植方式下经营耕地的规模，F_i 为第 i 种种植方式下对耕地的投入强度，取值依据前期研究成果（钟建兵等，2014）。

二、结果与分析

（一）不同农户家庭类型耕地利用及种植业产污负荷

1. 不同农户家庭类型的耕地利用

耕地利用呈自耕、流转与撂荒并存的多元化格局，且经营规模在不同农户家庭类型间差异显著。由表 6-12 可知，不同农户家庭类型间耕地利用总体呈“入”＜“出”的特征（转入＜转出与撂荒之和），说明山区耕地因劳动力配置“非农化”而显得相对充足，耕作可捕获的优质耕地的机会较为充裕，甚至同一农户也可能存在转出、撂荒或转入耕地现象的同时发生。在农户追求耕作效率最大化内在需求的驱动下，耕地流转在很大程度上可实现山区耕地资源的优化配置与再分配。

表 6-12　不同农户家庭类型耕地利用及由种植业所产生的非点源污染负荷

家庭类型	户均“劳动力”/人	实际耕种*	承包地*	转入*	转出*	退耕地*	撂荒地*	TN**	TP**	总负荷量**
劳动力家庭	1	9.02	17.93	1.11	2.16	6.69	1.17	35.70	18.02	53.72
	2	6.44	9.77	1.18	0.73	3.05	0.72	34.15	19.30	53.45
	3	7.00	9.22	1.67	0.96	2.22	0.70	38.45	20.19	58.64
	4	4.72	7.96	1.18	0.85	3.00	0.55	35.69	21.70	57.39
	5	4.79	8.38	0.38	0.13	3.00	0.84	28.77	19.09	47.86
半劳动力家庭	1	10.43	25.16	1.52	4.16	9.72	2.36	33.02	23.06	56.08
	2	11.34	22.55	1.81	1.57	9.82	1.64	37.53	23.40	60.92
无劳动力家庭	—	8.66	24.89	1.82	3.10	11.74	3.21	30.35	16.85	47.20
均值	—	6.81	11.21	1.31	1.06	3.79	0.87	35.59	19.98	55.57

注：*表示取值单位($10^{-2}hm^2$/人)；**表示取值单位(kg/hm^2)。

不同农户家庭类型间实际耕种规模为“半劳动力家庭”($11.02\times10^{-2}hm^2$/人)>“无劳动力家庭”($8.66\times10^{-2}hm^2$/人)>“劳动力家庭”($6.45\times10^{-2}hm^2$/人)。“半劳动力家庭”中务农劳动力充足，但因年龄、文化程度、身体状况等限制而不能选择更好的生计策略，耕种规模最大，对土地依赖性最强；“无劳动力家庭”中劳动力缺乏，又因迫于生计或“恋土情节”，耕种规模也较大，但耕种能力有限，常“就近”从事农业生产，对土地有较强依赖性；“劳动力家庭”中受农业生产的比较劣势影响劳动力大量退出农业，为人均耕种规模最小的农户家庭类型，且伴随劳动力数量的增加，实际人均耕种规模进一步萎缩，说明农户生计随劳动力数量增加对耕地的依赖程度降低。

2. 不同农户家庭类型种植业产污负荷

由种植业单位面积产生的污染负荷呈倾向于“半劳动力家庭”的升高趋势。单位面积产污负荷总量半劳动力家庭($58.50kg/hm^2$)>劳动力家庭($54.21kg/hm^2$)>无劳动力家庭($47.20kg/hm^2$)，且单位面积产生的 TN、TP 亦有相同的态势(图 6-13)。而且，劳动力家庭内部随劳动力人数的增多，产污负荷总量、TN、TP 均呈先升高再降低的趋势(表 6-12)。在农业生产过程中，伴随劳动力数量的增加，用于追加农资投入的劳动力数量较为充分，受追求农业收益最大化的驱动，大量化肥被施用，这样，由种植业所产生的污染负荷将会呈增加态势。但是，当劳动力人数增加到一定程度时，在农业比较收益低的胁迫下，农户生计决策必然朝着非农化主导的方向而演化，大量劳动力转向非农产业，而用于农业生产的劳动力就相对较少，且劳动能力相对较弱，从而在很大程度上对农资化肥的投入有较强的抑制作用，进而导致由种植业产生的污染负荷呈降低态势。

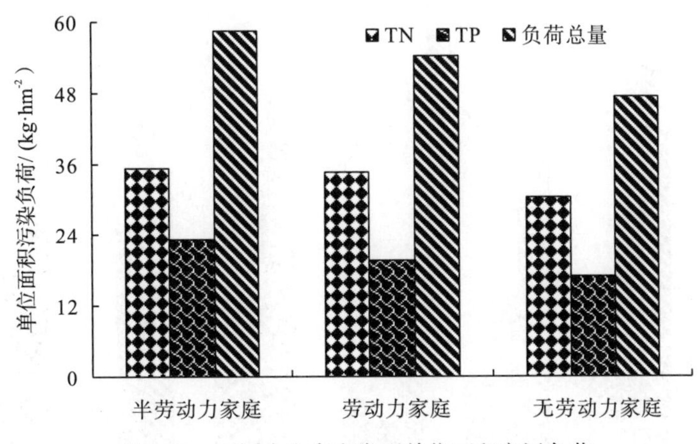

图 6-13　不同农户家庭类型单位面积产污负荷

（二）不同农户生计类型转向下种植业产污负荷演变

1. 种植业产污负荷演变特征

种植业产污负荷随农户生计类型转向呈减少趋势，且主导生计类型转向对 TN 的削减最为显著。由表 6-13 可知，由农业主导生计类型向非农主导生计类型转向时，种植业产污负荷的最大削减量达 12.40t，减幅为 72.01%。但 TN、TP 的消减量并不同步，分别为 9.62t 和 3.61t，对应减幅分别为 83.00%和 64.12%，表现出非对称性减量特征。农户生计类型转向对 TN 的削减作用最强，占种植业产污负荷削减总量的 77.58%。在农户生计类型转向过程中，单体农户逐渐退出农业生产，农业经营朝着高级化、专业化方向发展(徐萍等，2004)，且不同经营主体对待土地的态度及用肥习惯(量)均表现出较大的差异性(钟建兵等，2014)。如图 6-14 所示，不同经营主体从事农业生产经营时单位面积产污负荷差异显著。

表 6-13　不同农户生计类型种植业产生的非点源污染负荷　　(单位：t)

农户生计类型	总负荷量	TN	TP
农业主导生计	17.22～16.22	11.59～11.88	5.63～4.33
兼业转向生计	13.04～12.08	9.45～8.76	3.58～3.33
非农主导生计	10.51～4.82	8.49～1.97	2.02～2.85

主导生计类型转向的不同阶段种植业产污负荷差异显著。在农业主导生计情景下，农户生计策略以农业生产为主，农业经营主体由土地承包经营者自主承担，受追求单位面积产出最大化所驱动，化肥施用相对较多，种植业产生的污染负荷处于较高水平，负荷总量达 17.22～16.22t(其中 TN 为 11.59～11.88t、TP 为 5.63～4.33t)；兼业转向生计情景下，农业发展逐步融入市场，在比较效益驱使下劳动力向二、三产业转移，而此时的“半劳动力”人群又对耕地持观望态度，新兴农业经营主体处于转型发展的过渡期，耕地利用呈自耕、流转与撂荒并存的状态，种植业产生的污染负荷较农业主导生计情景下有所减少，减少量为 3.18～5.14t，减幅为 19.61%～29.85%(其中，TN 减少量为

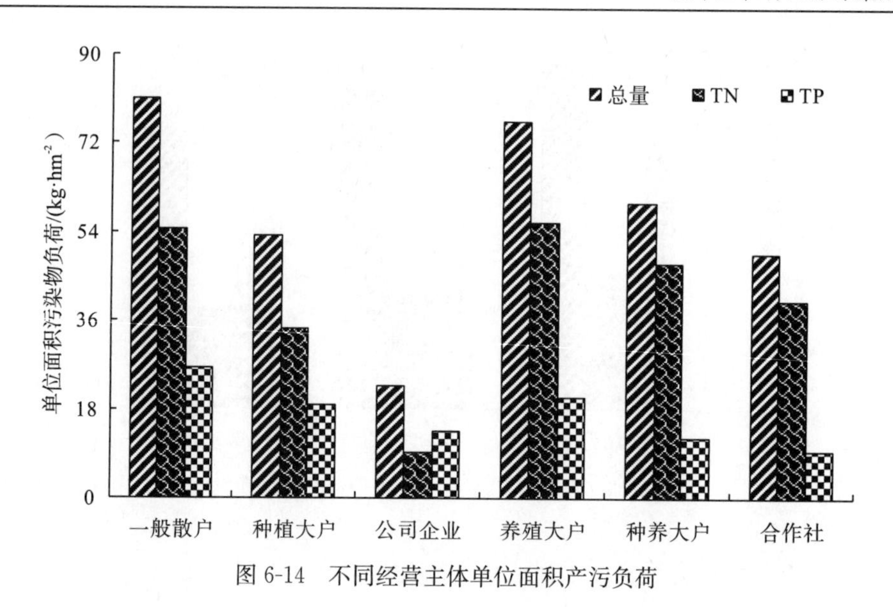

图 6-14　不同经营主体单位面积产污负荷

2.14～3.12t，TP 减少量为 0.75～2.30t，它们的最大减幅均超过 25.0%）；非农主导生计情景下，土地流转市场活跃，农业经营主体已过渡到较高级形态，由种植业产生的污染负荷较农业主导生计情景下显著减少，产污负荷处于较低水平状态，减少量为 5.71～12.401t，减幅为 35.20%～72.01%（其中，TN 减少量为 3.10～9.91t，TP 减少量为 1.48～3.61t，它们的最大减幅均超过 60.0%）。

2. 种植业产污负荷对主导生计类型转向的响应

主导生计转向过程中，不同农户类型间种植业产污负荷削减差异性明显。由表 6-14 可看出，由农业主导生计向兼业转向生计、再向非农主导生计的转化过程中，种植业产污负荷的消减幅度表现为：劳动力家庭产污削减幅度为 18.64%～28.84%，半劳动力家庭产污削减幅度为 15.96%～23.12%，无劳动家庭产污削减幅度为 21.13%～39.47%，最大削减幅度为无劳动家庭>劳动力家庭>半劳动力家庭，而在消减的绝对量上则为劳动力家庭>半劳动力家庭>无劳动家庭。

表 6-14　不同农户类型种植业产污负荷随主导生计类型转向的演变特征　　（单位：t）

农户类型	主导生计类型	总负荷量	TN	TP
劳动力家庭	农业主导生计	14.46～13.63	9.73～9.98	4.73～3.64
	兼业转向生计	11.09～10.29	8.04～7.45	3.05～2.84
	非农主导生计	8.83～4.05	7.13～1.65	1.70～2.39
半劳动力家庭	农业主导生计	1.99～1.88	1.34～1.38	0.65～0.50
	兼业转向生计	1.58～1.53	1.10～1.06	0.48～0.47
	非农主导生计	1.22～0.56	0.98～0.23	0.23～0.33
无劳动力家庭	农业主导生计	0.76～0.71	0.51～0.52	0.25～0.19
	兼业转向生计	0.56～0.46	0.44～0.37	0.11～0.09
	非农主导生计	0.46～0.21	0.37～0.09	0.09～0.13

由农业主导生计向兼业转向生计转换过程中，无劳动力家庭因受劳动力短缺的限制，其拥有的耕地可能最先选择流转出去，而流转后的耕地大多实施适度规模经营，单位面积化肥的投入相对较少，这就在很大程度上降低了种植业的产污负荷；劳动力家庭因拥有充分的劳动力资源优势，除兼业之外，仍可腾出较多的劳动力或劳动时间用于农业生产，从而使得单位面积投入的劳动时间乃至劳动强度较大，在追求单位面积产出的驱动下，投入到农业生产中的化肥施用量相对较多，致使种植业产污负荷相对较高。当然，相比农业主导生计情景下，兼业阶段对劳动力家庭的劳动力配置仍有一定的分解，用于农业生产的劳动力数量和劳动时间(强度)有一定程度的降低，在这种情况下，因由兼业收入作补贴，劳动力家庭对农业收入的追求略微放松，这样农业生产中的化肥投入也出现某种程度的降低，从而使得在这一阶段种植业产污负荷低于农业主导生计的劳动力家庭；“半劳动力”尽管在兼业转向生计情景下可少部分参与兼业生产，但因劳动力资源的限制，其主要生计来源与农业主导生计情景下存在很大的相似性，仍以农业生产为主，为确保基本生计来源，获得最大的单位面积产出，依然会对其拥有的耕地做最大投入，致使种植业污染负荷消减幅度最小。

由兼业转向生计向非农主导生计演变过程中，劳动力家庭种植业产污削减幅度为23.31%～63.48%，半劳动力家庭产污削减幅度为20.26%～64.56%，无劳动家庭产污削减幅度为0～62.50%，产污负荷最大削减幅度表现为半劳动力家庭>劳动力家庭>无劳动家庭。在主导生计类型由兼业转向非农时，单体农户生计已脱离农业，此时种植业产污负荷均处于较低水平，半劳动力家庭产污削减幅度最高，说明半劳动家庭种植业产污的存量最大，而无劳动力家庭、劳动力家庭的产污存量较低，符合不同农户类型在主导生计转换过程中伴随劳动力资源的优化，投入到种植业生产中的劳动力、劳动时间、劳动强度均发生较大变化，进而驱使产污消减幅度也存在显著异质性。

以上分析可看出，无劳动力家庭种植业产污削减幅度对生计类型由农业主导向兼业主导转向时最敏感，半劳动力家庭产污削减幅度对主导生计类型由兼业向非农转变时最敏感。

(三)影响农户生计类型转向的驱动因素

既然不同农户类型在主导生计转换过程中，由种植业产生的污染负荷消减幅度有很大差异，那么是什么因素影响或驱动不同农户类型出现不同的主导生计转换轨迹呢？它们的作用强度如何？查明这些对农业发展转型中制定应对或减缓由种植业产生的污染负荷的管理措施有重要意义。

1.劳动力配置“非农化”驱使农户生计类型转向

不同农户家庭劳动力的从业呈显著的“非农化”特征。由图6-15可看出，样区户均劳动力为4.07人，其中，仅务农人员仅占39.13%，仅务工人员占22.60%，兼业人员占9.70%，非劳动力占30.56%；“非农”从业占比达32.30%。而且，如图6-16所示，各从业类型中主体构成成员分化特征突出，仅务工人员中“劳动力”成主体构成的占比大于95%；仅务农人员中“半劳动力”和年龄大于65岁的占比较高，达61.76%；兼业人员中“劳动力”是主要构成成员，占比高达 78.02%；非劳动力的主力军是年龄小于 16 岁的青少年(占比高达 66.67%)，即低龄劳动力。因而，伴随农村转型发展、劳动力非农从业潜力挖掘及潜在劳动力更新，农村劳动力配置“非农化”趋势更加明显。

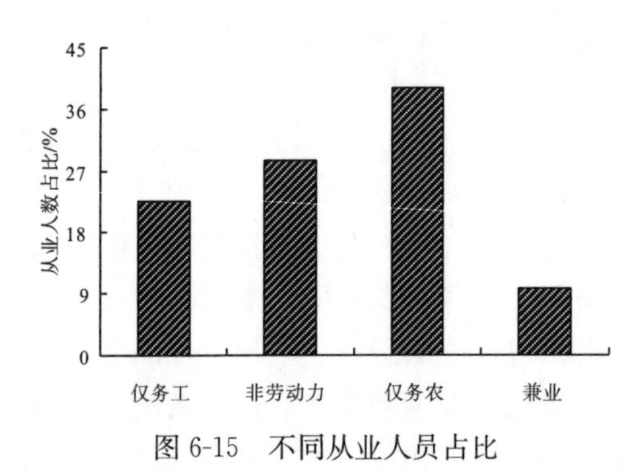

图 6-15　不同从业人员占比

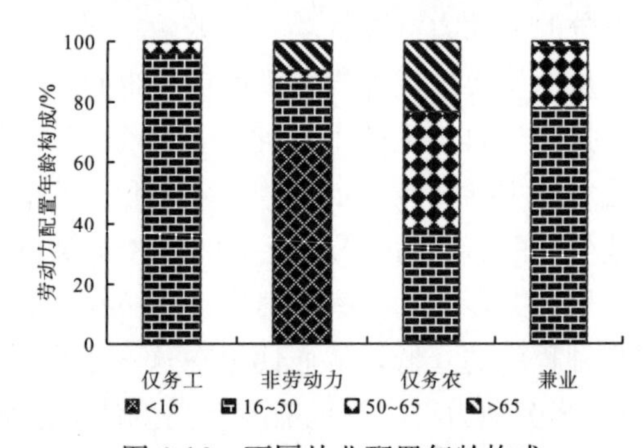

图 6-16　不同从业配置年龄构成

劳动力配置“非农化”程度因农户家庭类型差异呈非均质化特征。由图 6-17 和图 6-18 可看出，不同农户家庭类型间劳动力配置非农化程度(仅务工和兼业人员占比)为劳动力家庭(34.80%)>半劳动力家庭(9.34%)>无劳动力家庭(0.00%)，半劳动力家庭和无劳动力家庭则绝大部分从事农业生产活动，从业占比均>80%，对耕地的依赖程度依然较强。而且，在劳动力家庭内部因拥有“劳动力”人数的增加，非农就业人数呈线性增长趋势，拟合优度高，$y=0.447x+0.477$，$R^2=0.94$(表 6-15)，表明农户家庭拥有劳动力情况对其从业非农化抉择影响显著，劳动力配置的“非农化”将逐步改变非农从业农户家庭对土地的依赖，进而驱使生计类型向非农方向演变。

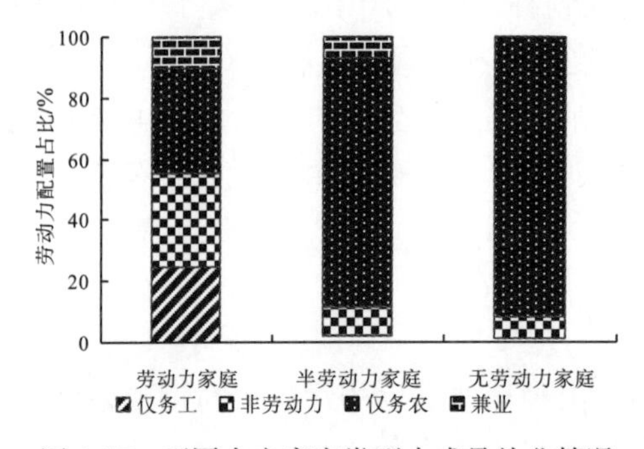

图 6-17　不同农户家庭类型中成员从业情况

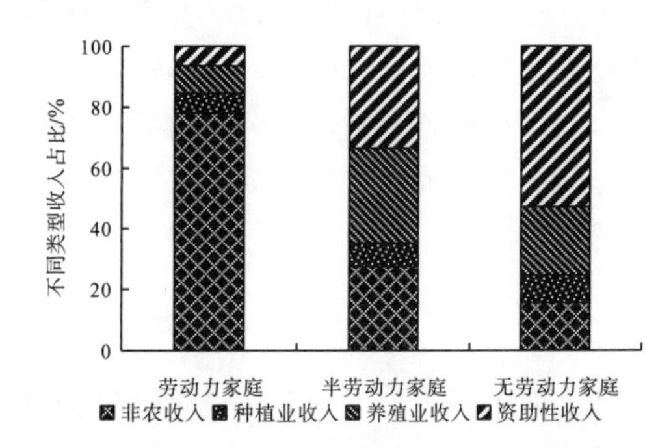

图 6-18　不同农户家庭类型生计来源结构

表 6-15　不同农户生计类型家庭劳动力配置

家庭类型	户有“劳动力”/人	户均人数*	仅务工*	无劳动力*	仅务农*	务工为主兼务农*	务农为主兼务工*
劳动力家庭	1	2.95	0.61	0.48	1.55	0.29	0.01
	2	4.66	0.97	1.57	1.65	0.40	0.06
	3	4.65	1.10	1.47	1.56	0.48	0.04
	4	5.52	2.01	1.49	1.48	0.52	0.01
	5	6.35	2.06	2.00	1.76	0.53	—

续表

家庭类型	户有“劳动力”/人	户均人数*	仅务工*	无劳动力*	仅务农*	务工为主兼务农*	务农为主兼务工*
半劳动力家庭	1	1.73	0.03	0.16	1.35	0.14	0.05
	2	2.11	0.05	0.20	1.75	0.11	—
无劳动力家庭	—	1.76	0.02	0.12	1.61	—	—
均值	—	4.07	0.92	1.16	1.59	0.36	0.04

注：*表示取值为户均，即人/户。

2. 生计来源“非农化”促使农户生计类型转向

农户收入/生计来源“非农化”特性显著。样区年人均收入为8677.01元，其中来源于非农收入占比达75.61%，农业收入占比16.49%，政府补贴等资助性收入占7.89%，说明现阶段农户生计的主要来源已转向非农渠道(表6-16)。农户收入/生计来源的非农化是农村发展转型、劳动力“析出”、生计决策多样化的结果，而这种“非农化”发展将进一步促使农户生计向非农转化。

表6-16　不同农户家庭类型收入差异　　(单位：元/人)

农户家庭类型	户有“劳动力”/人	非农收入	种植业收入	养殖业收入	资助性收入	总收入
劳动力家庭	1	6335.43	244.25	921.22	1248.00	8748.90
	2	6565.66	579.68	700.35	681.03	8526.73
	3	7167.32	667.82	1246.90	438.14	9520.18
	4	8242.03	638.33	436.72	402.26	9719.34
	5	9952.04	669.19	655.09	255.39	11531.71
半劳动力家庭	1	1098.44	360.31	928.78	1501.07	3888.60
	2	1347.46	348.56	1674.15	1547.25	4917.42
无劳动力家庭	—	523.60	305.22	759.58	1775.10	3363.50
均值	—	6561.05	560.84	870.35	684.79	8677.01

农户收入的非农特征因农户家庭类型的不同而异。由图6-19所示，非农收入在劳动力家庭生计来源构成中占比最高(77.94%)，在半劳动力家庭中次之(27.66%)，在无劳动力家庭中最低(15.57%)。农业收入作为农户生计重要来源的是半劳动力家庭与无劳动力家庭，且半劳动力家庭占比(38.74%)>无劳动力家庭(31.65%)。而且，政府补助或亲朋资助等资助性收入也是半劳动力家庭和无劳动力家庭的重要来源部分，且无劳动力家庭对这种资助性收入的依赖较强，在其生计来源构成中的占比大于50%(52.78%)。不同农户家庭类型生计来源构成中农业收入占比已处于较低水平(最高值仍低于40%)，生计来源“非农化”特征日益凸显，从而促使农户生计向非农转化。

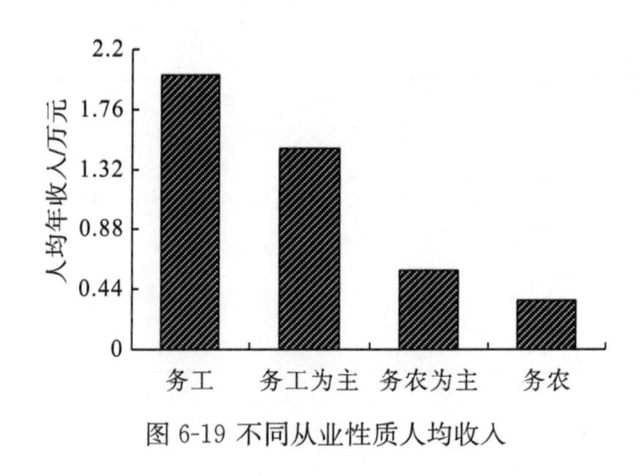

图 6-19 不同从业性质人均收入

3. 不同生计类型情景农户收入/福祉权衡诱导生计类型转向

农户收入在主导生计类型由农业向非农转向过程中呈增长态势，且在不同农户家庭类型间表现出显著的差异性。由表 6-17 可看出，不同农户生计类型情景下，年户均收入为农业主导(9071.32 元)<兼业转向(46360.19 元)<非农主导(49658.75 元)，年人均收入为农业主导(2227.53 元)<兼业转向(11384.11 元)<非农主导(12194.10 元)，潜在利益最大化诱使农户生计类型向非农转化，年户均收入与人均收入都表现出农业主导<兼业转向<非农主导的趋势。

表 6-17　不同主导生计类型农户收入核算　（单位：元/年）

农户生计类型	劳动力家庭		半劳动力家庭		无劳动力家庭	
	户均	人均	户均	人均	户均	人均
农业主导生计	9650.16	2099.66	7565.44	3865.86	4623.30	2632.71
兼业转向生计	55906.36	12164.00	7565.44	3865.86	4669.72	2659.14
非农主导生计	58935.70	12823.12	13930.70	7118.44	4669.72	2659.14

在农业主导生计情景下，农户收入处于低水平均衡状态，不同农户家庭类型间差异较小，年户均收入为 4623.30～9650.16 元，人均年收入为 2099.66～3865.86 元；在兼业转向生计情景下，农户收入处于高水平波动状态，不同农户家庭类型间差距显著，年户均收入为 4669.72～55906.36 元，人均年收入为 2659.14～12164.00 元；在非农主导生计情景下，农户收入处于较高水平分化状态，不同农户家庭类型间收入差距较大，年户均最大差距为 54265.98 元，年人均最大差距为 10163.97 元，且“年龄大于 65 岁家庭”陷入相对贫困。由图 6-17 所示，不同生计类型农户收入差距悬殊缘于从业性质不同所致，说明农业比较收益相对低下，在利益驱动及良好市场导向下，农户生计类型将向非农化转变。

生计类型转变对不同农户家庭类型的收入增长变化的影响表现出非均衡性。表 6-17 可看出，生计转向对劳动力家庭影响最大，收入最大增幅超过 5 倍，年户均收入最大差距为 49285.54 元，年人均收入最大差距为 10723.45 元；生计转变对半劳动力家庭的影响其次，收入增长依然明显，增幅接近 1 倍，年户均收入最大差距 6365.26 元，年人均收入最大差距 3252.58 元；生计转变对无劳动力家庭(尤其年龄大于 65 岁家庭)的影响最弱，收入随农户生计类型转变增长甚微，仅有1%左右。图6-14可看出，生计转变的差异化影响缘于不同农户家庭类型间“劳动力”的构成不同所致。

以上三点说明，农户内部人力资源差异是农户生计类型转向的内生动力，农业比较劣势的存在是农户生计决策转向的外在驱动；“非农化”是农户生计类型转向的重要表征量，而农户收入/福祉权衡则是农户生计类型转向的重要推手。劳动力配置与农户生计来源的“非农化”驱使农户生计类型由农业主导生计向非农主导生计转变，不同生计类型情景农户收入/福祉权衡进一步促进农户生计类型转向。为此，在新型城镇化快速推进和创新型工业体系构建过程中，山区农户生计类型会进一步向非农转变，而这一过程又将促使由种植业产生的污染负荷量进一步减少。要大幅消减种植业产污负荷，就必须制定有助于山区农村农户生计非农化的调控对策。

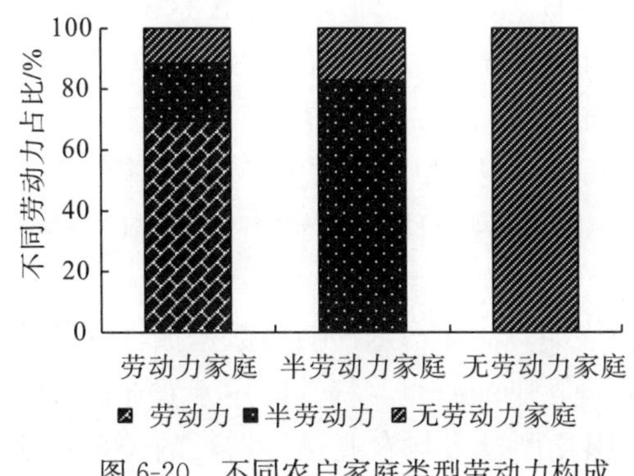

图6-20　不同农户家庭类型劳动力构成

三、小结

(1)样区耕地经营呈自耕、流转与撂荒并存的多元化发展格局，实际种植规模呈半劳动力家庭($11.02\times10^{-2}\ hm^2$/人)>无劳动力家庭($8.66\times10^{-2}\ hm^2$/人)>劳动力家庭($6.45\times10^{-2}\ hm^2$/人)的特征。种植业单位面积产污负荷最高的是半劳动力家庭，劳动力家庭的种植业产污负荷随劳动力人数增加呈先增再减趋势，无劳动力家庭产污负荷最低。

(2)样区种植业产污负荷随农户生计类型非农化转向呈减少趋势，最大减幅达72.01%，且TN、TP的减少表现出非对称性特征，TN减量更显著。农业主导生计情景下种植业产污负荷最高，兼业转向生计情景下种植业产污负荷减幅为19.61%～29.85%，非农主导生计情景下种植业产污负荷减幅为35.20%～72.01%。样区无劳动力家庭产污削减对生计类型由农业主导向兼业主导转向时最敏感，半劳动力家庭产污削减对主导生计类型由兼业向非农转变时最敏感。

(3)样区劳动力配置与生计来源“非农化”促使农户主导生计类型向非农转换，生计非农演变发展的潜在农户收入/福祉权衡亦驱使生计决策转向非农化。不同农户家庭对生计转向的敏感程度表征为劳动力家庭>半劳动力家庭>无劳动力家庭。在新型城镇化快速推进和创新型工业体系构建过程中，山区农户生计类型进一步向非农转变，又将促使由种植业产生的污染负荷量进一步减少。要大幅消减种植业产污负荷，就必须制定有助于山区农户生计非农化的调控对策。

第四节　重庆市农业面源污染源的 EKC 实证分析

近年来，随着农民加大对农业要素的投入以及现代农业的加速推进，农业经济保持稳定增长。然而农业生产活动在促进经济增长的同时，也给环境带来了许多不利影响，其中农业面源污染就是一个突出问题，水体污染治理变得更加困难。重庆自成为直辖市后，农业经济取得快速发展，农民生活水平有了很大提高，但高投入、高消耗、高排放的传统农村生产生活方式依然普遍存在(杨志敏等，2009)，由此造成的农业面源污染问题也非常严重，农业面源污染已成为制约重庆市循环农业经济发展的重要因素之一。

20 世纪 90 年代初，环境库兹涅茨曲线被提出，即环境质量随经济增长先升后降，两者之间呈倒“U”型关系(杨志峰等，2004)。EKC(environment kuznets curve)理论提出后，国内外许多研究者对其从不同方面进行了实证研究(Shafik et al.，1992；Kahn，1998；宋涛等，2007；袁加军等，2009；陈勇等，2010)。许多研究显示，大多数环境质量指标与人均收入之间的确存在倒“U”型关系。但王瑞玲(2005)的研究表明，EKC 并非都呈倒“U”型，在某些地区某些阶段也可能出现正“U”型、倒“U”型和“三次曲线”型三种类型。

EKC 模型的相关研究表明，时序数据比截面数据拟合效果更好(Chimeli，2007)。另外，EKC 模型多集中于点源污染的研究，将其应用于农业面源污染的研究相对较少。刘扬等(2009)实证模拟了中国化肥投入与农业经济增长的关系；杜江等(2009)对中国的农药和化肥投入与农业增长的关系进行了实证分析；张晖等(2009)运用时序数据对江苏省“过剩氮”与经济发展的关系进行了验证，都得出了较好的 EKC 变化关系。

重庆市在农业生产过程中，经济增长与农业面源污染的排放有什么规律呢？根据 2000～2012 年重庆市农业面源污染的时序数据，采用环境库兹涅茨曲线模型，分析重庆市主要农业污染源排放量与农业经济增长的关系，探究重庆市农业面源污染源与农业经济增长之间的演替规律。

一、材料与方法

(一)变量选取与数据来源

农业面源污染按照污染源类型可分为种植污染、养殖污染、生活污染、径流污染等 4 大类(李杰霞等，2008)。本书主要选取 5 个农业面源污染变量，分别是化肥年施用水平、农药年施用水平、农膜年施用水平、禽畜粪尿猪粪当量排放密度和废弃秸秆排放密度；现有研究多采用人均 GDP、人均纯收入来表示经济发展水平，然而农业面源污染是与农业相关的内容，故采用农民人均农业纯收入更能客观表示农村经济发展水平；变量中各种数据均来源于历年的《重庆统计年鉴》《重庆调查年鉴》《中国农村统计年鉴》。所有的变量时间跨度为 2000～2012 年。

（二）数据处理与方法

1. 畜禽粪尿排放量的估算

禽畜粪尿排放量多采用排污系数法（张绪美等，2007；闫丽珍等，2010；蔡金洲等，2012），依据单位禽畜（牛、猪、羊、家禽等）的粪尿排放量来估算总量。本书采用日排污系数法（彭里等，2004）进行估算。计算公式如下：

$$P = \sum_{i=1}^{n}(\alpha_i \rho_i d_i + \alpha_i \delta_i d_i) \tag{6-5}$$

式中，P 表示各类禽畜粪尿排放总量；α_i 表示第 i 种禽畜的年末出栏数；ρ_i 表示第 i 种禽畜的粪便日排放系数；δ_i 表示第 i 种禽畜的尿液日排放系数；d_i 表示禽畜的饲养天数，其中牛、猪、羊以 365 天计，家禽以 55 天计。

2. 畜禽粪尿猪粪当量排放密度的计算

单位耕地面积畜禽粪尿排放量可以间接反映当地畜禽饲养密度（刘培芳等，2002）。单位面积排放量越大，由畜禽粪便产生的面源污染负荷越大。由于各类畜禽粪便肥效不一，本书统一换算成猪粪当量来分析。畜禽粪尿猪粪当量排放密度=畜禽粪尿猪粪当量/耕地面积。畜禽粪尿猪粪当量按下式计算

$$N = \sum P \cdot K \tag{6-6}$$

式中，N 为畜禽粪尿猪粪当量；P 为各类畜禽粪尿产生量；K 为各类畜禽粪尿换算成猪粪当量的换算系数（沈根祥等，1994；全国农业技术推广服务中心，1999）。

3. 废弃秸秆排放密度的计算

废弃秸秆排放密度=秸秆产量×(1−秸秆利用率)/作物播种面积。废弃秸秆排放密度越大，其环境污染负荷越大。秸秆产量的估算参照李茂松等（2004）的研究。

（三）重庆市环境库兹涅茨曲线（EKC）模型建立

该模型是目前国际上常用的简化计量模型。根据环境库兹涅茨理论，建立重庆市农业面源污染的环境库兹涅茨曲线模型：

$$Y = \beta_0 + \beta_1 X + \beta_2 X^2 + \beta_3 X^3 + \varepsilon \tag{6-7}$$

式中，X 为农民人均农业纯收入；Y 为农业面源污染源指标；β_0、β_1、β_2、β_3 为待定参数；ε 为随机误差项。根据 β_0、β_1、β_2、β_3 的不同取值，可以反映污染状况与经济发展的不同变化关系。

①当 $\beta_1 \neq 0$，$\beta_2 = \beta_3 = 0$ 时，Y 与 X 呈线性关系；
②当 $\beta_1 > 0$，$\beta_2 < 0$，$\beta_3 = 0$ 时，Y 与 X 呈倒“U”型曲线关系；
③当 $\beta_1 < 0$，$\beta_2 > 0$，$\beta_3 = 0$ 时，Y 与 X 呈“U”型曲线关系；
④当 $\beta_1 > 0$，$\beta_2 < 0$，$\beta_3 > 0$ 时，Y 与 X 呈“N”型曲线关系；
⑤当 $\beta_1 < 0$，$\beta_2 > 0$，$\beta_3 < 0$ 时，Y 与 X 呈倒“N”型曲线关系；

⑥当 $\beta_1=\beta_2=\beta_3=0$ 时，污染状况与经济发展无关。

根据该模型，利用 EVIEWS7.0、SPSS17.0 软件对模型参数进行估计，确定最优方程，以此来正确描述重庆市农业面源污染和农村经济增长之间的关系。

二、结果与分析

(一)化肥年施用水平的模型拟合与评价

化肥极大地促进了农业的发展，现代农业产量至少有 1/4 是靠化肥获得的(沈景文，1992)。但过量的化肥投入使得过剩的 N、P 进入水体，大大促进了库区水体的富营养化(张晟等，2004)。图 6-21 显示，重庆市化肥施用量总体呈逐年增加趋势，自 2000 年的 72×10^4 t 增加到 2012 年的 96.02×10^4 t，增加了 24.02×10^4 t。2003 年出现下降，原因可能是三峡库区蓄水，导致约 600km² 的土地被淹没(谢德体等，2008)，耕地面积减少从而使化肥施用量也相应降低。而化肥年施用水平则从 2000 年的 454.78kg/hm² 增加到 2012 年的 696.45kg/hm²，总体逐年增加。重庆市化肥年使用水平已经远远超过发达国家为控制化肥污染而制定的安全警戒线 225kg/hm²(汪翔等，2011)，也高于全国平均水平 390kg/hm²(张玉启等，2011)。

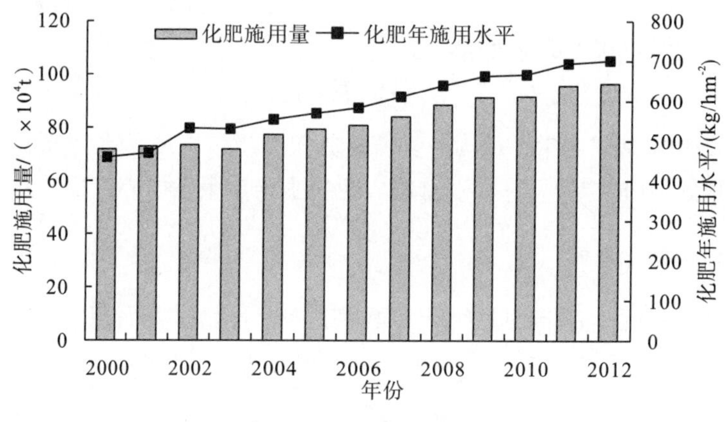

图 6-21　化肥施用变动情况

由图 6-22 显示，化肥年施用水平与农民人均农业纯收入的拟合模型属于典型的“倒 U”型曲线关系，其最优回归方程为 $Y=-2.11\times10^{-4}X^2+0.688X+134.581$，可决系数 $R^2=0.925$，在 0.01 水平上(双侧)显著相关。根据方程，化肥年施用水平 EKC 的转折点对应的农民人均农业纯收入为 1630.33 元，2012 年重庆市农民人均农业纯收入为 1641.57 元，说明在研究时段内，重庆市化肥年施用水平已达到最大值，随着农村经济发展，已呈下降趋势。

化肥年施用水平的拟合模型呈现倒“U”型，原因可能是经济发展初期，农业生产力水平较低，粮食单产的提高一定程度上取决于化肥施用量(王巨等，2011)。农民为追求经济利益不断加大化肥投入，这时的经济发展与化肥投入处于协调耦合阶段，经济发展的同时，化肥带来的环境压力也逐渐增大；当经济发展到一定水平后，农民环境意识和环境服务需求有所增强，他们会倾向于亲环境技术从事农业生产，如定位施肥(田秀英

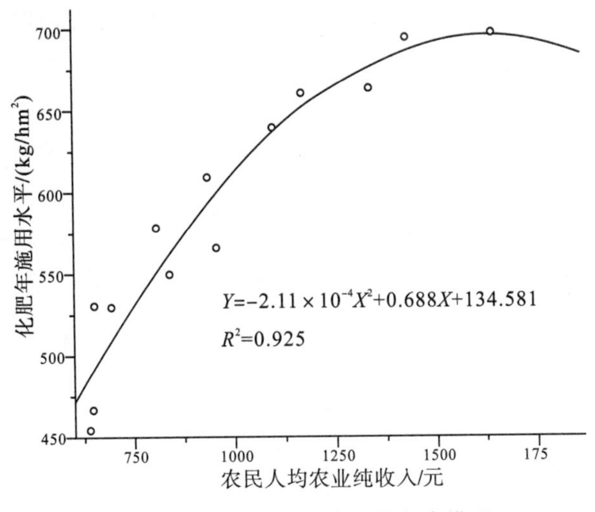

图 6-22　化肥年施用水平的拟合模型

等，2005)、测土配方、农业科普知识的宣传、改施有机与复合肥料等，从而促进化肥面源污染压力的减小(黄强等，1999)。因此，化肥面源污染压力随农村经济增长呈现出先增加后减小的趋势。

(二)农药年施用水平的模型拟合与评价

农药的运用和推广为农业丰收提供了保障。然而，农药的过量施用也造成了严重的有机污染(徐谦，1996)。由图 6-23 显示，重庆市农药年施用量呈现波动性：2000～2009 年，农药年施用量逐年增加，2009 年达到峰值，2009 年之后开始下降。而农药年施用水平也呈现波动性，有两个峰值点，分别出现在 2003 年和 2009 年，总体可分为两个阶段：2000～2009 年为上升期，2009～2012 为下降期。

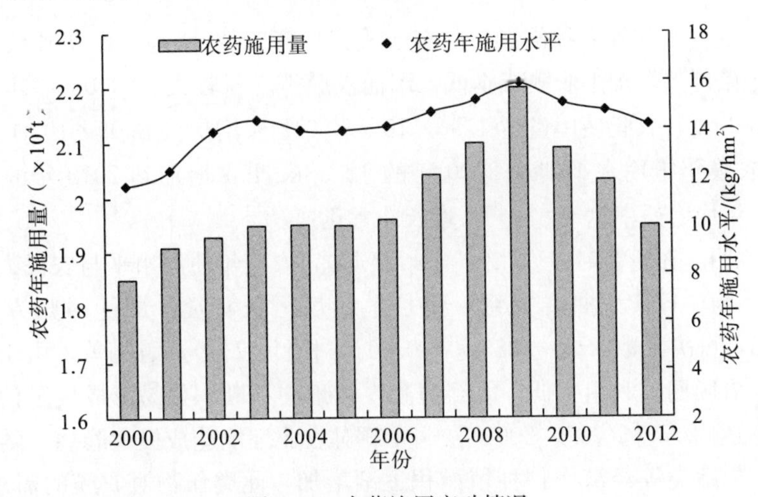

图 6-23　农药施用变动情况

图 6-24 显示，农药年施用水平的拟合模型符合典型的倒“U”型特征，由参数估计结果得到最优回归方程为 $Y=-7.023\times10^{-6}X^2+0.017X+4.661$，$R^2=0.662$，在 0.01

水平上(双侧)显著相关。农药年施用水平 EKC 的转折点为农民人均农业纯收入 1210.31 元，2010 年重庆市农民人均农业纯收入已达到 1333.35 元，可知农药年施用水平已超过拐点呈下降趋势。原因可能是：一是近几年重庆市调整农业产业结构，传统作物减少，经果类作物逐渐增加，这类作物经济价值较高，因而不能像传统作物那样施用大量农药，另外农业科技水平不断提高，农业生产中推广高效低毒农药，这也在一定程度上使农药的施用量有所降低；二是伴随经济发展，人们开始更加关注食品安全问题，绿色有机食品在市场中大受欢迎，市场对农产品农药残留标准要求更加严格。这些都对农药施用量的减少起到了很大的促进作用。

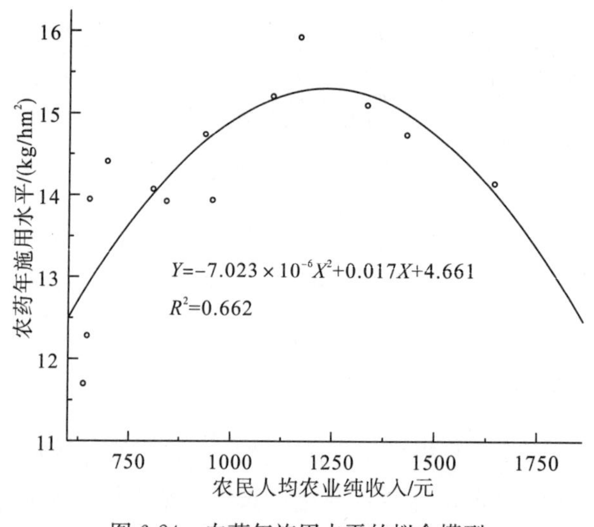

图 6-24　农药年施用水平的拟合模型

(三)农膜年使用水平的模型拟合与评价

农膜具有保温、保湿等多种优点，能有效改善培育条件(张超坤，2001)。重庆市属山地农业，种植条件差，加上农膜成本低，因而农膜需求量较大。2000 年重庆市地膜覆盖面积为 158537hm²，农膜使用量达 1.96×10^4 t，2012 年增加到 4.09×10^4 t，年均增长率为 8.35%；农膜年施用水平则从 2000 年的 12.38kg/hm² 增加到 2012 年的 29.67kg/hm²(图 6-25)，年均增长率达 10.74%，增长非常迅速。

由图 6-26 说明，在研究时段内(2000～2012 年)，农膜年使用水平与农民人均农业纯收入之间不符合倒“U”型曲线关系，而是呈线性增长特征，最优回归方程为 $Y=0.016X+5.745$，可决系数 $R^2=0.883$，在 0.01 水平上(双侧)显著相关。由于农膜很难自然分解，而且农膜回收利用率低，废弃薄膜在耕地中不断积累易形成残膜污染。据统计，我国残膜率达 42%(杨晓涛，2005)，这无疑对农业环境造成极大隐患。随着重庆市农业结构调整，果蔬类等经济作物种植面积逐渐增加，此类作物对农膜的需求量较大，农膜使用量逐年增长，在没有其他技术措施或政策制度的情况下，农膜带来的面源污染压力将会进一步增大。因此，开发推广可降解农膜，提高农膜回收利用率，加强环保宣传教育等，是降低农膜污染的有效途径。

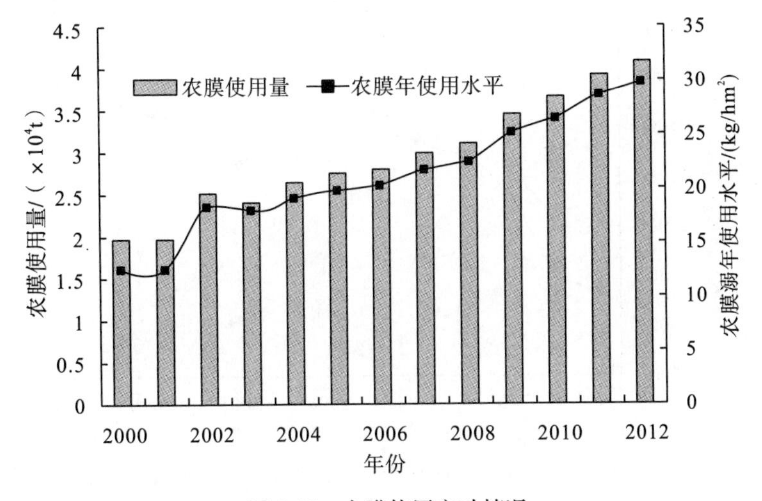

图 6-25 农膜使用变动情况

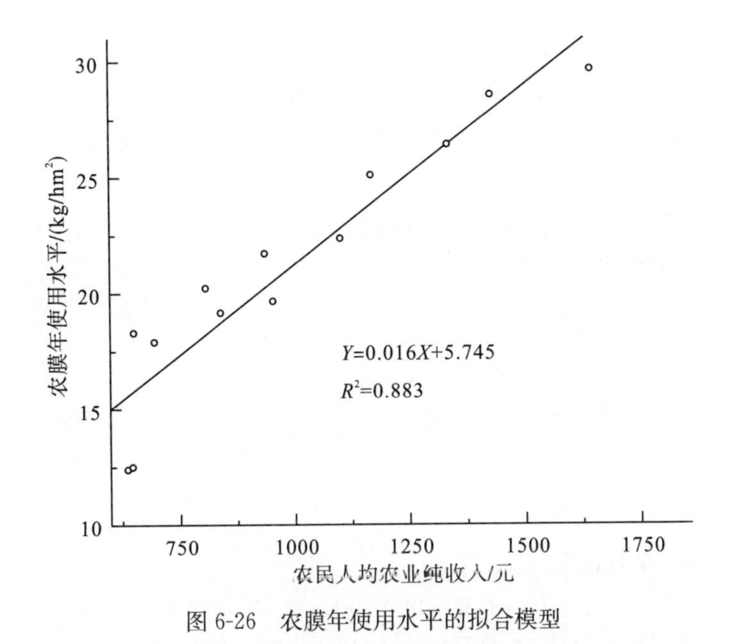

图 6-26 农膜年使用水平的拟合模型

(四)畜禽粪尿猪粪当量排放密度的模型拟合与评价

近年来，重庆市畜禽养殖业发展迅速，规模化、集约化养殖场不断增加，畜禽粪便和污水排放量也随之剧增，由于治污水平不高，畜禽养殖污染已成为一个重要的农业面源污染源。2000 年全市畜禽粪尿排放折合猪粪当量为 2919.44×10^4 t，2012 年增长为 3706.15×10^4 t，图 6-27 显示，全市畜禽粪尿猪粪当量排放密度呈现波动增长，2000～2007 年增长迅速，2008 年急剧下降，2008 年之后畜禽粪尿排放密度又逐渐增大。

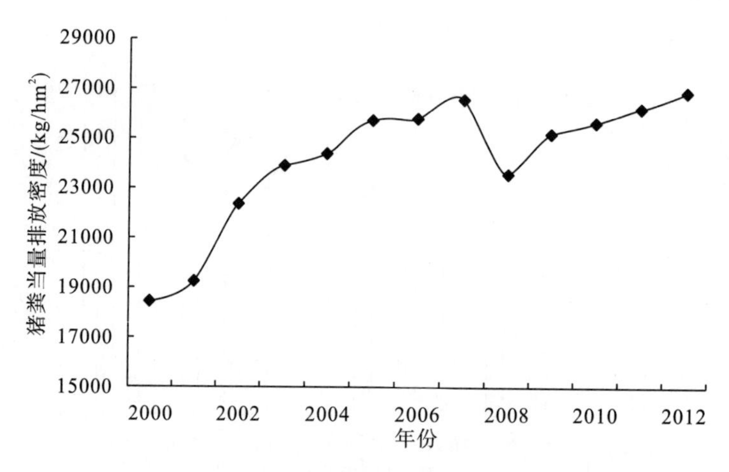

图 6-27　畜禽粪尿猪粪当量排放密度变动情况

由图 6-28 表明，畜禽粪尿猪粪当量排放密度与农民人均农业纯收入之间呈“N”型曲线特征，最优方程为 $Y=4.300\times10^{-5}X^3-0.154X^2+179.756X-42772.671$，可决系数 $R^2=0.755$，在 0.05 水平上显著相关。曲线存在两个拐点，对应的农民人均农业纯收入分别为 1015.78 元、1371.82 元，2008 年农民人均农业纯收入为 1100.39 元，因此第一个拐点出现在 2008 年附近；2011 年农民人均农业纯收入为 1427.58 元，在第二个拐点右侧，说明畜禽粪尿污染随着农村经济的增长呈现再次恶化趋势，如果得不到有效治理，畜禽粪尿造成的面源污染将会更加严重。

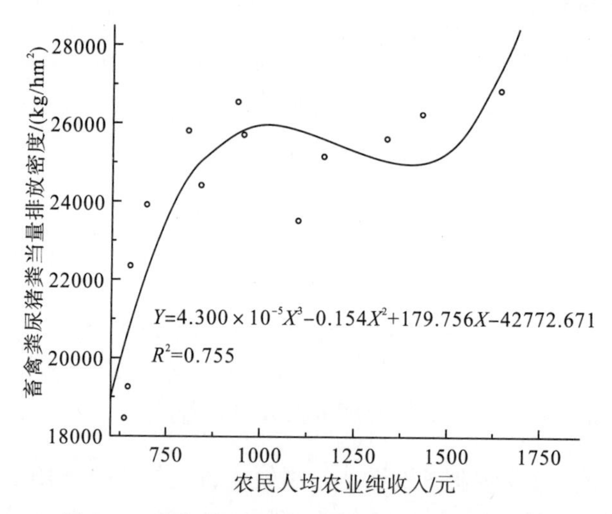

图 6-28　畜禽粪尿猪粪当量排放密度的拟合模型

出现“N”型曲线特征可能是因为经济发展初期，重庆市农业结构不合理，种植业比例过大，重庆市为平衡农业结构比例，大力发展畜禽养殖业，因而在第一个转折点之前，畜禽粪尿排放密度随农村经济增长不断增大；2008 年前后，为保证畜禽养殖业的健康发展，重庆市着力加强规模化畜禽养殖场环境监管工作，取缔、关闭或搬迁禁养、限养区畜禽养殖场，受此影响，畜禽养殖排放密度 2008 年前后开始下降；近几年，市场对肉禽蛋类需求大大增加，加上国家对畜禽养殖业的优惠补贴政策，畜禽养殖业蓬勃发展，因而畜禽粪尿排放密度出现了第二个转折点，呈现再次攀升趋势。

（五）废弃秸秆排放密度的模型模拟与评价

随着农业科技进步，作物产量不断提高，秸秆产量也随之增加，但秸秆利用技术却相对滞后，大量的秸秆囤积于环境中，造成了严重的环境污染（钟华平等，2003）。2000年重庆市作物秸秆量为 1704.61×10^4 t，2012 年增长为 1814.31×10^4 t。由图 6-29 表明，重庆市废弃秸秆排放密度呈现波动性，2000～2008 年波动上升，2008～2012 年波动下降。2006 年作物秸秆排放密度急剧减小，原因是 2006 年重庆市遭遇了特大高温伏旱天气，据统计当年农作物受灾面积为 $132.7\times10^4\,\mathrm{hm}^2$，绝收 $37.5\times10^4\,\mathrm{hm}^2$，导致粮食产量急剧下降，因而秸秆排放密度也相应急剧减小。总体来看，秸秆排放密度呈增长趋势，尽管 2008 年之后呈下降趋势，但相较前几年仍有所增加。

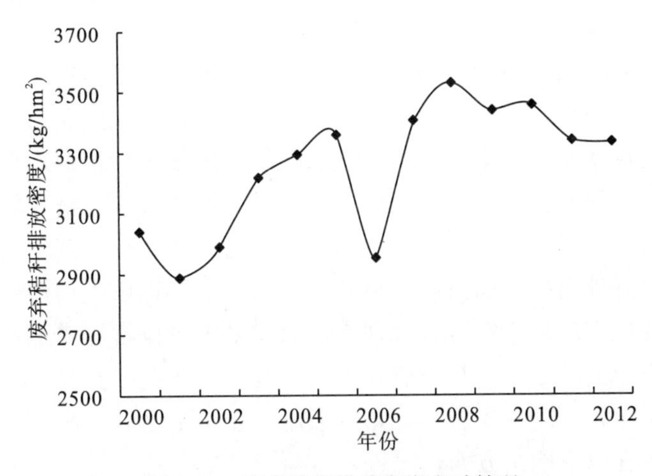

图 6-29 废弃秸秆排放密度变动情况

图 6-30 说明，废弃秸秆排放密度的拟合模型呈典型的倒“U”型曲线，最优回归方程为 $Y=-0.001X^2+3.136X+1484.876$，可决系数 $R^2=0.758$，在 0.01 水平上（双侧）显著相关。方程拐点处对应的农民人均农业纯收入为 1568 元，2012 年农民人均农业纯

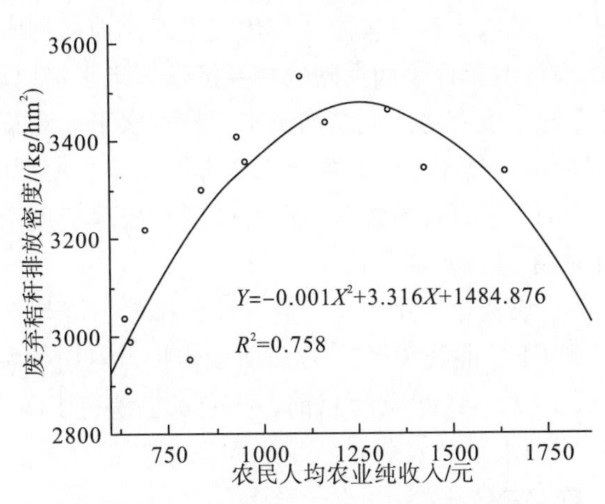

图 6-30 废弃秸秆排放密度的拟合模型

收入为 1641.57 元，说明重庆市秸秆排放密度已达到最大值，随着农村经济的发展已进入转折期呈下降趋势。因此，加大农业科技投入，积极探索秸秆资源化利用的有效途径，提高秸秆资源的利用率，是降低秸秆污染的根本方法。

三、小结

重庆市农业面源污染源与农民人均农业纯收入的拟合模型有呈典型的倒“U”型曲线特征的，有呈线性增长特征的，也有呈“N”型特征的。这说明，重庆市农业面源污染与经济增长的关系受到多个因素的影响，如农业结构调整、技术改进、生产方式变革、收入水平以及政策制度等，并且这些因素是综合起作用的。具体来说，随着经济的发展，农民收入水平的不断提高，农业产业结构、技术水平、政策变动以及市场需求等方面都将发生深刻的变化，进而对土地利用方式、农业生产结构以及土地集约化程度等产生影响，这些都会影响农业面源污染的发生发展。

有关农业面源污染与经济增长关系的研究，选用不同的指标得出的曲线拟合结果也会存在差异。以往研究大都采用人均污染排放量作为面源污染指标，以人均 GDP 或人均纯收入代表经济发展水平。本书不同之处在于：结合区域实际情况，采用单位常用耕地面积污染排放量作为面源污染指标，农民人均农业纯收入代表经济发展水平，来研究面源污染与经济增长的关系。因为近几年，重庆市农村“空心化”现象比较严重，农村大量的年轻劳动力选择外出务工而没有从事农业活动，如果仍以人均污染排放量作为面源污染指标可能会使研究结果不符合客观现实，因此采用单位常用耕地面积污染排放量更加合理；此外，农业面源污染是与农业有关的内容，因此选用农民人均农业纯收入代表农村经济发展水平比较合理。尽管如此，本书还存在不足之处，需要在以后研究中进一步改进，主要表现在以下四个方面。

(1)本书只选用了时序数据，没有结合截面数据，可能导致样本信息过少，在以后的研究中需要将时序与截面数据结合起来，尽可能使研究结果更加全面。

(2)本书只是从污染源的角度探究与经济增长的规律，没有从污染物负荷的角度全面展开研究，在以后的研究中需要进一步改进。

(3)选用农民人均农业纯收入这一单个指标代表不能全面体现农村经济发展水平，应尽可能多地选取具有代表性的指标全面反映农村经济发展水平加以研究。

(4)模型也有不足之处，没有将产业结构调整、技术水平、政策制度等因素加以量化引入到模型中去，在以后的工作中会尝试建立一个多因素综合模型加以深入研究。

基于重庆市 2000～2012 年的时序数据，采用环境库兹涅茨理论，对农业面源污染源与农业经济增长之间的关系进行实证分析。

(1)化肥年施用水平、农药年施用水平、废弃秸秆排放密度与农民人均农业纯收入之间存在典型的倒“U”型 EKC 曲线关系。EKC 曲线转折点对应的农民人均农业纯收入分别为 1630.33 元、1210.31 元、1568 元。目前，三者都已超过 EKC 曲线拐点，即随着农村经济的增长，化肥年施用水平、农药年施用水平和废弃秸秆排放密度随着农民人均农业纯收入的增长已呈下降趋势。

(2)在研究时段内，农膜年使用水平与农民人均农业纯收入之间不属于典型的倒“U

形”EKC，而是呈线性增长特征，说明随着农村经济的发展，由农膜带来的环境污染会继续增强。开发推广可降解农膜，提高农膜回收利用率，是降低农膜污染的根本途径。

(3)畜禽粪尿猪粪当量排放密度与农民人均农业纯收入之间呈“N型”曲线特征，曲线存在两个拐点，对应的农民人均农业纯收入分别为1015.78元、1371.82元。2011年农民人均农业纯收入为1427.58元，在第二个拐点的右侧，说明畜禽粪尿造成的面源污染随着农业经济增长呈再次恶化趋势。

第七章　结　　论

1. 三峡库区土地利用变化特征

本书使用 5 期 TM/ETM 数据，借助动态度、综合指数和程度变化指标，旨在对比理解不同建设阶段库区土地利用变化的特征与轨迹。耕地与林草地间的转换，耕地和林地被建设占用，林草地互换和耕地、林地与草地被水体淹没是三峡工程整个建设 20 年中土地利用转换的主要方式；不同建设阶段因驱动者出现的时序不同和作用程度的差异，土地利用和其驱动者在总体格局框架下体现出显著的细部轨迹；整个工程建设的 20 年土地利用程度综合指数相对平稳，处于中等以上水平，而利用程度的变化总体呈降低趋势，带有正“W”型的动态格局；主要土地利用转换方式在空间上的分布广度和集聚度具有较大差异，主体性工程对主要土地利用转换方式的影响呈现强异质性。结果有助于丰富人们对水利工程胁迫下土地利用的理解，为未来适应性土地利用调控政策的制定提供科学依据。

2. 三峡库区土地利用驱动力评价及格局

土地利用驱动力可作为测度土地利用变化强度的重要指示性指标，是土地利用变化研究的核心内容之一。立足于县域尺度，使用三峡库区 1990 年、2000 年和 2010 年 3 期相关数据，构建土地利用变化驱动力评价指标体系，利用投影寻踪模型对库区近 20 年土地利用变化的驱动力进行评价，借助探索性空间分析模型(ESDA)探寻库区土地利用变化驱动力的空间分异格局，旨在为库区土地资源可持续利用与优化空间开发提供科学依据。近 20 年来，库区土地利用驱动力呈现出空间地域的稳定性和时间序列的变化性，且驱动机制逐渐由生活、人口和交通驱动转变为多要素协同驱动；库尾重庆主城区附近及库首宜昌市区周围土地利用驱动力较强，表现为城镇用地驱动型。位于渝东北和湖北巴东、秭归、兴山的诸县因自然条件较差，社会经济条件较为落后，土地利用驱动力较弱，体现为林草地和水体驱动型。而其他地区情况相对复杂，表现为多种类型驱动并存；库区土地利用驱动力的全局空间关联度较强，但有逐步降低趋势，这说明库区由自然、社会经济共同作用的土地利用的地域分异日益明显，其局部关联度和冷热点分布同样具有地域稳定性和时间动态变化性；在土地利用空间优化过程中，库区应结合不同区域土地利用驱动力的作用强度开展国土资源的空间重构与优化，对重庆主城区及宜昌市区附近区(县)，应当考虑土地资源的综合利用，而广大库中地区则应在生态保护前提下寻求土地资源的增值效应。

3. 三峡库区土地利用未来情景多因素耦合模拟

模型模拟和情景变化分析是未来土地利用变化研究的核心内容，以2000年三峡库区土地利用现状为基期数据，利用Binary Logistic模型回归分析驱动因子与土地利用间的关系，利用CLUE-S模型对2010年土地利用进行模拟，校验并确定影响库区土地利用驱动因素的主要参数后，基于自然增长、粮食安全、移民建设和生态保护对2020年、2030年库区土地利用情景予以模拟。通过Binary Logistic模型分析和检验，水田、旱地、林地、草地、建设用地和水域的ROC曲线下面积均大于0.8，表明所选驱动因子对土地利用的解释能力较强，可用来估算土地利用概率分布；2010年，各地类模拟结果经验证得Kappa系数分别为水田0.9、旱地0.92、林地0.97、草地0.84、建设用地0.85和水域0.77，总体上能满足模拟与预测需求；多情景模拟显示库区不同土地利用类型在空间上的竞争关系，以及所带来的对库区粮食安全、移民建设、生态保护的影响，包括水田大量转换为旱地（“水改旱”）、耕地与林草地被建设占用、林草地开垦为耕地、陡坡耕地退为林草地等行为，需要在土地利用优化中平衡各方面的需求；多因素、多情景模拟能为库区土地利用提供更为清晰的、可供抉择的政策调控思路。

4. 三峡库区不同土地利用背景水土流失时空变化及其分布规律

土壤侵蚀是影响三峡库区土壤养分流失、河道淤积等一系列生态环境问题的重要原因，基于GIS技术，采用通用土壤流失方程，对三峡库区1990年、1995年、2000年、2005年和2010年的土壤侵蚀进行计算，并对研究区1990～2010年的土壤侵蚀强度时空变化、不同土地利用背景下的土壤侵蚀强度时空变化和分布规律进行定量分析，为三峡库区的可持续发展提供支持。结果表明：1990～2010年，三峡库区平均土壤侵蚀模数与土壤侵蚀量呈现减少的趋势，多年平均土壤侵蚀量为18356.4507×10^4 t，属于中度侵蚀；从空间上看，研究区微度、轻度侵蚀等级分布面积最广。6种不同土地利用在同一年份内，土壤侵蚀模数依次为：旱地>草地>林地>未利用地>水田>建设用地；不同土地利用下的土壤侵蚀显著性差异，不同土地利用对土壤侵蚀的贡献率相差很大；各土地利用类型中，微度侵蚀的面积逐渐增加，中度侵蚀及其以上侵蚀等级的侵蚀面积，都不同程度地向低等级转移；随着退耕还林还草及大量农村劳动力的外出，库区的土壤侵蚀总体上呈现转好的趋势，但是局部地区的治理工作仍需加强。

5. 三峡库区土壤侵蚀强度模拟

基于三峡库区1990年侵蚀降雨特征，利用BP神经网络对2010年70个站点降雨侵蚀力模拟、验证，在此基础上，模拟2030年70个站点降雨侵蚀力，选取其中27个站点降雨侵蚀力的模拟结果为样本进行克里金插值，并以2030年库区自然增长、生态保护情景下土地利用模拟数据为基础，用修正土壤通用流失方程（RUSLE）对2030年库区土壤侵蚀强度开展模拟。2010年库区降雨侵蚀力的平均模拟相对误差15%，测试样本数据相对误差为14.67%，预测相对误差为19.65%，NE系数为0.85，说明BP神经网络对库区降雨侵蚀力具有良好模拟力；2010年库区土壤侵蚀强度的Kappa指数为0.75，总体上模拟结果能满足模拟与预测需求；在土地利用不变情况下，2030年库区轻度、中度侵蚀面积均有所增加，微度侵蚀面积及强度以上侵蚀面积均呈减少趋势，且58%的侵蚀强度转变发生在相邻侵蚀强度间，大幅度等级变化的区域较少；在降雨侵蚀力不变情况下，自然增长、生态保护情境下未来土地利用变化所导致的土壤侵蚀均呈下降趋势，但后者土壤侵蚀较前者下降的趋势更为明显；在降雨侵蚀力及土地利用均变化的情况下，自然增长、生态保护情景下土壤侵蚀均呈变好趋势。

6. 面源污染形成的“源－汇”格局识别

面源污染是三峡库区最主要的生态环境问题之一。从影响大尺度面源污染形成过程的阻/动力出发，融合各景观要素(土地利用、土壤、水文、地形、植被覆盖等)构建影响三峡库区面源污染形成的景观阻/动力系数，并考虑景观单元与子流域出水口的距离因素，建立景观阻/动力成本模型，识别影响面源污染的“源－汇”格局。16大子流域的景观阻/动力系数的均值变化趋势在空间分布上表现为此消彼长的关系，总体上越往库区流域的下游方向，景观阻力系数的均值变化越呈上升趋势，而景观动力系数则相反；景观阻/动力成本曲线比景观阻/动力系数曲线表现得更具有波动性，整体上16大子流域沿长江流向的平均阻/动力成本的线性增大或减小趋势更为显著，考虑流域面源污染物运移所耗费的距离成本，景观阻/动力成本更能反映库区流域面源污染的动态过程；库区流域高海拔区影响面源污染的景观阻/动力成本间差的均值较小，“汇”景观贡献大，“汇”作用强，而低海拔区则相反；本书构建的景观阻/动力成本模型应用在大尺度影响面源污染的“源－汇”格局识别上具有一定的可行性，且结合空间位置和景观阻/动力系数的“源－汇”景观格局指数更能刻画大尺度面源污染形成的空间特征。

7. 三峡库区农业面源污染“源－汇”风险格局识别

农业面源污染是三峡库区主要的生态环境问题之一。设置长江干流的缓冲区，对库区耕地“源”景观进行等级划分，在获取主要自然影响因子的基础上构建影响农业面源污染的阻力基面，并借助最小累计阻力模型得到不同等级的源景观阻力面，以此识别影响库区农业面源污染的“源－汇”风险格局，并将“源－汇”风险格局划分不同等级。库区一级源耕地占据了总耕地面积的50%以上，越向外围延伸耕地分布空间越小，且重庆库区的分布多于湖北库区，旱地的分布多于水田；在耕地源景观所处的缓冲区范围内，阻力面值偏小，并围绕源景观向外呈现不断增大的趋势。水田源景观的阻力面值要大于旱地源景观，阻力面的空间特征表现出高值区的空间范围明显小于低值区的，这主要是由于阻力面变化主要受空间距离的影响；利用最小累计阻力模型将库区“源－汇”风险格局划分为高风险区、较高风险区、中风险区、较低风险区和低风险区五个等级，结果表明影响库区农业面源污染的“源－汇”风险格局存在高风险的趋势，风险高的地区主要集中分布在库区的平行岭谷区，而风险低的区域主要分散在距离长江干流偏远的秦巴山区和武陵山区。

8. 三峡库区不同土地利用下溶解态氮磷污染负荷模拟

面源污染是引发水体富营养化的主要原因之一，溶解态污染物的输出浓度与负荷直接关系受纳水体的环境质量。在Johnes输出系数模型的基础上，引入地形指数和年降雨量构建产污系数，引入植被带宽和坡度构建截污系数，以此作为权重因子改进已有土地利用输出系数，构建改进型输出系数模型，估算三峡库区五期(1990年、1995年、2000年、2005年和2010年)不同土地利用下溶解态氮、磷污染负荷。通过产污系数和截污系数校正的土地利用输出系数改变了原有土地利用输出系数的单一数值结构，赋予了土地利用输出系数的时空差异。改进的输出系数不仅继承了单一土地利用的输出系数变化结构，同时也使得土地利用输出系数并不仅仅受控于土地利用自身的变化，还包括下垫面特征、降水量和植被覆盖等客观状况；五期林草地的溶解态氮、磷污染负荷表现为改进后小于改进前，建设用地的溶解态氮、磷污染负荷最小，但呈逐年增加趋势；改进后的输出系数模型显著提高了库区不同土地利用下溶解态氮磷污染负荷的模拟精度，但相比改进前溶解态磷的模拟精度的提高幅度低于溶解态氮。

9. 三峡库区泥沙输移比估算与吸附态氮磷污染负荷模拟

把泥沙输移比细化到栅格空间，以反映流域水文过程的地形指数作为泥沙受汇流的动力系数、植被截留阻力作为泥沙输移的阻力系数，构建泥沙输移比模型，最后运用已有的土壤侵蚀模型、泥沙负荷模型和吸附态氮、磷污染负荷模型估算近20年三峡库区吸附态氮磷污染负荷。影响库区泥沙输移的动力系数主要集中于中等以上区间即［0.4，0.8］，空间异质性不显著，而阻力系数表现较为复杂，坡度低的平行岭谷区和河流冲积缓坡以及台地区较高，坡度陡的秦巴山地北部区和武陵山区的高山峡谷地带偏低；库区泥沙输移比呈“单峰”结构，近似正态分布，均值为0.48。空间上具有显著的异质性，中、西部平行岭谷区泥沙输移比较小，武陵山区和秦巴山区较高，以河流河道为中心向两侧呈梯度增大趋势；泥沙负荷均值与负荷总量的年际变化趋势相同，泥沙负荷总量的模拟值(0.9×10^8t)与公报监测值(0.92×10^8t)最为接近的是1995年。空间格局上因近10年库区泥沙负荷量的均值变化不大，泥沙负荷的低值区与高值区的空间分布比较稳定，低值区的分布范围广泛，集中度高，而高值区的分布较为离散和破碎；吸附态氮、磷负荷量与土壤侵蚀模数、泥沙负荷量在数值上同比增长，在2010年负荷总量达到最大值，分别为1.2×10^8t和0.6×10^8t。泥沙负荷量在空间上的总体分布相似，具有不平衡特征，从东向西呈逐渐减小趋势。与监测数据的相关分析，吸附态氮负荷的模拟效果比吸附态磷更好，且吸附态氮、磷负荷在库区流域内存在空间相关性。

10. 三峡库区长江干流入出库水质评价及其变化趋势

选取重庆朱沱断面和湖北南津关断面，分别代表三峡库区长江干流的入出库断面，在对DO、CODMn和NH_3-N的年均、季均值统计基础上，运用基于灰色关联系数矩阵的TOPSIS法评价入出库水质，运用R/S法查明入出库水质的未来变化趋势。入出库水质在2004～2014年均介于Ⅰ、Ⅱ类间，其中2004～2007年、2012～2014年均为Ⅰ类，2008年均为Ⅱ类，2009～2010年均在Ⅰ、Ⅱ类间变动，且均距Ⅰ类较近；入出库断面每年四个季度水质的相对贴近度均在Ⅰ、Ⅱ类间波动，但更偏近于Ⅰ类，这一趋势在多年平均情况中最为显著。2005～2007年、2009年、2010年和2013年整体上两断面水质在四个季度中存在着相反的变化趋势；年均入库水质变化明显呈现良好趋势，而出库水质变化趋势基本不变。入出库的季均水质变化呈现明显的阶段性差异，入出库过去的水质变好趋势会延续到未来相同的时间序列里，但这种水质变好的趋势在将来的变化中并不稳定，具有一定的随机性。结果有助于改变人们对三峡水库建设对长江干流水质影响的认识，丰富人们对近年实施的环库生态治理工程成效的理解。

11. 三峡库区重庆段农村面源污染时空格局演变特征

以三峡库区重庆段 21 个区(县)为实例，利用空间自相关及冷热点分析方法，在区(县)级尺度上，研究了化学肥料施用、有机肥施用、农作物秸秆、畜禽养殖、水产养殖、农村生活污水、生活垃圾和农田土壤侵蚀等 8 个来源中农业面源污染化学需氧量(COD)、五日生化需氧量(BOD5)、全氮(TN)、全磷(TP)的时空变化特征。从 Moran's I 判断，2005～2011 年，三峡库区重庆段的 COD、BOD5、TN、TP 在区域上一直处于较高的集聚状态，2005～2008 年集聚减弱，2008～2011 年集聚增强；从 COD、BOD5、TN、TP 排放总量来看，由农业面源污染引起的 COD、BOD5、TN、TP 绝对排放量，2005 年分别为 $15.85\times10^4 t\cdot a^{-1}$、$7.35\times10^4 t\cdot a^{-1}$、$5.50\times10^4 t\cdot a^{-1}$和$0.97\times10^4 t\cdot a^{-1}$。2008 年分别为 $10.93\times10^4\ t\cdot a^{-1}$、$6.45\times10^4\ t\cdot a^{-1}$、$5.60\times10^4\ t\cdot a^{-1}$和 $1.04\times10^4 t\cdot a^{-1}$。2011 年分别为 $14.67\times10^4\ t\cdot a^{-1}$、$8.68\times10^4\ t\cdot a^{-1}$、$6.94\times10^4\ t\cdot a^{-1}$和 $1.14\times10^4 t\cdot a^{-1}$，COD、BOD5 绝对排放总量经历了先降后升的趋势，TN 和 TP 绝对排放总量则一直处于增长的态势；冷热点分析结果来看，三峡库区腹地是热点区域的集中区，而三峡库区库尾都市核心区是冷点区域集中区。

12. 三峡库区重庆段水质时空格局演变特征

农业面源污染已成为我国河流污染的主要来源。三峡库区是典型的生态脆弱区，水资源安全已越来越受到关注。以三峡库区重庆段 21 个区(县)为例，在区(县)级尺度上，研究了 2005～2011 年农业面源污染化学需氧量(COD)、五日生化需氧量(BOD5)、全氮(TN)、全磷(TP)所导致的水质的变化，并借助地统计学中的空间插值方法，对 30 个水质监测站点的数据进行插值分析，最后利用内梅罗综合水质指数，通过核算和实测的数据来研究三峡库区重庆段水质的时空变化。从库区平均水质浓度分析得出，2005 年、2008 年、2011 年三个时间断面的 TN、TP 的浓度已经超过地表水环境质量三级标准；从核算数据所反映的水质综合指数的时空特征来看，2005 年、2008 年、2011 年水质综合指数分别为 2.48、2.51、2.88，均处于中度污染状态，而 2011 年甚至逼近严重污染状态。在空间分布上，三峡库区重庆段库中和库区腹地的区县整体的水质状况在下降，而位于库尾的核心都市区水质状况则有所提升；从监测数据所反映的水质综合指数的时空特征来看，2005 年、2008 年、2011 年水质综合指数分别为 1.26、1.38、2.14，2005 年和 2008 年属于轻污染状态，而 2011 年则为中度污染状态。在空间分布上，和核算数据的空间分布呈现出相似的地方；通过河流水体断面的监测数据与理论核算数据的对比看出，两者呈现出较好的吻合度。

13. 三峡库区(重庆段)种植业污染负荷空间分布特征

使用土地利用、农户访谈等数据为基础，运用化肥施用强度、单位面积污染负荷和农作物类型指数等指标，在 ArcGIS 和逐步回归方法的支持下，对库区(重庆段)种植业污染负荷的空间分布特征进行分析。库区(重庆段)种植业单位面积施肥折纯量为 TN 23.25 t · km^{-2}、TP 20.34 t · km^{-2}，由其产生的污染负荷总量较高，达 3.54t · km^{-2}；种植业污染负荷总体展现出较大的空间差异，且这一分布与作物种植结构、种植业的集聚关系密切；种植业距离区域中心点越近由施肥产生的污染负荷越高，具有“类点源”特征，且乡(镇)中心点较近区与较远区施肥产生污染负荷的空间分布差异比区(县)中心点的更显著；(农作物类型指数、单位耕地面积产值和务农人员比例)、(农作物类型指数)和(单位耕地面积产值)分别对库区(重庆段)种植业污染负荷总量、TN 和 TP 的影响较为显著；除耕地流转外，其他因素对污染负荷总量、TN 和 TP 均产生正向作用。

14. 三峡库区不同农业经营模式肥料投入评估及其变化特征

农村生态环境在农村发展中的地位日益突出，研究农业生产转型过程中不同农业经营模式农资投入对解析农村生态环境中非点源污染负荷有重要启示，同样有助于针对性地制定控制面源污染的方案。采用 PRA(participatory rural appraisal)方法，抽样采集三峡库区重庆段农业经营主要农作物肥料投入情况，根据整理调研材料、综合评估调研结果划分研究区农业生产经营模式为：一般散户、种植大户、公司企业、养殖大户、种养大户、合作社。核算不同经营模式单位面积肥料投入，确定研究区不同经营模式下用肥量与结构的变化特征。研究区肥料用量总量在 1997～2011 年呈递增趋势，复合肥近年增速明显；不同经营模式用肥结构间存在差异，一般散户、养殖大户、种养大户这 3 种经营模式与种植大户、公司企业、合作社这 3 种经营模式各自内部又存在相似性，前者常规用肥比例较大，而后者在有机肥、高钾肥等肥料的用量及比例方面较高；研究区用肥结构以常规肥料为主，其中氮、磷折纯量单位面积投入为一般散户、养殖大户较种植大户、公司企业、养殖人户、种养大户、合作社显著高；农户种植结构因经营模式而异，一般散户、养殖大户、种养大户以传统的农作物玉米、水稻、番薯、马铃薯为主，表现为“小而全”的特性，而种植大户、公司企业、合作社则在技术支撑的前提下有重点地突破并商品化生产经营且向生产专业性特色农作物转型，农作物单位面积用肥折纯量为玉米>蔬菜>土豆>其他作物>红苕>果木园林>水稻。

15. 生计多样化背景下种植业非点源污染负荷演变

依托三峡库区典型村农户访谈数据，基于收益最大目标决策框架，设定农村转型发展中三种农户生计类型情景：农业主导生计、兼业转向生计和非农主导生计，解析种植业产污负荷随主导生计非农转向的演变特征，探讨主导生计类型转向的动力机制。样区耕地经营现状呈自耕、流转与撂荒并存的多元化发展格局，且表现出“入”小于“出”的特征，不同农户家庭类型间实际人均耕种规模为半劳动力家庭>无劳动力家庭>劳动力家庭；种植业单位面积产污负荷中，半劳动力家庭最高，劳动力家庭次之，无劳动力家庭最低，劳动力家庭内部又随劳动力人数增加呈先增再减趋势；样区农户生计类型由农业主导向非农主导转型过程中，种植业产污负荷最大减幅达 72.01％，兼业转向生计情景下削减幅度为 19.61％～29.85％，非农主导生计情景下减幅为 35.20％～72.01％，但 TN、TP 的减量特征并不一致；劳动力配置与生计来源“非农化”促使农户主导生计类型向非农转化，生计非农演变的潜在农户收入/福祉权衡亦驱使生计决策转向非农化，不同农户家庭类型对生计转向的敏感程度表现为劳动力家庭＞半劳动力家庭＞无劳动力家庭；在新型城镇化快速推进和创新新型工业体系构建过程中，山区农户生计类型进一步向非农转变，而这一过程又将促使种植业产生的污染负荷量进一步减少，要大幅消减种植业产污负荷，就必须制定有助于山区农户生计非农化的调控对策。

16. 重庆市农业面源污染源的 EKC 实证分析

基于环境库兹涅茨曲线理论，根据重庆市 2000～2012 年的时序数据，选取 5 个与农业面源污染有关的指标作为污染变量，分析农业面源污染与农业经济增长的关系，并利用 EVIEWS 7.0、SPSS 17.0 软件对参数进行估计。化肥年施用水平、农药年施用水平、作物废弃秸秆排放密度等与农民人均农业纯收入之间属于典型的倒“U”型 EKC 关系，并且三者随着农业经济的增长已呈下降趋势；在研究时段内，农膜年使用水平与农民人均农业纯收入之间呈线性增长的关系，随着农业经济的发展，由农膜带来的环境压力会进一步增大；畜禽粪尿猪粪当量排放密度与农民人均农业纯收入之间呈“N 型”曲线特征，曲线存在两个拐点，目前处于第二个拐点的右侧，说明畜禽粪尿污染随着农业经济增长呈现再次恶化趋势，政府应该采取有效措施加大对农业面源污染的治理力度。

参考文献

白薇扬，王娟，王英魁，等，2008. 嘉陵江重庆段水体富营养化现状分析[J]. 重庆理工大学学报自然科学版，22(11)：66-69.

白云龙，李晓龙，张胜，等，2015. 内蒙古地膜残留污染现状及残膜回收利用对策研究[J]. 中国土壤与肥料，6：139-145.

摆万奇，赵士洞，2001. 土地利用变化驱动力系统分析[J]. 资源科学，23(3)：39-41.

贝荣塔，周跃，何敏，2010. 土壤中氮磷和滇池水体污染的潜在关系[J]. 西北林学院学报，2：30-34.

边博，2009. 前期晴天时间对城市降雨径流污染水质的影响[J]. 环境科学，30(12)：3522-3526.

蔡崇法，丁树文，史志华，等，2000. 应用USLE模型与地理信息系统IDRISI预测小流域土壤侵蚀量的研究[J]. 水土保持学报，14(2)：19.

蔡金洲，范先鹏，黄敏，等，2012. 湖北省三峡库区农业面源污染解析[J]. 农业环境科学学报，31(7)：1421-1430.

蔡强国，范昊明，2004. 泥沙输移比影响因子及其关系模型研究现状与评述[J]. 地理科学进展，23(5)：1-9.

曹隽隽，周勇，叶青清，等，2012. 基于模糊灰色物元与克里格插值的县级耕地质量分等更新方法研究[J]. 经济地理，32(11)：131-137.

曹彦龙，李崇明，阚平，2007. 重庆三峡库区面源污染源评价与聚类分析[J]. 农业环境科学学报，26(3)：857-862.

曹彦龙，李崇明，郭劲松，等，2007. 重庆三峡库区非点源污染来源分析及负荷计算[J]. 重庆建筑大学学报，29(4)：1-5.

曹艳晓，龙腾锐，黄祥荣，等，2012. 水解酸化池预处理低碳生活污水的效能分析[J]. 中国给水排水，28(3)：68-71.

曹银贵，王静，刘正军，2007a. 三峡库区近30年土地利用时空变化特征分析[J]. 测绘科学，32(6)：167-170.

曹银贵，王静，陶嘉，等，2007b. 基于CA与AO的区域土地利用变化模拟研究——以三峡库区为例[J]. 地理科学进展，26(3)：88-95.

常志州，黄红英，靳红梅，等，2013. 农村面源污染治理的“4R”理论与工程实践——氮磷养分循环利用技术[J]. 农业环境科学学报，32(10)：1901-1907.

陈春娣，吴胜军，Meurk C D，等，2015. 阻力赋值对景观连接模拟的影响[J]. 生态学报，35(22)：1-10.

陈丁江，孙嗣旸，贾颖娜，等，2013. 区域点源和非点源磷入河量计算的二元统计模型[J]. 环境科学，34(1)：84-90.

陈广洲，江家权，2009. 基于投影寻踪的城市生态系统健康评价[J]. 生态学报，29(9)：4918-4923.

陈洪波，2006. 三峡库区水环境农业非点源污染综合评价与控制对策研究[D]. 中国环境科学研究院硕士学位论文.

陈康宁，卞戈亚，李琳，2010. 重庆市王家沟小流域农业面源污染防控对策[J]. 河海大学学报(自然科学版)，38(6)：639-643.

陈利顶，傅伯杰，赵文武，2006. “源”“汇”景观理论及其生态学意义[J]. 生态学报，26(5)：1444-1449.

陈利顶，贾福岩，汪亚峰，2015. 黄土丘陵区坡面形态和植被组合的土壤侵蚀效应研究[J]. 地理科学，35(9)：1176-1182.

陈利顶，傅伯杰，张淑荣，等，2002. 异质景观中非点源污染动态变化比较研究[J]. 生态学报，22(6)：808-816.

陈利顶，傅伯杰，徐建英，等，2003. 基于“源-汇”生态过程的景观格局识别方法——景观空间负荷对比指数[J]. 生态学报，23(11)：2406-2413.

陈琳，刘俊民，刘小学，2010. 支持向量机在地下水水质评价中的应用[J]. 西北农林科技大学学报(自然科学版)，38(11)：221-226.

陈敏鹏，陈吉宁，赖斯芸，2006. 中国农业和农村污染的清单分析与空间特征识别[J]. 中国环境科学，26(6)：751-755.

陈彦光，2012. 基于MATLAB的地理数据分析[J]. 北京：高等教育出版社，359-359.

陈艳萍，吴凤平，吴丹，2009. 基于模糊优选和 TOPSIS 法的流域初始水权分配模型. 河海大学学报(自然科学版)，37(4)：467-471.

陈勇，冯永忠，杨改河，2010. 农业非点源污染的环境库兹涅茨曲线实证研究——基于陕西省农业投入和废弃物排放的研究[J]. 干旱地区农业研究，28(3)：191-199.

陈友媛，惠二青，金春姬，等，2003. 非点源污染负荷的水文估算方法[J]. 环境科学研究，16(1)：10-13.

陈玉成，杨志敏，陈庆华，等，2008. 基于“压力-响应”态势的重庆市农业面源污染的源解析[J]. 中国农业科学，41(8)：2362-2369.

陈峪，王凌，祝昌汉，等，2004. 2003 年我国十大极端天气气候事件[J]. 灾害学，19(3)：76-80.

陈众，田丰，董俊，2015. 不同土地利用方式对丘陵山区坡面侵蚀产沙量的影响[J]. 干旱区资源与环境，29(1)：186.

程红光，郝芳华，任希岩，等，2006. 不同降雨条件下非点源污染氮负荷入河系数研究[J]. 环境科学学报，26(3)：392-397.

仇焕广，廖绍攀，井月，等，2013. 我国畜禽粪便污染的区域差异与发展趋势分析[J]. 环境科学，7：2766-2774.

崔力拓，李志伟，王立新，等，2006. 农业流域非点源磷素迁移转化机理研究进展[J]. 农业环境科学学报，S1：353-355.

戴润泉，臧小平，邱光胜，2004. 三峡水库蓄水前库区水质状况研究[J]. 长江流域资源与环境，13(2)：124-127.

单艳红，杨林章，王建国，2004. 土壤磷素流失的途径、环境影响及对策[J]. 土壤，6：602-608.

党安荣，史慧珍，何新东，2003. 基于 3S 技术的土地利用动态变化研究[J]. 清华大学学报(自然科学版)，4(10)：1408-1411.

邓楚雄，谢炳庚，李晓青，等，2013. 基于投影寻踪法的长株潭城市群地区耕地集约利用评价[J]. 地理研究，32(11)：2000 -2008.

邓慧平，李秀彬，2002. 地形指数的物理意义分析[J]. 地理科学进展，21(2)：103-110.

邓慧平，孙菽芬，2012. 地形指数模型 TOPMODEL 与陆面模式 SSiB 的耦合及在流域尺度上的数值模拟[J]. 中国科学：地球科学，42(7)：1083-1097.

丁程程，刘健，2011. 中国城市面源污染现状及其影响因素[J]. 中国人口. 资源与环境，S1：86-89.

丁晓雯，刘瑞民，沈珍瑶，2006. 基于水文水质资料的非点源输出系数模型参数确定方法及其应用[J]. 北京师范大学学报(自然科学版)，42(5)：534-538.

丁晓雯，沈珍瑶，刘瑞民，等，2008. 基于降雨和地形特征的输出系数模型改进及精度分析[J]. 长江流域资源与环境，17(2)：306-309.

董杰，杨达源，周彬等，等，2006. 137Cs 示踪三峡库区土壤侵蚀速率研究[J]. 水土保持学报，20(06)：1-5.

董立新，吴炳方，郭振华，等，2009. 三峡库区农林用地变化遥感监测及模拟预测[J]. 农业工程学报，25(增刊 2)：290-297.

董守义，2015. 层次分析法在露天矿开采工艺选择中的应用研究[J]. 金属矿山，(7)：34-36.

董婷婷，左丽军，张增祥，2009. 基于 Ann-CA 模型的土壤侵蚀时空演化分析[J]. 地理信息科学学报，11(1)：133-137.

杜建军，苟春林，崔英德，等，2007. 保水剂对氮肥氨挥发和氮磷钾养分淋溶损失的影响[J]. 农业环境科学学报，4：1296-1301.

杜江，刘渝，2009. 中国农业增长与化学品投入的库兹涅茨假说及验证[J]. 世界经济文汇，(3)：96-108.

杜挺，谢贤健，梁海燕，等，2014. 基于熵权 TOPSIS 和 GIS 的重庆市县域经济综合评价及空间分析[J]. 经济地理，34(6)：40-47.

樊娟，刘春光，石静，等，2008. 非点源污染研究进展及趋势分析[J]. 农业环境科学学报，27(4)：1306-1311.

樊军，郝明德，2000. 旱地长期定位施肥对土壤剖面硝态氮分布与积累的影响[J]. 土壤与环境，9(1)：23-26.

樊晓一，乔建平，2006. 三峡水库区滑坡时间记录的 R/S 分析[J]. 中国地质灾害与防治学报，17(2)：99-101.

范建容，刘飞，郭芬芬，等，2011. 基于遥感技术的三峡库区土壤侵蚀量评估及影响因子分析[J]. 山地学报，29(03)：306-311.

冯锦明，赵天宝，张英娟，2009. 基于台站降水资料对不同空间内插方法的比较[J]. 气候与环境研究，(2)：

261-277.
冯利华，1999. 基于ANN的土壤侵蚀研究[J]. 水土保持学报，5(6)：105-109.
冯孝杰，魏朝富，谢德体，等，2005. 农户经营行为的农业面源污染效应及模型分析[J]. 中国农学通报，21(12)：354-358.
冯孝杰，2005. 三峡库区农业面源污染环境经济分析[M]. 重庆：西南大学.
符素华，王向亮，王红叶，等，2012. SCS-CN径流模型中CN值确定方法研究[J]. 干旱区地理，35(3)：415-421.
付伟章，2013. 南四湖区农田氮磷流失特征及面源污染评价[D]. 山东农业大学博士学位论文.
傅伯杰，徐延达，吕一河，2010. 景观格局与水土流失的尺度特征与耦合方法[J]. 地球科学进展，25(7)：673-681.
傅伯杰，赵文武，陈利顶，等，2006. 多尺度土壤侵蚀评价指数[J]. 科学通报，51(4)：448.
傅杨武，祁俊生，陈书鸿，等，2009. 三峡库区苎溪河流域消落带土壤重金属污染调查及评价[J]. 土壤通报，(1)：162-166.
高懋芳，2011. 小清河流域农业面源氮素污染模拟研究[J]. 中国农业科学院，2011.
高强，郭恒，赵国良，等，2012. 作物种植结构变化及影响粮食产量的因素分析——以甘肃省天水市为例[J]. 中国农业资源与区划，33(4)：36-41.
高啸峰，王树德，宫阿都，等，2009. 基于主成分分析法的土地利用/覆被变化驱动力研究[J]. 地理与地理信息科学，25(1)：36-39.
高扬，朱波，王玉宽，等，2006. 自然和人工模拟降雨条件下紫色土坡地的磷素迁移[J]. 水土保持学报，5：34-37.
高银超，鲍玉海，贺秀斌，等，2012. 三峡库区小江流域AnnAGNPS模型参数分析[J]. 西南师范大学学报(自然科学版)，37(5)：127-134.
郜亮亮，黄季焜，Rozelle Scott，等，2011. 中国农地流转市场的发展及其对农户投资的影响[J]. 经济学(季刊)，10(4)：1499-1514.
宫莹，阮晓红，胡晓东，2003. 我国城市地表水环境非点源污染的研究进展[J]. 中国给水排水，19(3)：21-23.
巩前文，张俊飚，李瑾，2008. 农户施肥量决策的影响因素实证分析——基于湖北省调查数据的分析[J]. 农业经济问题，(10)：65-70.
郭程轩，徐颂军，巫细波，2009. 基于地统计学的佛山市土地利用变化驱动力时空分异[J]. 经济地理，29(9)：1524-1529.
郭军庭，张志强，王盛萍，等，2014. 应用SWAT模型研究潮河流域土地利用和气候变化对径流的影响[J]. 生态学报，34(6)：1559-1567.
郭胜利，余存祖，2000. 有机肥对土壤剖面硝态氮淋失影响的模拟研究[J]. 水土保持研究，7(4)：123-126.
国家环境保护部，2002. 全国规模化畜禽养殖业污染情况调查及防治对策[M]. 北京：中国环境科学出版社：77-78.
国家环境保护总局，2000. 三河三湖水污染防治计划及规划[M]. 北京：中国环境科学出版社.
韩冰，王效科，欧阳志云，2005. 城市面源污染特征的分析[J]. 水资源保护，21(2)：1- 4.
韩书成，谢永生，郝明德，等，2005. 不同类型农户土地投入行为差异研究[J]. 水土保持研究，12(5)：83-85.
郝芳华，程红光，杨胜天，2006. 非点源污染模型：理论方法与应用[M]. 北京：中国环境科学出版社：6-10.
郝芳华，杨胜天，程红光，等，2006. 大尺度区域非点源污染负荷计算方法[J]. 环境科学学报，26(3)：375 -383.
郝仕龙，孟凡玲，柯俊，2007. 黄土丘陵区耕地变化与农户经济行为响应[J]. 中国生态农业学报，15(3)：172-174.
何红艳，郭志华，肖文发，2005. 降水空间插值技术的研究进展[J]. 生态学杂志，24(10)：1187-1191.
何英彬，姚艳敏，唐华俊，等，2013. 地利用/覆盖变化驱动力机制研究新进展. 中国农学通报，29(2)：190-195.
贺缠生，傅伯杰，陈利顶，1998. 非点源污染的管理及控制[J]. 环境科学，19(5)：87-91.
洪传春，刘某承，李文华，2015. 我国化肥投入面源污染控制政策评估[J]. 干旱区资源与环境，29(4)：1-6.
洪华生，曹文志，张玉珍，等，2004. 九龙江典型流域氮磷流失的模拟研究[J]. 厦门大学学报，43：243-248.
洪华生，黄金良，曹文志，2008. 九龙江流域农业非点源污染机理与控制研究[M]. 北京：科学出版社.
洪小康，李怀恩，2000. 水质水量相关法在非点源污染负荷估算中的应用[J]. 西南理工大学学报，16(4)：384-38.
侯俊东，吕军，尹伟峰，2012. 农户经营行为对农村生态环境影响研究[J]. 中国人口·资源与环境，22(3)：30-35.
侯伟，廖晓勇，刘晓丽，等，2013. 三峡库区非点源污染研究进展[J]. 福建林业科技，40(4)：208-218.

侯秀玲，周益民，王绍俊，等，2012. 基于投影寻踪模型的农田土壤重金属污染分析[J]. 三峡环境与生态，34(1)：59-62.

侯彦林，周永娟，李红英，等，2008. 中国农田氮面源污染研究：Ⅰ污染类型区划和分省污染现状分析[J]. 农业环境科学学报，27(4)：1271-1276.

胡林林，贾俊松，毛端谦，等，2013. 基于 FAHP-TOPSIS 法的我国省域低碳发展水平评价[J]. 生态学报，33(20)：6652-6661.

胡文慧，李光永，孟国霞，2013. 基于 SWAT 模型的汾河灌区非点源污染负荷评估[J]. 水利学报，44(11)：1309-1315.

胡雪琴，彭旭东，蒋平，等，2015. 基于“4R”技术的紫色丘陵区农业面源污染防治体系[J]. 水土保持应用技术，2：18-21.

胡雪涛，陈吉宁，张天柱，2002. 非点源污染模型研究[J]. 环境科学，23(3)：124-128.

黄东风，王果，李卫华，等，2009. 菜地土壤氮磷面源污染现状、机制及控制技术[J]. 应用生态学报，20(4)：991-1001.

黄红艳，高扬，曹杰君，等，2010. 上海市都市农业区域地下水磷素非点源污染特征研究[J]. 水土保持学报，1：101-104.

黄欢，汪小泉，韦肖杭，等，2007. 杭嘉湖地区淡水水产养殖污染物排放总量的研究[J]. 中国环境监测，23(2)：94-96.

黄满湘，章申，张国梁，等，2003. 北京地区农田氮素养分随地表径流流失机理[J]. 地理学报，58(1)：147-154.

黄强，魏际新，吴锦艳，1999. 江西红壤丘陵区发展持续农业的对策[J]. 江西师范大学学报(自然科学版)，23(1)：84-89.

黄庆超，刘广龙，王雨春，等，2015. 不同水位运行下三峡库区干流水质变化特征[J]. 人民长江，46(增刊)：132-136.

黄秋婵，韦友欢，韦方立，等，2011. 农业面源污染对生态环境的影响及其防治措施[J]. 广西民族师范学院学报，29(3)：7-19.

黄闰泉，张风，戴均华，等，2002. 三峡库区移民区曲溪小流域能源利用分析[J]. 北华大学学报(自然)，3(2)：167-170.

黄真理，2006. 三峡水库水环境保护研究及其进展[J]. 四川大学学报工程科学版，38(5)：7-15.

江田汉，邓莲堂，2004. Hurst 指数估计中存在的若干问题——以在气候变换研究中的应用为例[J]. 地理科学，24(2)：177-182.

江晓波，马泽忠，曾文蓉，等，2004. 三峡地区土地利用/土地覆被变化及其驱动力分析[J]. 水土保持学报，18(4)：108-112.

姜甜甜，席北斗，侯浩波，等，2011. 湖北省土壤侵蚀量模拟及其在吸附态氮、磷量匡算中的应用[J]. 环境科学研究，24(11)：1249-1255.

蒋锐，2012. 紫色丘陵区农业小流域氮迁移的动态特征及其环境影响研究[D]. 西南大学硕士学位论文.

靳诚，陆玉麒，2009. 基于县域单元的江苏省经济空间格局演化[J]. 地理学报，64(6)：713-724.

景可，焦菊英，李林育，等，2010. 输沙量、侵蚀量与泥沙输移比的流域尺度关系——以赣江流域为例[J]. 地理研究，29(7)：1163-1170.

景可，2002. 长江上游泥沙输移比初探[J]. 泥沙研究，(1)：53-59.

柯刚，朱道林，2004. 试析“习惯亩”在农村税费改革中的不合理性——以贵州六盘水市为例[J]. 农村经济，(2)：17-19.

柯珉，敖天其，周理，等，2014. 基于输出系数模型的西充河流域(西充县境内)面源污染综合评价[J]. 中国农村水利水电，(3)：20-24.

赖斯芸，杜鹏飞，陈吉宁，2004. 基于单元分析的非点源污染调查评估方法[J]. 清华大学学报(自然科学版)，44(9)：1184-1187.

兰峰，2008. 三峡工程蓄水前后库区河流水质变化分析[J]. 人民长江，39(1)：7-16，106.

郎海鸥，王文杰，王维，等，2010. 基于土地利用变化的小江流域非点源污染特征[J]. 环境科学研究，23(9)：1158-1166.

李宾，马九杰，2014. 劳动力转移、农业生产经营组织创新与城乡收入变化影响研究[J]. 中国软科学，(7)：60-76.

李灿，张凤荣，朱泰峰，等，2013. 基于熵权 TOPSIS 模型的土地利用绩效评价及关联分析[J]. 农业工程学报，29(5)：217-227.

李崇明，黄真理，2005. 三峡水库入库污染负荷研究(Ⅰ)——蓄水前污染负荷现状[J]. 长江流域资源与环境，14(5)：611-622.

李崇明，黄真理，2006. 三峡水库入库污染负荷研究(Ⅱ)——蓄水后污染负荷预测[J]. 长江流域资源与环境，15(1)：97-106.

李德成，徐彬彬，石晓日，1995. 利用马氏过程模拟和预测土壤侵蚀的动态演变——以安徽省岳西县为例[J]. 环境遥感，10(2)：89-96.

李海防，卫伟，陈瑾，等，2013. 基于“源”“汇”景观指数的定西关川河流域土壤水蚀研究[J]. 生态学报，33(14)：4460-4467.

李怀恩，2000. 估算非点源污染负荷的平均浓度法及其应用[J]. 环境科学学报，(3)：35-39.

李建国，濮励杰，刘金萍，等，2012. 2001 年至 2010 年三峡库区重庆段植被活动时空特征及其影响因素[J]. 资源科学，34(8)：1500-1507.

李杰霞，杨志敏，陈庆华，等，2008. 重庆市农业面源污染负荷的空间分布特征研究[J]. 西南大学学报(自然科学版)，30(7)：145-151.

李金峰，2015. 农业面源污染现状分析与防治[J]. 河南农业，6：21-22.

李晶，周自翔，2014. 延河流域景观格局与生态水文过程分析[J]. 地理学报，69(7)：933-944.

李娟，贾仰文，周祖昊，等，2007. 流域侵蚀产沙模型与农业面源污染模型研究综述[J]. 中国水土保持，(2)：16-18.

李林育，焦菊英，陈杨，2009. 泥沙输移比的研究方法及成果分析[J]. 中国水土保持科学，7(6)：113-122.

李录娟，邹胜章，2014. 综合指数法和模糊综合法在地下水质量评价中的对比——以遵义市为例[J]. 中国岩溶，1：22-30.

李茂松，汪亚峰，2004. 近 20 年中国主要农作物秸秆资源动态及现状[J]. 中国农学通报，20(11)：151-154.

李苗苗，吴炳方，颜长珍，等，2004. 密云水库上游植被覆盖度的遥感估算[J]. 资源科学，26(4)：1530-159.

李平，王晟，2014. 生物滞留技术控制城市面源污染的作用与机理[J]. 环境工程，03：75-79.

李强坤，李怀恩，胡亚伟，等，2008. 黄河干流潼关断面非点源污染负荷估算[J]. 水科学进展，19(4)：460-466.

李强坤，李怀恩，胡亚伟，等，2009. 农业非点源污染田间模型及其应用[J]. 环境科学，30(12)：3509-3513.

李爽，张祖陆，孙媛媛，2013. 基于 SWAT 模型的南四湖流域非点源氮磷污染模拟[J]. 湖泊科学，25(2)：236-242.

李爽，2012. 基于 SWAT 模型的南四湖流域非点源氮磷污染模拟及湖泊沉积的响应研究[D]. 山东师范大学博士学位论文.

李思米，2005. 基于 GIS 的中尺度土壤重金属空间插值分析及污染评价——以江苏省南通市为例[D]. 南京农业大学硕士学位论文.

李思思，张亮，杜耘，等，2014. 面源磷负荷改进输出系数模型及其应用[J]. 长江流域资源与环境，23(9)：1330-1336.

李文超，2014. 凤羽河流域农业面源污染负荷估算及关键区识别研究[J]. 中国农业科学院.

李文君，邱林，陈晓楠，等，2011. 基于集对分析与可变模糊集的河流生态健康评价模型[J]. 水利学报，42(7)：775-782.

李新艳，杨勤科，王春梅，2014. 赣南地区侵蚀地形因子研究[J]. 西北农林科技大学学报(自然科学版)，42(1)：175-182，188.

李秀彬，1996. 全球环境变化研究的核心领域：土地利用/土地覆被变化的国际研究动向[J]. 地理学报，51(6)：553-558.

李秀彬，1999. 中国近 20 年来耕地面积的变化及其政策启示[J]. 自然资源学报，14(4)：329-333.

李秀芬，朱金兆，顾晓君，等，2010. 农业面源污染现状与防治进展[J]. 中国人口·资源与环境，20(4)：81-84.

李秀霞，李天宏，2011. 黄河流域泥沙输移比与流域尺度的关系研究[J]. 泥沙研究，2：33-37.

李彦苍，周书敬，2009. 基于改进投影寻踪的海洋生态环境综合评价[J]. 生态学报，29(10)：5736-5740.

李阳兵，邵景安，李月臣，2010. 三峡库区土地利用/土地覆被变化研究现状与展望[J]. 重庆师范大学学报(自然科学版)，27(2)：31-35.

李怡庭，翁建华，2003. 黄河干流重点河段水质变化趋势分析及水质管理对策探讨[J]. 水文，23(5)：16-19.

李玉庆，王康，杨永红，等，2012. 灌区尺度氮磷的迁移转化特征分析[J]. 中国农学通报，30：82-89.

李月臣，2008. 土地利用/覆盖变化驱动力研究[J]. 水土保持研究，15(3)：116-120.

李月臣，刘春霞，赵纯勇，等，2009a. 三峡库区（重庆段）土壤侵蚀敏感性评价及其空间分异特征[J]. 生态学报，29(2)：788-796.

李月臣，刘春霞，2009b. 1987～2006 年北方 13 省土地利用/覆盖变化驱动力分析[J]. 干旱区地理，32(1)：37-46.

李自林，2013. 我国农业面源污染现状及其对策研究[J]. 干旱地区农业研究，31(5)：207-212.

梁常德，龙天渝，李继承，等，2007. 三峡库区非点源氮磷负荷研究[J]. 长江流域资源与环境，16(1)：26-30.

梁流涛，曲福田，冯淑怡，2010. 农村发展中生态环境问题及其管理创新探讨[J]. 软科学，24(8)：53-57.

梁新强，田光明，李华，等，2005. 天然降雨条件下水稻田氮磷径流流失特征研究[J]. 水土保持学报，1：59-63.

梁新强，陈英旭，李华，等，2006. 雨强及施肥降雨间隔对油菜田氮素径流流失的影响[J]. 水土保持学报，6：14-17.

廖川康，郑清芳，任莅莅，等，2015. 安康市汉滨区农业面源污染现状及对策[J]. 现代农业科技，8：228.

廖洪乐，2005. 中国南方稻作区农户水稻生产函数估计[J]. 中国农村经济，(6)：11-18.

刘爱霞，王静，刘正军，2009. 三峡库区土壤侵蚀遥感定量监测——基于 GIS 和修正通用土壤流失方程的研究[J]. 自然灾害学报，18(4)：25-30.

刘春霞，李月臣，杨华，等，2011. 三峡库区重庆段生态与环境敏感性综合评价[J]. 地理学报，66(5)：631-642.

刘芳，沈珍瑶，刘瑞民，2009. 基于“源-汇”生态过程的长江上游农业非点源污染[J]. 生态学报，29(6)：3271-3277.

刘光德，赵中金，李其林，2004. 三峡库区农业面源污染现状及其防治对策[J]. 中国生态农业学报，38(5)：2548-2552.

刘宏斌，李志宏，张云贵，2006. 北京平原农区地下水硝态氮污染状况及其影响因素研究. 土壤学报，43(3)：405-413.

刘辉，叶丹，左涛，等，2010. 三峡水库水质演变趋势及保护对策[J]. 水资源保护，26(4)：17-19，61.

刘纪远，刘明亮，庄大方，等，2002. 中国近期土地利用变化的空间格局分析[J]. 中国科学(D 辑)，32(12)：1031-1040.

刘继辉，赖格英，2007. 农业非点源污染研究进展[J]. 水资源与水工程学报，18(1)：29-32.

刘佳，叶庆富，刘永立，等，2008. 氮、磷富营养及海带对赤潮三角褐指藻生长的影响[J]. 核农学报，4：499-502.

刘金鹏，鞠美庭，刘英华，等，2011. 中国农业秸秆资源化技术及产业发展分析[J]. 生态经济，5：136-141.

刘涓，谢谦，倪九派，等，2014. 基于农业面源污染分区的三峡库区生态农业园建设研究[J]. 生态学报，34(9)：2431-2441.

刘腊美，龙天渝，李崇明，2009. 三峡水库上游流域非点源颗粒态磷污染负荷研究[J]. 长江流域资源与环境，18(4)：320-325.

刘腊美，龙天渝，李崇明，等，2009. 嘉陵江流域非点源溶解态氮污染负荷模拟研究[J]. 农业环境科学学报，28(4)：808-813.

刘兰玉，蒋昌潭，安贝贝，等，2012. 三峡水库 175m 蓄水对长江重庆段水质的影响[J]. 水资源保护，28(2)：34-36.

刘淼，胡远满，常禹，等，2009. 土地利用模型时间尺度预测能力分析——以 CLUE-S 模型为例[J]. 生态学报，29(11)：6110-6119.

刘培芳，陈振楼，许世远，等，2002. 长江三角洲城郊畜禽粪便的污染负荷及其防治对策[J]. 长江流域资源与环境，11(5)：456-460.

刘启承，熊文强，韩贵锋，2005. 用马尔可夫理论预测三峡库区的土地利用趋势[J]. 重庆大学学报(自然科学版)，28(2)：107-110.

刘瑞民，杨志峰，丁晓雯，等，2006. 土地利用/覆盖变化对长江上游非点源污染影响研究[J]. 环境科学，27(12)：2407-2404.

刘瑞民，沈珍瑶，丁晓雯，等，2008. 应用输出系数模型估算长江上游非点源污染负荷[J]. 农业环科学学报，27(2)：677-682.

刘树锋，陈俊合，2007. 基于神经网络理论的水资源承载力研究[J]. 资源科学，29(1)：99-105.

刘婷，邵景安，2016. 三峡库区不同土地利用背景下的土壤侵蚀时空变化及其分布规律[J]. 中国水土保持科学，03：1-9.

刘文英，刘坚，胡正义，2010. 农村面源污染控制系统的长效运行评价模型研究[J]. 湘潭大学自科学报，32(2)：103-107.

刘晓冉，杨茜，王若瑜，等，2012. 1980～2009 年三峡库区空中水资源变化特征[J]. 自然资源学报，27(9)：1550-1560.

刘亚琼，杨玉林，李法虎，2011. 基于输出系数模型的北京地区农业面源污染负荷估算[J]. 农业工程学报，27(7)：7-12.

刘娅琴，邹国燕，宋祥甫，等，2011. 富营养水体浮游植物群落对新型生态浮床的响应[J]. 环境科学研究，24(11)：1233-1241.

刘彦随，2007. 中国东部沿海地区乡村转型发展与新农村建设[J]. 地理学报，62(6)：563-570.

刘彦随，冯德显，2001. 三峡库区土地持续利用潜力与途径模式[J]. 地理研究，20(2)：139-145.

刘燕，尹澄清，车伍，2008. 植草沟在城市面源污染控制系统的应用[J]. 环境工程学报，3：334-339.

刘扬，陈劭锋，张云芳，等，2009. 中国农业 EKC 研究：以化肥为例[J]. 中国农学通报，25(16)：263-267.

刘宇，吴炳方，曾源，等，2013. 耦合过程和景观格局的土壤侵蚀水环境影响评价[J]. 应用生态学报，24(9)：2581-2589.

龙冬平，李同昇，苗园园，等，2014. 中国农村人口非农化时空演变特征及影响因素[J]. 地理科学进展，33(4)：517-530.

龙花楼，王文杰，翟刚，等，2002. 安徽省土地利用变化及其驱动力分析[J]. 长江流域资源与环境，11(6)：527-530.

龙剑波，何强，司马卫平，等，2013. 城市规划与城市面源污染调控协同研究[J]. 中国给水排水，14：21-24.

龙天渝，曹怀亮，安强，等，2013. 三峡库区紫色土坡耕地吸附态磷可迁移污染负荷空间分布[J]. 农业工程学报，29(4)：157-164，297.

龙天渝，梁常德，李继承，等，2008. 基于 SLURP 模型和输出系数法的三峡库区非点源氮磷负荷预测[J]. 环境科学学报，28(3)：574-581.

龙天渝，吴磊，刘腊美，等，2009. 三峡库区小江流域溶解态氮素污染模拟[J]. 重庆大学学报，32(10)：1181-1186.

龙大渝，乔敦，安强，等，2012. 基于 GIS 和 RULSE 的三峡库区土壤侵蚀量估算分析[J]. 灌溉排水学报，02：33-37.

娄保锋，蒋静，刘成，等，2012. 三峡水库蓄水后库区干流泥沙含量时空变化研究[J]. 人民长江，43(12)：14-16.

陆卫军，张涛，2009. 几种河流水质评价方法的比较分析[J]. 环境科学与管理，34(6)：174-176.

栾江，仇焕广，井月，等，2013. 我国化肥施用量持续增长的原因分解及趋势预测[J]. 自然资源学报，28(11)：1869-1878.

罗小娟，冯淑怡，Reidsma P，等，2013. 基于农户生物-经济模型的农业与环境政策响应模拟——以太湖流域为例[J]. 中国农村经济，(11)：74-87.

罗艺，2010. 长江上游典型紫色丘陵区面源污染模型[D]. 四川农业大学硕士学位论文.

罗专溪，朱波，郑丙辉，等，2007. 三峡水库支流回水河段氮磷负荷与干流的逆向影响[J]. 中国环境科学，27(2)：208-212.

吕明权，王继军，江青龙，等，2011. 基于 LUCC 的冀北土石山区东北沟流域土壤侵蚀时空变化分析[J]. 中国水土保持科学，9(3)：18.

吕明权，吴胜军，陈春娣，等，2015. 三峡消落带生态系统研究文献计量分析[J]. 生态学报，35(11)：3504-3518.

吕平毓，米武娟，2011. 三峡水库蓄水前后重庆段整体水质变化分析[J]. 人民长江，42(7)：28-32.

吕一河，陈利顶，傅伯杰，2007. 景观格局与生态过程的耦合途径分析[J]. 生态学报，26(3)：1-10.

马峰，王千，蔺文静，等，2012. 基于指标体系投影寻踪模型的水资源承载力评价——以石家庄为例[J]. 南水北调水利与科技，10(3)：62-66.

马广文，王业耀，香宝，等，2011. 松花江流域非点源氮磷负荷及其差异特征[J]. 农业工程学报，27(2)：163-169.

马国霞，於方，曹东，等，2012. 中国农业面源污染物排放量计算及中长期预测[J]. 环境科学学报，32(2)：489-497.

马骞，于兴修，刘前进，等，2011. 沂蒙山区不同覆被棕壤理化特征对径流溶解态氮磷输出的影响[J]. 环境科学学报，31(7)：1526-1536.

毛汉英，高群，冯仁国，2002. 三峡库区生态环境约束下的支柱产业选择[J]. 地理学报，57(5)：553-560.

Novotny V，Chesters G. 1987. 面源污染管理与控制手册. 林芳容等译. 广州：科学普及出版社广州分社.

欧阳进良，宋春梅，宇振荣，等，2004. 黄淮海平原农区不同类型农户的土地利用方式选择及其环境影响——以河北省曲周县为例[J]. 自然资源学报，19(1)：1-11.

潘成忠，上官周平，2007. 不同坡度草地含沙水流水力学特性及其拦沙机理[J]. 水科学进展，18(4)：490-495.

彭里，王定勇，2004. 重庆市畜禽粪便年排放量的估算研究[J]. 农业工程学报，20(1)：288-292.

彭丽，2013. 三峡库区土地利用变化及结构优化研究[J]. 华中农业大学硕士学位论文.

浦碧雯，2013. 山东省农业面源污染现状与防治对策[D]. 山东大学硕士学位论文.

钱秀红，2001. 杭嘉湖平原农业非点源污染的调查评价及控制对策研究[D]. 浙江大学硕士学位论文.

全国农业技术推广服务中心. 1999. 中国有机肥养分数据集[M]. 北京：中国科学技术出版社：123-140.

全为民，严力蛟，2002. 农业面源污染对水体富营养化的影响及其防治措施[J]. 生态学报，22(3)：291-299.

冉景江，陈敏，陈永柏，2011. 三峡工程影响下游水生态环境的径流调节作用分析[J]. 水生态学杂志，32(1)：1-6.

饶静，许翔宇，纪晓婷，2011. 我国农业面源污染现状、发生机制和对策研究[J]. 农业经济问题，8：81-87.

任玉芬，王效科，韩冰，等，2005. 城市不同下垫面的降雨径流污染[J]. 生态学报，25(12)：3225-3230.

戎静，庄舜尧，杨浩，2011. 太湖源地区雷竹林氮磷径流输出与拦截控制[J]. 水土保持通报，4：168-171.

邵怀勇，仙巍，杨武年，等，2008. 三峡库区近 50 年间土地利用/覆被变化[J]. 应用生态学报，19(2)：453-458.

邵景安，李阳兵，魏朝富，2007. 区域土地利用变化驱动力研究前景展望[J]. 地球科学进展，22(8)：798-809.

邵景安，张仕超，魏朝富，2013. 基于大型水利工程建设阶段的三峡库区土地利用变化遥感分析[J]. 地理研究，32(12)：2189-2203.

邵景安，张仕超，李秀彬，2014. 山区耕地边际化特征及其动因与政策含义[J]. 地理学报，69(2)：227-242.

邵景安，张仕超，李秀彬，2015. 山区土地流转对缓解耕地撂荒的作用[J]. 地理学报，70(4)：636-649.

申小波，陈传胜，张章，等，2014. 不同宽度模拟植被过滤带对农田径流、泥沙以及氮磷的拦截效果[J]. 农业环境科学学报，4：721-729.

沈根祥，汪雅谷，袁大伟. 1994. 上海市郊农田畜禽粪便负荷量及其警报与分级[J]. 上海农业学报，10(增刊)：6-11.

沈虹，张万顺，彭虹，2010. 汉江中下游土壤侵蚀及颗粒态非点源磷负荷研究[J]. 水土保持研究，17(5)：1-6.

沈景文. 1992. 化肥农药和污灌对地下水的污染[J]. 农业环境保护，11(3)：137-139.

沈珍瑶，杨志峰，2005. 灰色关联分析方法用于指标体系的筛选[J]. 数学的实践与认识，(5)：728-732.

沈珍瑶，刘瑞民，叶闽，等，2008. 长江上游非点源污染特征及其变化规律[M]. 北京：科学出版社：87-88.

盛下放，黄为一，殷永娴，2000. 硅酸盐菌剂的应用效果及其解钾作用的初步研究[J]. 南京农业大学学报，23(1)：43-46.

石兴旺，2007. 三峡库区典型小流域侵蚀产沙模拟研究[D]. 华中农业大学硕士毕业论文.

史德明. 1983. 长江流域土壤侵蚀的特点及其潜在危险[J]. 中国水土保持. (3)：3-6.

史东梅，江东，卢喜平，等，2008. 重庆涪陵区降雨侵蚀力时间分布特征[J]. 农业工程学报，24(9)：16-21.

税尚楠，2013. 农业经营模式的选择：资本农场或合作经营[J]. 农业经济问题，(8)：32-36.

宋涛，郑挺国，佟连军，2007. 基于面板协整的环境库茨涅兹曲线的检验与分析[J]. 中国环境科学，27(4)：572-576.

宋涛，成杰民，李彦，等，2010. 农业面源污染防控研究进展[J]. 环境科学与管理，35(2)：39-42.

苏彩红，向娜，陈广义，等，2012. 基于人工蜂群算法与 BP 神经网络的水质评价模型[J]. 环境工程学报，6(2)：699-704.

苏成国，尹斌，朱兆良，等，2003. 稻田氮肥的氨挥发损失与稻季大气氮的湿沉降[J]. 应用生态学报，14(11)：

1884-1888.

孙本发，马友华，胡善宝，等，2013. 农业面源污染模型及其应用研究[J]. 农业资源与环境学报，(3)：1-5.

孙海栓，吕乐福，刘春生，等，2012. 不同形态磷肥的径流流失特征及其效应[J]. 水土保持学报，4：90-93.

孙然好，陈利顶，王伟，等，2012. 基于“源”“汇”景观格局指数的海河流域总氮流失评价[J]. 环境科学，33(6)：1784-1787.

孙雁，刘志强，王秋兵，2011. 百年沈阳城市土地利用空间扩展及其驱动力分析[J]. 资源科学，33(11)：2022-2029.

汤国安，杨昕，2012. ArcGIS 地理信息系统空间分析实验教程[M]. 北京：科学出版社.

唐佐芯，王克勤，2012. 草带措施对坡耕地产流产沙和氮磷迁移的控制作用[J]. 水土保持学报，4：17-22.

陶春，高明，徐畅，等，2010. 农业面源污染影响因子及控制技术的研究现状与展望[J]. 土壤，3：336-343.

田景环，邱林，柴福鑫，2005. 模糊识别在水质综合评价中的应用[J]. 环境科学学报，25(7)：950-953.

田秀英，石孝均，2005. 定位施肥对水稻产量与品质的影响[J]. 西南农业大学学报(自然科学版)，27(5)：725-728，732.

汪权方，肖莉，王海滨，等，2008. 湖北省洪湖市作物播种面积的三种数据差异分析[J] 地理学报，63(6)：587-592.

汪翔，张锋，2011. 中国农业化肥投入现状与地区差异性分析[J]. 江西农业学报，23(12)：169-173.

汪亚峰，傅伯杰，陈利顶，等，2009. 黄土丘陵小流域土地利用变化的土壤侵蚀效应：基于 137Cs 示踪的定量评价[J]. 应用生态学报，20(7)：1571.

王彻华，刘辉，余明星，等，2004. 三峡水库蓄水至 135m 库区水质变化分析与保护建议[J]. 水利水电快报，27(7)：24-27.

王海，席运官，陈瑞冰，等，2009. 太湖地区肥料、农药过量施用调查研究[J]. 农业环境与发展，(3)：10-15.

王华玲，赵建伟，程东升，等，2010. 不同植被缓冲带对坡耕地地表径流中氮磷的拦截效果[J]. 农业环境科学学报，9：1730-1736.

王慧亮，李叙勇，解莹，2011. 基于数据库支持的非点源污染模型 LSPC 及其应用[J]. 环境科学与技术，12：206-211.

王金亮，邵景安，李阳兵，2015. 近 20a 三峡库区农林地利用变化图谱特征分析[J]. 自然资源学报，30(2)：235-247.

王劲峰，廖一兰，刘鑫，2010. 空间数据分析教程[M]. 北京：科学出版社：62-73.

王巨，谢世友，任伟，等，2011. 三峡地区生态农业可持续性综合评价[J]. 西南师范大学学报(自然科学版)，36(6)：86-91.

王丽，王培法，刘爱利，等，2015. 基于 DEM 的江苏气温空间插值研究[J]. 南京信息工程大学学报(自然科学版)，7(1)：79-85.

王丽婧，郑丙辉，李子成，2009. 三峡库区及上游流域面源污染特征与防治策略[J]. 长江流域资源与环境，18(8)：783-788.

王莉玮，2005. 重庆市农业面源污染的区域分异与控制[D]. 西南大学硕士学位论文.

王玲玲，姚文艺，刘兰玉，等，2008. 我国流域泥沙输移比研究进展[J]. 人民黄河，30(9)：36-45.

王日明，熊兴耀，肖洋，2014. 重庆市永川区土地利用空间格局变化模拟[J]. 中国农学通报，30(35)：166-171.

王瑞玲，2005. 我国“三废”排放的库兹涅茨曲线特征及其成因的灰色关联度分析[J]. 中国人口·资源与环境，15.

王硕，肖玉，谢高地，等，2014. 成渝经济区土壤侵蚀的时空变化[J]. 生态学杂志，33(11)：3043.

王思远，刘纪元，张增祥，等，2001. 不同土地利用背景下的土壤侵蚀空间分布规律研究[J]. 水土保持学报，15(3)：48.

王思远，王光谦，陈志祥，2005. 黄河流域土地利用与土壤侵蚀的耦合关系[J]. 自然灾害学报，14(1)：32.

王天巍，李朝霞，史志华，2008. 都市圈边缘区多尺度土地利用驱动力研究[J]. 华中农业大学学报，27(4)：471-477.

王小燕，王燚，田小海，等，2011. 纳米碳增效尿素对水稻田面水氮素流失及氮肥利用率的影响[J]. 农业工程学报，1：106-111.

王晓峰，任志远，黄青，2003. 农牧交错区(县)域土地利用变化及驱动力分析——以陕北神木县为例[J]. 干旱区地理，26(4)：402-407.

王晓利，姜德娟，张华，2014. 基于 AnnAGNPS 模型的胶东半岛大沽河流域非点源污染模拟研究[J]. 农业环境科学学报，33(7)：1379-1387.

王晓青，郭劲松，2012. 三峡水库蓄水后小江水环境容量的变化[J]. 环境科学研究，25(1)：36-42.

王晓燕，王一峋，王晓峰，等，2003. 密云水库小流域土地利用方式与氮磷流失规律[J]. 环境科学研究，16(1)：30-33.

王秀兰，包玉海. 1998. 土地利用动态变化研究方法探讨[J]. 地理科学进展，10(5)：51-54.

王延平，刘霞，姚孝友，等，2010. 淮河流域沂蒙山区水土保持生态脆弱性的 AHP 分析[J]. 中国水土保持科学，8(3)：20.

王尧，蔡运龙，潘懋，2014. 贵州省乌江流域土壤侵蚀模拟——基于 GIS、RUSLE 和 ANN 技术的研究[J]. 中国地质，41(5)：1735-1747.

王瑛，张建锋，陈光才，等，2012. 基于"源-汇"景观的太湖宜兴段入湖港口水质时空变化[J]. 生态学杂志，31(2)：399-405.

王志杰，简金世，焦菊英，等，2013. 基于 RUSLE 的松花江流域不同侵蚀类型区泥沙输移比估算[J]. 水土保持研究，20(5)：50-56.

王宗明，张柏，张树清，2004. 吉林省近 20 年土地利用变化及驱动力分析[J]. 干旱区资源与环境，18(6)：61-65.

韦薇，张银龙，2011. 基于"源—汇"景观调控理论的水源地面源污染控制途径——以天津市蓟县于桥水库水源区保护规划为例[J]. 中国园林，27(2)：71-77.

魏欣，2014. 中国农业面源污染管控研究[J]. 西北农林科技大学博士学位论文.

温兆飞，吴胜军，陈吉龙，等，2014. 三峡库区农田面源污染典型区域制图及其研究现状评价[J]. 长江流域资源与环境，23(12)：1684-1692.

吴昌广，曾毅，周志翔，等，2010a. 三峡库区土壤可蚀性 K 值研究[J]. 中国水土科学，8(3)：8-12.

吴昌广，林德生，周志翔，等，2010b. 三峡库区降水量的空间插值方法及时空分布[J]. 长江流域资源与环境，19(7)：752-758.

吴昌广，吕华丽，周志翔，等，2012. 三峡库区土壤侵蚀空间分布特征[J]. 中国水土保持科学，10(3)：15.

吴桂平，曾永年，邹滨，等，2008. AutoLogistic 方法在土地利用格局模拟中的应用——以张家界市永定区为例[J]. 地理学报，63(2)：156-164.

吴磊，2012. 三峡库区典型区域氮、磷和农药非点源污染物随水文过程的迁移转化及其归趋研究[J]. 重庆大学.

吴罗发，2011. 鄱阳湖区农业面源污染形成机制研究[J]. 江西农业大学学报(社会科学版)，4：86-89.

吴岩，杜立宇，高明和，等，2011. 农业面源污染现状及其防治措施[J]. 环境治理，1：64-67.

吴永红，胡正义，杨林章，2011. 农业面源污染控制工程的"减源-拦截-修复"(3R)理论与实践[J]. 农业工程学报，27(5)：1-6.

吴兆娟，倪九派，魏朝富，2011. 三峡工程胁迫下重庆库区耕地利用变化及其机制研究[J]. 西南大学学报(自然科学版)，33(3)：50-57.

席庆，李兆富，罗川，2014. 基于扰动分析方法的 AnnAGNPS 模型水文水质参数敏感性分析[J]. 环境科学，35(5)：1773-1780.

夏冰雪，2007. 基于 GIS 的三峡库区水质模拟研究[D]. 重庆大学硕士学位论文.

肖新成，何丙辉，倪九派，等，2013. 农业面源污染视角下的三峡库区重庆段水资源的安全性评价——基于 DPSIR 框架的分析[J]. 环境科学学报，33(8)：2324-2331

谢德体，张文，曹阳，2008. 北美五大湖区面源污染治理经验与启示[J]. 西南大学学报(自然科学版)，30(11)：81-91.

谢华，都金康，胡裕军，等，2005. 基于汇流时间方法的空间分布式水文模型研究[J]. 武汉理工大学学报，27(12)：75-78.

谢旺成，李天宏，2012. 流域泥沙输移比研究进展[J]. 北京大学学报：自然科学版，48(4)：685-694.

幸梅，张秀，何秀清，2008. 三峡水库 156m 水位蓄水前后长江干流水质的变化[J]. 三峡环境与生态，1(3)：1-4.

徐爱国，冀宏杰，张认连，等，2010. 太湖水网地区原位模拟降雨条件下不同农田类型氮素流失特征研究[J]. 植物营养与肥料学报，4：809-816.

徐建华，2006. 计量地理学[M]. 北京：高等教育出版社：120-129.

徐丽萍，杨其军，王玲，等，2011. 新疆地区农业面源污染空间分异研究[J]. 水土保持通报，31(4)，150-158.

徐楠，印红伟，陈志刚，等，2012. 农业磷面源污染形成机制及治理进展[J]. 苏州科技学院学报(工程技术版)，1：18-22.
徐萍，张正斌，王建忠，等，2004. 中国农业的未来发展方向[J]. 世界科技研究与发展，26(6)：65-68.
徐谦. 1996. 我国化肥和农药非点源污染状况综述[J]. 农村生态环境，12(2)：39-43.
徐秋宁，马孝义，安梦雄，等，2002. SCS模型在小型集水区降雨径流计算中的应用[J]. 西南农业大学学报，24(2)：97-100，107.
徐玉婷，杨钢桥，2011. 不同类型农户农地投入的影响因素[J]. 中国人口·资源与环境，21(3)：106-112.
徐祖信，2005a. 我国河流单因子水质标识指数评价方法研究[J]. 同济大学学报，33(3)：321-325.
徐祖信，2005b. 我国河流综合水质标识指数评价方法研究[J]. 同济大学学报，33(4)：482-488.
许开平，吴家森，黄程鹏，等，2012. 不同植物篱在减少雷竹林氮磷渗漏流失中的作用[J]. 土壤学报，5：980-987.
许民，王雁，周兆叶，等，2012. 长江流域逐月气温空间插值方法的探讨[J]. 长江流域资源与环境，3(3)：327-334.
许其功，2004. 三峡水库水质预测及水污染控制对策研究[D]. 中国环境科学研究院硕士学位论文.
许其功，席北斗，何连生，等，2008. 三峡库区大宁河流域非点源污染研究[J]. 环境工程学报，2(3)：299-303.
许申来，周昊，2008. 景观“源、汇”的动态特性及其量化方法[J]. 水土保持研究，15(6)：64-71.
薛金凤，夏军，梁涛，等，2005. 颗粒态氮磷负荷模型研究[J]. 水科学进展，16(3)：334-337.
闫丽珍，石敏俊，王磊，2010. 太湖流域农业面源污染及控制研究进展[J]. 中国人口·资源与环境，20(1)：99-107.
阎建忠，卓仁贵，谢德体，等，2010. 不同生计类型农户的土地利用——三峡库区典型村的实证研究[J]. 地理学报，65(11)：1401-1410.
杨乐，张烨，侯培强，等，2012. 三峡水库中下游水体氮磷时空变化与机制分析[J]. 长江流域资源与环境，21(6)：732-738.
杨丽霞，杨桂山，2010. 施磷对太湖流域水稻田磷素径流流失形态的影响[J]. 水土保持学报，5：31-34.
杨丽霞，杨桂山，苑韶峰，2007. 施磷对太湖流域典型蔬菜地磷素流失的影响[J]. 中国环境科学，4：518-523.
杨林章，冯彦房，施卫明，等，2013a. 我国农业面源污染治理技术研究进展[J]. 中国生态农业学报，221(1)：96-101.
杨林章，施卫明，薛利红，等，2013b. 农村面源污染治理的“4R”理论与工程实践——总体思路与“4R”治理技术[J]. 农业环境科学学报，32(1)：1-8.
杨梅，张广录，侯永平，2011. 区域土地利用变化驱动力研究进展与展望[J]. 地理与地理信息科学，27(1)：95-100.
杨荣泉，朱鲁生，李敬存，2004. 农业面源污染的控制方案与对策[J]. 环境整治，22(2)：23-24.
杨杉，吴胜军，王雨，等，2014. 三峡库区农田氨挥发及其消减措施研究进展[J]. 土壤，5：773-779.
杨胜天，程红光，步青松，等，2006. 全国土壤侵蚀量估算及其在吸附态氮磷流失量匡算中的应用[J]. 环境科学学报，26(3)：366-374.
杨淑静，张爱平，杨正礼，等，2009. 宁夏灌区农业非点源污染负荷估算方法初探[J]. 中国农业科学，11：3947-3955.
杨武年，刘恩勤，陈宁，等，2010. 成都市土地利用遥感动态监测及驱动力分析[J]. 西南交通大学学报，45(2)：185-189.
杨晓涛，2005. 农膜污染的防治对策[OL]. http://www. gxny. gov. cn/web/2005-09/75602. htm，2005-09-30[2014-10-20].
杨修，章力建，李正，等，2005. 农业立体污染防治的生态学思考[J]. 生态学报，25(4)：904-909.
杨彦兰，申丽娟，谢德体，等，2015. 基于输出系数模型的三峡库区(重庆段)农业面源污染负荷估算[J]. 西南大学学报(自然科学版)，37(3)：112-119.
杨艳霞，2009. 重庆三峡库区典型小流域面源污染研究[J]. 北京林业大学硕士毕业论文.
杨正健，刘德富，纪道斌，等，2010. 三峡水库172.5m蓄水过程对香溪河库湾水体富营养化的影响[J]. 中国科学：技术科学，40(4)：358-369.
杨志峰，刘静玲，2004. 环境科学概论[M]. 北京：高等教育出版社，114-118.
杨志敏，2009. 基于压力-状态-响应模型的三峡库区重庆段农业面源污染研究[J]. 西南大学博士学位论文.
杨志敏，陈玉成，魏世强，等，2009. 重庆市农业面源污染影响因子的系统分析[J]. 农业环境科学学报，28(5)：

999-1004.

叶玉瑶，苏泳娴，张虹鸥，等，2014. 生态阻力面模型构建及其在城市扩展模拟中的应用[J]地理学报，69(4)：485-496.

易仲强，刘德富，杨正健，等，2009. 三峡水库香溪河库湾水温结构及其对春季水华的影响[J]. 水生态学杂志，33(5)：6-11.

尹真真，李琎，2014. 三峡水库蓄水前后长江干流主要污染物浓度变化趋势分析研究[J]. 环境科学与管理，39(4)：42-45.

印士勇，娄保锋，刘辉，等，2011. 三峡工程蓄水运用期库区干流水质分析[J]. 长江流域资源与环境，20(3)：305-310.

尤永祥，曹贯中，肖仲凯，等，2012. 模糊综合评价法在长江下游贵池河段水质评价中的应用[J]. 水利科技与经济，18(4)：54-56.

于红梅，李子忠，龚元石，2005. 不同水氮管理对蔬菜地硝态氮淋洗的影响[J]. 中国农业科学，9：1849-1855.

于维坤，尹炜，叶闽，等，2008. 面源污染模型研究进展[J]. 人民长江，39(23).

于兴修，高华中，2003. 城市及其边缘地带土地利用/覆被变化研究——以临沂市为例[J]. 地域研究与开发，22(2)：47-51.

余红兵，2012. 生态沟渠水生植物对农区氮磷面源污染的拦截效应研究[D]. 湖南农业大学博士学位论文.

余剑如，史立人，冯明汉，等. 1991. 长江上游的地面侵蚀与河流泥沙[J]. 水土保持通报，11(1)：9-17.

余进祥，郑博福，刘娅菲，等，2011. 鄱阳湖流域泥沙流失及吸附态氮磷输出负荷评估[J]. 生态学报，31(14)：3980-3989.

余明星，邱波，夏凡，等，2011. 三峡水库蓄水前后干流水质特征与变化趋势研究[J]. 人民长江，42(23)：34-38.

俞巧钢，殷建祯，马军伟，等，2014. 硝化抑制剂 DMPP 应用研究进展及其影响因素[J]. 农业环境科学学报，6：1057-1066.

袁加军，曾五一，2009. 基于生活污染物的环境库兹涅茨曲线[J]. 山西财经大学学报，31(10)：30-34.

袁新民，2000. 施用磷肥对土壤硝态氮累积的影响[J]. 植物营养与肥料学报，6(4)：397-403.

岳文泽，徐建华，徐丽华，2005. 基于地统计方法的气候要素空间差值研究[J]. 高原气象，24(6)：974-980.

詹议，2012. 降雨对面源污染中氮素去向的影响研究[D]. 西南交通大学硕士学位论文.

曾凡海，张勇，张晟，等，2011. 基于 RS 与 GIS 的三峡库区万州区近 22 年土地利用变化[J]. 三峡生态与环境，33(3)：43-46.

曾福生，2011. 中国现代农业经营模式及其创新的探讨[J]. 农业经济问题(月刊)，(10)：4-11.

曾曙才，吴启堂，2007. 华南赤红壤无机复合肥氮磷淋失特征[J]. 应用生态学报，18(5)：1015-1020.

曾远，张永春，张龙江，等，2006. GIS 支持下 AGNPS 模型在太湖流域典型圩区的应用[J]. 农业环境科学学报，3：761-765.

张超坤，2001. 加强农膜污染治理，促进农业可持续发展[J]. 广西农业科学，(5)：277-279.

张锋，2011. 中国化肥投入的面源污染问题研究[D]. 南京农业大学博士学位论文：36-37.

张刚，王德建，陈效民，2007. 太湖地区稻田缓冲带在减少养分流失中的作用[J]. 土壤学报，44(5)：873-877.

张国梁，章申. 1998. 农田土壤中氮的淋溶情况[J]. 土壤，30(6)：291-297.

张宏，马岩，李勇，等，2014. 基于遗传 BP 神经网络的核桃破裂功预测模型[J]. 农业工程学报，30(18)：78-84.

张宏华，李蜀庆，杜军，等，2003. 农业面源污染模型 AGNPS 的应用现状及在我国应用的展望[J]. 重庆环境科学，25(12)：188-190.

张晖，2010. 中国畜牧业面源污染研究——基于长三角地区生猪养殖户调查[D]. 南京农业大学博士学位论文.

张晖，胡浩，2009. 农业面源污染的环境库兹涅茨曲线验证——基于江苏省时序数据的分析[J]. 中国农村经济，(4)：48-53，71.

张坤，丁新，洪伟，等，2009. BP 神经网络在降雨侵蚀力预测预报中的应用研究[J]. 水土保持研究，16(1)：43-46.

张蕾，王高旭，郑道贤，2006. 灰色关联分析在水质评价应用中的改进[J]. 广东水利水电，(3)：32-33.

张瑞萍，周叶芳，郭可义，2005，2003 年夏季我国南方持续高温和极涡位置的关系[J]. 气象科学，25(5)：528-533.

张晟，李崇明，王毓丹，等，2003. 乌江水污染调查[J]. 中国环境监测，19(1)：23-26.
张晟，李崇明，魏世强，等，2004. 三峡库区富营养化评价方法探讨[J]. 西南农业大学学报(自然科学版)，26(3)：340-343.
张晟，郑坚，刘婷婷，等，2009. 三峡水库入库支流水体中营养盐季节变化及输出[J]. 环境科学，30(1)：58-63.
张仕超，尚慧，余端，等，2011. 三峡库区优质柑橘产业带建设土地整理模式[J]. 地理研究，30(11)：2099-2108.
张淑荣，陈利顶，傅伯杰，2001. 农业区非点源污染敏感性评价的一种方法[J]. 水土保持学报，15(2)：56-59.
张薇薇，李红，孙丹峰，等，2013. 怀柔水库上游农业氮磷污染负荷变化[J]. 农业工程学报，24：124-131.
张维理，冀宏杰，Kolbe H，等，2004a. 中国农业面源污染形势估计及控制对策Ⅱ[J]. 欧美国家农业面源污染状况及控制. 中国农业科学，37(7)：1018-1025.
张维理，徐爱国，冀宏杰，等，2004b. 中国农业面源污染形势估计及控制对策Ⅲ[J]. 中国农业面源污染控制中存在问题分析. 中国农业科学，37(7)：1026-1033.
张卫峰，季玥秀，马骥，等，2008. 中国化肥消费需求影响因素及走势分析Ⅱ种植结构[J]. 资源科学，30(1)：31-36.
张务伟，张福明，杨学成，2009. 农业富余劳动力转移程度与其土地处置方式的关系——基于山东省2421位农业转移劳动力调查资料的分析[J]. 中国农村经济，(3)：85-90.
张新，程熙，李万庆，等，2014. 流域非点源污染景观源汇格局遥感解析[J]. 农业工程学报，30(2)：191-197.
张旭，2011. 上海市典型都市农业区域非点源磷素污染特征研究[D]. 西南大学硕士学位论文.
张绪美，董元华，王辉，等，2007. 江苏省畜禽粪便负荷时空变化[J]. 地理科学，27(4)：597-601.
张燕，高翔，张洪，2012. 巢湖水质与流域农业投入的关联性研究[J]. 环境科学，33(9)：3009-3013.
张永龙，庄季屏. 1998. 农业非点源污染研究现状与发展趋势[J]. 生态学杂志，17(6) ：51-55.
张予书，王立新，张红旗，等，2003. 疏勒河流域土地利用变化驱动因素分析——以安西县为例[J]. 地理科学进展，22(3)：270-278.
张玉启，李彤，郑钦玉，等，2011. 论三峡库区农业面源污染控制的生态补偿措施[J]. 西南师范大学学报(自然科学版)，36(4)：230-234.
张智，兰凯，白占伟，2005. 蓄水后三峡库区重庆段污染负荷与时空分布研究[J]. 生态环境，14(2)：1-7.
张智奎，肖新成，2012. 经济发展与农业面源污染关系的协整检验——基于三峡库区重庆段1992～2009年数据的分析[J]. 中国人口·资源与环境，22(1)：57-61.
张中杰，2007. 农业非点源污染来源及其防治措施[J]. 地下水，29(5)：98-100.
张子龙，刘竹，陈兴鹏，等，2013. 基于R/S的中国碳排放演变趋势及其空间差异分析[J]. 经济地理，33(8)：20-25.
章明奎，郑顺安，王丽平，2007. 粪肥添加明矾对降低农田磷和重金属流失的作用[J]. 水土保持学报，1：65-67+175.
章文波，谢云，刘宝元，2002. 用雨量和雨强计算次降雨侵蚀力 [J]. 地理科学，22(6).
章新，贺石磊，张雍照，等，2010. 水质评价的灰色关联分析方法研究[J]. 水资源与水工程学报，21(5)：117-119.
赵春雨，苏勤，方觉曙，2013. 农村劳动力转移就业环境认知研究体系与方法[J]. 地理研究，32(5)：891-901.
赵刚，冉光和，张波，2002. 三峡库区水资源污染问题及对策研究[J]. 自然资源学报，22(5)：016-027.
赵剑强，2002. 城市地表径流污染与控制[M]. 北京：中国环境科学出版社.
赵强，王康，黄介生，等，2015. 季节性冻土融化期小流域尺度面源污染物迁移规律[J]. 农业工程学报，1：139-145.
赵文武，傅伯杰，吕一河，等，2006. 多尺度土地利用与土壤侵蚀[J]. 地理科学进展，25(1)：24.
赵新峰，陈利顶，杨丽蓉，等，2010. 基于水流路径与景观单元相互作用的非点源污染模拟研究[J]. 环境科学学报，30(3)：621-630.
赵雪雁，2012. 不同生计方式农户的环境感知——以甘南高原为例[J]. 生态学报，32(21)：6776-6787.
赵志坚，胡小娟，彭翠婷，等，2012. 湖南省化肥投入与粮食产出变化对环境成本的影响分析[J]. 生态环境学报，21(12)：2007-2012.
郑丙辉，张远，富国，等，2010. 三峡水库营养状态评价标准研究[J]. 中国环境科学学会环境标准与基准专业委员会学术研讨会.
郑畅，倪九派，魏朝富，2008. 基于DEM和SCS模型的四川盆地丘陵区局地径流研究[J]. 水土保持学报，22(5)：

73-77.
郑艺，2015. 基于模糊数学方法的水质综合评价[J]. 治淮，(1)：16-17.
中华人民共和国环境保护部，2015. 长江三峡工程生态与环境监测公报(2015)[OL]. http：//www. cnemc. cn/publish/totalWebSite/index. html.
中华人民共和国水利部，2008. SL 190-2007《土壤侵蚀分类及分级标准》[M]. 北京：中国水利水电出版社，：1～20.
中华人民共和国水利部，2008. 土壤侵蚀分类分级标准(SL190-2007)[M]. 北京：中国水利水电出版社.
钟华平，岳燕珍，樊江文，2003. 中国作物秸秆资源及其利用[J]. 资源科学，25(3)：62-67.
钟建兵，邵景安，谢德体，等，2014. 三峡库区不同农业经营模式的肥料投入评估及其变化特征[J]. 中国生态农业学报，22(11)：1372-1378.
钟建兵，邵景安，杨玉竹，2015. 三峡库区(重庆段)种植业污染负荷空间分布特征[J]. 环境科学学报，35(7)：2150-2159.
钟诗群，李秀丽，吴洪华，等，2014. 广西石祥河水库水体富营养化评价及分析[J]. 生态科学，2：366-372.
重庆市人民政府. 重庆市“四山”地区开发建设管制规定[R]. 重庆市人民政府公报，08.
重庆市环境保护局，2015，2014 重庆市环境状况公报[R].
周广杰，况琪军，胡征宇，等，2006. 三峡库区四条支流藻类多样性评价及“水华”防治[J]. 中国环境科学，26(3)：337-341.
周晖子，毕华兴，林靓靓，2010. 基于 DEM 导出的水文地形参数对比研究——在 ArcGIS 和 Rivertools 环境下[J]. 北京林业大学学报，32(3)：101-105.
周琳，闫军杰，宋家永，等，2010. 农业面源污染的研究进展. 中国农学通报，26(11)：362-365.
周宁，李超，满秀玲，2015. 基于 Logistic 回归和 RBF 神经网络的土壤侵蚀模数预测[J]. 水土保持通报，35(3)：235-241.
周生贤，2008. 国务院关于水污染防治工作进展情况的报告[R]. 第十一届全国人民代表大会常务委员会第六次会议.
朱波，彭奎，谢红梅，2006. 川中丘陵区典型小流域农田生态系统氮素收支探析[J]. 中国生态农业学报，24(1)：108-111
朱家彪，杨伟平，粟卫民，2008. 基于多元逐步回归与通径分析的临澧县建设用地驱动力研究[J]. 经济地理，28(3)：488-507.
朱俊，董辉，王寿兵，等，2006. 长江三峡库区干流水体主要污染负荷来源及贡献[J]. 水科学进展，17(5)：709-713.
庄大方，刘纪远. 1997. 中国土地利用程度的区域分异模型研究[J]. 自然资源学报，12(2)：105-111.
庄咏涛，李怀恩，2001. 农业非点源污染模型浅析[J]. 西北水资源与水工程，12(4)：12-16.
邹桂红，2007. 基于模型的非点源污染研究——以大沽河典型小流域为例[J]. 中国海洋大学.
邹新月，肖国安，2003. 中国农业小规模经营模式的博弈分析[J]. 中国农村观察，200(5)：18-23.
左良栋，那贵平，周世良，2010. 三峡库区小流域水环境综合整治规划研究[J]. 水科学与工程技术，(1)：6-8.
Adams R，Arafat Y，Eate V，et al. ，2014. A catchment study of sources and sinks of nutrients and sediments in south-east Australia[J]. Journal of Hydrology，(515)：166-179.
Ajzen J，2002. Constructing a TPB Questionnaire：Conceptual and Methodological Considerations[OL]. Available：http：//www-unix. oit. umass. edu/～aizen/pdf/tpd. measurement. pdf.
Ambroise B，Beven K，Freer J，1996. Toward a generalization of the TOPMODEL concepts：topographic indices of hydrological similarity[J]. Water Resources Research，32：2135-2145.
Antrop M，1993. Conservation of biological and cultural diversity in threatened mediterranean landscapes[J]. Landscape and Urban Planning，24：3-13.
Arnold J G，Fohrer N，2005. SWAT 2000：Current capabilities and research opportunities in applied watershed modeling[J]. Hydrological Processes，19(3)：563 -572.
Aryal J，Gautam B，Sapkota N，2012. Drinking water quality assessment[J]. Journal of Nepal Health Research Council，10(22)：192-196.
Ascough Ⅱ J C，Baffaut C，Nearing M A，et al. ，1997. The WEPP watershed model：Ⅰ[J]. Hydrology and erosion，

40(6): 921-933.

Badia A, Saurl D, Cerda N R, et al., 2002. Causality and management of forest fires in mediterranean environments: an example from Catalonia[J]. Environmental Hazards, 4: 23-32.

Barbash J E, Thelin G P, Kolpin D W, et al., 2001. Major herbicides in ground water: results from the National Water-Quality Assessment[J]. Journal of Environmental Quality, 30(3): 831-845.

Benayada L, Hasbaia M, 2013. Comparisons between unsteady sediment-transport modeling[J]. J. Cent. South Univ., 20: 536-540.

Beven K J, 1997. Topmodel: a critique[J]. Hydrological Processes, 11(9): 1069-1085.

Beven K J, Kirkby M J, 1979. A physically based, variable contributing area model of basin hydrology [J]. Hydrological Science Bulletin, 24(1): 43-69.

Beven K J, Kirkby M J, Schofield N, et al., 1984. Testing a physically-based flood forecasting model (TOPMODEL) for three U. K. catchments[J]. Journal of Hydrology, 69(1): 119-143.

Bielsa I, Pons X, Bunce B, 2005. Agricultural abandonment in the North Eastern Iberian Peninsula: the use of basic landscape metrics to support planning[J]. Journal of Environmental Planning Management, 48: 85-102.

Boers P C M, 1996. Nutrient emissions from agriculture in the nether-lands, causes and remedies[J]. Water Science and Technology, 33(4/5): 183-189.

Cao Y G, Zhou W, Wang J, et al., 2013. Spatial-temporal pattern and differences of land use changes in the Three Gorges Reservoir Area of China during 1975~2005[J]. Journal of Mountain Science, 8(4): 551-563.

Chen L D, Qiu J, Zhang S R, et al., 2003. Tempo-spatial variation of non-point source pollutants in a complex landscape[J]. Environmental Sciences, 24(3): 85-90.

Chen S Y, Xiong D Q, 1993. Fuzzy set theories and methods for municipal environmental quality assessment[M]. Beijing: China Environmental Science Press: 24-30.

Chen Y L, Huang C S, Liu J Y, 2015. Statistical evidences of seismo-ionospheric precursors applying receiver operating characteristic (ROC) curve on the GPS total electron content in China[J]. Journal of Asian Earth Sciences, 114(15): 393-402.

Chimeli A B, 2007. Growth and the environment: are we looking at the right data[J]. Economics Letters, 96(1): 89-96.

Chowdary V M, et al., 2004. Modeling of non-point source pollution in a watershed using remote sensing and GIS[J]. Journal of the Indian Society of Remote Sensing, 32(1): 59-73.

Cui P, Ge Y G, Lin Y M, 2011. Soil erosion and sediment control effects in the Three Gorges Reservoir Region, China [J]. Journal of Resources and Ecology, 2(4): 289-297.

Daniel T C, Sharpley A N, Lemunyon J L, 1998. Agricultural phosphorus and eutrophication: a symposium overview [J]. Journal of Environment Quality, 27(1): 251-257.

Daniels R B, Gilliam J W, 1996. Sediment and chemical load reduction by grass and riparian filters[J]. Soil Science Society of America Journal, 60: 246-251.

De Roo A P J, 1996. The L ISEM project: an introduction[J]. Hydrological Processes, 10(8): 1021-1025.

Dennis L C, 1998. Non-point pollution modeling based on GIS[J]. Soil & Water Conservation, (1): 75-88.

Dennis L C, Keith L, Timothy R E, 1998. GIS-based modeling of non-point source pollutants in the vadose zone. Journal of soil and water Conservation[J]. Ankeny, 53(1): 34-38.

Dennis L C, Peter J V, Keith L, 1997. Modeling non-point source pollution in vadose zone with GIS [J]. Environmental Science and Technology, 8: 2157-2175.

Ding X W, Shen Z Y, Hong Q, et al., 2010. Development and test of the export coefficient model in the upper reach of the Yangtze River[J]. Journal of Hydrology, 383(3-4): 233-244.

Ding X Y, Zhou H D, Lei X H, et al., 2013. Hydrological and associated pollution load simulation and estimation for the Three Gorges Reservoir of China[J]. Stoch Environment Resource Risk Assessment, 27: 617-628.

Edwards A C，Withers P J A.，2008. Transport and delivery of suspended solids，nitrogen and phosphorus from various sources to freshwaters in the UK[J]. Journal of Hydrology，350：144- 153.

Eregno F E，Nilsen V，Seidu R，et al.，2014. Evaluating the trend and extreme values of faecal indicator organisms in a raw water source：a potential approach for watershed management and optimizing water treatment practice[J]. Environmental Processes，1(3)：287-309.

European Environment Agency，2003. Europe's water quality generally improving but agriculture still the main challenge [OL]. http：//www. eea. eu. int/，2003.

Fan D X，Huang Y L，Song L X，et al.，2014. Prediction of chlorophyll a concentration using HJ-1 satellite imagery for Xiangxi Bay in Three Gorges Reservoir[J]. Water Science and Engineering，7(1)：70-80.

Ferro V，Porto P，2000. Sediment delivery distributed (SEDD) model[J]. Journal of Hydrologic Engineering，5(4)：411-422.

Foster G R，1995. USDA-water Erosion Predication Project，hillslope profile and water model documentation[J]. W Lafayette ind：Purdue University.

Foster G R，Lane L J，1987. User requirements，USDA -water erosion prediction project (WEPP)[J]. NSERL report No1. USDA -ARS national soil erosion research laboratory. West Lafayette.

Fraser R H，Barten P K，Tomlin C D，1996. SEDMOD：a GIS based method for estimating distributed sediment delivery ratios[J]. Symposium on Geographic Information Systems and Water Resources，American Water Resources Association：137-146.

Fu B J，Li Sh G，Yu X B，et al.，2010. Chinese ecosystem research network：progress and perspective[J]. Ecological Complexity，7(2)：225-233.

Ganesh C B，John F N，David C R，2012. Energy savings by adopting precision agriculture in rural USA[J]. Energy，Sustainability and Society，22(2)：1-5.

Greenberg J A，Rueda C，Hestir E L，et al.，2011. Least cost distance analysis for spatial interpolation [J]. Computers & Geosciences，37：272-276.

Griffin Jr R，1991. Introducing NPS water pollution[J]. EPA Journal Nov. /Dec.：6-9.

Groft M V，Chow-Fraser P，2007. Use and development of the wetland macrophyte index to detect water quality impairment in fish habitat of Great Lakes Coastal Marshes[J]. Journal of Great Lakes Research，33(3)：172-197.

Grunwald S，Frede H G，1999. Using the modified agricultural non-point source pollution model in German watersheds [J]. Catena 37：319-328.

Grunwalda S，Norton L D，2000. Calibration and validation of a non-point source pollution model[J]. Agricultural Water Management，45：17-39.

Gumus A T，2009. Evaluation of hazardous waste transportation firms by using a two-step fuzzy-AHP and TOPSIS methodology[J]. Expert Systems with Applications，36(2)：4067-4074.

Guo W X，Wang H X，Xu J X，et al.，2011. Ecological operation for Three Gorges Reservoir[J]. Water Science and Engineering，4(2)：143-156.

Gutman G G，1991. Vegetation indices from AVHRR：An update and future prospects [J]. Remote Sensing of Environment，35(2-3)：121-136.

Habibiandehkordi R，Quinton J N，Surridge B W J，2015. Long-term effects of drinking-water treatment residuals on dissolved phosphorus export from vegetated buffer strips[J]. Environmental Science and Pollution Research，22(8)：6068-6076.

Hafzullah A，Levent K M，2005. A review of hillslope and watershed scale erosion and sediment transport models[J]. Catena，64(23)：247-271.

Hassen M，Fekadu Y，Gete Z，2004. Validation of agricultural non-point source (AGNPS) pollution model in Kori watershed，South Wollo[J]. Ethiopia International Journal of Applied Earth Observation and Geo information，6：97-109.

He F L，Zhou J L，Zhu H T，2003. Autologistic regression model for the distribution of vegetation[J]. Journal of Agricultural，Biological，and Environmental Statistics，8(2)：205-222.

He L H，Lorenz K，Jiang T，2003. On the land use in Three Gorges Reservoir area[J]. Journal of geographical sciences，13(4)：416-422.

Hirsch R M，Slack J R，Smith R A，1982. Techniques of trend analysis for monthly water quality data[J]. Water Resources Research，18(1)：107-121.

Hong Q，Sun Z，Chen L，et al.，2012. Small-scale watershed extended method for non-point source pollution estimation in part of the Three Gorges Reservoir Region[J]. Int. J. Environ. Sci. Technol.，9：595-604.

Hu W，Li G，2011. Comparative study of soil and water assessment tool and annAGNPS for prediction of runoff in a Plain Irrigation District of North China[J]. Sensor Letters，9(3)：1101-1107(7).

Hurst H E，Black R P，Simaika Y M，1965. Long term storage：an experimental study[J]. Constable，London.

Hwang C L，Yoon K，1981. Multiple attribute decision making[M]. Berlin：Springer-Verlag.

Jabbar M T，Shi Z H，Wang T W，et al.，2006. Vegetation change prediction with geo-information techniques in the Three Gorges Area of China[J]. Pedosphere，16(4)：457-467.

Jackson S，Sleigh A，2000. Resettlement for China's Three Gorges Dam：socio-economic impact and institutional tensions[J]. Communist and Post-Communist Studies，33(2)：223-241.

Jiang M Z，Chen H Y，Chen Q H，2013. A method to analyze"source sink" structure of non-point source pollution based on remote sensing technology[J]. Environmental Pollution，182：135-140.

Jiang M Z，Chen H Y，Chen Q H，et al.，2014. Study of landscape patterns of variation and optimization based on non-point source pollution control in an estuary[J]. Marine Pollution Bulletin，(87)：88-97.

Jiang T T，Huo S L，Xi B D，et al.，2014. The influences of land-use changes on the absorbed nitrogen and phosphorus loadings in the drainage basin of Lake Chaohu，China[J]. Environment Earth Science，71：4165-4176.

Jiang Y P，Xu Z X，et al，2006. Study on improved BP artificial neural net works in eutrophication assessment of China eastern lakes[J]. Journal of Hydrodynamics，18(3)：528-532.

Johnes P J，1996. Evaluation and management of the impact of land use change on the nitrogen and phosphorus load delivered to surface waters：the export coefficient modelling approach[J]. Journal of Hydrology，183(3-4)：323-349.

Ju X T，Kou C L，Christie P，et al.，2007. Changes in the soil environment from excessive application of fertilizers and manures to two contrasting intensive cropping systems on the North China Plain[J]. Environmental Pollution，145(2)：487-506.

Kahn M E，1998. A household level environmental Kuznets curve[J]. Economics Letters，59(2)：260-273.

Kin M，Gilley J E，2008. Artificial neural network estimation of soil erosion and nutrient concentrations in runoff from land application areas[J]. Computers and Electronics in Agriculture，64(2)：268-275.

Knaapen J P，Scheffer M，Harms B，1992. Estimating habitat isolation in landscape planning[J]. Landscape and Urban Planning，23：10-16.

Kronvang B，Grsboll P，Larsen S，et al.，1996. Diffuse nutrient losses in Denmark [J]. Water Science and Technology，33(4/5)：81-88.

Lermontow A，Yokoyama L，Lermontov M，et al.，2009. River quality analysis using fuzzy water quality index：Ribeira do lguape river watershed，Brazil[J]. Ecological Indicators，9(6)：1188-1197.

Li R Z，2008. Estimation of non-point source loads under uncertain information[J]. Chinses Geography Science，18(4)：348-355.

Line D F，Osmand D L，et al.，1994. Non-point sources[J]. Water Environment Research，66(4)：585-601.

Liu B Y，Near M A，Risse L M，1994. Slope gradient effects on soil loss for steep slopes[J]. Transactions of the ASAE，37(6)：1835-1840.

Liu J Y，Zhang Z X，Xu X L，et al.，2010. Spatial patterns and driving forces of land use change in China during the early 21st century[J]. Journal of Geographical science，20(4)：483-494.

Liu Y S, Zhang Y Y, Guo L Y, 2010. Towards realistic assessment of cultivated land quality in an ecologically fragile environment: a satellite imagery-based approach[J]. Applied Geography, 30(2): 271-281.

Long H L, Wu X Q, Wang W J, et al., 2008. Analysis of urban-rural land-use change during 1995-2006 and its policy dimensional driving forces in Chongqing, China[J]. Sensors, 8: 681-699.

Lu J, Gong D Q, Shen Y N, et al., 2013. An inversed Bayesian modeling approach for estimating nitrogen export coefficients and uncertainty assessment in an agricultural watershed in eastern China [J]. Agricultural Water Management, 116: 79-88.

Luo G P, Yin C Y, Chen X, et al., 2010. Combining system dynamic model and CLUE-S model to improve land use scenario analyses at regional scale: a case study of Sangong watershed in Xinjiang, China[J]. Ecological Complexity, 7(): 198-207.

Ma X, YeL, Meng Z, et al., 2011. Assessment and analysis of non-point source nitrogen and phosphorus loads in the Three Gorges Reservoir Area of Hubei Province, China[J]. Science of the Total Environment: 412-413, 154-161.

Maxted J, Diebe M, Vander Z M, 2009. Landscape planning for agricultural non-point source pollution reduction[J]. Environmental Management, 43(1): 60-68.

McDowell R W, Sharpley A N, 2001. Approximating phosphorus release from soils to surface runoff and subsurface drainage[J]. J Environ Qual, 30: 508-520.

McElroy A D, Chiu S Y, Nebgen J W, et al., 1976. Loadings Functions for Assessment of Water Pollution from Nonpoint Sources[M]. Washington, DC.: U. S. EPA600/2-76-151.

Meng Q H, Fu B J, Yang L Z, 2001. Effect of land use on soil erosion and nutrient loss in the Three Gorges Reservoir Area, China[J]. Soil Use and Management, (17): 288-291.

Mishra S K, Singh V P, 2004. Validity and extension of the SCS-CN method for computing infiltration and rainfall-excess rates[J]. Hydrological Processes, 18: 3323-3345.

Morgan T K K B, Sardelic D N, Waretini A F, 2012. The Three gorges project: how sustainable[J]? Journal of Hydrology, 460-461(16): 1-12.

Nash J E, Sutcliffe J V, 1970. River flow forecasting through conceptual models: a discussion of principles[J]. Journal of Hydrology, 10(3): 280-292.

Nasr A, Bruen M, 2013. Derivation of a fuzzy national phosphorus export model using 84 Irish catchments[J]. Science of the Total Environment, 443: 539-548.

Ni J P, Shao J A, 2013. The drivers of land use change in the migration area, three gorges project, China: advances and prospects[J]. Journal of Earth Science, 24(1): 136-144.

Nigussie H, Fekadu Y, 2003. Testing and evaluation of the agricultural non-point source pollution model (AGNPS) on Augucho catchment, western Hararghe, Ethiopia[J]. Agriculture, Ecosystems and Environment, 99: 201-212.

Niu Z G, Li B G, Zhang F R, 2002. Optimum land-use patterns based on regional available soil water[J]. Transactions of the CSAE, 18(3): 173-177.

Novotny V, Olem V, 1994. Water quality: prevention identification and management of diffuse pollution[J]. Van Nostrand Reinhold Co.

Ongley E D, Zhang X L, Yu T, 2010. Current status of agricultural and rural non-point source Pollution assessment in China[J]. Environmental Pollution, 158(5): 1159-1168.

Openshaw S, 1998. Neural network genetic and fuzzy logic models of spatial interaction[J]. Environment and Planning A, 30: 1857-1872.

Pan G B, Xu Y P, Yu Z H, et al., 2015. Analysis of river health variation under the background of urbanization based on entropy weight and matter-element model: a case study in Huzhou City in the Yangtze River Delta, China[J]. Environmental Research, 139: 31-35.

Pheerawat P, Mukand S B, Roberto S C, et al., 2013. Simulating the impact of future land use and climate change on soil erosion and deposition in the Mae Nam Nan Sub-Catchment, Thailand[J]. Sustainability, 5: 3244-3274.

Pontius J, Laura C S, 2001. Land-cover change model validation by an ROC method for the Ipswich watershed, Massachusetts, USA[J]. Agriculture, Ecosystems and Environment, 85(1-3): 239-248.

Renard K G, Foster G R, Weesies G A, et al., 1997. Predicting soil erosion by water: a guide to conservation planning with the Revised Universal Soil Loss Equation (RUSLE)[J]. US Department of Agriculture: 25-31.

Richard Y, Armstrong D P, 2010. Cost distance modelling of landscape connectivity and gap-crossing ability using radio-tracking data[J]. Journal of Applied Ecology, 47(3): 603-610.

Robert C C, Joan I N, 2005. Limitations of using landscape pattern indices to evaluate the ecological consequences of alternative plans and designs[J]. Landscape and Urban Planning, 72: 265-280.

Roberts W M, Stutter M I, Haygarth P M, 2012. Phosphorus retention and remobilization in vegetated buffer strips: a review. journal of environmental quality, 41(2): 389-399.

Rozelle S, Boisvert R N, 1995. Control in a dynamic village economy: the reforms and unbalanced development in China's rural economy[J]. Journal of Development Economics, 46(2): 233-252.

Salvia-Castellví M, Iffly J F, Borght P V, et al., 2005. Dissolved and particulate nutrient export from rural catchments: a case study from Luxembourg[J]. Science of the Total Environment, 344(1-3): 51-65.

Scheren P A G M, Zanting H A, Lemmens A M C, 2000. Estimation of water pollution sources in Lake Victoria, East Africa: Application and elaboration of the rapid assessment methodology[J]. Journal of Environmental Management, 58: 235-248.

Sener E, Davraz A, 2013. Assessment of groundwater vulnerability based on a modified DRASTIC model, GIS and an analytic hierarchy process (AHP) method: the case of Egirdir Lake basin (Isparta, Turkey)[J]. Hydrogeology Journal, 21(3): 701-734.

Shafik N, Bandyopadhyay S, 1992. Economic growth and environmental quality: time series and cross-country evidence [J]. Background Paper for the World Development Report the World Bank.

Shao J A, Li Y B, Ni J P, 2012. The characteristics of temperature variability with terrain, latitude and longitude in Sichuan- Chongqing Region[J]. Journal of Geographical Science, 22(2): 223-244.

Shao J A, Zhang S C, Li X B, 2015. Farmland marginalization in the mountainous areas: Characteristics, influencing factors and policy implications[J]. Journal of Geographical Science, 25(6): 701-722.

Sharma D K, Ghosh D, Alade J A, 2006. A fuzzy goal programming approach for regional rural development planning [J]. Applied Mathematics and Computation, 176(1): 141-149.

Sharpley A N, Chapra S C, Wedepohl R, et al. 1994. Managing agricultural phosphorus for protection of surface waters: issues and options[J]. J. Environ. Qual., 23: 437-451.

Sharply A N, 2003. Soil mixing to decrease surface stratification of phosphorus in matured soils[J]. J. Environ Qual., 32: 1375-1384.

Shen G Z, Xie Z Q, 2004. Three gorges project: chance and challenge[J]. Science, 304(30): 681.

Shen Z Y, Chen L, Hong Q, et al., 2013. Assessment of nitrogen and phosphorus loads and causal factors from different land use and soil types in the Three Gorges Reservoir Area[J]. Science of the Total Environment, 454-455: 383-392.

Shrestha S, Kazama F, Newham L T H, 2008. A framework for estimating pollutant export coefficients from long-term in-stream water quality monitoring data[J]. Environmental Modelling & Software, 23(2): 182-194.

Singh J, Knapp H V, Arnold J G, et al., 2005. Hydrological modeling of the Iroquois River watershed using HSPE and SWAT[J]. Journal of the American Water Resources Association, 41(2): 343-360.

Steve R C, Prabhu L P, Elena M B, et al, 2005. Ecosystem and Human Well-being: Scenarios, Volume 2[M]. Washington, London: Islang Press.

Sun C C, Shen Z Y, Liu R M, et al., 2013. Historical trend of nitrogen and phosphorus loads from the upper Yangtze River basin and their responses to the Three Gorges Dam[J]. Environmental Science and Pollution Research, 20(12): 8871-8880.

Sun H P, Sun S F, 2010. Extension of TOPMODEL applications to the heterogeneous land surface[J]. Advances in Atmospheric Sciences, 27(1): 164-176.

Tarim B, 2012. Northwestern China[J]. Journal of Plant Ecology, 5(3): 337-345.

Tobler W, 1970. A computer movie simulating urban growth in the Detroit region[J]. Economic Geography, 46(2): 234-240.

Tobler W, 2004. On the first law of geography: a reply[J]. Annals of the Association of American Geographers, 94(2): 304-310.

Tošić I, 2004. Spatial and temporal variability of winter and summer precipitation over Serbia and Montenegro[J]. Theoretical and Applied Climatology, 77(1/2): 47-56.

US Environmental Protection Agency, 2010. Non-Point Source Pollution from Agriculture. http: //www. epa. gov/region8/

Uttormark P D, Chapin J D, Green K M, 1974. Estimating nutrient loadings of lakes from Non-Point Sources[J]. U. S. EPA 600/3-74-020.

Vaze J, Chiew F H S, 2002. Experimental study of pollutant accumulation on an urban road surface[J]. Urban Water, 4 (4): 379-389.

Verburg P H, 2008. Tutorial CLUE-S and DYNA-CLUE[J]. Handbook of CLUE-s model.

Verburg P H, Berkel van D B, Doorn van A M, et al., 2010. Trajectories of land use change in Europe: a model-based exploration of rural futures[J]. Landscape Ecology, 25: 217-232.

Verburg P H, De Nijs T C M, van Eck J R, et al., 2004. A method to analyse neighbourhood characteristics of land use patterns[J]. Computers, Environment and Urban Systems, 28(6): 667-690.

Verburg P H, Eickhout B, van Meijl H, 2008. A multi-scale, multi-model approach for analyzing the future dynamics of European land use[J]. The Annals of Regional Science, 42(1), 57-77.

Verburg P H, Overmars K P, 2009. Combining top-down and bottom-up dynamics in land use modeling: exploring the future of abandoned farmlands in Europe with the Dyna-CLUE model[J]. Landscape Ecology, 24: 1167-1181.

Vighi M, Chiaudani G, 1987. Eutrophication in Europe, the role of agricultural activities[J]. Amsterdam: Elsevier: 213-257.

Wagner J M, Shamir U, Marks D H, 1994. Containing groundwater contamination: planning models using stochastic programming with recourse[J]. European Journal of Operational Research, 77(1): 1-26.

Walford N, 2005. Multifunctional agriculture a new paradigm for European agriculture and rural development[J]. Land Use Policy, 22(4): 387.

Wang X, Hao F H, Cheng H G, et al., 2011. Estimating non-point source pollutant loads for the large-scale basin of the Yangtze River in China[J]. Environ Earth Sci., 63: 1079-1092

Wang J L, Shao J A, Wang D, et al., 1989. Simulation of the dissolved nitrogen and phosphorus loads in different land uses in the Three Gorges Reservoir Region—based on the improved export coefficient model[J]. Environmental Science: Processes & Impacts, 17 (11): 1976-1989.

Wang X W, Chen Y, Song L C, et al., 2013. Analysis of lengths, water areas and volumes of the Three Gorges Reservoir at different water levels using Landsat images and SRTM DEM data[J]. Quaternary International, 304(5): 115-125.

Wang Z H, Zhao D Z, Cao B, et al., 2010. Research on simulation of non-point source pollution in Qingjiang River Basin based on SWAT Model and GIS[J]. Journal of Yangtze River Scientific Research Institute, 27(1): 57-61.

Williams J R, Arnold J G, 1997. A system of erosion—sediment yield models[J]. Soil Technology, 11(1): 43-55.

Wischmeier W H, Smith D D, 1965. Predicting rainfall erosion losses from cropland east of the Rocky Mountains[J]. Agri Handbook.

Wischmeier W H, Smith D D, 1978. Predicting rainfall erosion losses[J]. US Dept of agriculture, agricultural handbook, 537: 10-34.

Wu G P, Zeng Y N, Xiao P F, et al., 2010. Using autologistic spatial models to simulate the distribution of land-use patterns in Zhangjiajie, Hunan Province[J]. Journal of Geographical Science, 20(2): 310-320.

Wu J G, 2003. Three-Gorges Dam: Experiment in habitat fragmentation? [J]. Science, 300: 1239-1240.

Wu J G, Huang J H, Han X G, et al., 2004. The Three Gorges Dam: an ecological perspective[J]. Frontiers in Ecology & the Environment, 2(5): 241-248.

Wu J G, Huang J H, Han X G, et al., 2003. The Three Gorges Dam—experiment in habitat fragmentation[J]? Science, 300(5623): 1239-1240.

Xiu X B, Tan Y, Yang G S, 2013. Environmental impact assessments of the Three Gorges Project in China: issues and interventions[J]. Earth-Science Reviews, 124: 115-125.

Xu W, Luo J Z, 2010. Analysis on the status of agricultural non-point source pollution in Xinan River Basin[J]. Meteorological and Environmental Research, 1(12): 79-81.

Ye Y Y, Su Y X, Zhang H O, et al, 2015. Construction of an ecological resistance surface model and its application in urban expansion simulations[J]. Journal Geographical Science, 25(2): 211-224.

Young W J, Marston F M, Richard Davis J, 1996. Nutrient exports and land use in Australian catchments[J]. Journal of Environmental Management, 47: 165-183.

Zhang J X, Liu Z J, Sun X X, 2009. Changing landscape in the Three Gorges Reservoir area of Yangtze River from 1977 to 2005: Land use/land cover, vegetation cover changes estimated[J] International Journal of Applied Earth Observation and Geoinformation, 11(6): 403-412.

Zhang Q, Zhang X S, 2012. Impacts of predictor variables and species models on simulating Tamarix ramosissima distribution in Tarim Basin, northwestern China[J]. Journal of Plant Ecology, 5(3): 337-345.

Zhang Q F, Lou Z P, 2011. The environmental changes and mitigation actions in the Three Gorges Reservoir region, China[J]. Environmental Science & Policy, 14(8): 1132-1138.

Zhang W T, Huang B, Luo D, 2014. Effects of land use and transportation on carbon sources and carbon sinks: a case study in Shenzhen, China[J]. Landscape and Urban Planning, (122) 175-185.

Zhang Y F, Tao C Y, Huang Y, 2011. Study on control countermeasures of agricultural non-point source pollution in lakeside belt of Poyang Lake, 2011. Meteorological and Environmental Research, 2(7): 62-65.

Zhao P, Tang X Y, Tang J L, et al., 2013. Assessing water quality of Three Gorges Reservoir, China, Over a Five-Year Period From 2006 to 2011[J]. Water Resource Management, 27: 4545-4558.

Zheng H W, Shen G Q, Hao W, et al., 2015. Simulating land use change in urban renewal areas: a case study in Hong Kong[J]. Habitat International, 46: 23-34.